高职高专“十二五”规划教材

工程力学应用教程

李莉娅　主编

化学工业出版社

·北京·

本书以培养高技能工程人员职业能力要求为原则，以对工程构件特别是机械构件的力学分析、承载能力校核、动力学分析能力为主线将传统的工程力学内容整合为三大能力模块：静力学平衡力系分析计算、构件承载能力校核与计算、刚质点的运动力学分析。每个模块下的项目以“工作案例任务”引领创建学习情境，以“必需、够用”为度精选教学内容，简化了设计公式的推导过程；每个项目都有明确的能力目标和学习任务，有生动的案例导入，大量地选用了机械工程实例进行力学应用分析，加强了与生产实践的联系，突出了应用性。在内容和形式上注重结合职业技术教育的特点，每个学习任务后安排了思考与训练供学生自学练习。

本书可作为高等职业技术院校高等专科学校、成人高校及本科院校的二级职业技术学院机械、机电及近机械类专业的教学用书，也可供相关工程技术人员参考。

图书在版编目（CIP）数据

工程力学应用教程/李莉娅主编．—北京：化学工业出版社，2012.1（2019.8 重印）
高职高专“十二五”规划教材
ISBN 978-7-122-12983-3

Ⅰ．工… Ⅱ．李… Ⅲ．工程力学-高等职业教育-教材 Ⅳ．TB12

中国版本图书馆 CIP 数据核字（2011）第 258369 号

责任编辑：郝英华 袁俊红　　文字编辑：李锦侠
责任校对：郑 捷　　装帧设计：史利平

出版发行：化学工业出版社（北京市东城区青年湖南街 13 号 邮政编码 100011）
印　　装：北京虎彩文化传播有限公司
787mm×1092mm 1/16 印张 13½ 字数 346 千字 2019 年 8 月北京第 1 版第 3 次印刷

购书咨询：010-64518888　　售后服务：010-64518899
网　　址：http：//www.cip.com.cn
凡购买本书，如有缺损质量问题，本社销售中心负责调换。

定　　价：28.00 元

前言

本书是为了适应高等职业教育改革的需求，以职业能力培养为目标，参照教育部制定的高职高专专业培养要求编写而成的。在本书编写中，作者总结了多年从事工程力学及相关专业课程的教学实践经验，吸取了职业教育在探索高技能人才方面的教学改革中取得的成功经验和教学改革成果。本书内容以职业能力要求为基础对原有教学内容加以整合，使用模块化方式把本书覆盖的教学内容展开为三大能力模块；每个能力模块的训练以“工作任务”来引领，以“必需、够用”为度精选教学内容，简化了设计公式的推导过程；模块下的每个项目有明确的能力目标和任务，有生动的案例导入，大量地选用了工程实例进行力学应用分析，加强了与生产实践的联系，突出了实践应用性。

本书有以下特点。

① 本书以对工程构件的力学分析、承载能力校核、简单动力分析为主线，将传统的工程力学内容整合为三大能力模块：静力学平衡力系分析计算、构件承载能力校核与计算、刚质点的运动力学分析。

② 本书以“能力训练”为主线，“工作任务”为引领，“项目学习”为驱动，从“案例导入”分析入手，创建学习情境，明确学习目标。

③ 本书重视绪论的编写和学习，在绪论学习中，通过引入生动的工程案例，树立本门课程要达到的明确能力目标，形成“工程力学”课程学习的大体框架，使学生有更好的学习兴趣和动力。

④ 每个项目后的“项目能力知识结构总结”不是简单的知识重点总结，而是框架图化的能力架构和知识主线，便于“由厚到薄”的学习。

⑤ 本书注重与其他课程的融会贯通，其中涉及了工程材料及机械零件等专业课程内容，案例也采用常见的机械构件，为今后的专业课程学习打下基础。

⑥ 每个项目的“案例导入”实际上就是一个工作任务，可以在课后根据所学知识参考相应项目后的案例任务解决方案操作完成。

⑦ 书中带有*号的内容为选学内容，可根据专业要求和学时情况进行取舍，或供学生根据自己学习的情况进行不同程度的深入学习。

本书可作为高等职业技术院校、高等专科学校、成人高校及本科院校的二级职业技术学院机械、机电及近机械类专业的教学用书，也可供相关工程技术人员在工作中借鉴参考。

本书相关电子教案可免费提供给采用本书作为教材的院校使用，如有需要可发送邮件 junhongyuan@163.com 索取。

参加本书编写的有贵州工业职业技术学院李莉娅（绪论、项目 1、项目 4、项目 5、项目 7）、黄立宏（项目 8、项目 9）、江苏淮安信息职业技术学院朱绍胜（项目 2、项目 3）、杨杰（项目 11、项目 12）、江苏财经职业技术学院边魏（项目 6、项目 10）。全书由李莉娅担任主编并统稿，黄立宏担任副主编，由朱绍胜主审。

在此，特别感谢贵州大学邱望标教授的支持，以及湖南中联重科集团为本书编写工作提供的工程案例和宝贵建议。

由于编者水平有限，编写时间紧迫，书中难免有疏漏欠妥之处，敬请广大读者，特别是任课教师和同学们提出宝贵的批评意见和建议（联系邮箱：lly1107180@sohu.com），在此我们表示真诚的谢意！

编者

2012 年 3 月

目录

绪　论

◆ [能力目标]

会分析工程实例中的力学应用现象

会区别工程中不同的构件

会分析各种载荷的种类

会建立初步的力学模型

◆ [工作任务]

了解工程力学的内容及任务

了解工程力学中的研究对象

了解学习该门课程的方法

明确学习该门课程要达到的能力目标

了解应用工程力学解决问题的基本方法

案例导入

案例任务描述

如图 0-1 所示生产车间的吊车系统中，构件由大梁、减速箱、传动轴、联轴器、钢丝绳等组成。设计要保证吊车系统能安全运行需要确定哪些问题？

解决任务思路

首先要确定在已知起吊重物下各构件受到哪些力的作用，它们的大小、方向如何？其次要确定不同构件在不同力系作用下的内力和变形情况，这些内力和变形对吊车的正常工作会产生怎样的影响？此外，在突然起吊重物或重物起吊过程中刹车，重物将怎样运动，这些运动对构件又会产生什么影响？根据以上三个因素来设计梁的结构尺寸、钢绳和传动轴的直径、选择减速箱和联轴器型号等。

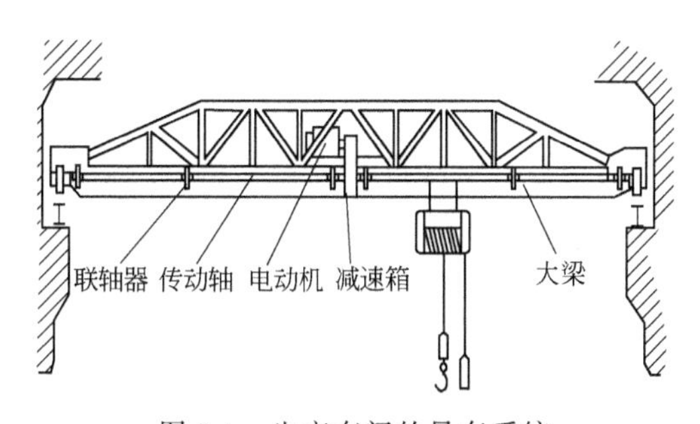

图 0-1　生产车间的吊车系统

任务 0.1　工程力学的任务和研究对象

0.1.1　力学的应用

力学是一门基础学科，它同数、理、化、天、地、生并列为七大基础学科。力学的发展源远流长。20 世纪前，机械工业、水利工程、桥梁铁路、船舶、兵器等近代工业，无一不是在力学知识积累和完善的基础上产生与发展起来的。

力学的应用范围十分广泛，它又属于技术科学，它根植于国民经济的各个产业门类。哪里有技术难题，几乎哪里就有力学难题 。20 世纪，产生的许多高新技术，航天、航空、高层建筑、大型空间结构、巨型轮船、大跨度与新型桥梁（如吊桥、斜拉桥）、海洋平台、精密机械、机器人、高速列车、海底隧道等都是在力学指导下实现的。

0.1.2　工程力学的内容及任务

工程力学是研究**工程构件（机械的零件或结构的元件），在力的作用下平衡、运动和变形规律**的一门科学。学习工程力学，为后续专业课程的学习和解决工程实际问题，提供了必要的力学基本理论和计算方法。它的学习内容主要包括：

① 静力分析基础（静力学）；

② 平衡构件承载安全设计基础（材料力学）；

③ 动力构件设计基础（动力学）。

其中，静力分析基础主要研究工程构件的受力分析与力系平衡的规律，主要根据研究构件与周围物体之间的联系，解决构件受到哪些力的作用，大小和方向如何的工程问题；平衡构件承载安全设计基础主要是研究构件在力的作用下的变形规律，解决构件变形时内部将产生哪些力（内力），这些力的影响如何，构件发生危险的地方会在哪里，当这些力达到何种限度的时候，构件将会失去正常的工作能力（承载能力）的工程问题；动力构件设计基础主要研究构件运动的规律，分析构件运动改变的原因，建立构件的运动与作用力之间的关系。

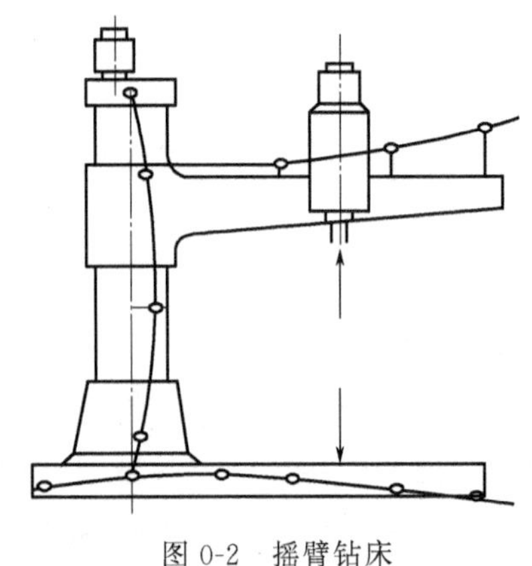

图 0-2　摇臂钻床

如图 0-2 所示，摇臂钻床钻孔时，摇臂、立柱及底座均产生不同程度的变形，为保证孔的加工精度，应尽量减小这些变形。为此，需合理设计摇臂、立柱及底座的截面尺寸及其所用的材料。案例导入图 0-1 中，也需要解决以上三个问题，当然，要设计合理的吊车系统这不仅仅是力学知识可以解决的，还涉及工程材料、机械基础等方面的知识，但是力学知识应用是解决问题的根本。

0.1.3　工程力学的研究对象

工程力学的研究对象是**工程构件**，工程实际的构件多种多样，机械或机器由各种机构组成，机构由各个运动单元（构件）所组成。如图 0-2 中的摇臂钻床，由平面连杆机构、齿轮机构及各种连接机构等组成，平面连杆机构又由杆件、连接件等构件所组成。在建筑结构中，建筑物中承受荷载而起骨架作用的部分称为结构。结构是由若干构件按一定方式组合而成的。组成结构的各单独部分称为构件。如图 0-3(a) 所示，支承渡槽槽身的排架是由立柱和横梁组成的刚架结构，如图 0-3(b) 所示，单层厂房结构由屋架、层面板和吊车梁、柱等构件组成。

可以看出，工程构件形态各异，根据它们的主要几何特征，大致可分为杆、板、壳、块体四种，如图 0-4 所示。

(1) 杆系结构是由杆件组成的结构。杆件的几何特征是其长度远远大于横截面的宽度和高度。如图 0-4(a) 所示。轴线为直线的杆称为直杆；轴线为曲线的杆称为曲杆。横截面尺寸相同的直杆称为等直杆，横截面尺寸不相同的杆称为阶梯杆。

(2) 薄壁结构　由薄板或薄壳构成。板或壳的几何特征是其厚度远远小于另两个方向的

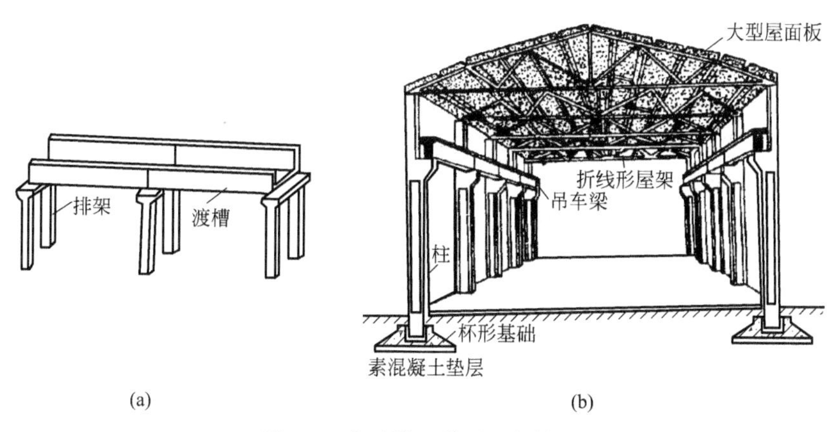

图 0-3　支承槽和单层厂房结构

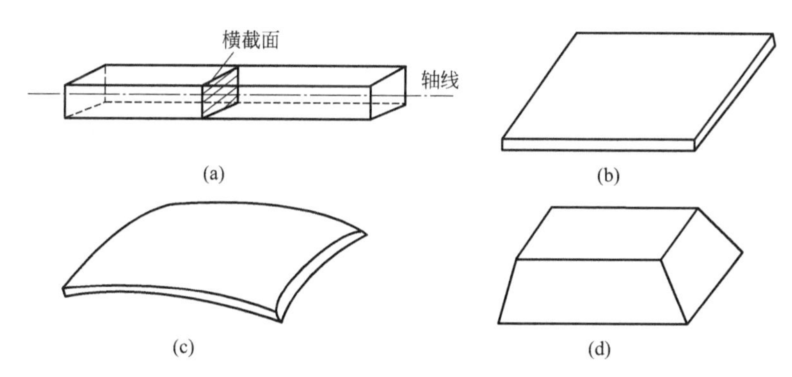

图 0-4　各种构件图

尺寸。如图 0-4(b) 所示为板，图 0-4(c) 所示为壳。

(3) 实体结构　由块体构成。块体的几何特征是三个方向的尺寸相近，基本为同一数量级。如图 0-4(d) 所示。

任务 0.2　工程力学应用解决问题的方法

机械设备或工程结构都是由若干构件组成的。当它们传递运动或承受载荷时，各个构件都要受到力的作用。首先，必须确定作用在各个构件上有哪些力以及它们的大小和方向；其次，在确定了作用在构件上的外力后，还必须为构件选用合适的材料，确定合理的截面形状和尺寸，以保证构件既能安全可靠地工作又符合经济要求。这些都是工程力学所要解决的问题。

0.2.1　工程力学的研究方法

由观察和实验可知，在外力作用下，任何物体均会变形。工程力学的研究方法是实验观察—建立模型—理论分析—实验（实践）验证。这是自然科学研究问题的一般方法。本课程研究的物体，大多是各种工程结构物及其构件。这些结构物和构件，形状大小各异，组成也很复杂。因此，在研究它们的运动和变形时，首先必须根据问题的性质，抓住主要因素，略去次要因素，合理简化，使其抽象为**力学模型**，这是重要的一步。建立模型之后，可运用数学方法进行分析计算。这种解决力学问题的方法称为**理论方法**。然而，许多工程实际问题，仅靠理论方法不能有效地解决，还要通过实验的方法才能得到满意的结果。另外，在解决构件的承载能力问题时，需要通过实验来测定材料的力学性质。可见，实验方法也是解决工程力学问题的一个必不可少的方法。

0.2.2 力学模型建立的方法

对构件的力学问题，在解决中，关键的第一步是对在承受载荷下的构件进行力学模型的建立。力学模型的建立关键在于简化抽象构件，分析载荷并简化等。

0.2.2.1 研究对象的假设

在静力学中，对构件进行受力分析，为了简化研究对象，常把构件简化为**刚体**（能力模块 1）；在材料力学中研究构件强度、刚度和稳定性时，研究对象不再是刚体而是**可变形固体**（能力模块 2），它们在载荷作用下要产生变形。变形固体的变形可分为弹性变形和塑性变形。刚体和变形固体的概念将分别在模块 1 和模块 2 知识中阐述。

0.2.2.2 载荷及分类

（1）荷载的概念　使物体运动或有运动趋势的力，称为**主动力**，又称**荷载**。阻碍物体运动的力，称为**被动力**，又称**约束反力**。

（2）荷载的分类

① 按荷载作用的时间久暂分，可分为恒载和活载。

• 恒载：长期作用在结构上的不变荷载。如屋顶上横梁的重量，构件自身的重量等。

• 活载：暂时作用在结构上的可变荷载。如作用在塔设备上的风载荷，在桥上行驶的车载重量等。

② 按荷载作用性质分，可分为静力荷载和动力荷载。

• 静力荷载：指缓慢地施加在结构上的荷载。静荷载作用下不产生明显的加速度。

• 动力荷载：大小方向随时间而改变的荷载称为动荷载。地震力、冲击力、惯性力等都为动荷载。

③ 按载荷作用的形式分，可分为体积力和表面力。

• 体积力：指的是物体自身的重量，惯性力等。

• 表面力：指的是作用在构件表面的载荷，又分为集中载荷和均布载荷。如作用在吊车所起吊的重物重量对于吊车拉杆来说就是集中载荷，而吊车横梁的自重分布在整个杆件长度内，又可简化为均布载荷。

另外，温度变化、支座移动、材料收缩也可能使结构产生内力和变形，从广义上说，都可称为荷载。

0.2.2.3 建立力学模型的方法

在根据构件的假设和分析载荷情况的基础上，进行力学模型的建立。当然建立模型

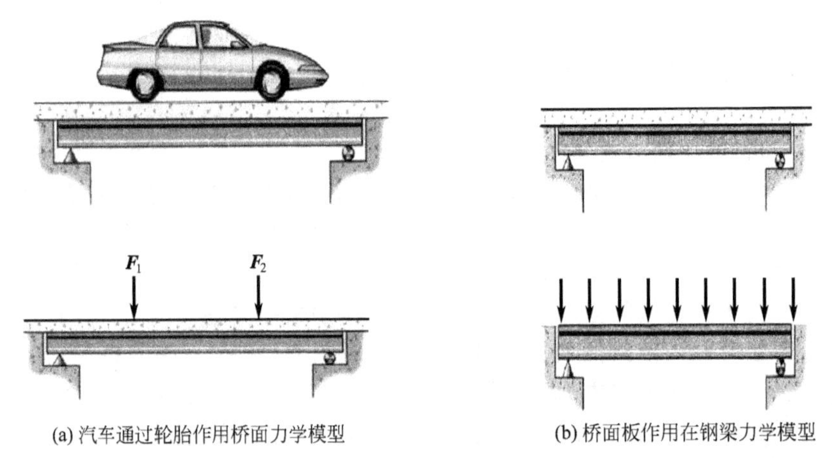

(a) 汽车通过轮胎作用桥面力学模型　　(b) 桥面板作用在钢梁力学模型

图 0-5　汽车过桥的力学模型

还需要对工程构件的受力变形和约束类型等进行分析，在以后各个能力模块的学习中，不管是静力分析还是构件变形分析，首先都要进行力学模型的建立，建立的具体方法我们将学习和掌握。如图 0-5(a) 是汽车行驶在桥面上，以桥为研究对象。汽车对桥的作用可简化为通过两个轮胎作用在桥上的集中力 F_1 和 F_2，图 0-5(b) 是桥作用在钢梁上，桥面重量可简化为均布载荷，钢梁的两端支承可简化为活动铰链支座和固定铰链支座（见能力模块一介绍）。

任务 0.3　本门课程的能力目标及学习方法建议

0.3.1　本门课程的知识能力目标

俗话说："有目标才有动力!"，知识的学习不只是为了积累，更主要的是培养应用的能力。所以在学习课程之前，确定本门课程的知识能力目标具有重要意义。根据工程力学的任务和现代工业行业发展的职业能力需要，通过本门课程的学习，学生应达到的知识能力目标如下。

① 掌握静力学的力学公理及受力分析方法，会对平面各种力系进行受力分析及建立平衡方程来求解未知力，会利用力学知识和公理来解决常见工程及机械机构中的力学问题。

② 掌握典型构件和零件强度校核计算方法，会对工程构件进行危险截面的确定，会进行强度安全计算，会选择合适的材料和截面设计，会根据工艺条件确定构件的许可载荷。

③ 掌握典型构件的刚度计算及校核方法，某些构件对变形有明确要求，会对变形量进行计算并进行刚度校核；会解决常见压杆稳定问题。

④ 会分析构件的简单运动规律和构件运动改变的原因，能建立构件的运动与作用力之间的关系。

通过以上目标的学习训练，能使学生具备对常见工程构件的受力分析，强度、刚度、稳定性校核计算的基本职业能力，应用力学知识解决基本工程实践的岗位通用能力，为后续的专业课程学习打下一定的基础，为今后职业能力培养打下较为宽泛的工程岗位基础职业能力。

0.3.2　学习本门课程方法的建议

工程力学这门课程是机电、材料、建工类等专业必修的专业基础课程，在学习过程中，同学们学习起来往往感觉理论抽象，公式繁多，推导及方法难以理解，学了很多公式却不知如何应用。所以本教材强调的是工程力学方法和理论的应用，建议同学们学习的过程中先了解工程力学的任务，根据能力训练目标分为三大模块，对每个模块的能力训练和学习任务进行熟悉，每个模块下的学习任务都有案例引入，认真了解案例所需要解决的问题，为了解决这些工程实际问题我们需要采用什么方法、运用哪些理论和公式进行分析计算。有了明确的应用目标，我们学习力学理论才能有的放矢，对于公式的学习主要在于怎么应用。对工程力学中比较抽象的理论知识要结合实例进行学习，根据自己掌握的程度和老师的教学循序渐进。

工程力学的知识内容：静力学、材料力学和动力学的知识较为独立，但在学习工程力学应用时要以工程构件为对象，学习时要贯穿"工程构件的力学模型建立和受力分析—构件的平衡方程建立—求出未知力的大小和方向（静力学知识）—构件的变形类型和规律（材料力学知识）—构件的内力分析和计算—危险截面的确定—最大应力点的确定和计算—构件的材料力学性能确定—承载能力的计算（主要是强度安全计算或设计，对于有刚度要求的需进行刚度校核，对细长压杆需要进行稳定性计算）"的思路。

工程力学是门实践性较强的学科，我们在学习时要善于理论联系实践，要注意和其他课程如《工程材料》、《机械设计基础》等紧密课程的知识贯通。每个学习任务结束后，要多进行思考和练习的训练，注意方法的创新与知识的拓展。力学理论是通过严谨的科学实验和长期实践而来的，在教学中建议开设的以下几个实验项目（也可配合工程材料课程一起开设）：

① 低碳钢和铸铁的拉伸和压缩试验；

② 金属材料的扭转试验；

③ 金属材料的冲击试验；

④ 金属材料的弯曲试验；

⑤ 金属材料的弹性模量测定试验。

思考与训练

0-1 列举身边2～3个力学的生活实例，并试着进行受力分析。

0-2 工程力学的任务是什么？研究对象是什么？

0-3 工程构件按形态来分，可分为哪几类？举出例子。

0-4 我们通常所说的地震的影响在进行大型设备设计或建筑物构建时需要考虑吗？如果需要考虑，地震载荷属于什么类型的载荷？

能力模块 1

静力学平衡力系分析计算

在工程技术中，物体在力系作用下，如何解决刚体在平衡条件下求解未知力？

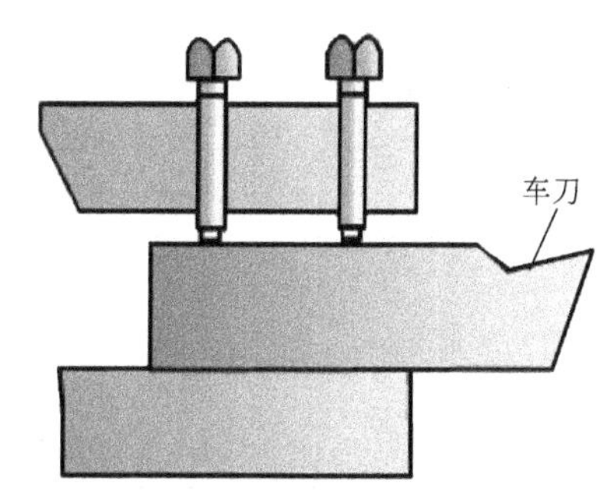

① 对物体进行受力分析。

② 对力系进行等效替换和简化。

③ 运用力系的平衡条件来进行计算。

解决步骤：受力分析，取分离体、画主动力、画约束力-力系的等效变换，建立平衡方程式——利用平衡方程，求解未知力。

知识引入　静力学的任务及刚体的假设

静力学理论是从生产实践中发展起来的，是对处于平衡状态下的构件进行受力分析和计算的基础，是工程构件或机械机构计算的基础，在工程技术中有着广泛的应用。静力学的任务主要研究三方面的问题：**物体的受力分析；力系的简化；力系的平衡条件。**在静力学对物体的受力研究中，为了简化研究对象，常把研究对象假设为**刚体**。

所谓刚体是指在力的作用下，其内部任意两点之间的距离始终保持不变的物体。这是一个理想化的力学模型。事实上，任何物体受力后都会或多或少地发生变形，因此，实际上宇宙中并不存在绝对意义上的刚体。但是，对那些在运动中变形极小，或虽有变形但不影响其整体运动的物体，忽略其变形，对所研究的结果不仅没有显著影响，而且可以使问题更加简化。这时，该物体可抽象为刚体。

本模块主要介绍平面力系和空间力系的相关内容，使学生通过任务训练会对物体构件进行受力分析，绘制受力图，会解决平面力系和空间力系的简化问题，会建立平衡方程式求取未知力，会解决一般静定的力学问题。

项目 1　平衡力系基本概念及物体受力分析和受力图

◆ [能力目标]

会应用力的基本原理来分析物体

会应用常见约束反力的种类来求解未知力

会对物体进行受力分析

会绘制物体的受力图

◆ [工作任务]

理解力、平衡、力系、刚体的概念

了解常见约束反力的种类

掌握约束反力的受力分析

理解力的公理，掌握其应用

掌握物体的受力分析方法，正确绘制受力图

案例导入 

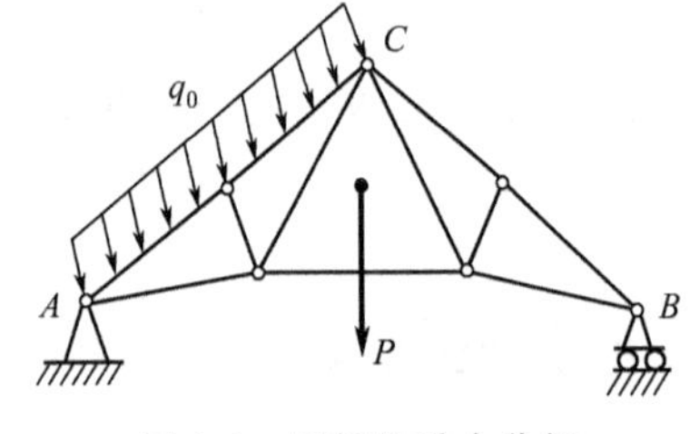

图 1-1　屋架的受力分析

案例任务描述

屋架如图 1-1 所示。A 处为固定铰链支座，B 处为滚动支座。屋架自重 P，均匀分布的风力垂直作用在 AC 边上，载荷强度为 q_0。屋架的受力情况如何？能否承受如此的载荷？

解决任务思路

判断屋架能否承受如此的载荷，需进行受力情况分析。受力分析时，首先要明确研究对象、取分离体；再画出作用在物体上的主动力和约束反力。当分析多个物体组成的系统受力时，要注意分清内力与外力，内力成对可不画；还要注意作用力与反作用力之间的相互关系。

任务 1.1　力的基本概念和静力学公理

静力学是研究物体在力系作用下的平衡规律的科学，它是工程力学的一个重要组成部分，重点解决刚体在平衡条件下如何求解未知力的问题。

1.1.1　力的概念

力是物体间相互的机械作用。这种作用使物体的机械运动状态发生变化或形状发生改变。前者称为力的运动效应（又称外效应），后者称为形变效应（又称内效应）。力对物体的效应取决于力的大小、方向、作用点三个要素，这三个要素中只要其中一个发生变化，力的作用效应就发生变化。所以力是矢量，可以用黑体字母 **F** 表示力矢量（或者用 $\vec{F}$ 表示），如图 1-2 所示，而用普通字母 F 表示力的大小。在工程力学中采用国际单位制（SI），力的单位是牛顿，用 N 表示，或千牛顿，用 kN 表示，简称千牛。

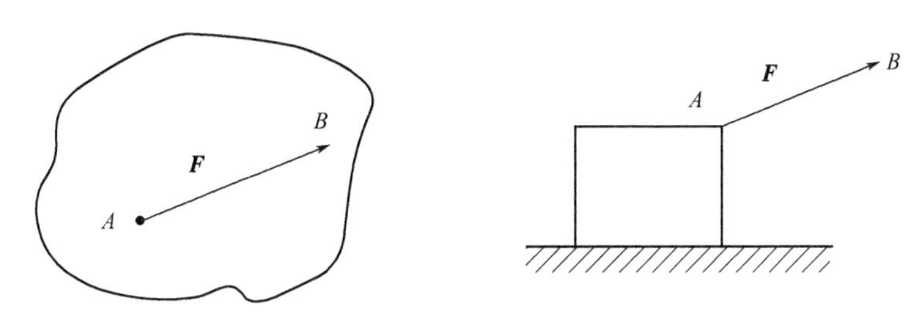

图 1-2　力的概念

1.1.2　力系的概念

力系是指作用在物体上的一群力。作用线都在同一平面内的力系叫做平面力系；作用线不完全在同一平面内的力系叫做空间力系；作用线都汇交于一点的力系叫做汇交力系；作用线都相互平行的力系叫做平行力系；作用线既不汇交于一点，又不相互平行的力系叫做一般力系。

1.1.3　平衡的概念

平衡是指物体相对于惯性参考系处于静止或作匀速直线运动的状态。物体相对于惯性参考系保持静止或做匀速直线运动的状态称为平衡状态。若物体处于平衡状态，则作用于物体上的力系必须满足一定的条件，这些条件称为力系的平衡条件。它是机械运动的特殊形式。在工程中，通常把固连于地球的参考系作为惯性参考系，用此参考系在研究物体相对于地球的平衡问题，所得结果能很好地与实际情况相符合。

力系的平衡条件在工程中有着十分重要的意义，它是设计工程机构、构件和机械零件静力计算的基础。

1.1.4　静力学基本公理

人类经过长期经验积累和反复实践验证总结出来的静力学最基本的力学规律，我们称为静力学的基本公理。所谓公理，就是符合客观现实的真理。静力学公理是进行构件受力分析、研究力系简化和力系平衡的理论依据。

公理一　二力平衡公理

作用在刚体上的两个力，使刚体保持平衡的必要和充分条件是：这两个力大小相等，方向相反，且作用在同一直线上（即两力等值、反向、共线），如图 1-3 所示。

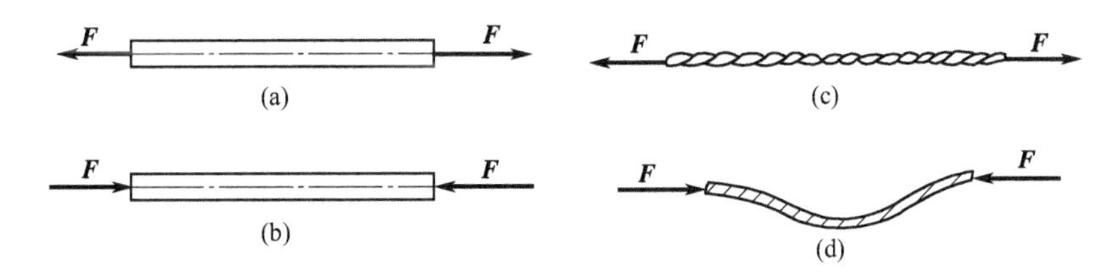

图 1-3　二力平衡条件

该公理指出了刚体平衡时最简单的性质，是推证各种力系平衡条件的依据。

只受两个力的作用而平衡的构件，称为二力构件，简称二力杆。

公理二 加减平衡力系公理

在已知力系上加上或者减去任意一个平衡力系，不会改变原力系对刚体的作用效应。由前所述，由于平衡力系中的各力对刚体的作用效应相互抵消，使物体保持平衡或运动状态不变，显然可知公理二的正确性。这个公理是力系简化的重要理论依据。

推论 力的可传性原理

作用在刚体上的力可沿其作用线移至刚体内任意一点，而不改变它对刚体的作用效果。力的这一性质称为力的可传性原理。在实践中，人们有这样的体会，以等量的力推车和拉车，效果是一样的，如图 1-4 所示。力的可传性原理也只适用于刚体。

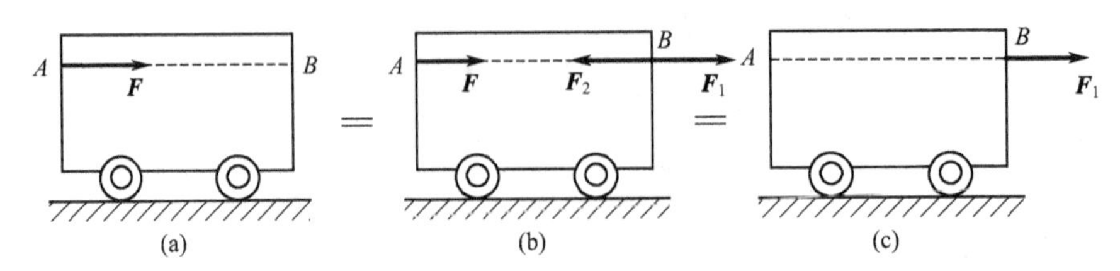

图 1-4 力的可传性

由力的可传性原理可以看出，作用于刚体上的力的三要素为：力的大小、方向和力的作用线位置，不再强调力的作用点。

公理三 力的平行四边形公理

作用于物体上同一点的两个力，其合力也作用在该点上，合力的大小和方向由以这两个力为邻边所作的平行四边形的对角线确定，如图 1-5 所示。

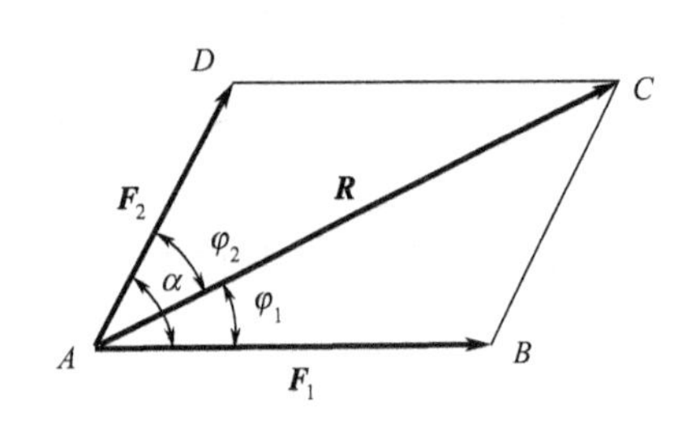

图 1-5 力的平行四边形法则

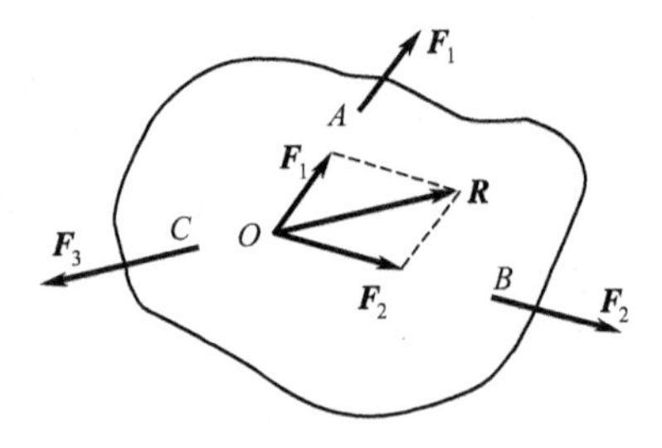

图 1-6 三力汇交

这个公理也称为平行四边形法则，根据这个公理作出的平行四边形，称为力平行四边形。力的合成法则可写成矢量式

$$\boldsymbol{R}=\boldsymbol{F}_1+\boldsymbol{F}_2$$

该公理说明了力的可加性，它是力系合成的依据，也是力分解的法则。在实际问题中，常将合力沿两个互相正交的方向分解为两个分力，称为合力的正交分解。

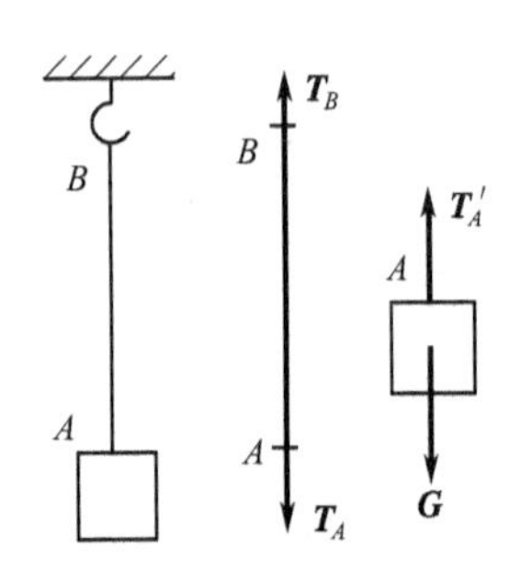

图 1-7 作用力与反作用力

推论 三力平衡汇交定理

当刚体受同一平面内互不平行的三个力作用而平衡时，此三力的作用线必汇交于一点。如图 1-6 所示，刚体受到三个互不平行的力 $\boldsymbol{F}_1$、$\boldsymbol{F}_2$ 和 $\boldsymbol{F}_3$ 的作用，当刚体处于平衡时，三力的作用线必汇交于 O 点，读者可自行证明。

公理四 作用力与反作用力公理

两物体相互作用时，作用力与反作用力总是同时存在的，其大小相等、方向相反、沿同一直线，分别作用在这两个物体上（见图 1-7）。

任务 1.2　约束与约束反力的种类和受力分析

凡位移不受任何限制，可在空间作任意运动的物体称为自由体。通常，物体总是以各种形式与其他物体互相联系、互相制约，从而不能自由运动，这种运动受到限制而不能作任意运动的物体称为非自由体。对非自由体在某些方向上的位移起限制作用的周围物体称为约束。

约束对物体的作用，实际上是力的作用，它阻碍物体的运动。这种阻碍物体运动的力称为约束反力，简称反力。

物体除受约束反力外，还受其他一些力的作用，例如结构和机器中常见的重力、水压力、油压力、弹簧力和电磁力等。这些力促使物体的运动状态发生改变或使物体有改变运动状态的趋势，故称为主动力。而一般情况下，约束反力是由主动力的作用而引起的，因此，约束反力也称为被动力。在工程上，主动力通常是给定的或可测定的，而约束反力的大小一般都是未知的。确定未知的约束反力，是静力学的重要任务之一。

1.2.1　柔体约束

绳索、链条、胶带、钢丝绳等柔性物体形成的约束即为柔体约束。柔性物体只能承受拉力，不能承受压力和抵抗弯曲。作为约束，它只能限制被约束体沿其中心线伸长方向的运动，而无法阻止物体沿其他方向的运动。因此，柔体约束产生的约束反力，通过接触点沿着柔性体的中心线背离被约束物体。如图 1-8 所示为工作着的皮带。柔性体的约束反力常用 $\boldsymbol{T}$ 来表示。

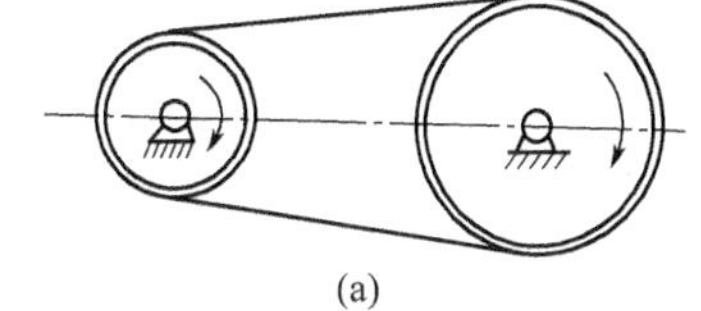

(a)

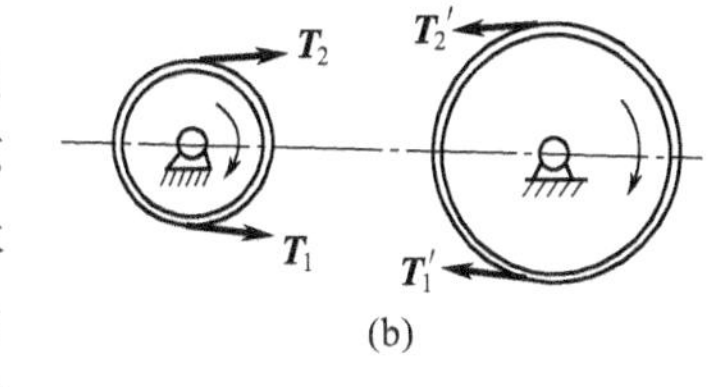

(b)

图 1-8　柔体约束

1.2.2　光滑面约束

若物体接触面上的摩擦力与其他力相比很小，则可以忽略不计，这样的接触面就认为是光滑的。光滑接触面不能限制物体沿接触面的切线方向的运动，而只能限制物体沿接触面公法线指向约束的运动。因此，光滑面约束反力的方向，为过接触点的公法线且指向被约束物体，如图 1-9 (a) 所示。机械中常见的啮合齿轮的齿面约束［见图 1-9 (b)］、V 形块对轴的约束［见图 1-9(c)］等，均可视为光滑面约束。该反力常用字母 $\boldsymbol{N}$ 表示。

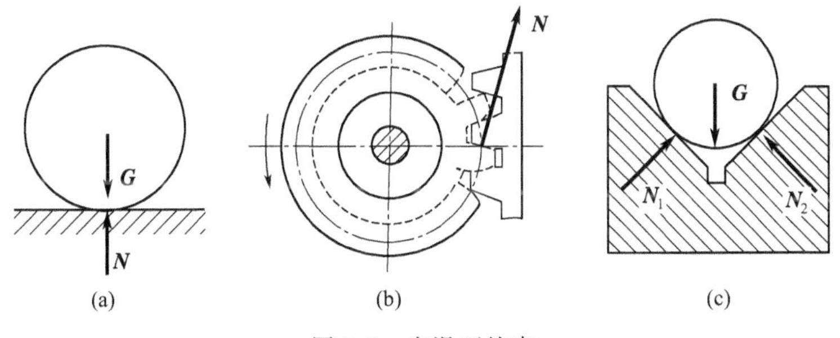

图 1-9　光滑面约束

1.2.3　光滑铰链约束

将两个构件在连接处钻上圆孔，用圆柱销连接起来便构成铰链。若不计摩擦，则可视为光滑铰链约束。该约束只能限制两个非自由体的相对径向移动，而不能限制它们相对转动，如图 1-10(a) 和 1-10(b) 所示。由于圆柱销与物体的圆孔表面都是光滑的，两者之间总有缝隙，物体受主动力作用后形成线接触，如图 1-11 所示，若把 K 视为接触点，根据光滑面约束反力的特点，销钉对物体的约束反力应沿接触点 K 处的公法线通过物体圆孔中心（即铰链中心），但因主动力的方向不能预先确定，接触点不能确定，所以约束反力的方向也不能预先确定，通常用通过铰链中心的两个正交分力来表示。光滑圆柱形销钉连接常有下面的两种类型。

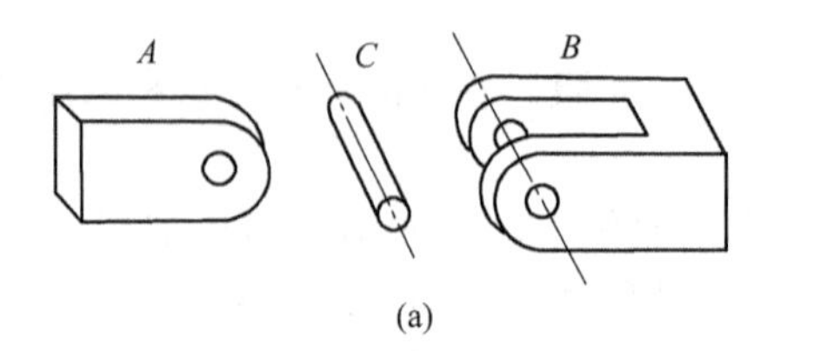

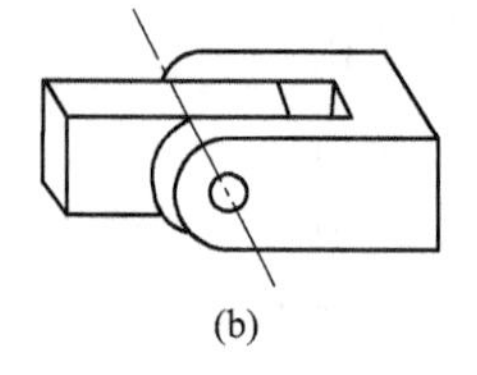

图 1-10　铰链约束

（1）固定铰链支座　起重机重臂 AB 的下端 A 用圆柱形销钉同机架相连接，如图 1-12 所示，即形成固定铰链支座。如图 1-13(a) 所示，钢桥架 A 端用固定铰链支座支承，其结构如图 1-13(b) 所示，它用铰链把钢桥架同固定支承面连接起来，其简图如图 1-13(c) 所示。

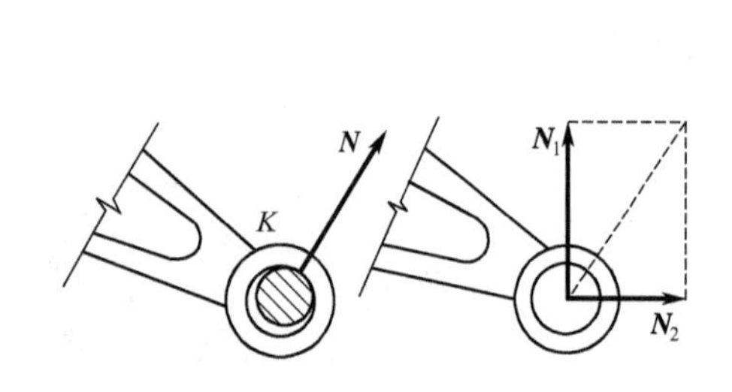

图 1-11　铰链约束力的表示

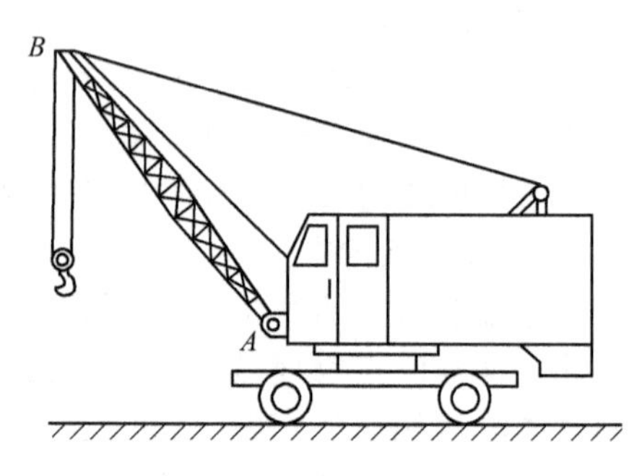

图 1-12　起重机的固定铰链支座

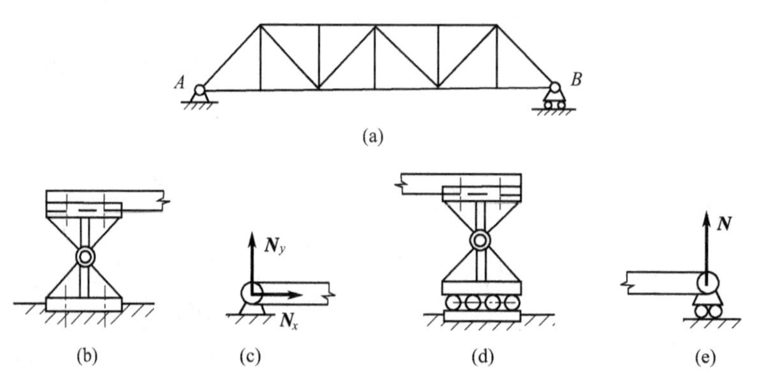

图 1-13　桥梁的铰链支座

（2）活动铰链支座　如果在支座和支承面之间有辊轴，就成为活动铰链支座，又称辊轴支座，如图 1-13(a) 所示的钢桥架的 B 端支座，其结构如图 1-13(d) 所示。由于活动铰链支座约束只能限制物体沿支承面法线方向的运动，因此其约束反力 N 的作用线通过销钉中心且垂直于支承面，其简图如图 1-13(e) 所示。

1.2.4 固定端约束

物体的一部分固嵌于另一物体所构成的约束，称为固定端约束。如车床刀架上的刀具［见图 1-14(a)］、卡盘上的工件［见图 1-14(b)］等都属于这种约束。固定端约束的构件可以用一端插入刚体内的悬臂梁来表示［见图 1-15(a)］，这种约束限制物体沿任何方向的移动和转动，其约束作用包括限制移动的两个正交约束反力 $\boldsymbol{F}_{AX}$、$\boldsymbol{F}_{AY}$ 和限制转动的约束反力矩 M_A［见图 1-15(c)］。

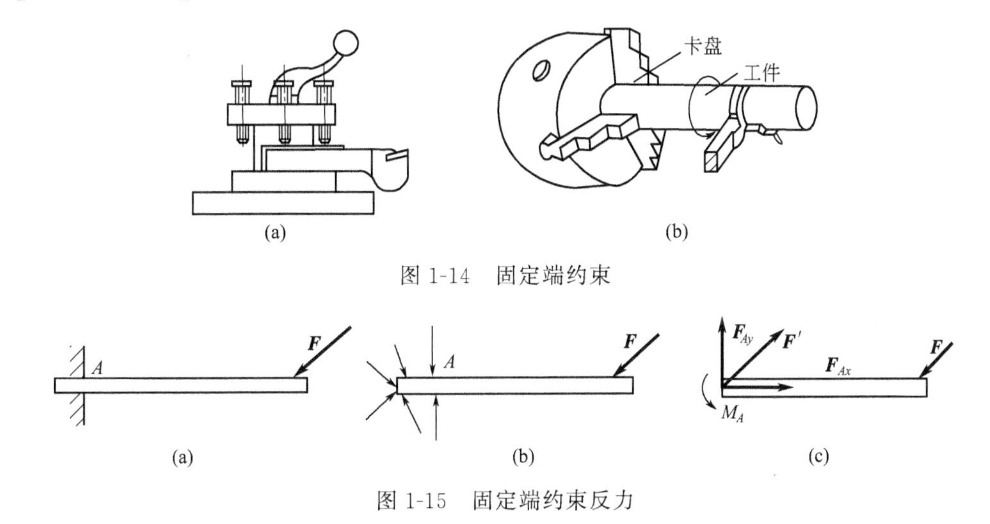

图 1-14 固定端约束

图 1-15 固定端约束反力

任务 1.3 物体的受力分析和受力图绘制

静力分析主要解决力系的简化和平衡问题，因此，必须会分析物体的受力情况并画出受力图。把所研究的物体解除全部约束，从周围的物体中分离出来进行研究，称为分离体或研究对象。将它所受的全部主动力和约束反力以力矢量表示在分离体上，这样所得到的图形，称为受力图。画受力图的步骤如下：

① 明确研究对象，解除约束，画出分离体简图；

② 在分离体上画出全部主动力；

③ 在分离体解除约束处，画出相应的约束反力。

④ 画完受力图后可利用物体的平衡条件进行检查。

下面通过具体实例讲解受力分析及作受力图的方法。

［实例 1-1］ 重量为 G 的小球放置在光滑的斜面上，并用一绳拉住，如图 1-16(a) 所示。试画出小球的受力图。

分析：这是典型物体的受力分析，应严格按照画受力图的步骤来进行：选择研究对象，画出分离体简图、画出全部主动力、画出约束反力，完成分析过程。

解：① 以小球为研究对象，解除斜面和绳的约束，画出分离体。

② 画主动力。小球受重力 $\boldsymbol{G}$，方向铅垂向下，作用于球心 O。

③ 画出全部约束反力。小球受到的约束有绳和斜面。绳为柔性约束，其约束反力 $\boldsymbol{T}$ 作用在 C 点，沿绳索背离小球；小球与斜面为光滑接触，斜面对小球的约束反力 $\boldsymbol{N}_B$ 作用在 B 点，垂直于斜面（沿公法线方向），并指向球心 O 点。小球受力图见图 1-16(b)。

［实例 1-2］ 重量为 $\boldsymbol{G}$ 的梯子 AB，搁在光滑的水平地面和铅垂墙上。在 D 点用水平绳索与墙相连，如图 1-17(a) 所示。试画出梯子的受力图。

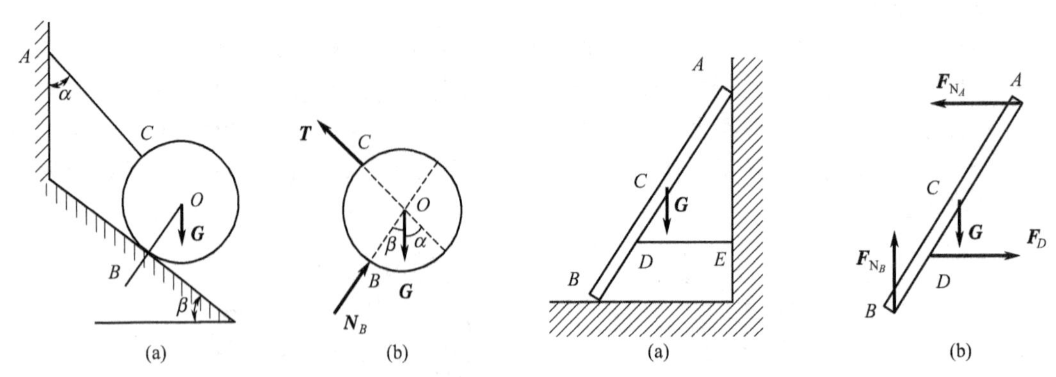

图 1-16　小球的受力分析　　图 1-17　梯子的受力分析

分析： 受力分析的过程和上题类似，按照画受力图的步骤来进行即可。

解： ① 以梯子为研究对象。将梯子从周围的物体中分离出来，画出分离体图。

② 画主动力。画出主动力即梯子的重力 $\boldsymbol{G}$，作用于梯子的中心，方向铅直向下。

③ 画出全部约束反力。画地面和墙对梯子的约束反力。根据光滑接触面约束的特点，B、A 处的约束反力 $\boldsymbol{F}_{\mathrm{N}_B}$ 和 $\boldsymbol{F}_{\mathrm{N}_A}$ 分别与地面和墙面垂直并指向梯子，绳索的约束反力 $\boldsymbol{F}_D$ 应沿着绳索的方向为一拉力。图 1-17(b) 所示即为梯子的受力图。

［实例 1-3］ 简支梁 AB 如图 1-18(a) 所示。A 端为固定铰链支座，B 端为辊轴支座，并放在倾角为 α 的支承斜面上。梁在 AC 段受到垂直于梁的均匀分布载荷的作用，单位长度上承受的力为 q（N/m）；梁在 D 点又受到与梁成 β 倾角的集中载荷 $\boldsymbol{Q}$ 作用。梁的自重不计。试画出梁的受力图。

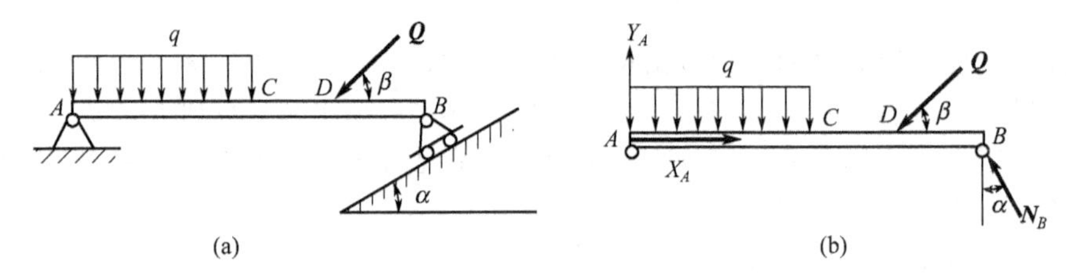

图 1-18　梁的受力分析

分析： 简支梁的受力分析通常选择的研究对象就是简支梁本身，受力分析的过程、方法和前面例题类似。

解： ① 选梁为研究对象，画其分离体图。

② 画主动力，有均布载荷 q 和集中载荷 $\boldsymbol{Q}$。

③ 画约束反力。梁在 A 端为固定铰链支座，约束反力可以用两个正交分力 X_A、Y_A 来表示；B 端为辊轴支座，其约束反力 $\boldsymbol{N}_B$ 通过铰心而垂直于斜支承面。梁的受力图如图 1-18(b) 所示。

［实例 1-4］ 如图 1-19(a) 所示，水平梁 AB 用斜杆 CD 支撑，A、D、C 三处均为圆柱铰链连接。水平梁的重力为 $\boldsymbol{G}$，其上放置一个重为 $\boldsymbol{Q}$ 的电机。如斜杆 CD 所受的重力不计，试画出斜杆 CD 和水平梁 AB 的受力图。

分析： 此类梁的受力分析通常选择多个梁作为研究对象来逐一进行，分析方法和前面例题类似。

解： ①斜杆 CD 的受力图。如图 1-19(b) 所示，将斜杆解除约束作为分离体。该杆的两端均为圆柱铰链约束，在不计斜杆自重的情况下，它只受到杆端两个约束反力 $\boldsymbol{R}_C$ 和 $\boldsymbol{R}_D$ 的

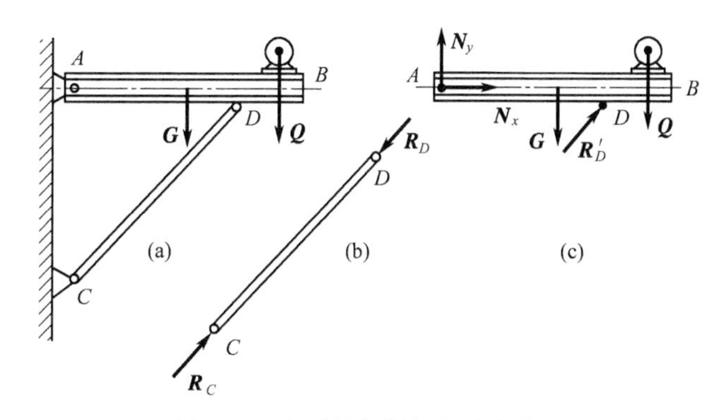

图 1-19　水平梁与斜杆的受力分析

作用而处于平衡状态，故 CD 杆为二力杆。根据二力杆的特点，斜杆两端的约束反力 $\boldsymbol{R}_C$ 和 $\boldsymbol{R}_D$ 的方位必沿两端点 C、D 的连线且等值、反向。又由图可断定斜杆是处在受压状态，所以约束反力 $\boldsymbol{R}_C$ 和 $\boldsymbol{R}_D$ 的方向均指向斜杆。

② 水平梁 AB 的受力图。如图 1-19(c) 所示，将水平梁 AB 解除约束作为分离体（包括电机）。作用在该梁上的主动力有梁和电机的自重 $\boldsymbol{G}$ 和 $\boldsymbol{Q}$。梁在 D、A 两处受到约束，D 处有约束反力 $\boldsymbol{R}'_D$ 与二力杆上的力 R_D 互为作用力与反作用力，所以 $\boldsymbol{R}'_D$ 的方向必沿 CD 杆的轴线并指向水平梁。A 处为固定铰链，其约束反力一定通过铰链中心 A，但方向不能预先确定，一般可用相互垂直的两个分力 $\boldsymbol{N}_x$ 和 $\boldsymbol{N}_y$ 表示。

本项目案例工作任务解决方案步骤：

① 取屋架为研究对象。

② 分析主动力。作用在屋架上的主动力有重力及均布的风力。

③ 分析约束反力。固定铰约束力通过铰链中心 A，但方向不能确定，以 $\boldsymbol{F}_{A_x}$ 和 $\boldsymbol{F}_{A_y}$ 表示。滚动支座的约束力 $\boldsymbol{F}_{N_B}$ 垂直向上。

④ 画出屋架受力图。

同学们利用所学知识自行解决任务。

项目能力知识结构总结

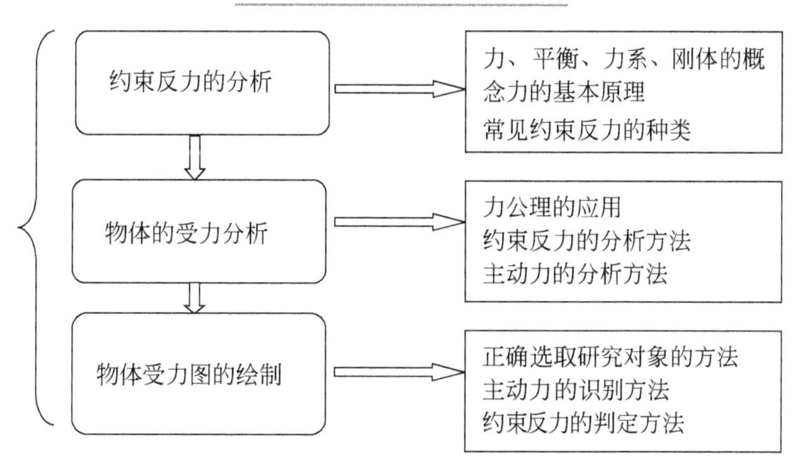

思考与训练

1-1 试画出图中每个标注符号的构件（如 A、B、AB 等）的受力图。设各接触面均为光滑面，未标重力的构件的质量不计。

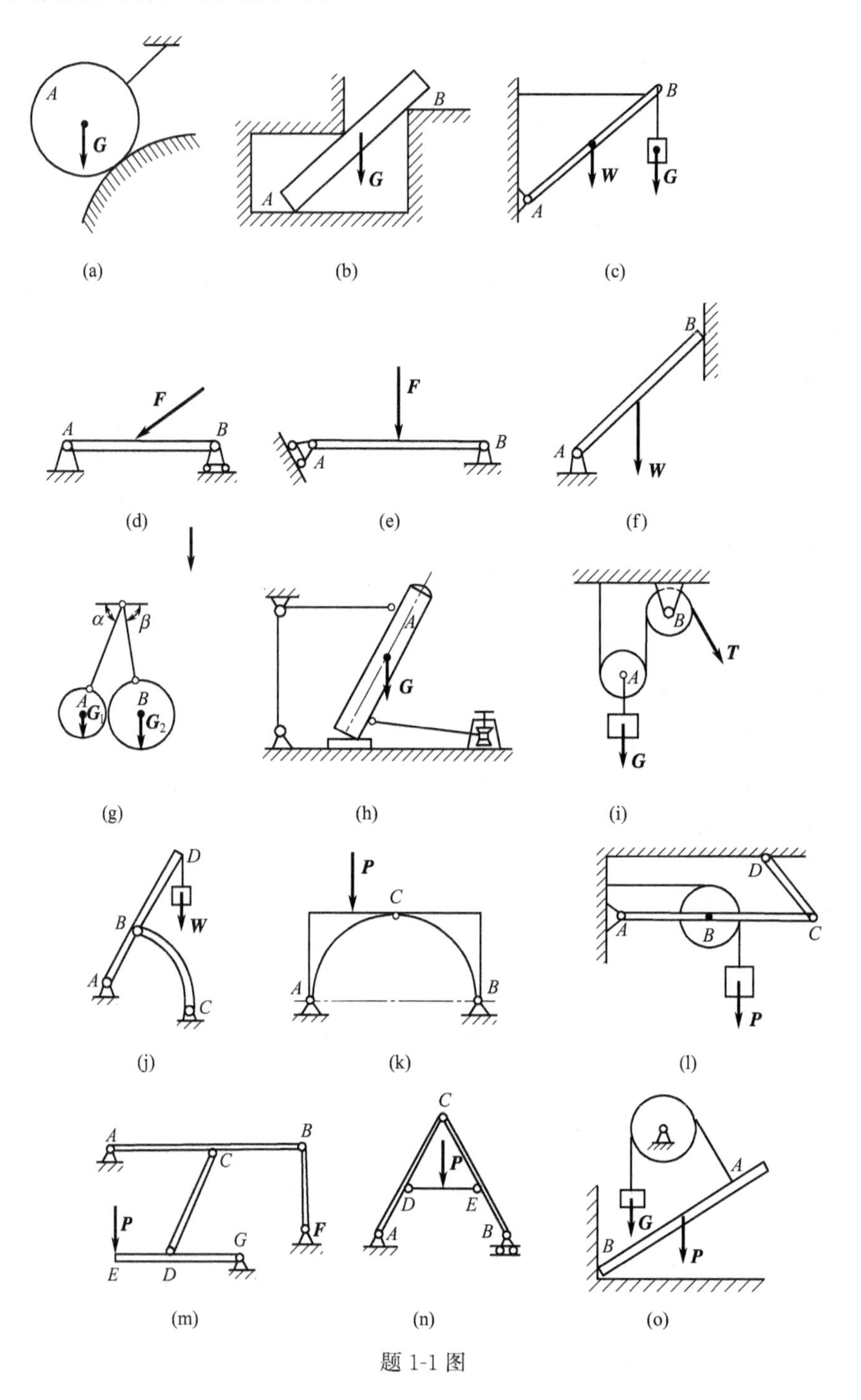

题 1-1 图

1-2 什么是刚体？静力学中为什么要引入刚体这个概念？

1-3 二力平衡公理和作用与反作用公理有何不同？

1-4 合力一定比分力大吗？

1-5　什么叫二力杆？若在图中各杆自重不计，各接触处的摩擦不计，试指出哪些是二力杆？

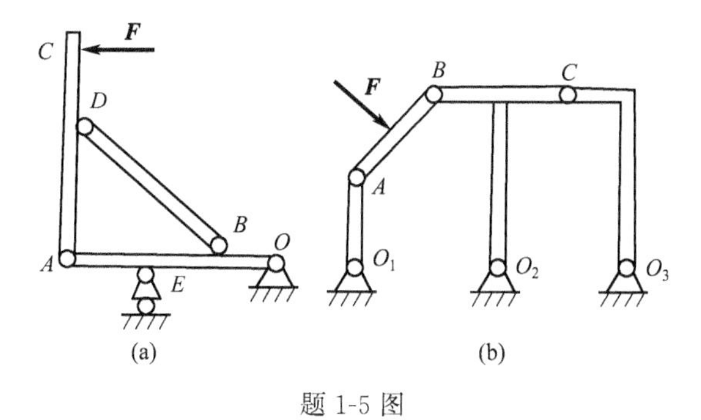

题 1-5 图

项目 2 平面力系分析及平衡问题

◆ [能力目标]

会计算力矩和力偶

会用解析法计算平面汇交力系的合力

会建立平面汇交力系的平衡方程

会建立平面一般力系的平衡方程

会简单分析考虑摩擦的平面力系

◆ [工作任务]

学习平面力系的分类

掌握力矩和力偶的计算

掌握平面汇交力系平衡方程的应用

了解平面一般力系平衡方程的应用、考虑摩擦的平面力系分析

了解静定与静不定的问题

案例导入 

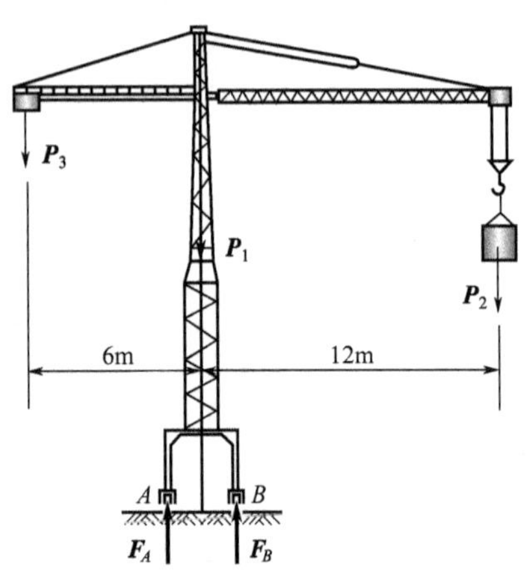

图 2-1 塔式起重机的平衡

案例任务描述

塔式起重机如图 2-1 所示。机架重 $\boldsymbol{P}_1$，作用线通过塔架的中心。最大起重量 $\boldsymbol{P}_2$，最大悬臂长为 12m，轨道 AB 的间距为 4m。平衡重 $\boldsymbol{P}_3$ 到机身中心线距离为 6m。（1）保证起重机在满载和空载时都不致翻倒，如何确定平衡重 $\boldsymbol{P}_3$？（2）当已知平衡重 $\boldsymbol{P}_3$ 时，如何确定满载时轨道 A、B 的约束反力？

解决任务思路

解决该塔式起重机的平衡问题，首先要对系统进行受力分析，根据已知力 $\boldsymbol{P}_1$、$\boldsymbol{P}_2$，利用平面汇交力系的平衡方程式求出未知力 $\boldsymbol{P}_3$、轨道 A、B 的约束反力 $\boldsymbol{F}_A$、$\boldsymbol{F}_B$，这样可以保证起重机在满载和空载时都不致翻倒。

任务 2.1 平面力系概述及分类

静力学研究作用于刚体上的力系的简化和力系的平衡问题。为了便于研究，根据力系中各力的作用线的分布情况，将力系分为**平面力系**和**空间力系**两大类。凡各力作用线都在同一平面内的力系称为**平面力系**，各力作用线不完全在同一平面内的力系称为**空间力系**。平面力系又可进一步分为：力系中各力作用线汇交于同一点的**平面汇交力系**；力系中各力作用线相

互平行的**平面平行力系**；由同平面内的若干力偶组成的**平面力偶系**；力系中各力作用线既不交于一点、也不互相平行的**平面任意力系**等。

本任务主要介绍力系的简化、平衡条件和平衡方程，着重讨论平衡方程的应用和物体系统平衡问题的解法，最后介绍考虑摩擦时平衡问题的解法。

任务 2.2 平面汇交力系分析及平衡计算

2.2.1 平面汇交力系的合成

静力分析的主要问题是力系的合成与平衡。力系有各种不同的类型，其合成结果和平衡条件也各不相同。按照力系中各力是否在同一平面，可将力系分为平面力系和空间力系两类；按照力系中各力是否相交或平行，力系又可分为汇交力系、平行力系和任意力系。本任务主要研究平面汇交力系的合成与平衡问题。如图 2-2 所示挂钩所受的力系为平面汇交力系。

2.2.1.1 力在坐标轴上的投影

如图 2-3 所示，若将力 $\boldsymbol{F}$ 沿 x、y 轴方向分解，则得两分力 $\boldsymbol{F}_x$、$\boldsymbol{F}_y$。力 $\boldsymbol{F}$ 在 x、y 轴上的分力大小为：

$$\left.\begin{aligned} F_x &= F\cos\alpha = ab \\ F_y &= F\sin\alpha = a'b' \end{aligned}\right\} \tag{2-1}$$

式中，α 是力 $\boldsymbol{F}$ 与 x 轴正向间的夹角。

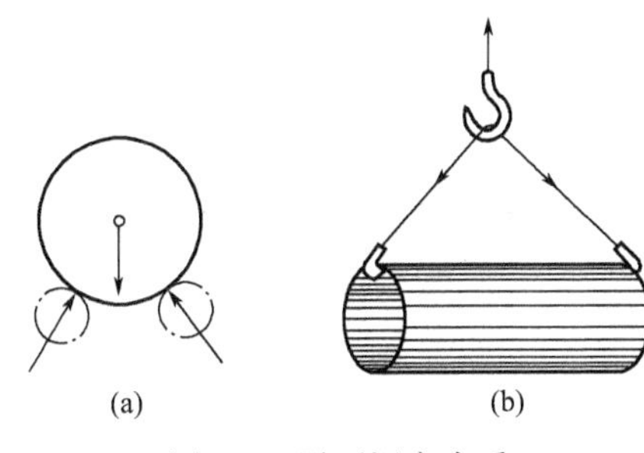

图 2-2 平面汇交力系

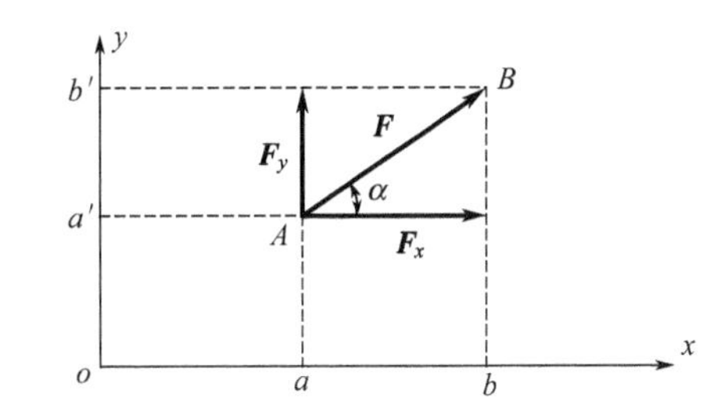

图 2-3 力在坐标轴上的投影

由此可知，力在坐标轴上的投影，其大小就等于此力沿该轴方向分力的大小。力的分力是矢量，而力在坐标轴上的投影是代数量，其正负规定如下：若此力沿坐标轴的分力的指向与坐标轴一致，则力在该坐标轴上的投影值为正，反之为负。在图 2-3 中，力 $\boldsymbol{F}$ 在 x、y 轴的投影均为正值，图 2-4 中各力投影的正负，读者可自行判断。

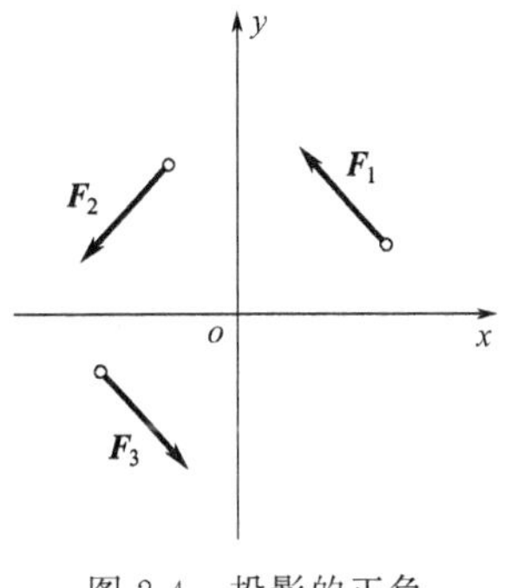

图 2-4 投影的正负

若已知力 $\boldsymbol{F}$ 在坐标轴上的投影 F_x、F_y，则力 $\boldsymbol{F}$ 的大小和方向可按下式求出

$$\left.\begin{aligned} F &= \sqrt{F_x^2 + F_y^2} \\ \tan\alpha &= \frac{F_y}{F_x} \end{aligned}\right\} \tag{2-2}$$

式中，α 为力 $\boldsymbol{F}$ 与 x 轴正向间的夹角。力 $\boldsymbol{F}$ 的指向由 F_x、F_y 的正负号判定。

2.2.1.2 平面汇交力系的合成

设刚体上作用着汇交的两个力 $\boldsymbol{F}_1$、$\boldsymbol{F}_2$，则其合力 $\boldsymbol{F}$ 可由平行四边形 $ABCD$ 的对角线 AD 表示，如图 2-5(a) 所示。图中$\overline{AB} = \boldsymbol{F}_1$，$\overline{AC} = \boldsymbol{F}_2$，$\overline{AD} = \boldsymbol{F}$，各力在 x 轴上的投影分别

为 $F_{1x}=ab$ ；$F_{2x}=ac$；合力 **F** 在 x 轴上的投影为 $F_x=ad$。

由图可知，力系的合力 **F** 在 x 轴上的投影与各分力在同一轴上的投影之间的关系为

$$ad=ab+bd=ab+ac$$

即

$$F_x=F_{1x}+F_{2x}$$

同理，合力 **F** 与各分力在 y 轴上的投影之间的关系为

$$F_y=F_{1y}+F_{2y}$$

在图 2-5(b) 中，上述关系仍然存在，但投影的正负不一定完全相同，应根据具体情况确定，运算时应特别注意。

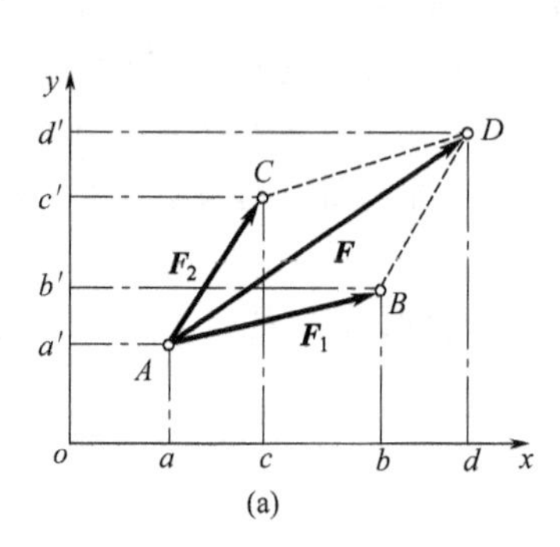

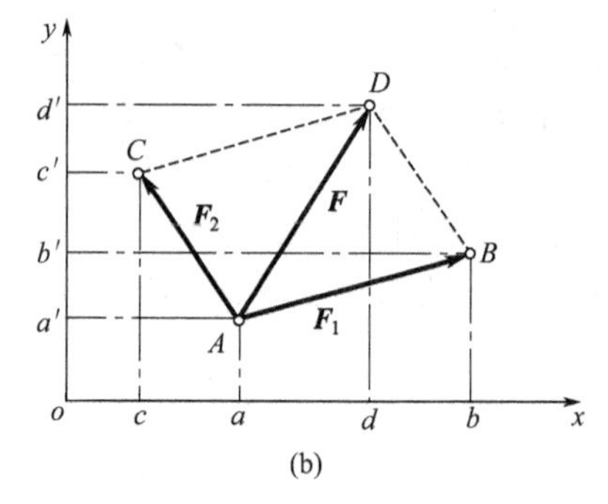

图 2-5　合力与分力的投影关系

若平面汇交力系中有任意个力 $\boldsymbol{F}_1$，$\boldsymbol{F}_2$，$\boldsymbol{F}_3$，…，$\boldsymbol{F}_n$，应用上述关系则有

$$\left.\begin{aligned}F_x=F_{1x}+F_{2x}+\cdots+F_{nx}=\sum F_x\\F_y=F_{1y}+F_{2y}+\cdots+F_{ny}=\sum F_y\end{aligned}\right\}\tag{2-3}$$

即合力在任一坐标轴上的投影，等于各分力在同一坐标轴上投影的代数和，这一关系称为合力投影定理。

由投影 F_x、F_y 即可按式(2-2) 求出合力 **F** 的大小：

$$\left.\begin{aligned}F=\sqrt{F_x^2+F_y^2}=\sqrt{\sum F_x^2+\sum F_y^2}\\\tan\alpha=\frac{F_y}{F_x}=\frac{\sum F_y}{\sum F_x}\end{aligned}\right\}\tag{2-4}$$

合力 **F** 的方向由 F_x、F_y的正负决定。

2.2.2　平面汇交力系平衡方程及应用

若平面汇交力系的合力为零，则该力系将不引起物体运动状态的改变，即该力系是平衡力系。从式(2-4) 可知，平面汇交力系保持平衡的必要条件是

$$F=\sqrt{(\sum F_x)^2+(\sum F_y)^2}=0$$

即

$$\left.\begin{aligned}\sum F_x=0\\\sum F_y=0\end{aligned}\right\}\tag{2-5}$$

[实例 2-1]　如图 2-6(a) 所示，储罐架在砖座上，罐的半径 $r=0.5$m，重力 $G=12$kN，两砖座间距离 $L=0.8$m。不计摩擦，试求砖座对储罐的约束反力。

分析：首先应选择储罐为研究对象，进行受力分析，画受力图，然后运用平面汇交力系平衡方程来求解。

解：① 取储罐为研究对象，画受力图。砖座对储罐的约束是光滑面约束，故约束反力 $\boldsymbol{N}_A$和 $\boldsymbol{N}_B$的方向应沿接触点的公法线指向储罐的几何中心 O 点，它们与 y 轴的夹角设为 θ。

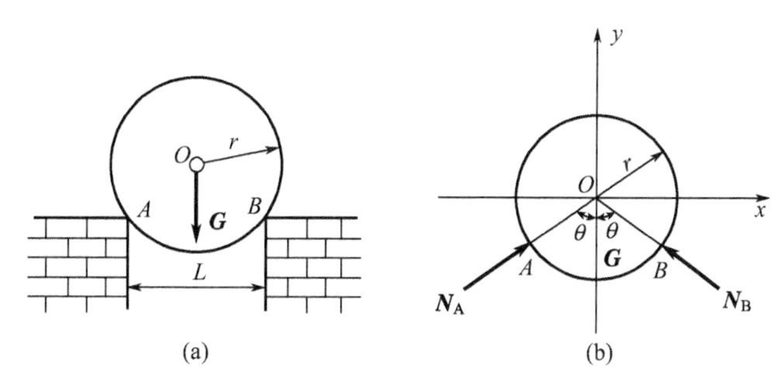

图 2-6 砖座上的储罐

G、$\boldsymbol{N}_A$、$\boldsymbol{N}_B$ 三个力组成平面汇交力系，如图 2-6(b) 所示。

② 选取坐标 xOy 如图示，列平衡方程求解

$$\sum F_x=0,\ N_A\sin\theta-N_B\sin\theta=0 \qquad (\text{Ⅰ})$$

$$\sum F_y=0,\ N_A\cos\theta+N_B\cos\theta-G=0 \qquad (\text{Ⅱ})$$

解式(Ⅰ)得

$$N_A=N_B$$

由图中几何关系可知

$$\sin\theta=\frac{\frac{L}{2}}{r}=\frac{\frac{0.8}{2}}{0.5}=0.8$$

所以

$$\theta=53.13°$$

代入式(Ⅱ)得

$$N_A=N_B=\frac{G}{2\cos\theta}=\frac{12}{2\cos53.13°}=10\ (\text{kN})$$

任务 2.3 平面力矩和力偶的平衡计算

2.3.1 力矩

力对物体的作用效应，除移动效应外，还有转动效应。如图 2-7 所示，用扳手拧螺母时，作用于扳手一端的力 **F** 能使螺母绕 O 点转动。由经验可知，拧动螺母的作用不仅与力 **F** 的大小有关，而且与转动中心（O 点）到力 **F** 的作用线的距离 d 有关。**F** 与 d 的乘积越大，转动效应越强，螺母就越容易拧紧。另外，转动方向不同，效应也不同。类似的实例还很多。因此，在力学上用 **F** 与 d 的乘积及其转向来度量力 **F** 使物体绕 O 点转动的效应，称为力 **F** 对 O 点之矩，简称力矩，以符号 $M_O(\boldsymbol{F})$ 表示，即

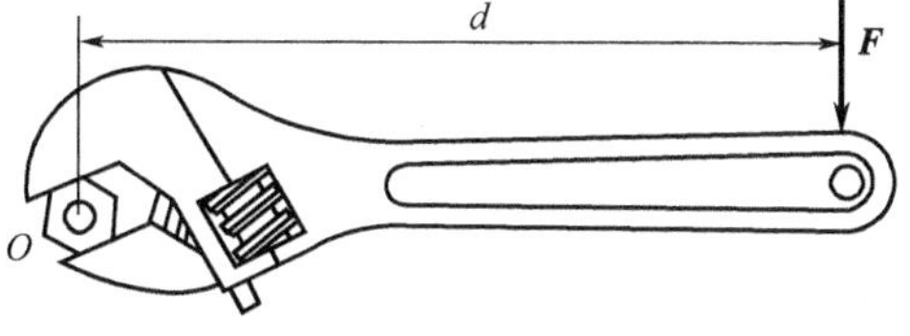

图 2-7 力对点之矩

$$M_O(\boldsymbol{F})=\pm Fd \qquad (2\text{-}6)$$

式(2-6) 中，O 点称为力矩中心，简称矩心；O 点到力 **F** 作用线的垂直距离 d 称为力臂。式中正负号表示两种不同的转向。通常规定：使物体产生逆时针旋转的力矩为正值；反之为负值。力矩的单位是牛顿·米（N·m）或千牛顿·米（kN·m）。

前已述及，力矩是度量力对物体的转动效应的物理量，而合力与分力是等效的，故可证明：由分力 $\boldsymbol{F}_1$，$\boldsymbol{F}_2$，$\boldsymbol{F}_3$，…，$\boldsymbol{F}_n$ 组成的合力 **F** 对某点 O 的力矩等于各分力对同一点力矩的代数和。这就是合力矩定理。

即若
$$\boldsymbol{F}=\boldsymbol{F}_1+\boldsymbol{F}_2+\boldsymbol{F}_3+\cdots+\boldsymbol{F}_n$$

则
$$M_O(\boldsymbol{F})=M_O(\boldsymbol{F}_1)+M_O(\boldsymbol{F}_2)+\cdots+M_O(\boldsymbol{F}_n)=\sum M_O(\boldsymbol{F}) \tag{2-7}$$

合力矩定理不仅适用于平面汇交力系，对任何有合力的力系均成立。

在力矩的计算中，有时力臂不易确定，力矩很难直接求出。但如果将力进行适当分解，各分力力矩的计算就非常容易，所以应用合力矩定理可以简化力矩的计算。

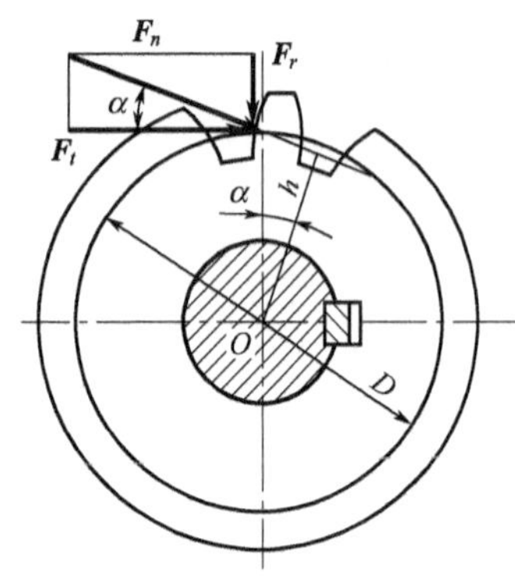

图 2-8　齿轮上的力矩

由力矩定义可知，力矩具有以下性质。

① 当力的作用线通过矩心时，力臂为零，力矩也为零，即该力不能使物体绕矩心转动。

② 当力沿其作用线移动时，不改变该力对任一点之矩。

③ 等值、反向、共线的两个力对任一点之矩总是大小相等、方向相反，因此，两者的代数和恒等于零。

④ 矩心的位置可任意选定，即力可以对其作用平面内的任意点取矩，矩心不同，所求的力矩的大小和转向就可能不同。

［实例 2-2］ 圆柱直齿轮传动中，轮齿啮合面间的作用力为 $\boldsymbol{F}_n$，如图 2-8 所示。已知 $\boldsymbol{F}_n=500\text{N}$，$\alpha=20°$，节圆半径 $r=D/2=150\text{mm}$，试计算齿轮的传动力矩。

分析： 应用合力矩定理来解题。

解： 应用合力矩定理

$$\sum M_O(\boldsymbol{F}_n)=\sum M_O(\boldsymbol{F}_t)+\sum M_O(\boldsymbol{F}_r)=-F_n\cos\alpha r+0=-500\text{N}\times\cos20°\times0.15\text{m}$$
$$=-70.48\ (\text{N}\cdot\text{m})$$

2.3.2　力偶

力学中，把作用在同一物体上大小相等、方向相反、作用线平行的一对平行力称为力偶，记作 $(\boldsymbol{F}_1,\boldsymbol{F}_2)$，力偶中两个力的作用线间的距离 d 称为力偶臂，两个力所在的平面称为力偶的作用面。如图 2-9 中的 F_1 和 F_2 构成引-对力偶。

图 2-9　力偶作用实例

力偶对物体的转动效应，随力 $\boldsymbol{F}$ 的大小或力偶臂 d 的增大而增强。因此，可用二者的乘积 Fd 并加以适当的正负号所得的物理量来度量力偶对物体的转动效应（见图 2-10），称之为力偶矩，记作 $m(\boldsymbol{F}_1,\boldsymbol{F}_2)$ 或 m，即

$$m(\boldsymbol{F}_1,\boldsymbol{F}_2)=\pm Fd \tag{2-8}$$

力偶矩的单位也与力矩相同，为 N·m 或kN·m。

根据力偶的概念可以证明，力偶具有以下性质。

① 力偶在任意轴上的投影恒等于零，故力偶无合力，不能与一个力等效，也不能用一

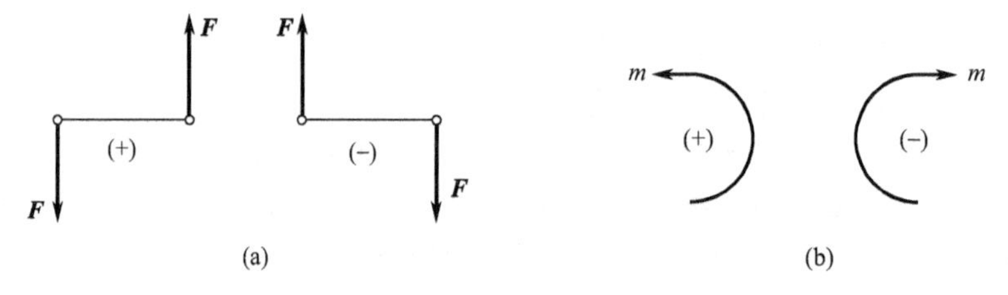

图 2-10　力偶的转向

个力来平衡。因此，力偶只能用力偶来平衡。可见，力偶和力是组成力系的两个基本物理量。

② 力偶对其作用面内任意一点之矩，恒等于其力偶矩，而与矩心的位置无关。这是力偶与力矩的本质区别之一。

③ 凡是三要素相同的力偶，彼此等效，可以相互代替。此即力偶的等效性。

根据力偶的等效性，可得出以下两个推论。

推论一 力偶对刚体的转动效应与它在作用面内的位置无关，力偶可以在其作用面内任意移动或转动，而不改变它对刚体的效应。

推论二 在保持力偶矩的大小和转向不变的情况下，可同时改变力偶中力的大小和力偶臂的长短，而不改变它对刚体的效应。

2.3.3 平面力偶系的合成及平衡

作用于同一物体上的若干个力偶组成一个力偶系，若力偶系中各力偶均作用在同一平面，则称为平面力偶系。

既然力偶对物体只有转动效应，那么，平面内有若干个力偶同时作用时（平面力偶系），也只能产生转动效应，且其转动效应的大小等于各力偶转动效应的总和，而且转动效应由力偶矩来度量。可以证明：平面力偶系合成的结果为一合力偶，其合力偶矩等于各分力偶矩的代数和。即

$$M=m_1+m_2+\cdots+m_n \tag{2-9}$$

$$M=\sum m=0 \tag{2-10}$$

［**实例 2-3**］ 如图 2-11 所示，某物体受三个共面力偶的作用，已知 $F_1=9\text{kN}$，$d_1=1\text{m}$，$F_2=6\text{kN}$，$d_2=0.5\text{m}$，$m_3=-12\text{kN}\cdot\text{m}$，求其合力偶。

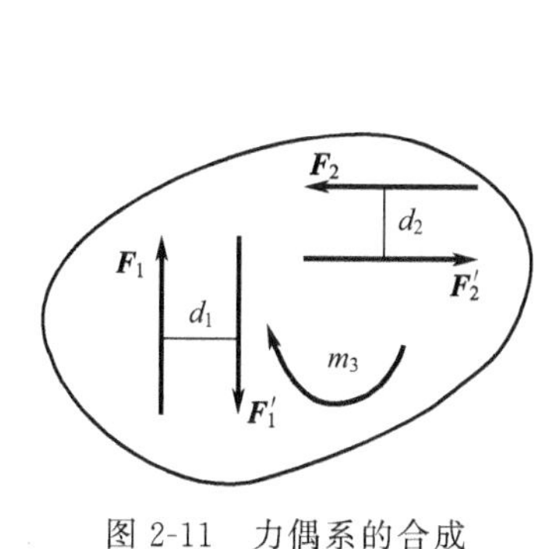

图 2-11 力偶系的合成

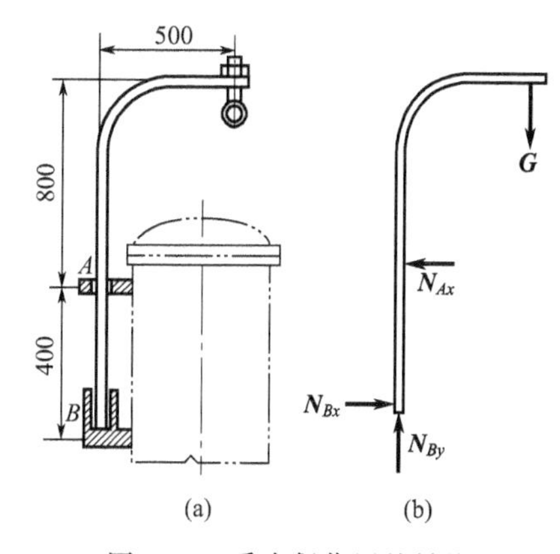

图 2-12 受力偶作用的吊柱

解：由式(2-8) 得

$$m_1=-F_1d_1=-9\times1=-9\ (\text{kN}\cdot\text{m})$$

$$m_2=F_2d_2=6\times0.5=3\ (\text{kN}\cdot\text{m})$$

故合力偶矩为

$$M=m_1+m_2+m_3=-9+3-12=-18\ (\text{kN}\cdot\text{m})$$

因此，此力偶系的合力偶的转向为顺时针、力偶矩大小为 18kN·m。

［**实例 2-4**］ 图 2-12(a) 为塔设备上使用的吊柱，供起吊顶盖之用。吊柱由支承板 A 和支承托架 B 支承，吊柱可在其中转动。图中尺寸单位为 mm。已知起吊顶盖重力为 1000N，试求起吊顶盖时，吊柱 A、B 两支承处受到的约束反力。

分析： 首先应取吊柱为研究对象进行受力分析，画受力图；然后根据平面力偶系的平衡原理求出支承处受到的约束反力。

解： ①以吊柱为研究对象，支承板 A 对吊柱的作用可简化为向心轴承，它只能阻止吊柱沿水平方向的移动，故该处只有一个水平方向的反力 $\boldsymbol{N}_{Ax}$。支承托架 B 可简化为一个固定铰链约束，它能阻止吊柱铅垂向下、水平两个方向的移动，故该处有一个铅垂向上的反力 $\boldsymbol{N}_{By}$，一个水平反力 $\boldsymbol{N}_{Bx}$。画出吊柱的受力图如图 2-12(b) 所示。

② 吊柱上共有四个力作用，其中 $\boldsymbol{G}$ 和 $\boldsymbol{N}_{By}$ 是两个铅垂的平行力，$\boldsymbol{N}_{Ax}$、$\boldsymbol{N}_{Bx}$ 是两个水平的平行力，由于吊柱处于平衡状态，它们必互成平衡力偶。

由力偶（$\boldsymbol{G}$，$\boldsymbol{N}_{By}$）可知 $\boldsymbol{N}_{By}$ 的大小为

$$N_{By}=G=1000\text{N}$$

由 $\sum m=0$ 得

$$-G\times500+N_{Ax}\times400=0$$

所以

$$N_{Ax}=\frac{1000\times500}{400}=1250\ (\text{N})$$

$$N_{Bx}=N_{Ax}=1250\ (\text{N})$$

任务 2.4 平面任意力系分析及平衡计算

2.4.1 力的平移定理

有了力偶的概念以后，下面进一步讨论力的平移问题。由前可知，在刚体内，力沿其作用线移动，其作用效应不变。如果将力的作用线平行移动到另一位置，其作用效应又如何？经验告诉我们，力的作用线平移后，将改变原力对物体的作用效果。例如图 2-13 所示，当力 $\boldsymbol{F}$ 作用于 A 点并通过其轴心 O 时，轮不转动，而力 $\boldsymbol{F}$ 的作用线平移至 B 点后，轮则转动。显然，力的作用线从 A 点平移到 B 点后，其效应发生了改变。

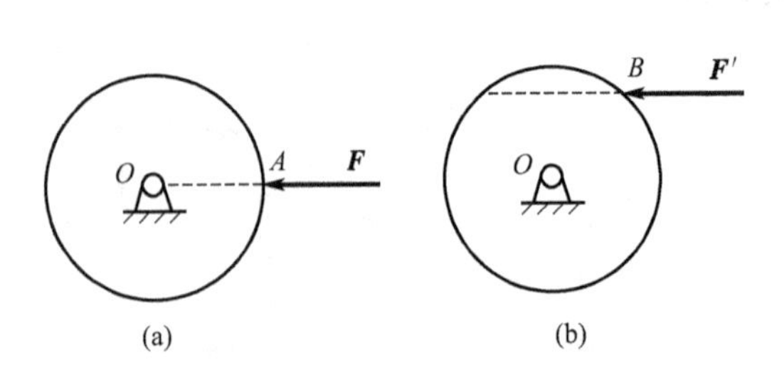

图 2-13 力的平移

可见，力的作用线平移后，要保证其效应不变，应附加一定的条件。可以证明，将作用于刚体上的力，平移到刚体上任意一点，必须附加一个力偶才能与原力等效，附加力偶的力偶矩等于原力对新作用点之矩，此即力的平移定理。

如图 2-14 所示，设有一力 $\boldsymbol{F}$ 作用在物体上的 A 点，欲将其平移到平面内任意一点 O，可假想在 O 点施加一对与 $\boldsymbol{F}$ 平行且等值的平衡力 $\boldsymbol{F}_1$ 和 $\boldsymbol{F}_2$，根据加减平衡力系公理，力系 $\boldsymbol{F}$、$\boldsymbol{F}_1$、$\boldsymbol{F}_2$ 与力 $\boldsymbol{F}$ 等效，而其中的 $\boldsymbol{F}$ 和 $\boldsymbol{F}_1$ 是一个力偶矩 m 等于 $\boldsymbol{F}$ 对 O 点之矩的力偶，因此，原力 $\boldsymbol{F}$ 就与作用于 O 点的平移力 $\boldsymbol{F}_2$ 和附加力偶 m 的联合作用等效。

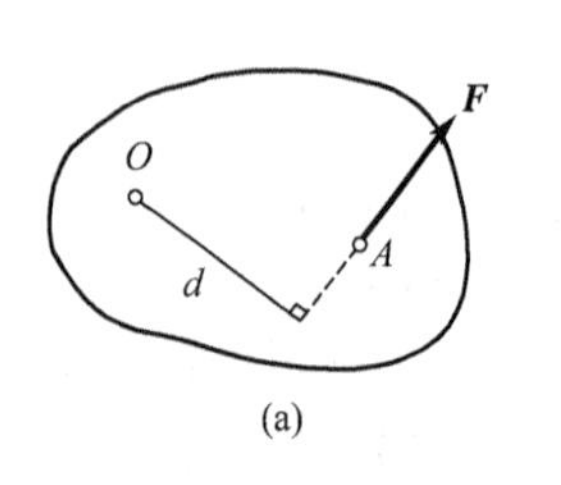

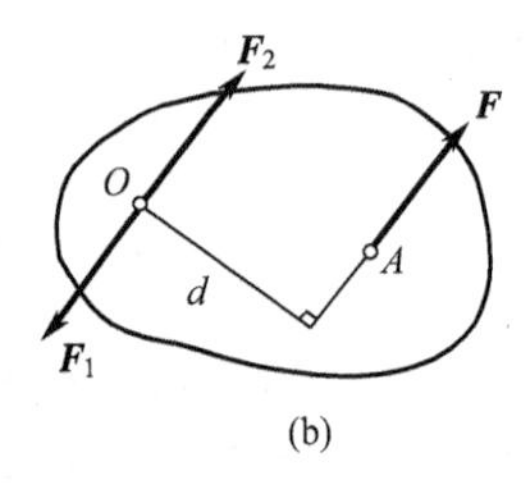

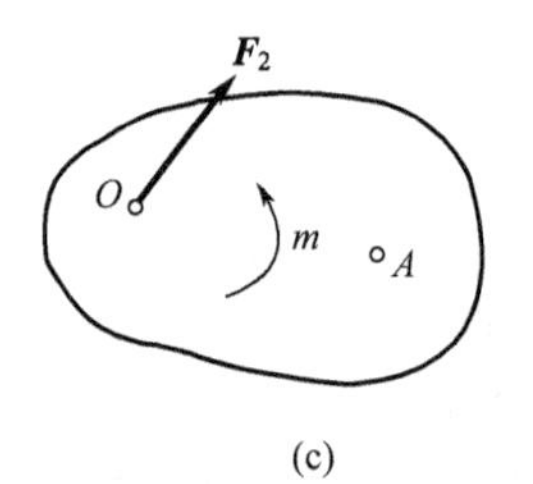

图 2-14 力的平移定理

力的平移定理适用于刚体，它不仅是一般力系简化的依据，而且也是分析力对物体作用效应的一个重要方法，能解释许多工程上和生活中的现象。例如，用丝锥攻丝时，为什么单手操作时容易断锥或攻偏；打乒乓球时，为什么搓乒乓球能使球旋转等。读者可自行分析。

2.4.2　平面任意力系向一点的简化

2.4.2.1　平面任意力系向作用面内任一点的简化

作用于刚体上的平面任意力系 $\boldsymbol{F}_1$，$\boldsymbol{F}_2$，…，$\boldsymbol{F}_n$，如图 2-15(a) 所示，力系中各力作用点分别为 A_1，A_2，…，A_n。在平面内任取一点 O，称为简化中心。根据力的平移定理，将力系中各力平移至 O 点，得到一个作用于 O 点的平面汇交力系 $\boldsymbol{F}_1'$，$\boldsymbol{F}_2'$，…，$\boldsymbol{F}_n'$，和一个由各个附加力偶组成的平面力偶系 M_1，M_2，…，M_n，且 $M_1=M_O(\boldsymbol{F}_1)$，$M_2=M_O(\boldsymbol{F}_2)$，…，$M_n=M_O(\boldsymbol{F}_n)$，如图 2-15(b) 所示。

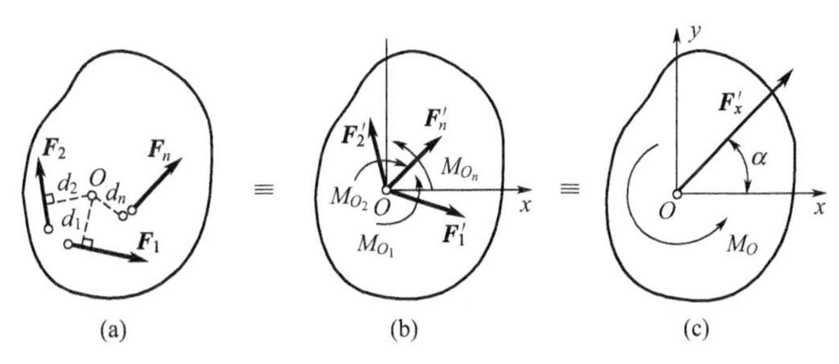

图 2-15　平面任意力系的简化

将平面汇交力系 $\boldsymbol{F}_1'$，$\boldsymbol{F}_2'$，…，$\boldsymbol{F}_n'$和平面力偶系 M_1，M_2，…，M_n 分别合成，可得到一个作用于简化中心 O 点的力 $\boldsymbol{F}_\mathrm{R}'$与一个力偶 M_O，如图 2-15(c) 所示。

力 $\boldsymbol{F}_\mathrm{R}'$的矢量和为：

$$\boldsymbol{F}_\mathrm{R}'=\boldsymbol{F}_1'+\boldsymbol{F}_2'+\cdots+\boldsymbol{F}_n'=\boldsymbol{F}_1+\boldsymbol{F}_2+\cdots+\boldsymbol{F}_n=\sum\boldsymbol{F}$$

上式表明力 $\boldsymbol{F}_\mathrm{R}'$等于原力系中各力的矢量和，称为原力系的主矢。显然，当取不同点为简化中心时，主矢的大小和方向保持不变，即主矢与简化中心的位置无关。主矢 $\boldsymbol{F}_\mathrm{R}'$的大小和方向可按照平面汇交力系的合力公式计算：

$$\begin{cases}F_{\mathrm{R}x}'=\sum F_x\\ F_{\mathrm{R}y}'=\sum F_y\\ F_\mathrm{R}'=\sqrt{F_{\mathrm{R}x}'^2+F_{\mathrm{R}y}'^2}=\sqrt{(\sum F_x)^2+(\sum F_y)^2}\\ \tan\alpha=\left|\dfrac{\sum F_y}{\sum F_x}\right|\end{cases}\tag{2-11}$$

式中，$F_{\mathrm{R}x}'$，$F_{\mathrm{R}y}'$，F_x，F_y 分别为主矢与各力在 x，y 轴上的投影；F_R'为主矢的大小；夹角 α 为锐角；$\boldsymbol{F}_\mathrm{R}'$的指向由$\sum F_x$ 和$\sum F_y$ 的正负号决定。

由各附加力偶组成的平面力偶系可以合成为一合力偶，其合力偶矩为：

$$M_O=M_1+M_2+\cdots+M_n=\sum M_O(\boldsymbol{F})=\sum M\tag{2-12}$$

M_O 称为原力系对简化中心 O 点的主矩，其值等于原力系中各力对简化中心 O 点之矩的代数和。不难看出，取不同点作为简化中心，所得主矩是不同的，即主矩与简化中心的位置有关。

综上所述，平面任意力系向平面内任意一点 O 简化，可得一个力和一个力偶，这个力等于原力系中各力的矢量和，作用于简化中心 O 点，称为原力系的主矢；这个力偶的力偶矩等于原力系中各力对简化中心 O 点的力矩的代数和，称为原力系的主矩。

注意：主矢 $\boldsymbol{F}_\mathrm{R}'$或主矩 M_O 并不与原力系等效，所以，主矢 $\boldsymbol{F}_\mathrm{R}'$并不是原力系的合力，主

矩 M_O 也不是原力系的合力偶。

2.4.2.2　固定端约束的简化

如图 2-16 所示建筑物上的阳台，又如图 2-17 所示车床上的刀具等固定端约束，在平面问题中，一般用如图 2-18 所示简图符号表示。下面应用力系简化的理论，分析固定端约束的约束反力。

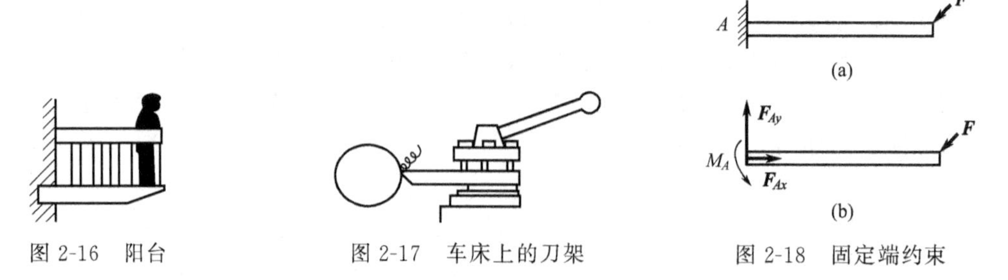

图 2-16　阳台　　图 2-17　车床上的刀架　　图 2-18　固定端约束

固定端对物体的约束反力为一平面任意力系，向 A 点简化可得到一个约束反力 $\boldsymbol{F}_A$ 和一约束力偶，其力偶矩记为 M_A。一般情况下约束反力 $\boldsymbol{F}_A$ 的大小和方向均未知，可用两个正交分力 $\boldsymbol{F}_{Ax}$、$\boldsymbol{F}_{Ay}$ 来代替，如图 2-18 所示。其中两个正交约束反力 $\boldsymbol{F}_{Ax}$、$\boldsymbol{F}_{Ay}$ 表示限制构件移动的约束作用，约束反力偶 M_A 表示限制构件转动的约束作用。

2.4.2.3　简化结果的讨论

如前所述，平面任意力系向平面内任一点简化，一般可以得到一个力（主矢）和一个力偶（主矩），但这并不是简化的最终结果。根据主矢和主矩的存在情况，最终结果可能出现下列四种情况。

① 若 $\boldsymbol{F}'_R \neq 0$，$M_O \neq 0$，如图 2-19 所示。根据力的平移定理的逆定理，可以把主矢和主矩进一步合成为一个合力 $\boldsymbol{F}_R$，合力 $\boldsymbol{F}_R$ 的作用线到简化中心 O 的垂直距离为：

$$d=\frac{|M_O|}{F'_R}$$

合力 $\boldsymbol{F}_R$ 的作用线在简化中心 O 的哪一侧，应根据合力 $\boldsymbol{F}_R$ 对简化中心之矩与主矩的转向相一致来确定。

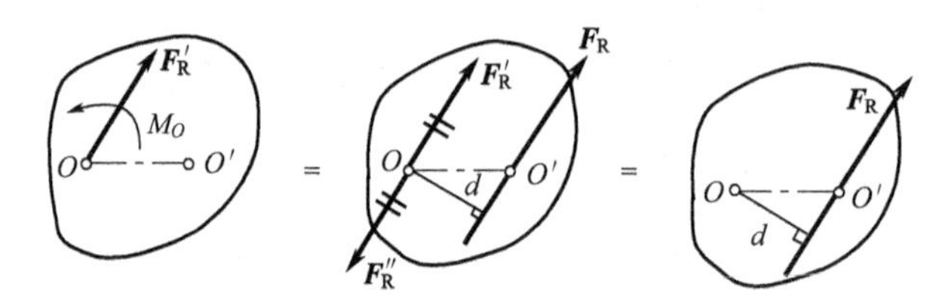

图 2-19　平面任意力系向平面内任一点简化

② 若 $\boldsymbol{F}'_R=0$，$M_O \neq 0$，表明原力系与一个力偶等效，其简化结果是一合力偶。由于力偶对其作用面内任一点的矩恒等于力偶矩，故合力偶的力偶矩等于力系的主矩，在此情况下主矩与简化中心的位置无关。

③ 若 $\boldsymbol{F}'_R \neq 0$，$M_O=0$。表明原力系与主矢等效，此时主矢 $\boldsymbol{F}'_R$ 就是原力系的合力，即 $\boldsymbol{F}'_R=\boldsymbol{F}_R$，合力的作用线通过简化中心。

④ 若 $\boldsymbol{F}'_R=0$，$M_O=0$，原力系是一平衡力系，这种情况将在下面专门讨论。

［实例 2-5］　如图 2-20(a) 所示，矩形平板在其平面内受力 $\boldsymbol{P}_1$、$\boldsymbol{P}_2$ 和力偶 m 作用，已知 $P_1=20$kN，$P_2=30$kN，$m=100$kN·m，求此力系的合成结果。

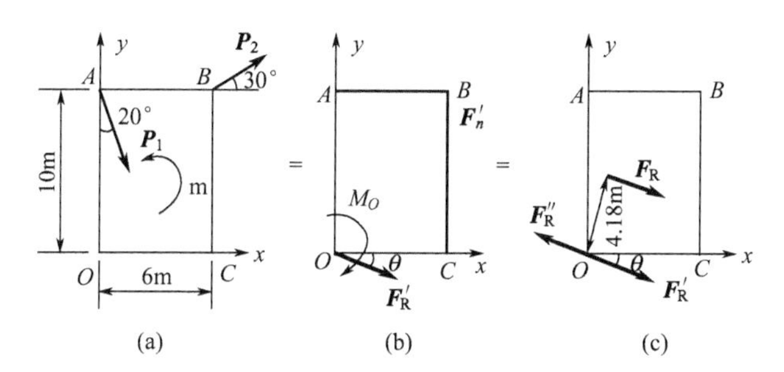

图 2-20 矩形平板的受力

解：取 O 点为简化中心，建立坐标系 Oxy。

① 求主矢 $\boldsymbol{F}'_R$。

$$F'_{Rx}=\sum F_x=P_1\sin20°+P_2\cos30°=20\times0.342+30\times0.866=32.82\ (\text{kN})$$

$$F'_{Ry}=\sum F_y=-P_1\cos20°+P_2\sin30°=-20\times0.940+30\times0.5=-3.8\ (\text{kN})$$

所以 $$F'_R=\sqrt{(\sum F_x)^2+(\sum F_y)^2}=\sqrt{32.82^2+(-3.8)^2}=33\ (\text{kN})$$

$$\theta=\arctan\left|\frac{F'_{Ry}}{F'_{Rx}}\right|=\arctan\frac{3.8}{32.82}=6.6°$$

因为 F'_{Ry} 为负值，F'_{Rx} 为正值，故 θ 在第四象限，如图 2-20(b) 所示。

② 求主矩 M_O。

$$M_O=\sum M_O(\boldsymbol{F})=-P_1\sin20°\times OA-P_2\cos30°\times OA+P_2\sin30°\times OC+m$$

$$=-20\times0.342\times10-30\times0.866\times10+30\times0.5\times6+100=-138\ (\text{kN}\cdot\text{m})$$

③ 求合力 $\boldsymbol{F}_R$。

$$F_R=F'_R=33\text{kN},\ \theta=6.6°$$

$$d=\frac{|M_O|}{F'_R}=\frac{138}{33}=4.18\ (\text{m})$$

因 M_O 顺时针转向，故合力 $\boldsymbol{F}_R$ 应在 $\boldsymbol{F}'_R$ 的上方，如图 2-20(c) 所示。

2.4.3 平面任意力系的平衡方程及其应用

2.4.3.1 平面任意力系的平衡方程

由前面的讨论可知，平面任意力系平衡的必要与充分条件是力系的主矢和主矩同时等于零。即：

$$\begin{cases}F'_R=\sqrt{(\sum F_x)^2+(\sum F_y)^2}=0\\M_O=\sum M_O(\boldsymbol{F})\end{cases}\qquad(2\text{-}13)$$

由此可得平面任意力系的平衡方程为：

$$\begin{cases}\sum F_x=0\\\sum F_y=0\\\sum M_O(\boldsymbol{F})=0\end{cases}\qquad(2\text{-}14)$$

上式称为平面任意力系平衡方程的基本形式。表明平面任意力系平衡时，力系中各力在两个正交轴上投影的代数和分别等于零，同时力系中各力对作用面内任一点之矩的代数和也等于零。

上述平衡方程中的前两式为投影形式的平衡方程，第三式为力矩形式的平衡方程，因此，可将这组平衡方程简称为二投影一矩式。用三个独立的平衡方程可以求解包含三个未知量的平衡问题。

2.4.3.2 平面任意力系平衡方程的其他形式

平面任意力系的平衡方程除了基本形式外，还有另外两种形式。

① 二力矩形式。

$$\begin{cases}\sum F_x=0\\ \sum M_A(\boldsymbol{F})=0\\ \sum M_B(\boldsymbol{F})=0\end{cases} \tag{2-15}$$

A、B 两点的连线不能与投影轴 x 垂直。

② 三力矩形式。

$$\begin{cases}\sum M_A(\boldsymbol{F})=0\\ \sum M_B(\boldsymbol{F})=0\\ \sum M_C(\boldsymbol{F})=0\end{cases} \tag{2-16}$$

矩心 A、B、C 三点不能共线。

下面举例说明平衡方程的应用。

[实例 2-6] 简易起重机如图 2-21(a) 所示。其中 A、B、C 处均为铰链连接，起吊重量 $G=10\text{kN}$，各构件自重不计，有关尺寸如图所示。试求 BC 杆所受的力和铰链 A 处的约束反力。

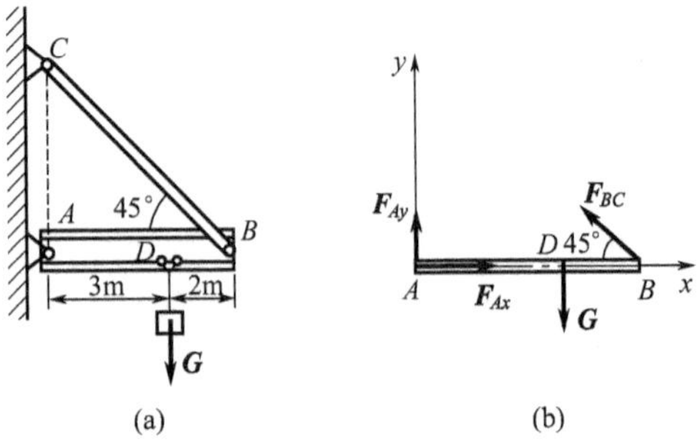

图 2-21 起重机

分析： 首先正确选取 AB 梁为研究对象进行受力分析，画出其受力图；然后根据平面任意力系平衡方程求出约束反力。

解： ① 取横梁 AB 为研究对象，画受力图如图 2-21(b) 所示。

② 建立 Axy 直角坐标系，列平衡方程求解。

$$\sum F_x=0,\quad F_{Ax}-F_{BC}\cos45^\circ=0$$

$$\sum F_y=0,\quad F_{Ay}+F_{BC}\sin45^\circ-G=0$$

$$\sum M_O(\boldsymbol{F})=0,\quad F_{BC}\sin45^\circ\times5-G\times3=0$$

联立以上三式可解得：$F_{Ax}=6\text{kN}$，$F_{Ay}=4\text{kN}$，$F_{BC}=6\sqrt{2}\text{kN}$。

注意：如果先列矩平衡方程 $\sum M_O(\boldsymbol{F})=0$，则可避免求解联立方程，大家不妨试试看。

[实例 2-7] 如图 2-22 所示梁 AB 一端固定，另一端自由，称为悬臂梁。受载荷作用如图所示，已知 $q=2\text{kN/m}$，$l=2\text{m}$，$P=3\text{kN}$，$\alpha=45^\circ$，不计梁的自重，求固定端 A 的约束反力。

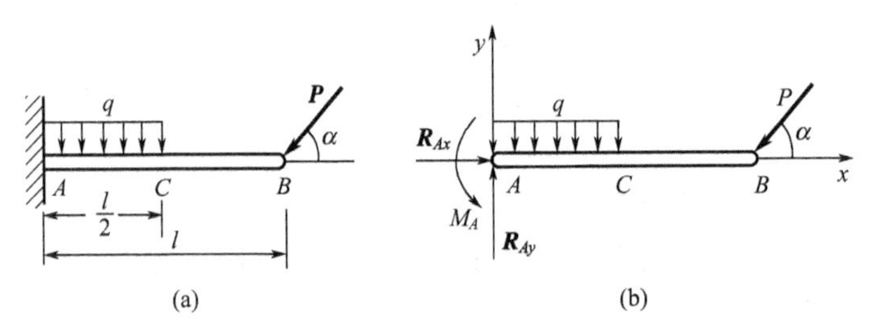

图 2-22 悬臂梁

分析： 悬臂梁约束反力的求解，同样只能选取梁作为研究对象进行受力分析，画出其受力图；然后根据平衡方程求出约束反力及力矩。

解：取梁 AB 为研究对象，画受力图，并建立 Axy 直角坐标系如图 2-22(b) 所示。

$$\sum F_x=0,\quad F_{Ax}-P\cos\alpha=0$$

解得
$$F_{Ax}=P\cos\alpha=P\cos45°=3\times\frac{\sqrt{2}}{2}=2.12\ (\mathrm{kN})$$

$$\sum F_y=0,\quad F_{Ay}-q\frac{l}{2}-P\sin\alpha=0$$

解得
$$F_{Ay}=q\frac{l}{2}+P\sin\alpha=2\times1+3\times\frac{\sqrt{2}}{2}=5.12\ (\mathrm{kN})$$

$$\sum M_A(\boldsymbol{F})=0,\quad M_A-q\frac{l}{2}\times\frac{l}{4}-P\sin\alpha\times l=0$$

解得
$$M_A=\frac{1}{8}\times2\times2^2-3\times\frac{\sqrt{2}}{2}\times2=-3.24\ (\mathrm{kN})$$

根据上述例题，可归纳出平面任意力系平衡问题的求解步骤如下：

① 根据题意，选取适当的研究对象；

② 画研究对象的受力图，并建立直角坐标系；

③ 列平衡方程，求解未知量。

应当注意，为了使计算得到简化，在列平衡方程时，要选取适当的矩心和投影轴，力求在一个平衡方程中只含一个未知量。

任务 2.5　考虑摩擦的平面力系分析

在前面讨论物体的平衡问题时，都假定物体的接触表面是绝对光滑的，没有考虑接触表面间存在的摩擦力，所以接触物体间的约束反力沿着接触面的公法线，这是实际情况的理想化。完全光滑的表面实际上并不存在，当问题中的摩擦力很小，对所研究的问题影响不大时，忽略摩擦力是允许的。但是在有些问题中，摩擦是主要因素，不能忽略。例如，工程上常见的带传动、摩擦制动、斜楔夹紧装置等，都是依靠摩擦力来工作的。这时，就必须考虑摩擦力的存在。

2.5.1　滑动摩擦

两个相互接触的物体，在沿着它们的接触面相对滑动或有相对滑动趋势时，在接触面上彼此作用着阻碍相对滑动的力，这种力称为滑动摩擦力。简称摩擦力。若两接触物体之间仅有相对滑动趋势而并未滑动，物体接触表面间产生的摩擦力称为静摩擦力；当两接触物体之间发生相对滑动时，物体接触表面间的摩擦力称为动摩擦力。由于摩擦力对物体的运动起阻碍作用，所以摩擦力总是作用于接触表面（点），沿接触处的公切线，与物体滑动或滑动趋势方向相反。

2.5.1.1　静摩擦力

如图 2-23(a) 所示，重为 $\boldsymbol{G}$ 的物块静止地置于水平面上，设接触面粗糙，在物块上施加水平拉力 $\boldsymbol{F}_{\mathrm{T}}$。物块所受的力有：主动力 $\boldsymbol{G}$、$\boldsymbol{F}_{\mathrm{T}}$，水平面的法向约束反力 $\boldsymbol{F}_{\mathrm{N}}$ 和静摩擦力 $\boldsymbol{F}$，如图 2-23(b) 所示。

实验表明，拉力 $\boldsymbol{F}_{\mathrm{T}}$ 由零逐渐增大到某一临界值时，物块始终保持静止。在这个过程中，静摩擦力 $\boldsymbol{F}$ 的大小随着拉力 $\boldsymbol{F}_{\mathrm{T}}$ 的增大而增大，其值可通过平衡方程来确定。当拉力 $\boldsymbol{F}_{\mathrm{T}}$ 增大到超过上述临界值时，物块就不能继续保持静止，而开始沿水平面滑动。这说明，摩擦力 $\boldsymbol{F}$ 的大小不可能随拉力无限增加，而具有一极限值，称为最大静摩擦力，记为 $\boldsymbol{F}_{\max}$。

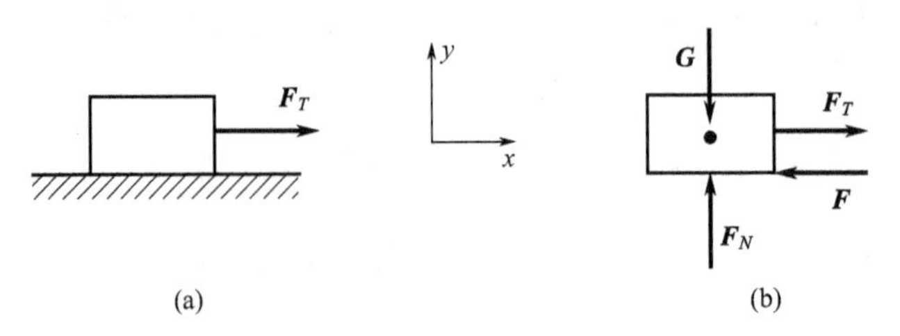

图 2-23　置于水平面上的物体

当摩擦力 $F=F_{max}$时，物体处于将动而未动的临界状态。

综上所述，静摩擦力的方向总是与物体相对滑动的趋势方向相反，其大小由物体的平衡条件确定。变化范围在零与最大值之间，即

$$0 \leqslant F \leqslant F_{max}$$

2.5.1.2　最大静摩擦力

最大静摩擦力 $\boldsymbol{F}_{max}$的大小由库仑摩擦定律确定，即

$$F_{max}=f_s F_N \tag{2-17}$$

式中，系数 f_s 称为静摩擦系数，其值取决于接触物体的材料及接触表面的物理状态，如粗糙度、温度、湿度等，与接触表面的面积无关，由实验来测定。

2.5.1.3　动摩擦力

进入临界状态后，如果继续增大拉力 $\boldsymbol{F}_T$，物体便会开始滑动。实验证明：当物体处于相对滑动状态时，在接触面上产生的滑动摩擦力 $\boldsymbol{F}'$的大小与接触面间的正压力（法向约束反力）$\boldsymbol{F}_N$ 的大小成正比，即：

$$F'=fF_N \tag{2-18}$$

式中，比例常数 f 称为动摩擦系数，与物体接触表面的材料性质和表面状况有关。一般情况下，f 略小于 f_s，这说明推动物体从静止开始滑动比较费力，一旦物体滑动起来后，要维持物体继续滑动就省力了。在精度要求不高时，可视为 $f \approx f_s$。

2.5.2　摩擦角与自锁现象

由于静摩擦力的存在，接触面对物体的约束反力包括法向约束反力 $\boldsymbol{F}_N$ 和静摩擦力 $\boldsymbol{F}$ 两个分量，这两个力的合力 $\boldsymbol{F}_R$ 称为全约束反力，简称全反力，即

$$\boldsymbol{F}_R=\boldsymbol{F}_N+\boldsymbol{F}$$

$\boldsymbol{F}_R$ 与 $\boldsymbol{F}_N$ 间所夹的锐角记为 φ，如图 2-24(a) 所示。

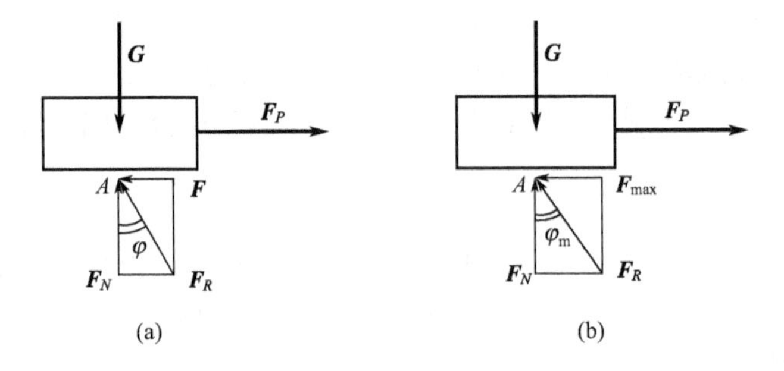

图 2-24　摩擦角

当物体处于临界状态时，摩擦力 $\boldsymbol{F}$ 达到最大静摩擦力 $\boldsymbol{F}_{max}$，此时全反力 $\boldsymbol{F}_R$ 与接触表面公法线（即 $\boldsymbol{F}_N$）间所夹的锐角也达到最大值，称为摩擦角，记为 φ_m，如图 2-24(b) 所示。

显然 $$\tan\varphi_m=\frac{F_{max}}{F_N}=f_s \tag{2-19}$$

上式表明，摩擦角也是表示材料摩擦性质的物理量，其正切值等于摩擦系数，这一关系可以用来较方便地测定摩擦系数。

测定摩擦系数的实验装置如图 2-25 所示。将物块放置在斜面上，斜面与水平面的夹角 α 可以调节，并可随时测出。当 α 角不大时，物块在斜面上静止，全反力 $\boldsymbol{F}_R$ 与重力 $\boldsymbol{Q}$ 等值、反向、共线，因此 $\boldsymbol{F}_R$ 与法线的夹角 $\varphi=\alpha$。随着斜面绕左端的铰链轴线沿逆时针转动，斜面与水平面间的夹角 α 不断增大，夹角 φ 也随之增大，当 α 增大到使物块在斜面上刚开始下滑（临界状态）时，夹角 φ 即达到极限值 φ_m（摩擦角），此时由刻度盘读得的 α 角，即为物块与斜面之间的摩擦角 φ_m。经几次实验测出 φ_m 后，由摩擦角与摩擦系数间的关系便可求出摩擦系数。

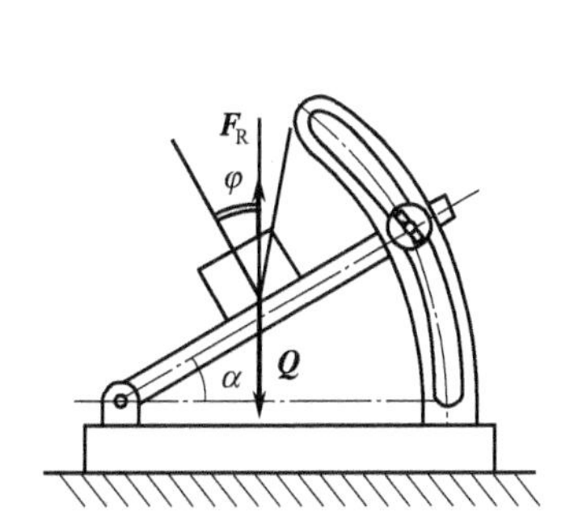

图 2-25　测定摩擦系数的实验装置

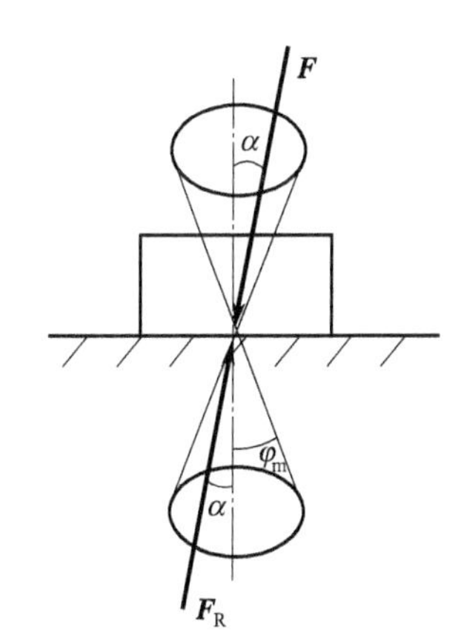

图 2-26　摩擦锥

摩擦角表明了全约束反力 $\boldsymbol{F}_R$ 能够偏离接触面公法线方向的范围，若物体与支承面的摩擦因数在各个方向都相同，则这个范围在空间就形成一个锥体，称为摩擦锥，如图 2-26 所示。全约束反力 $\boldsymbol{F}_R$ 的作用线不会超出摩擦锥的范围。

将物体上所受主动力合成为一合力 $\boldsymbol{F}_Q$，当物体平衡时，主动力的合力 $\boldsymbol{F}$ 与全反力 $\boldsymbol{F}_R$ 必共线。在静止状态下，全反力 $\boldsymbol{F}_R$ 与接触面法线间的夹角 φ 必在零与摩擦角 φ_m 之间，即

$$0\leqslant\varphi\leqslant\varphi_m \tag{2-20}$$

因此，若作用于物体上所有主动力的合力 $\boldsymbol{F}_Q$ 的作用线在摩擦角之内，如图 2-27(a)、(b) 所示，则无论 $\boldsymbol{F}_Q$ 有多么大，在接触面上总能产生与它等值、反向、共线的全反力 $\boldsymbol{F}_R$ 与它平衡，从而使物体保持静止，这种现象称为摩擦自锁；反之，如果全部主动力的合力 $\boldsymbol{F}_Q$ 的作用线在摩擦角之外，则无论 $\boldsymbol{F}_Q$ 多么小，全反力都不可能与其共线，如图 2-27(c) 所示，物体不可能平衡而必定滑动。物体的自锁条件可表示为：

$$\alpha\leqslant\varphi_m$$

工程实际中，常利用自锁原理设计某些机构或夹具。例如，电工用的脚套钩、输送物料的传送带、千斤顶等，都是利用自锁使物体保持平衡的。

2.5.3　考虑摩擦时的物体平衡问题

考虑摩擦时物体的平衡问题，与不考虑摩擦时物体的平衡问题有着共同的特点，即物体平衡时应满足平衡条件，解题方法与过程也基本相同。但是也有不同之处，首先是画受力图时必须考虑摩擦力，摩擦力的方向总是与物体相对滑动趋势方向相反；其次，由于在静滑动摩擦中，摩擦力 $\boldsymbol{F}$ 的值有一定的范围，即 $0\leqslant F\leqslant F_{fm}$，故问题的解答也是一个范围值，同

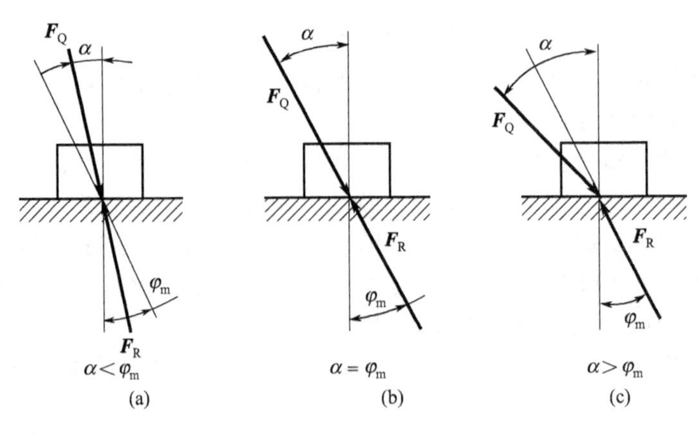

图 2-27 摩擦自锁

时还有临界状态的存在。因此，解题时要分清是按临界状态求解，还是按非临界状态求解，这一点很重要。

下面举例说明此类问题的解法。

［实例 2-8］ 一制动器的结构和尺寸如图 2-28(a) 所示。已知在圆轮上作用一力偶 M，制动块和圆轮表面之间的摩擦系数为 f_s。忽略制动块的厚度，试求制动圆轮所需的力 $\boldsymbol{F}_P$ 的最小值。

分析： 解题时首先分清圆轮处于临界状态，按临界状态求解；然后根据平衡条件和静摩擦定律方程求解即可。

解： 对圆轮的制动作用是由制动块与圆轮间的摩擦力 $\boldsymbol{F}$ 产生的，制动力 $\boldsymbol{F}_P$ 为最小值时，圆轮处于具有逆时针转动趋势的临界状态。

现取圆轮为研究对象。由于圆轮在与制动块接触处有向右滑动的趋势，所以圆轮受到摩擦力的方向向左，如图 2-28(b) 所示为圆轮的受力情况。根据平衡条件和静摩擦定律有下列方程：

$$\sum M_O(\boldsymbol{F})=0,\ M-Fr=0$$

$$F=F_{max}=f_sF_N$$

得
$$F=\frac{M}{r},\ F_N=\frac{M}{f_sr}$$

再以杆 ABD 为研究对象，其受力图如图 2-28(c) 所示，由平衡方程 $\sum M_A(\boldsymbol{F})=0$，即

$$F_Pa-F'_Nb+F'c=0$$

得
$$F_P=\frac{M}{ra}\left(\frac{b}{f_s}-c\right)$$

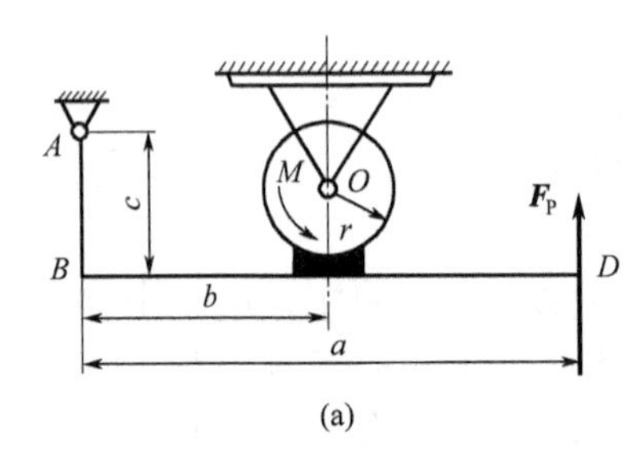

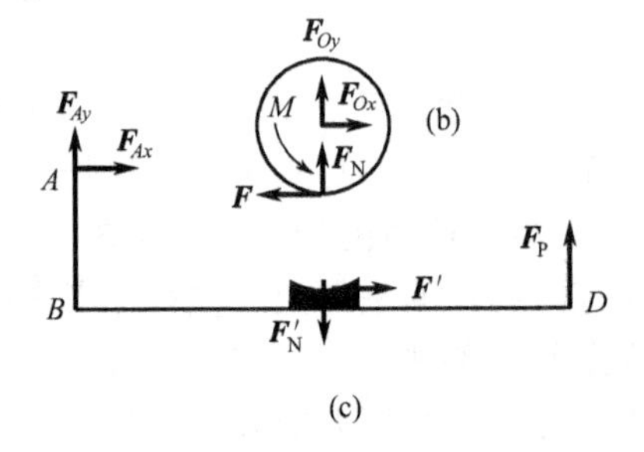

图 2-28 制动圆轮

［实例 2-9］ 一重量为 $G=10\text{kN}$ 的物体放在倾角为 $\alpha=45°$的斜面上，如图 2-29(a) 所示。若静摩擦系数为 $f_s=0.2$，试求使物体保持静止的水平推力 $\boldsymbol{F}$ 的大小。

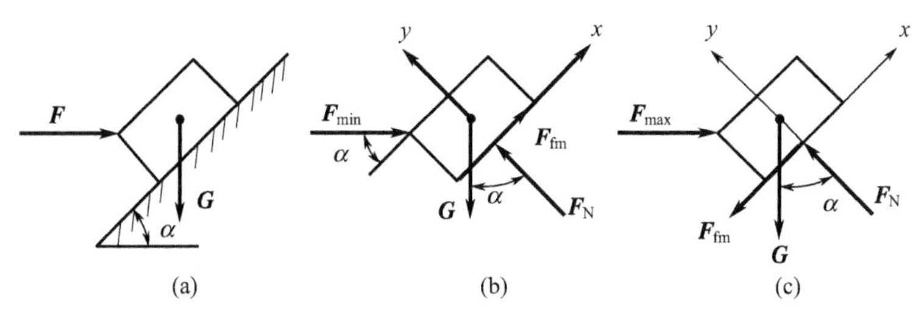

图 2-29 斜面上的物体

解： 取物体为研究对象。假设斜面不自锁，若作用在物体上的水平推力 $\boldsymbol{F}$ 太小，物体仍会下滑；若水平推力 $\boldsymbol{F}$ 太大，则物体将会沿斜面上滑。因此，欲使物体在斜面上保持静止，力 $\boldsymbol{F}$ 的大小需在一定的范围内。

① 当水平推力 $\boldsymbol{F}$ 取最小值时，物体处于下滑的临界状态，受力情况如图 2-29(b) 所示。列平衡方程：

$$\sum F_x=0,\ F_{\min}\cos\alpha-G\sin\alpha+F_{\text{fm}}=0$$

$$\sum F_y=0,\ F_{\text{N}}-F_{\min}\sin\alpha-G\cos\alpha=0$$

又

$$F_{\text{fm}}=f_s F_{\text{N}}$$

解得：

$$F_{\min}=\frac{\sin\alpha-f_s\cos\alpha}{\cos\alpha+f_s\sin\alpha}G$$

将 $f_s=0.2$，$G=10\text{kN}$，$\alpha=45°$代入上式，可求得：

$$F_{\min}=20/3=6.67\ (\text{kN})$$

② 当水平推力 $\boldsymbol{F}$ 取最大值时，物体处于上滑的临界状态，受力情况如图 2-29(c) 所示。列平衡方程：

$$\sum F_x=0,\ F_{\max}\cos\alpha-G\sin\alpha-F_{\text{fm}}=0$$

$$\sum F_y=0,\ F_{\text{N}}-F_{\max}\sin\alpha-G\cos\alpha=0$$

$$F_{\text{fm}}=f_s F_{\text{N}}$$

解得：

$$F_{\max}=\frac{\sin\alpha+f_s\cos\alpha}{\cos\alpha-f_s\sin\alpha}G$$

将 $f_s=0.2$，$G=10\text{kN}$，$\alpha=45°$代入上式，可求得：

$$F_{\max}=15\text{kN}$$

结论： 使物体在斜面上保持静止的水平推力 $\boldsymbol{F}$ 的大小应在 6.67～15kN 范围内。

2.5.4 滚动摩阻的概念

现在讨论滚子、车轮等圆形物体的滚动。由实验可知，粗糙面对滚子的滑动有阻碍作用，对滚子的滚动也有阻碍作用；但同样条件下，使滚子滚动比使它滑动省力，这说明对滚动的阻力小，对滑动的阻力大。下面通过一个简单实验来研究非光滑面对滚子滚动的阻碍作用。

将一重 P、半径为 r 的滚子放在水平面上，在其中心 O 加一水平力 $\boldsymbol{F}_{\text{P}}$，如图 2-30(a) 所示。并假定接触处有足够的摩擦阻止滚子滑动。若滚子与平面均为刚体，则它们接触于 A 点，法向反力 $\boldsymbol{F}_{\text{N}}$ 与摩擦力 $\boldsymbol{F}$ 都作用在这点上。由平衡条件可知，只要主动力 $F_{\text{P}}>0$，滚子

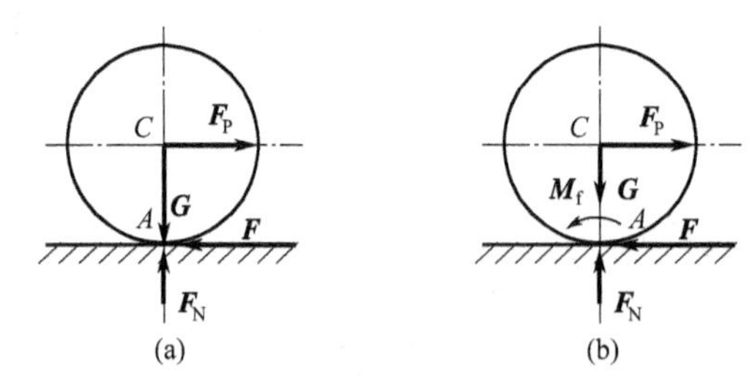

图 2-30　水平面上的滚子

就不能平衡而应当滚动。但实际上，当主动力 $\boldsymbol{F}_P$ 不大时，滚子仍保持静止，这说明支承面（地面）对滚子必定有一阻碍滚动的力偶作用，如图 2-30(b) 所示，这个阻碍轮子滚动的约束力偶称为滚动摩擦阻力偶。滚动摩擦阻力偶的转向与轮子的滚动趋势相反，其力偶矩记为 M_f，称为滚动摩擦阻力偶矩。

滚动摩擦阻力偶的产生是由于滚子和地面都不是刚体，受力后均要产生变形，地面和滚子实际上不是点接触而是面接触，地面对滚子的约束反力是一分布力系，如图 2-31(a) 所示。将分布力系向 A 点简化，得到一个力和一个力偶，该力用两个正交分力 $\boldsymbol{F}$、$\boldsymbol{F}_N$ 表示，该力偶的力偶矩就是滚动摩擦阻力偶矩 M_f，如图 2-31(b) 所示。

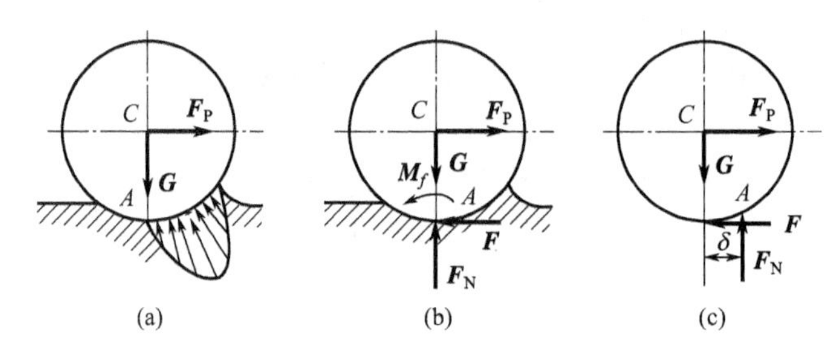

图 2-31　地面对滚子的约束反力

与滑动摩擦力的性质相似，滚动摩擦阻力偶矩 M_f 也随主动力偶矩的增大而增大，当主动力偶矩增大到一定值时，轮子处于将要滚动的临界平衡状态，滚动摩擦力偶矩 M_f 达到最大值 M_{fmax}。可见，滚动摩擦阻力偶矩的大小也有一变化范围，即

$$0 \leqslant M_f \leqslant M_{fmax}$$

实验证明，最大滚动摩擦阻力偶矩 M_{fmax} 的大小与支承面的正压力 $\boldsymbol{F}_N$ 成正比，即

$$M_{fmax} = \delta F_N$$

上式称为滚动摩擦定律。式中，δ 称为滚动摩擦系数，具有长度的量纲，常用单位为 mm，其值除了与两接触物体的材料和表面状况有关外，还与正压力和接触面的曲率有关。具体值可查阅有关机械手册。一般情况下，材料越硬些，受载后接触面的变形就越小，滚动摩擦系数 δ 也会小些。自行车轮胎气足时省力，火车轨道用钢轨，轮子用铁轮，都是为了增加硬度，减小滚动摩擦阻力偶。

滚动摩擦系数 δ 具有一定的物理意义。设想将图 2-31(b) 所示中力 $\boldsymbol{F}_N$ 和滚动摩擦阻力偶 M_f 作进一步简化，可得一个偏离 A 点距离 d 的法向约束反力 $\boldsymbol{F}_N$，如图 2-31(c) 所示，且

$$d = \frac{M_f}{F_N}$$

当车轮处于滚动的临界状态时，滚动摩擦阻力偶矩 M_f 达最大值 M_{fmax}，法向约束反力 $\boldsymbol{F}_N$ 偏离 A 点的距离 d 达最大值 d_{max}，且

$$d_{max} = \frac{M_{fmax}}{F_N} = \frac{\delta F_N}{F_N} = \delta$$

表明 δ 就是车轮开始滚动时，法向约束反力 $\boldsymbol{F}_N$ 偏离 A 点的最远距离。

任务 2.6　静定与静不定问题*

2.6.1　静定与静不定问题

从前面的讨论已经知道，对每一类型的力系来说，独立平衡方程的数目是一定的，能求解的未知量的数目也是一定的。如果所考察的问题的未知量数目恰好等于独立平衡方程的数目，那些未知量就可全部由平衡方程求得，这类问题称为静定问题；如果所考察的问题的未知量的数目多于独立平衡方程的数目，仅仅用平衡方程就不可能完全求得那些未知力，这类问题称为超静定问题或静不定问题。超静定问题中，未知力个数与独立平衡方程数的差，称为静不定次数。

图 2-32 是静不定平面问题的几个例子。在图 2-32(a)、(b) 中，物体所受的力分别为平面汇交力系和平面平行力系，平衡方程都是 2 个，而未知反力是 3 个，任何一个未知力都不能由平衡方程解得。在图 2-32(c) 中，两铰拱所受的力是平面任意力系，平衡方程是 3 个，而未知反力是 4 个，虽然可以利用 $\sum M_{iA}=0$ 求出 F_{By}，再利用 $\sum M_{iB}=0$ 或 $\sum F_{iy}=0$ 求出 F_{Ay}，但 F_{Ax} 及 F_{Bx} 却无法求得，所以仍是超静定的。

一般来说，要是一个物体所受的力组成平面任意力系，则约束力超过 3 个时是超静定的；要是一个物体所受的力组成空间任意力系，则约束力超过 6 个时即成为超静定的。需要说明，超静定问题并不是不能解决的问题，而只是不能仅用平衡方程来解决的问题。问题之所以成为超静定的，是因为静力学中把物体抽象成为刚体，略去了物体的变形；如果考虑到物体受力后的变形，在平衡方程之外，再列出某些补充方程，问题也就可以解决了。

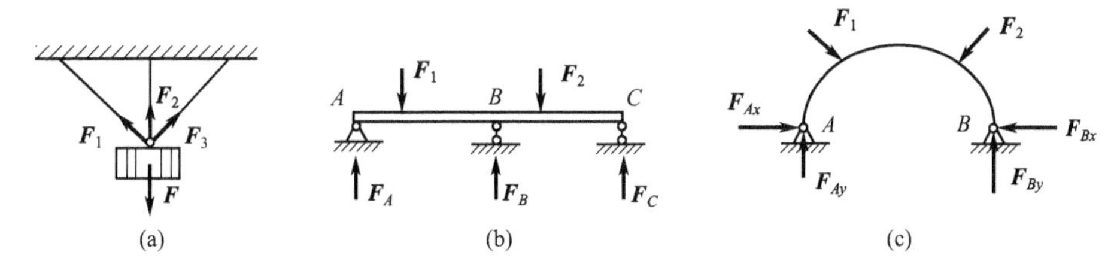

图 2-32　静不定平面问题举例

2.6.2　物体系统的平衡

实际研究对象往往不止一个物体，而是由若干个物体组成的物体系统，各物体之间以一定的方式联系着，整个系统又以适当方式与其他物体相联系。各物体之间的联系构成为内约束。而系统与其他物体的联系则构成为外约束。当系统受到主动力作用时，各内约束处及外约束处一般都将产生约束力。内约束处的约束力是系统内部物体之间相互作用的力，对整个系统来说，这些力是内约力（有时简称为内力）；而主动力和外约束处的约束力则是其他物体作用于系统的力，是外力。例如，土建工程上常用的三铰拱如图 2-33 所示，由 AC、BC 两半拱组成，连接两半拱的铰 C 是内约束，而铰 A 及铰 B 则是外约束。对整个拱来说，铰 C 处的约束力是内力，而主动力及 A、B 处的约束力则是外力。

注意：外力和内力是相对的概念，是对一定的考察对象而言的。如果不是取整个三铰拱而是分别取 AC 或 BC 为考察对象，则铰 C 对 AC 或 BC 作用的力就成为外力了。

静力学里考察的物体系统都是在主动力和约束力作用下保持平衡的。为了求出未知的

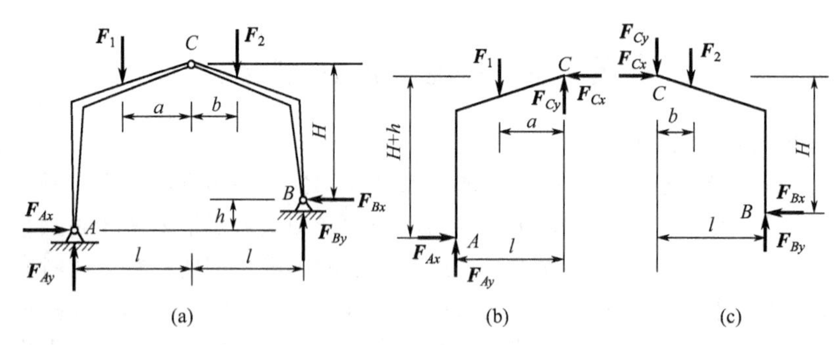

图 2-33 土建工程上用的三铰拱

力，可取系统中的任一物体作为考察对象。对于平面力系问题而言，根据一个物体的平衡，一般可以写出三个独立的平衡方程。如果该系统共有 n 个物体，则共有 $3n$ 个独立的平衡方程，可以求解 $3n$ 个未知数。要是整个系统中未知数的数目超过 $3n$ 个，则成为超静定问题。例如，图 2-33 所示的三铰拱，由两个物体（半拱 AC 及 BC）组成，独立平衡方程数目是 6，铰 A、B、C 三处约束的未知力数目也是 6，所以是静定的。又如图 2-34 所示的厂房构架，由 3 个物体组成，独立平衡方程的数目是 9，约束反力的未知个数的数目也是 9（A、B、C、D 处各为 2，E 处为 1），所以是静定的。但如将 E 处的辊轴支座换成固定铰支座，则约束力未知个数的数目为 10，便成为超静定的了。

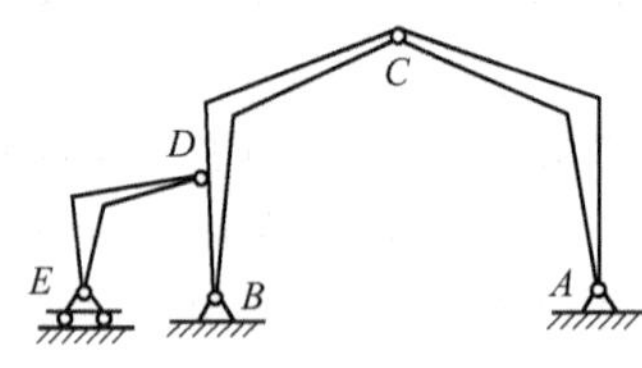

图 2-34 厂房构架

在解答物体系统的平衡问题时，也可将整个系统或其中某几个物体的组合作为考察对象，以建立平衡方程。但是，对于一个受平面任意力系作用的物体系统来说，不论是就整个系统或其中几个物体的组合还是其中的某个物体作为研究对象写出的平衡方程，总共只有 $3n$ 个是独立的。这是因为，作用于系统的力满足 $3n$ 个平衡方程之后，整个系统或其中的任何一部分必成平衡，因而，多余的方程只是系统平衡的必然结果，而不再是独立的方程。至于究竟以整个系统或其中的一部分还是其中的某个物体作为考察对象，则应根据具体问题决定，总要以平衡方程中包含的未知量最少，便于求解为原则。须注意此 $3n$ 个独立平衡方程，是就每一个物体所受的力都是平面任意力系的情况得出的结论，如果某一物体所受的力是平面汇交力系或平面平行力系，则平衡方程的数目也将相应减少；如受的力是空间力系，则平衡方程的数目要增加。

下面举例说明如何求解物体系统的平衡问题。

[实例 2-10] 联合梁支承及荷载情况如图 2-35(a) 所示。已知 $F_1=10\text{kN}$，$F_2=20\text{kN}$，试求约束反力。图中长度单位是 m。

分析： 解题时首先取整个梁为研究对象，列出三个独立的平衡方程，有四个未知量，不能求解；然后再取附属体为研究对象，列出平衡方程，可解一个未知量。

解： 联合梁由两个物体组成，作用于每一物体的力系都是平面任意力系，共有 6 个独立的平衡方程；而约束力的未知数也是 6（A、C 两处各 2 个，B、D 两处各 1 个），所以是静定的。首先以整个梁作考察对象，受力图如图 2-35(b) 所示。由 $\sum F_{ix}=0$ 有

$$F_{Ax}-F_2\cos60°=0$$

得

$$F_{Ax}=F_2\cos60°=10\text{kN}$$

其余三个未知数 F_{Ay}、F_D 及 F_B，不论怎样选取投影轴和矩心，都无法求得其中任何一个，因此必须将 AC、BC 两部分分开考虑。现在取 BC 作为考察对象，作示力图 2-35(c)。

$\sum F_{ix}=0$，$F_{Cx}-F_2\cos60°=0$

$$F_{Cx}=10\text{kN}$$

$\sum M_{io}=0$，$F_B\times3-F_2\sin60°\times1.5=0$

$$F_B=8.66\text{kN}$$

$\sum F_{iy}=0$，$F_B+F_{Cy}-F_2\sin60°=0$

$$F_{Cy}=8.66\text{kN}$$

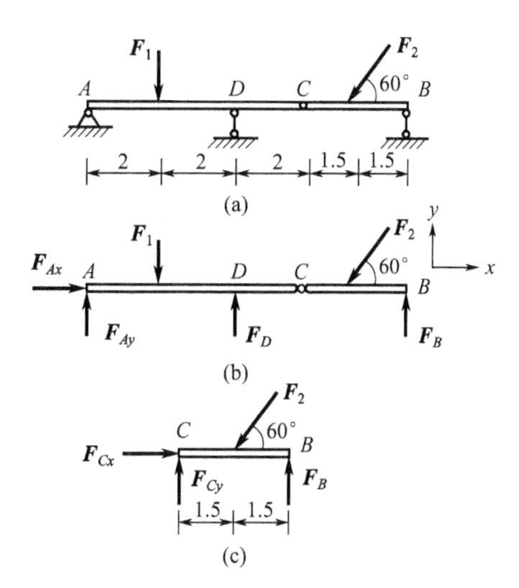

图 2-35　联合梁支承

再分析受力图 2-35(b)，这时，F_{Ax} 及 F_B 均已求出，只有 F_{Ay}、F_D 两个未知数，可以写出两个平衡方程求解

$\sum M_{Ai}=0$，

$F_D\times4+F_B\times9-F_1\times2-F_2\sin60°\times7.5=0$

将 F_1、F_2 及 F_B 之值代入，解得 $F_D=18\text{kN}$。

$\sum F_{iy}=0$，$F_{Ay}+F_D+F_B-F_1-F_2\sin60°=0$

将各已知值代入，即得 $F_{Ay}=0.66\text{kN}$

注意：该题中的物体系统是由两个物体组成的，其中，若将 AC 杆单独取出分析，去除与右边部分连接的铰链，它有两个约束，有可能是平衡的，这样的物体我们称它为主体；而右边的部分若去掉铰链约束，就不可能保持原来的位置而保持平衡，故我们称其为附属体。在解该类问题时，我们要尽量先取整体为研究对象，列出三个独立的平衡方程，有四个未知量，不能解出所有未知量；然后再取附属体为研究对象，列出其独立的平衡方程，可以解出其中一个未知量，这样问题就迎刃而解了。（请大家思考这是为什么?）

[实例 2-11]　某厂厂房三铰钢架，由于地形限制，铰 A 及 B 位于不同高度，如图 2-33(a)。刚架上的荷载已简化为两个集中力 $\boldsymbol{F}_1$ 及 $\boldsymbol{F}_2$。试求 A、B、C 三处的反力。

解：本题是静定问题，但如以整个刚架作为考察对象，示意图如图 2-33(a) 所示，不论怎样选取投影轴和矩心，每一平衡方程中至少包含两个未知数，而且不可能联立求解。即使我们用另外的方式表示 A、B 处的反力，例如将 A、B 处的反力分别用沿着 AB 线和垂直于 AB 线的分力来表示，这样可以由 $\sum M_{iA}=0$ 及 $\sum M_{iB}=0$ 分别求出垂直于 AB 线的两个分力，但对进一步的计算并不方便。因此，我们将 AC 及 BC 两部分分开考察，作受力图 2-33(b)、(c)。虽然就每一部分来说，也不能求得四个未知数中的任何一个，但联合考察两部分，分别以 A 及 B 为矩心，写出力矩方程，则两方程中只有 F_{Cx}、F_{Cy} 两个未知数，可以联立求解。现在根据上面的分析来写出平衡方程。据图 2-33(b) 得：

$$\sum M_{iA}=0,\ F_{Cx}(H+h)+F_{Cy}l-F_1(l-a)=0 \qquad (\text{Ⅰ})$$

据图 2-33(c) 得：

$$\sum M_{iB}=0,\ -F'_{Cx}H+F'_{Cy}l+F_2(l-b)=0 \qquad (\text{Ⅱ})$$

联立求解式(Ⅰ) 及式(Ⅱ)，

可得

$$F_{Cx}=F'_{Cx}=\frac{F_1(l-a)+F_2(l-b)}{2H+h}$$

$$F_{Cy}=F'_{Cy}=\frac{F_1(l-a)H-F_2(l-b)(H+b)}{l(2H+h)}$$

其余各未知反力，请大家自己计算。

[实例 2-12]　在图 2-36 所示悬臂平台结构中，已知荷载 $M=60\text{kN}\cdot\text{m}$，$q=24\text{kN/m}$，

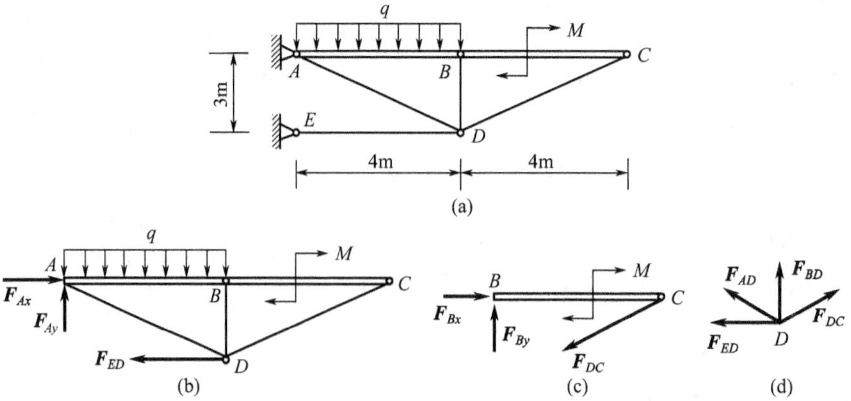

图 2-36 悬臂平台结构

各杆件自重不计。试求杆 BD 的内力。

解：这是一个混合结构，求系统内力时必须将系统拆开，取脱离体，使所求的力出现在示力图中。具体过程分为三步，先取 ACD 部分，受力如图 2-36(b) 所示，由

$$\sum M_{iA}=0,\ F_{ED}\times 3+M+4q\times 2=0$$

得
$$F_{ED}=-84\text{kN}$$

然后取 BC 分析，受力如图 2-36(c) 所示，由

$$\sum M_{iB}=0,\ \frac{3}{5}F_{DC}\times 4+M=0$$

得
$$F_{DC}=-25\text{kN}$$

最后取铰 D 分析，受力如图 2-36(d) 所示，平衡方程为

$$\sum F_{\text{D}}=0,\ \frac{4}{5}F_{\text{DC}}-F_{\text{ED}}-\frac{4}{5}F_{\text{AD}}=0$$

$$\sum F_{\text{D}}=0,\ \frac{3}{5}F_{\text{AD}}+F_{\text{BD}}+\frac{3}{5}F_{\text{DC}}=0$$

得
$$F_{\text{AD}}=80\text{kN},\ F_{\text{BD}}=-33\text{kN}$$

从上面几个例子的分析可见，求解物体系统的平衡问题，一般须先判别是否是静定的。若是静定的，再选取适当的考察对象——可以是整个系统或其中的一部分，分析其受力情况，正确作出受力图，以建立必要的平衡方程求解。通常总是首先观察一下，以整个系统为考察对象是否能求出某些未知量，如不能，就需分别选取其中一部分来考察。建立平衡方程时，应注意投影轴和矩心的选择，能避免解联立方程就尽量避免，不能避免时，也应力求方程简单——在列投影平衡方程时，尽量使所选投影轴垂直于其他未知力；在列力矩平衡方程时，尽量把矩心选在其他未知力作用线的交点处。选取不同的考察对象，建立不同形式的平衡方程，可能使求解过程的繁简程度不一样，务求灵活掌握。

本项目案例工作任务解决方案步骤：

① 根据问题条件和要求，确定起重机为研究对象，分析其受力情况。

② 画出起重机受力图。画出其所受的全部主动力 $\boldsymbol{P}_1$、$\boldsymbol{P}_2$。

③ 根据受力类型列写平衡方程。

④ 求未知力 $\boldsymbol{P}_3$、轨道 A、B 的约束反力 $\boldsymbol{F}_A$、$\boldsymbol{F}_B$，校核和讨论计算结果。

同学们利用所学知识自行解决任务。

项目能力知识结构总结

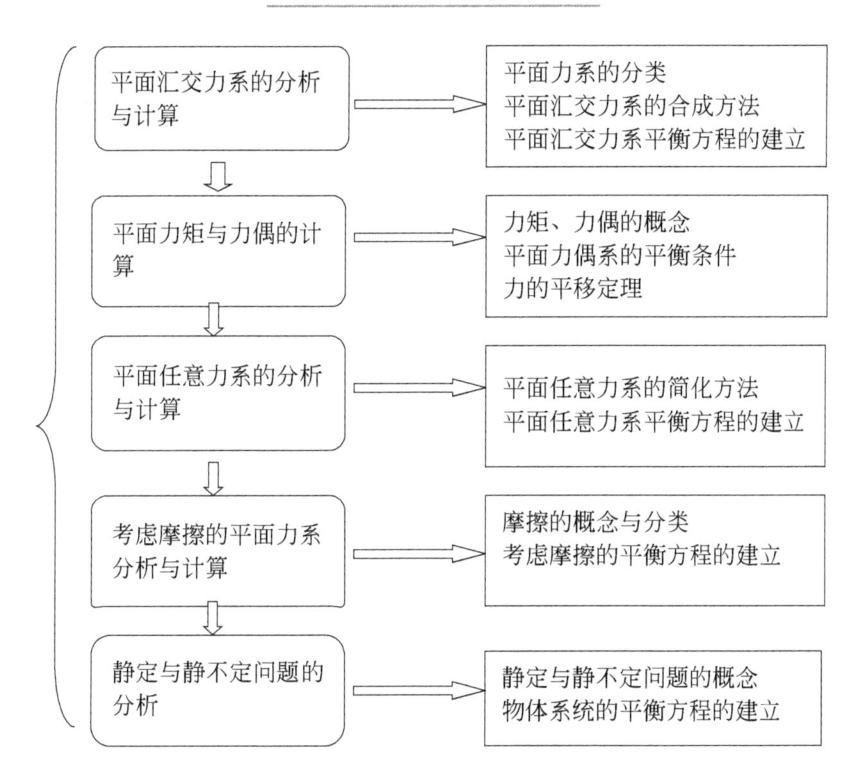

思考与训练

2-1　合力一定比分力大吗？

2-2　力矩和力偶矩有何异同点？

2-3　力偶的合力等于零这种说法对吗？

2-4　怎样选择矩心的位置，可使平衡方程的求解简化？

2-5　化工厂起吊设备时为避免碰到栏杆，施加一水平力 $\boldsymbol{F}$，如题 2-5 图所示。若设备重 $G=40\text{kN}$，求水平力 $\boldsymbol{F}$ 及绳子的拉力 $\boldsymbol{T}$。

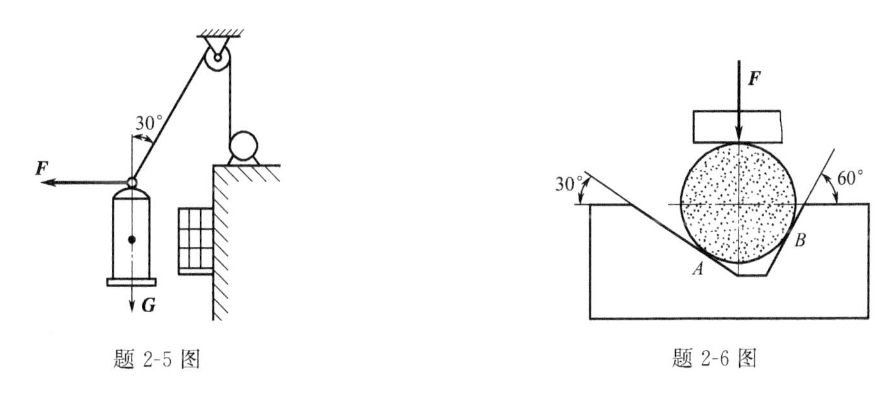

题 2-5 图　　题 2-6 图

2-6　工件放在 V 形槽内，如题 2-6 图所示。若已知压板夹紧力 $F=400\text{N}$，不计工件自重，求工件对 V 形槽的压力。

2-7　如题 2-7 图所示均布载荷沿梁 AB 分布，求载荷对梁 A 端的力矩。已知均布载荷

的集度 $q=600\text{N/m}$。

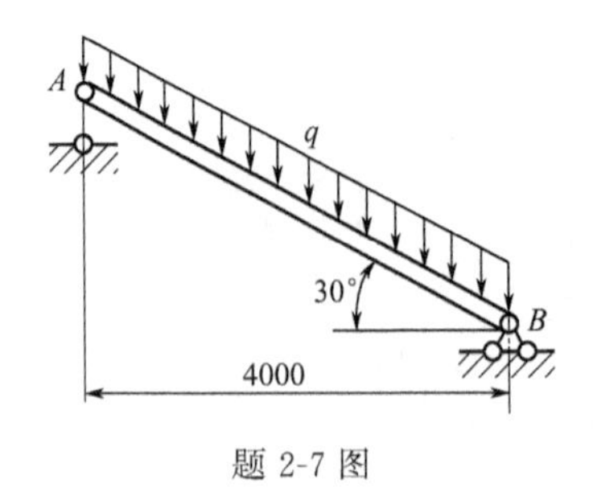

题 2-7 图

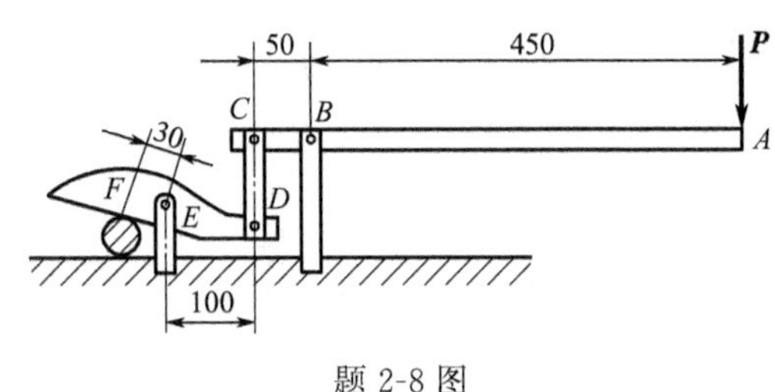

题 2-8 图

2-8　如题 2-8 图所示，剪切机由加力杠杆 ABC 和剪切杠杆 DEF 组成，被切钢杆置于刀口 F 处，B、C、D、E 均为铰接，已知 P 为 200N。试求刀口 F 处作用于受剪钢杆的力。图中尺寸单位为 mm。

2-9　梁 AB 长度 $l=5000\text{mm}$。在梁的 A 端和 B 端各作用一力偶，力偶矩 $m_1=20\text{kN}\cdot\text{m}$，$m_2=30\text{kN}\cdot\text{m}$，两力偶转向如题图 2-9 所示，不考虑梁自重，试求两支座 A 和 B 的反力。

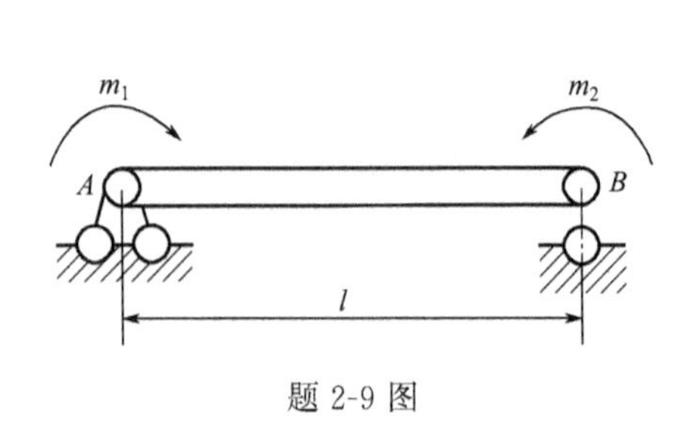

题 2-9 图

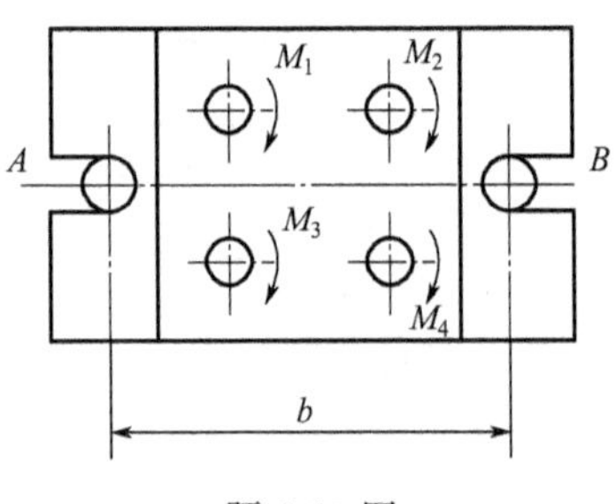

题 2-10 图

2-10　如题 2-10 图所示，用多轴钻床在一工件上同时钻出 4 个直径相同的孔，每一个钻头作用于工件的钻削力偶矩的估计值约为 15N・m。求作用于工件的总的钻削力偶矩。如工件用两个圆柱销钉 A、B 来固定，$b=0.2\text{m}$，设钻削力偶矩由销钉的反力来平衡，求销钉 A、B 反力的大小。

2-11　如题 2-11 图中实线所示为一人孔盖，它与接管法兰用铰链在 A 处连接。设人孔盖重为 $G=600\text{N}$，作用在 B 点，当打开人孔盖时，$\boldsymbol{F}$ 力与铅垂线成 30°，并已知 $a=250\text{mm}$，$b=420\text{mm}$，$h=70\text{mm}$。试求 $\boldsymbol{F}$ 力及铰链 A 处的约束反力。

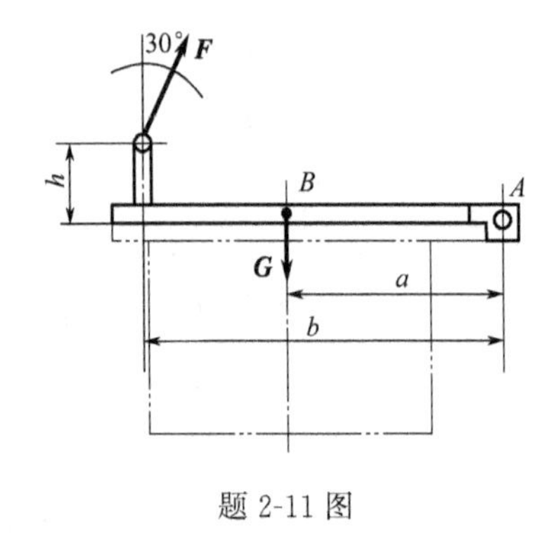

题 2-11 图

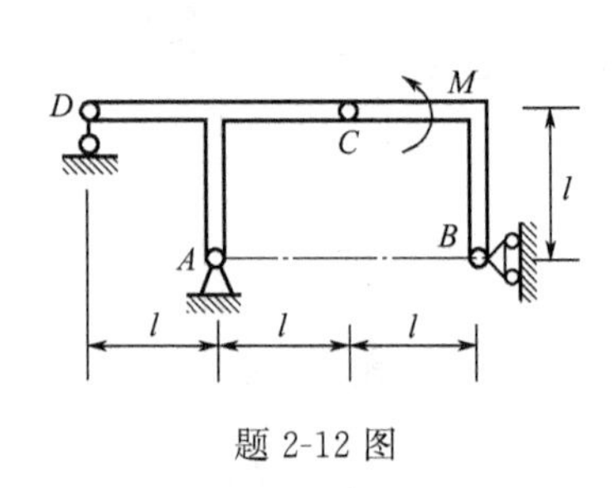

题 2-12 图

2-12　在题 2-12 图所示结构中，各构件的自重都不计，在构件 BC 上作用一力偶矩为 M 的力偶，各尺寸如图所示。求支座 A 的约束力。

2-13　由 AC 和 CD 构成的复合梁通过铰链 C 连接，它的支承和受力如题 2-13 图所示。已知均布载荷集度 $q=10\text{kN/m}$，力偶 $M=40\text{kN}\cdot\text{m}$，$a=2\text{m}$，不计梁重，试求支座 A、B、D 的约束力和铰链 C 所受的力。

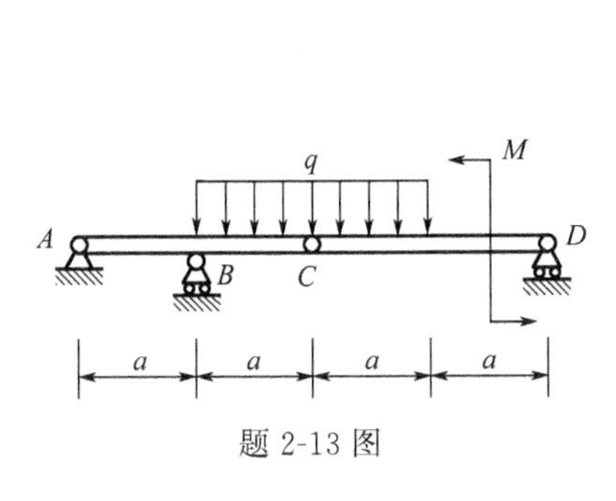

题 2-13 图

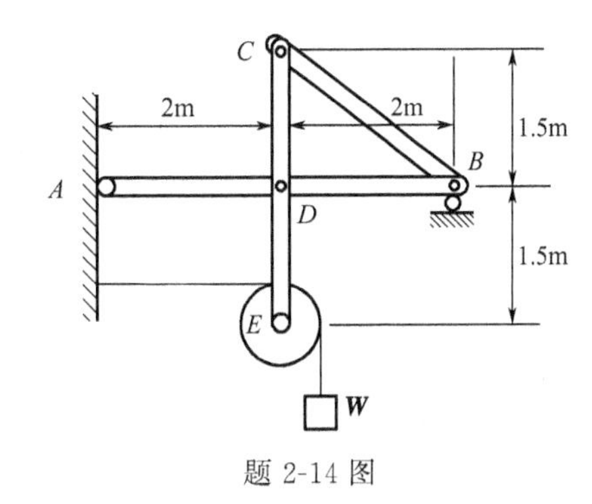

题 2-14 图

2-14　由杆 AB、BC 和 CE 组成的支架和滑轮 E 支持着物体，如题图 2-14 所示。物体重 12kN。D 处亦为铰链连接，尺寸如图所示。试求固定铰链支座 A 和滚动铰链支座 B 的约束力以及杆 BC 所受的力。

2-15　已知物体重 $W=100\text{N}$，斜面倾角为 30°（如题 2-15 图所示，$\tan 30°=0.577$），物块与斜面间摩擦因数为 $f_s=0.38$，$f_s'=0.37$，求物块与斜面间的摩擦力。并问物体在斜面上是静止、下滑还是上滑？如果使物块沿斜面向上运动，求施加于物块并与斜面平行的力 F 至少应为多大？

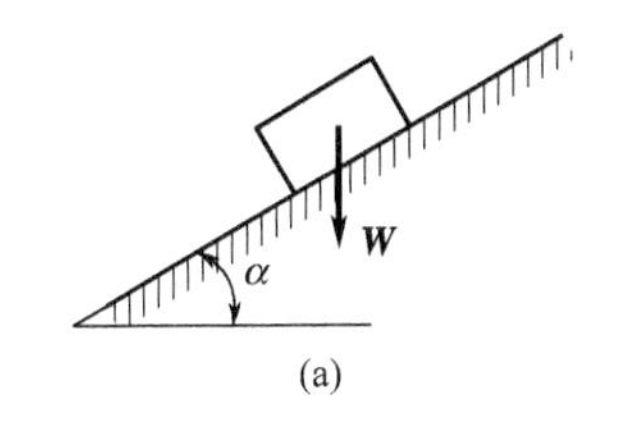

(a)

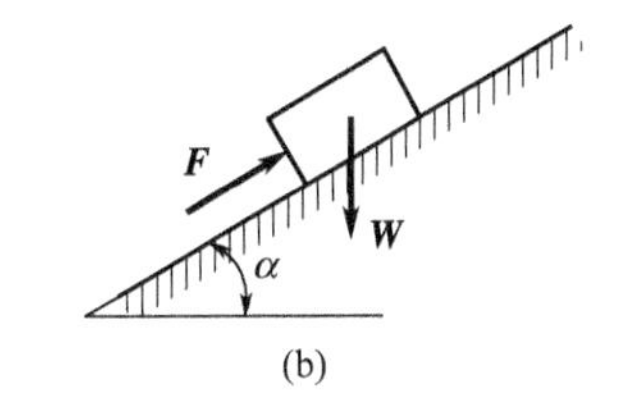

(b)

题 2-15 图

2-16　重 500N 的物体 A 置于重 400N 的物体 B 上，B 又置于水平面 C 上，如题 2-16 图所示。已知 $f_{AB}=0.3$，$f_{BC}=0.2$，今在 A 上作用一与水平面成 30°的力 $\boldsymbol{F}$。问当 $\boldsymbol{F}$ 力逐渐加大时，是 A 先动，还是 A、B 一起滑动？如果 B 物体重为 200N，情况又如何？

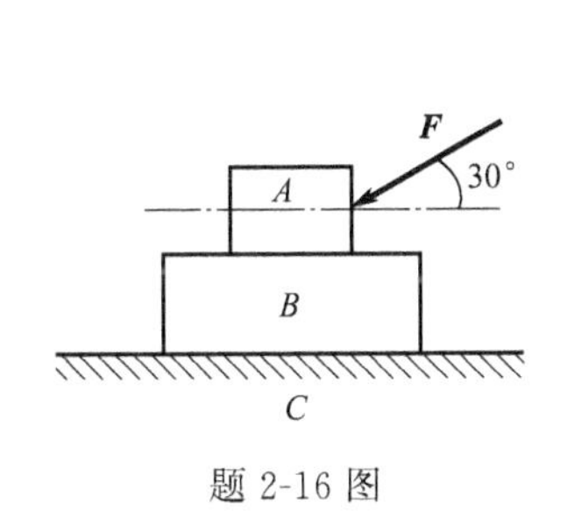

题 2-16 图

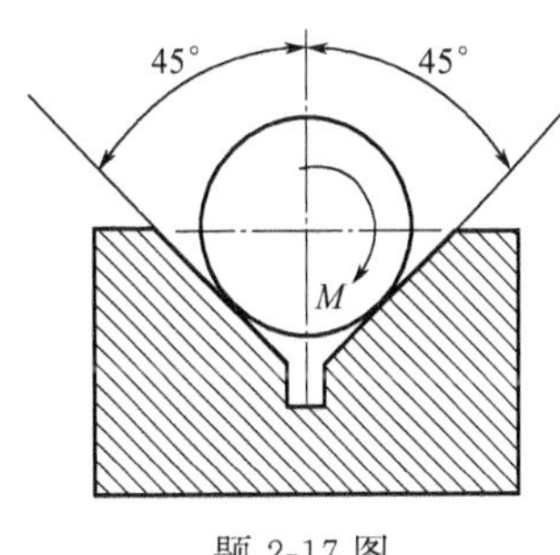

题 2-17 图

2-17　如题 2-17 图所示，欲转动一置于 V 形槽中的棒料，需作用一力偶，力偶矩 $M=1500\text{N}\cdot\text{cm}$，已知棒料重 $G=400\text{N}$，直径 $D=25\text{cm}$。试求棒料与 V 形槽之间的摩擦因数 f_s。

2-18　长为 l 的梯子 AB，下端 A 放在地板上，另一端 B 靠在墙面上，如题 2-18 图所示。设梯子与地面间的摩擦因数为 f_s，梯子与墙面间是光滑接触，梯子的重量略去不计。今有一重量为 P 的人沿梯子向上攀登，为保证人登至梯子顶部不致滑动，求梯子与墙面间夹角 α 的最大值。

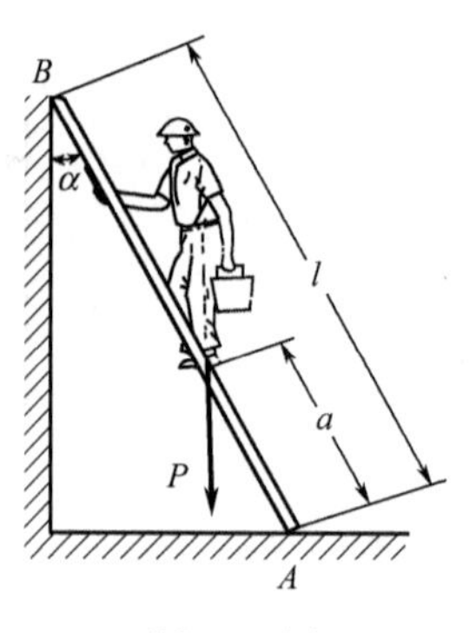

题 2-18 图

项目 3　空间力系分析及平衡问题

◆ ［能力目标］

会分析空间汇交力系的合成与平衡

会计算力对轴之矩和力对点之矩

会计算空间力系的力偶矩

会分析空间力偶系的合成与平衡条件

会分析力系向一点简化

会应用空间任意力系的平衡方程

◆ ［工作任务］

理解力在直角坐标轴上的投影、空间汇交力系的合成与平衡条件

理解空间力偶系的合成与平衡条件

了解力系向一点简化的方法

掌握空间任意力系的平衡方程的应用

了解求取物体重心的方法

案例导入 

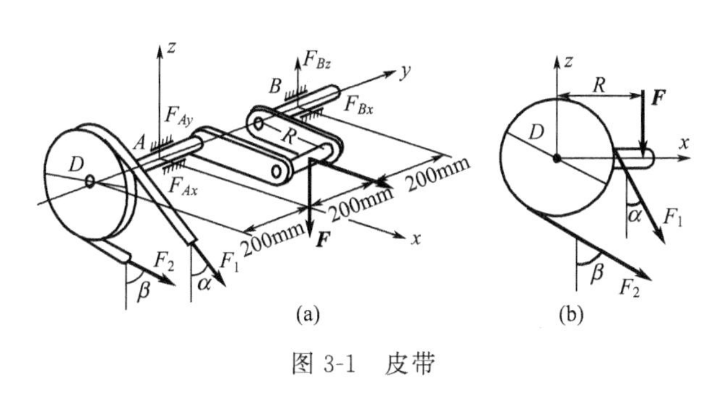

图 3-1　皮带

案例任务描述

在图 3-1(a) 中，已知皮带的拉力 $F_2=2F_1$，曲柄上作用有铅垂力 $\boldsymbol{F}$。已知皮带轮的直径 D，曲柄长 R，皮带 1 和皮带 2 与铅垂线间夹角分别为 α 和 β，如何确定皮带拉力和轴承反力？

解决任务思路

解决该系统中皮带拉力和轴承反力的计算问题，首先以整个轴为研究对象，确定在轴上、曲柄上已知作用力及轴承反力，选坐标列出空间力系平衡方程进行计算。

任务 3.1　空间汇交力系分析及平衡计算

空间力系是物体受力最普遍和最一般的情形。本任务将研究空间力系的简化和平衡两个基本问题，所涉及的基本原理和方法仅是平面力系的进一步推广。

3.1.1　力在直角坐标轴上的投影

3.1.1.1　一次（直接）投影法

如已知力 $\boldsymbol{F}$ 与正交坐标系各轴的夹角分别为 α、β、γ，如图 3-2 所示。则力在坐标轴上

的投影

$$\left.\begin{aligned} X&=F\cos\alpha \\ Y&=F\cos\beta \\ Z&=F\cos\gamma \end{aligned}\right\} \tag{3-1}$$

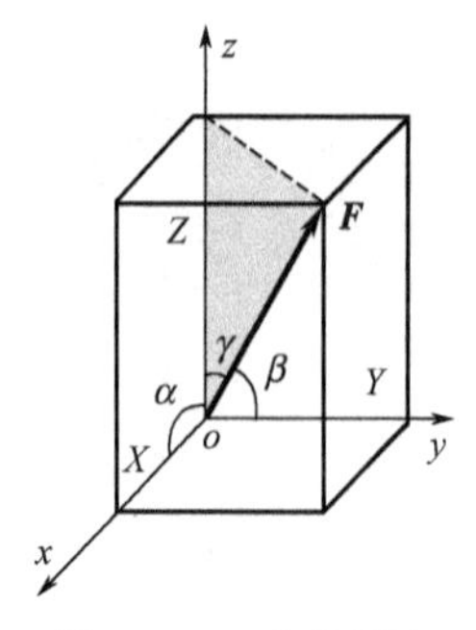

图 3-2　一次投影法

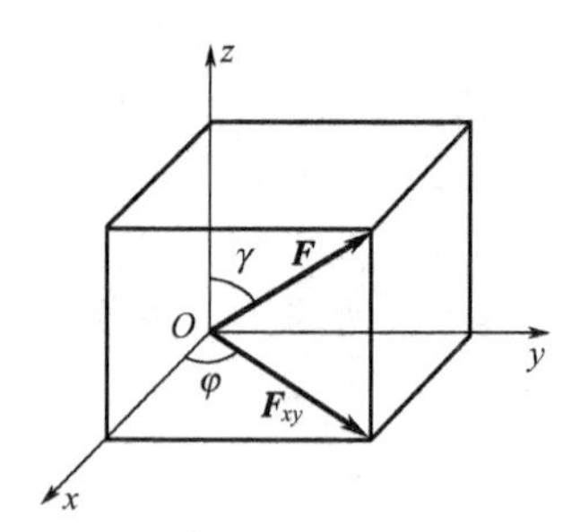

图 3-3　二次投影法

3.1.1.2　二次（间接）投影法

如图 3-3 所示，将力 $\boldsymbol{F}$ 先投影到某一坐标平面，例如 Oxy 平面，得力 $\boldsymbol{F}_{xy}$，再将此力投影到 x，y 轴上。得到

$$\left.\begin{aligned} X&=F\sin\gamma\cos\varphi \\ Y&=F\sin\gamma\sin\varphi \\ Z&=F\cos\gamma \end{aligned}\right\} \tag{3-2}$$

［实例 3-1］ 半径 r 的斜齿轮，其上作用力 $\boldsymbol{F}$，如图 3-4(a) 所示。求力 $\boldsymbol{F}$ 在坐标轴上的投影。

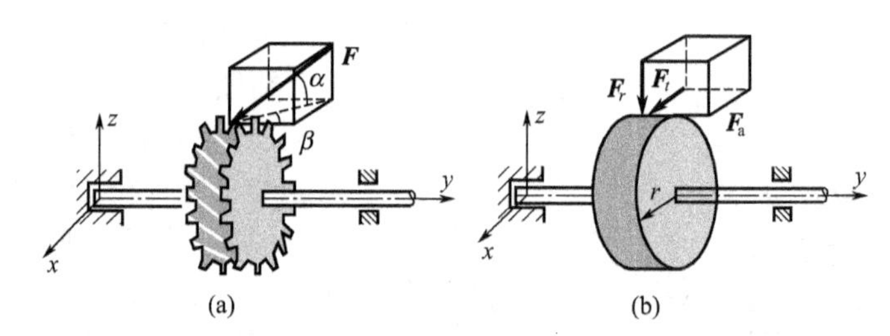

图 3-4　计算力在坐标轴上的投影

解： 用二次投影法求解。由图 3-4(b) 得

$$X=F_t=F\cos\alpha\sin\beta \text{（圆周力）}$$

$$Y=F_a=-F\cos\alpha\cos\beta \text{（轴向力）}$$

$$Z=F_r=-F\sin\alpha \text{（径向力）}$$

如已知力在坐标轴上的投影 X、Y、Z，可按下式决定力的大小和方向余弦：

$$\left.\begin{aligned} &F=\sqrt{X^2+Y^2+Z^2} \\ &\cos\alpha=\frac{X}{F} \qquad \cos\beta=\frac{Y}{F} \qquad \cos\gamma=\frac{Z}{F} \end{aligned}\right\} \tag{3-3}$$

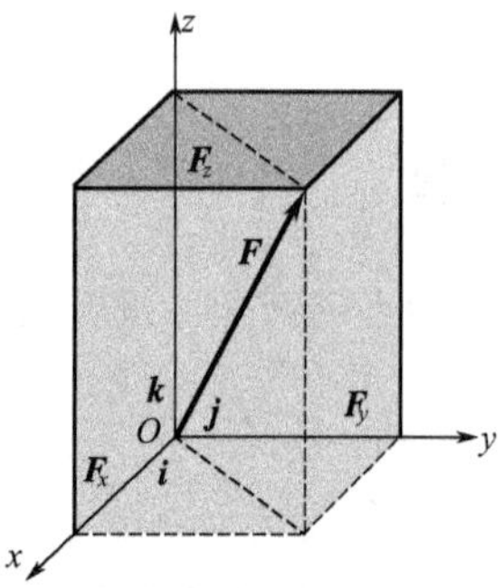

图 3-5　力的投影与分力

3.1.1.3　力的投影与分力

如图 3-5 所示，力 $\boldsymbol{F}$ 沿直角坐标轴的正交分量与其投影之间有如下关系：

$$\boldsymbol{F}=\boldsymbol{F}_x+\boldsymbol{F}_y+\boldsymbol{F}_z=X\boldsymbol{i}+Y\boldsymbol{j}+Z\boldsymbol{k} \tag{3-4}$$

3.1.2 空间汇交力系的合成与平衡条件

3.1.2.1 合成

由项目二已知，汇交力系合成为通过汇交点的一个合力，合力矢量为

$$\boldsymbol{F}_{\mathrm{R}}=\boldsymbol{F}_1+\boldsymbol{F}_2+\cdots+\boldsymbol{F}_n=\sum\boldsymbol{F} \tag{3-5}$$

由式(3-4) 可得

$$\boldsymbol{F}_{\mathrm{R}}=\sum X\boldsymbol{i}+\sum Y\boldsymbol{j}+\sum Z\boldsymbol{k} \tag{3-6}$$

合力的大小和方向余弦分别为

$$\left.\begin{aligned}&F_{\mathrm{R}}=\sqrt{(\sum X)^2+(\sum Y)^2+(\sum Z)^2}\\&\cos\alpha=\frac{\sum X}{F_{\mathrm{R}}}\quad\cos\beta=\frac{\sum Y}{F_{\mathrm{R}}}\quad\cos\gamma=\frac{\sum Z}{F_{\mathrm{R}}}\end{aligned}\right\} \tag{3-7}$$

3.1.2.2 平衡条件

空间汇交力系平衡的必要和充分条件是：力系的合力等于零，即

$$F_{\mathrm{R}}=0$$

其平衡方程式为

$$\left.\begin{aligned}\sum X=0\\\sum Y=0\\\sum Z=0\end{aligned}\right\} \tag{3-8}$$

即力系中各力在坐标轴上投影的代数和分别等于零。

[实例 3-2] 起吊装置如图 3-6(a) 所示，起重杆 A 端用球铰链固定在地面上，B 端则用绳 CB 和 DB 拉住，两绳分别系在墙上的点 C 和 D，连线 CD 平行于 x 轴。若已知 $\alpha=30°$，$CE=EB=DE$，$\angle EBF=30°$，如图(b) 所示，物重 $P=10\mathrm{kN}$。不计杆重，试求起重杆所受的压力和绳子的拉力。

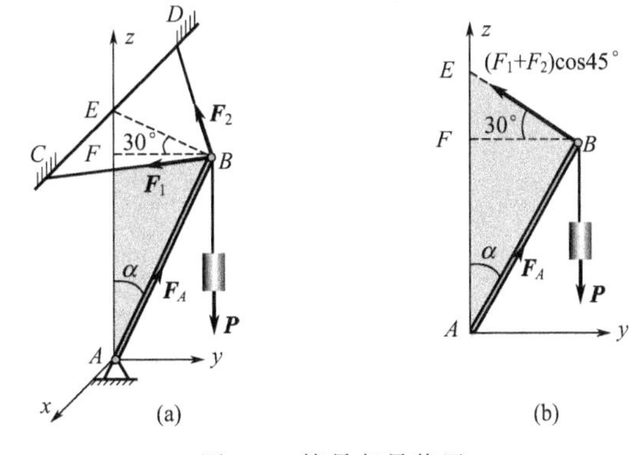

图 3-6 简易起吊装置

分析： 解题时取起重杆 AB 与重物为研究对象，依据空间汇交力系的平衡条件，列出平衡方程，即可求解。

解： 取起重杆 AB 与重物为研究对象，受力如图 3-6(a)。由已知条件可知，$\angle CBE=\angle DBE=45°$。建立图示坐标系，由平衡方程

$$\sum X=0,\ F_1\sin45°-F_2\sin45°=0$$

$$\sum Y=0,\ F_A\sin30°-F_1\cos45°\cos30°-F_2\cos45°\cos30°=0$$

$$\sum Z=0,\ F_1\cos45°\sin30°+F_2\cos45°\sin30°+F_A\cos30°-P=0$$

解得

$$F_1=F_2=3.54\mathrm{kN}$$

$$F_A=8.66\mathrm{kN}$$

F_A 为正值，表明所设 $\boldsymbol{F}_A$ 的方向正确，AB 为压杆。

任务 3.2 空间力偶系分析及平衡计算

3.2.1 力对轴之矩和力对点之矩

3.2.1.1 力对轴之矩

力对轴之矩是力使物体绕某轴转动效果的度量。平面力系中，力对点之矩为力对通过该

点且垂直于力系所在平面的某轴之矩。

如图 3-7(a) 所示。力 $\boldsymbol{F}$ 对 Z 轴之矩等于该力在与 Z 轴垂直的平面上的投影 $\boldsymbol{F}_{xy}$ 对轴与平 面交点 O 之矩。有

$$M_z(\boldsymbol{F})=M_O(\boldsymbol{F}_{xy})=\pm F_{xy}h=\pm 2S_{\triangle OAb}$$

力对轴之矩是代数量，表示力矩的大小和转向，并按右手规则确定其正负号，如图 3-7(b) 所示，拇指指向与 Z 轴一致为正，反之为负。力与轴平行或相交时，力对该轴之矩等于零。

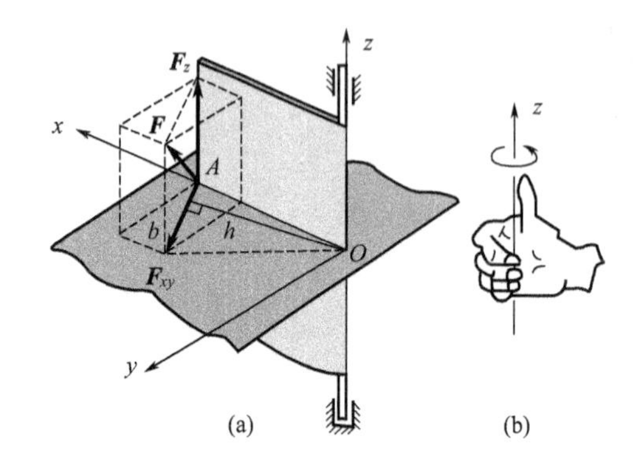

图 3-7　力对轴之矩

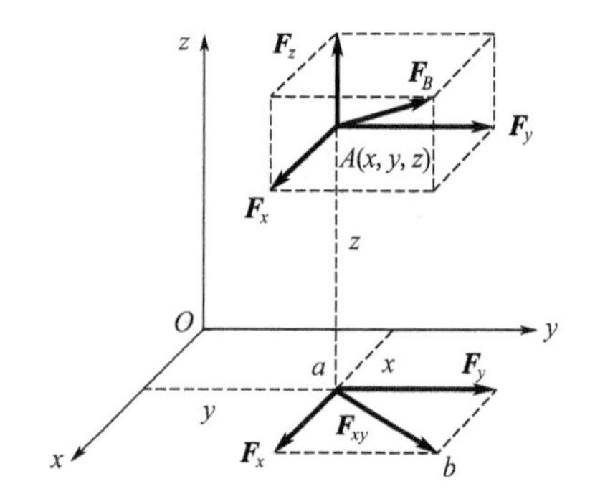

图 3-8　计算力对轴之矩

力对轴之矩的解析式：如图 3-8 所示，X、Y、Z 和 x、y、z 分别为力在坐标轴上投影和力作用点的坐标。由合力矩定理得到

$$\left.\begin{aligned}M_x(\boldsymbol{F})&=yZ-zY\\M_y(\boldsymbol{F})&=zX-xZ\\M_z(\boldsymbol{F})&=xY-yX\end{aligned}\right\}\tag{3-9}$$

式中，各量均为代数量。

3.2.1.2　力对点之矩

力对点之矩是力使物体绕某点转动效果的度量。在平面力系中，力对点之矩为一代数量。但对空间力系，除了力矩的大小和转向，还必须表明力的作用线与矩心所在的平面在空间的方位。三者可用一个矢量表示，记为 $\boldsymbol{M}_O(\boldsymbol{F})$。如图 3-9 所示。矢量的指向按右手规则确定，有

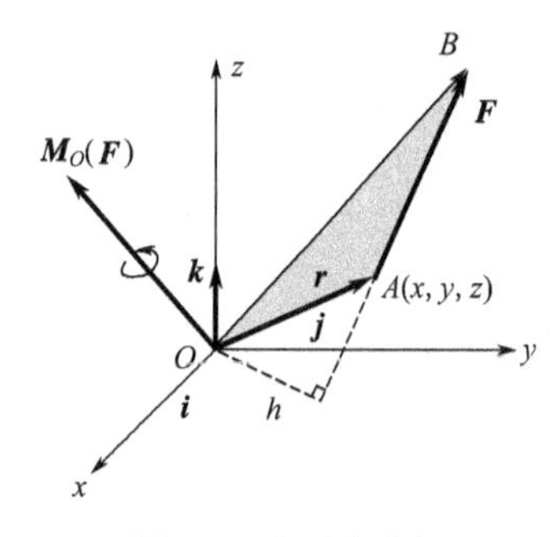

图 3-9　力对点之矩

$$\boldsymbol{M}_O(\boldsymbol{F})=\boldsymbol{r}\times\boldsymbol{F}\tag{3-10}$$

由式(3-10) 及图 3-9 可得到以下结论。

① 力对点之矩依赖于矩心的位置，是定位矢量。

② 力矩的大小。

$$|\boldsymbol{M}_O(\boldsymbol{F})|=Fh=2S_{\triangle OAB}$$

③ 力对点之矩的解析式。

$$\boldsymbol{M}_O(\boldsymbol{F})=\boldsymbol{r}\times\boldsymbol{F}=\begin{vmatrix}\boldsymbol{i}&\boldsymbol{j}&\boldsymbol{k}\\x&y&z\\X&Y&Z\end{vmatrix}=(yZ-zY)\boldsymbol{i}+(zX-xZ)\boldsymbol{j}+(xY-yX)\boldsymbol{k}\tag{3-11}$$

3.2.1.3　力对点之矩与力对轴之矩的关系

将式(3-11) 投影到三个坐标轴上，得

$$
\left.\begin{aligned}
[\boldsymbol{M}_O(\boldsymbol{F})]_x &= yZ - zY \\
[\boldsymbol{M}_O(\boldsymbol{F})]_y &= zX - xZ \\
[\boldsymbol{M}_O(\boldsymbol{F})]_z &= xY - yX
\end{aligned}\right\} \tag{3-12}
$$

比较式(3-12) 与式(3-9) 可知，力对点之矩在通过该点的某轴上的投影等于力对该轴之矩。式(3-11) 可变为

$$
\boldsymbol{M}_O(\boldsymbol{F}) = M_x(\boldsymbol{F})\boldsymbol{i} + M_y(\boldsymbol{F})\boldsymbol{j} + M_z(\boldsymbol{F})\boldsymbol{k} \tag{3-13}
$$

参照式(3-6) 和式(3-7)，由上式可进一步得到力对点 O 之矩的大小和方向余弦。

[实例 3-3] 手柄 $ABCE$ 在平面 Axy 内，在 D 处作用一个力 $\boldsymbol{F}$，如图 3-10 所示，它在垂直于 y 轴的平面内，偏离铅直线的角度为 α。如 $CD=a$，杆 BC 平行于 x 轴，杆 CE 平行于 y 轴，AB 和 BC 的长度都等于 l。试求力 $\boldsymbol{F}$ 对 x、y 和 z 轴之矩。

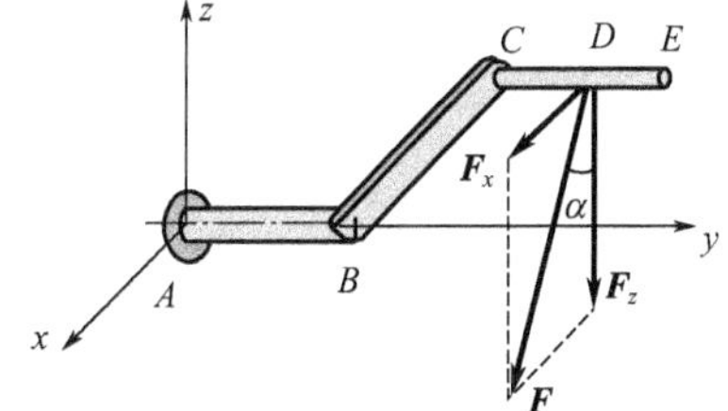

图 3-10　计算力对轴之矩

分析： 力对轴之矩概念的应用。分别用合力矩定理和解析式来计算，验证两种计算方法的结果是否一样。

解： 将力 $\boldsymbol{F}$ 沿坐标轴分解为 $\boldsymbol{F}_x$ 和 $\boldsymbol{F}_z$ 两个分力，其中 $F_x=F\sin\alpha$，$F_z=F\cos\alpha$。注意到力与轴平行或相交时对该轴之矩为零，由合力矩定理，有

$$
M_x(\boldsymbol{F}) = M_x(\boldsymbol{F}_z) = -F_z(AB+CD) = -F(l+a)\cos\alpha
$$

$$
M_y(\boldsymbol{F}) = M_y(\boldsymbol{F}_z) = -F_z BC = -Fl\cos\alpha
$$

$$
M_z(\boldsymbol{F}) = M_z(\boldsymbol{F}_x) = -F_x(AB+CD) = -F(l+a)\sin\alpha
$$

下面再用力对轴之矩的解析式计算。力 $\boldsymbol{F}$ 在 x、y、z 轴上的投影为

$$
X=F\sin\alpha, \qquad Y=0, \qquad Z=-F\cos\alpha
$$

力作用点 D 的坐标为 $x=-l$，$y=l+a$，$z=0$，按式(3-9)

得

$$
M_x(\boldsymbol{F}) = yZ - zY = (l+a)(-F\cos\alpha) - 0 = -F(l+a)\cos\alpha
$$

$$
M_y(\boldsymbol{F}) = zX - xZ = 0 - (-l)(-F\cos\alpha) = -Fl\cos\alpha
$$

$$
M_z(\boldsymbol{F}) = xY - yX = 0 - (l+a)(F\sin\alpha) = -F(l+a)\sin\alpha
$$

两种计算方法结果相同。

3.2.2　空间力偶系

3.2.2.1　力偶矩矢

如图 3-11 所示。力偶的作用面可以平行移动而不改变力偶对物体的作用。因此，空间力偶对物体的作用取决于力偶三要素。

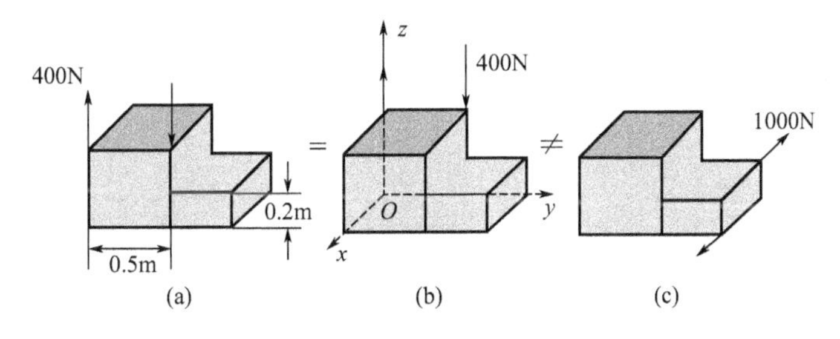

图 3-11　力偶作用面可平行移动

① 力偶矩的大小。力偶作用面在空间的方位；力偶在作用面内的转向。

力偶三要素可用一个矢量表示，称为力偶矩矢，记作 $\boldsymbol{M}$，如图 3-12 所示。矢的长度表示力偶矩的大小，矢的方位垂直力偶作用面，矢的指向与力偶转向间的关系服从右手规则。

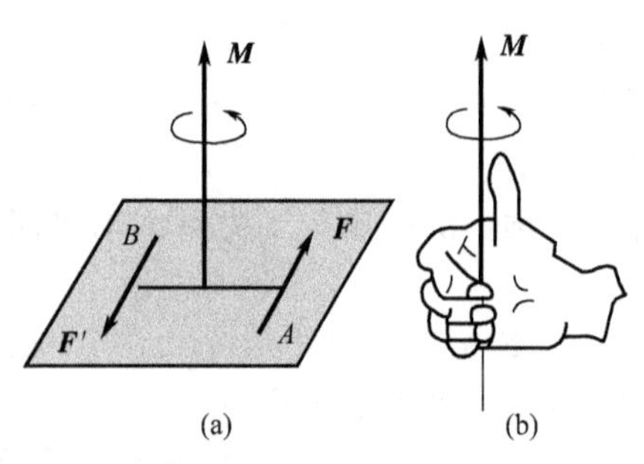

图 3-12 力偶矩矢

力偶矩矢是自由矢量。

力偶对刚体的作用完全取决于力偶矩矢。

3.2.2.2 力偶等效条件

若两力偶的力偶矩矢相等，则两力偶等效。

3.2.2.3 空间力偶系的合成与平衡条件

(1) 力偶系的合成 空间力偶系可合成为一个合力偶，合力偶矩矢等于分力偶矩矢的矢量和，即

$$\boldsymbol{M}=\boldsymbol{M}_1+\boldsymbol{M}_2+\cdots+\boldsymbol{M}_n=\sum\boldsymbol{M}_i \tag{3-14}$$

将上式向 x、y、z 轴投影，有

$$\left.\begin{aligned}M_x&=M_{1x}+M_{2x}+\cdots+M_{nx}=\sum M_{ix}\\M_y&=M_{1y}+M_{2y}+\cdots+M_{ny}=\sum M_{iy}\\M_z&=M_{1z}+M_{2z}+\cdots+M_{nz}=\sum M_{iz}\end{aligned}\right\} \tag{3-15}$$

则

$$\boldsymbol{M}=\sum M_{ix}\boldsymbol{i}+\sum M_{iy}\boldsymbol{j}+\sum M_{iz}\boldsymbol{k} \tag{3-16}$$

由上式可进一步分析合力矩矢的大小和方向。

(2) 平衡条件 空间力偶系平衡的必要和充分条件是：各分力偶矩矢的矢量和等于零。

即

$$\sum\boldsymbol{M}_i=0 \tag{3-17}$$

平衡方程为

$$\left.\begin{aligned}\sum M_x&=0\\\sum M_y&=0\\\sum M_z&=0\end{aligned}\right\} \tag{3-18}$$

即各力偶矩矢在三个坐标轴上投影的代数和分别等于零。三个独立的平衡方程，可解三个未知量。

任务 3.3 空间任意力系分析及平衡计算

3.3.1 空间任意力系向一点简化、主矢和主矩

3.3.1.1 力系向一点简化——主矢和主矩

应用力的平移定理，将力系中各力向任选简化中心 O 平移，得到与原力系等效的空间汇交力系和空间力偶系，如图 3-13(a) 和图 3-13(b)，再进一步合成这两个力系，得到一个力和一个偶，如图 3-13(c) 所示。力矢和力偶矩矢分别为

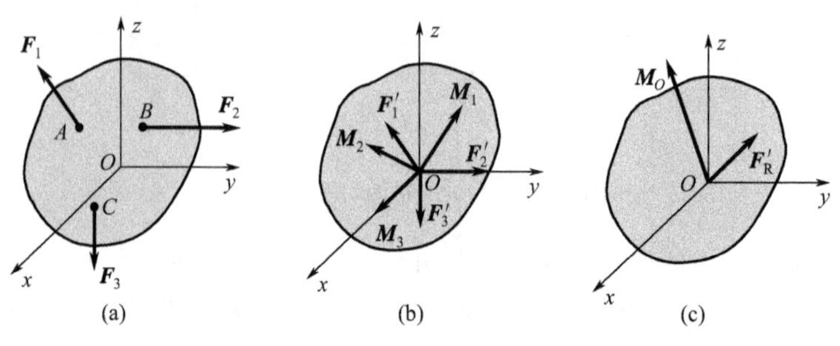

图 3-13 空间任意力系的简化

$$\boldsymbol{F}'_R=\sum\boldsymbol{F} \tag{3-19}$$

$$\boldsymbol{M}_O=\sum\boldsymbol{M}_i=\sum\boldsymbol{M}_O(\boldsymbol{F}) \tag{3-20}$$

和平面力系一样，力系中各力的矢量和$\sum\boldsymbol{F}$称为力系的主矢量，各力对简化中心之矩的矢量和$\sum\boldsymbol{M}_O(\boldsymbol{F})$称为力系对简化中心的主矩。

由此得如下结论：空间任意力系向任选点简化，可得一个力和一个力偶。力的大小、方向等于力系的主矢量，作用线通过简化中心；力偶的矩矢等于力系对简化中心的主矩。主矢与简化中心位置无关，主矩则与简化中心位置有关。

可通过式(3-6) 和式(3-13) 计算力系的主矢和主矩。

3.3.1.2　力系对不同简化中心的主矩

如图3-14所示。力系对简化中心O和O'的主矩分别为

$$\boldsymbol{M}_O=\sum\boldsymbol{M}_O(\boldsymbol{F}_i)=\sum\boldsymbol{ri}\times\boldsymbol{F}_i$$

而 $$\boldsymbol{M}_{O'}=\sum\boldsymbol{M}_{O'}(\boldsymbol{F}_i)=\sum\boldsymbol{r}'_i\times\boldsymbol{F}_i=\sum(\boldsymbol{r}_i+O'O)\times\boldsymbol{F}_i$$
$$=\sum\boldsymbol{r}_i\times\boldsymbol{F}_i+O'O\times\sum\boldsymbol{F}_i$$

得 $$\boldsymbol{M}_{O'}=\boldsymbol{M}_O+\boldsymbol{M}_{O'}(\boldsymbol{F}'_R) \tag{3-21}$$

即力系对O'点的主矩等于对O的主矩与通过O点的力对O'点之矩的矢量和。

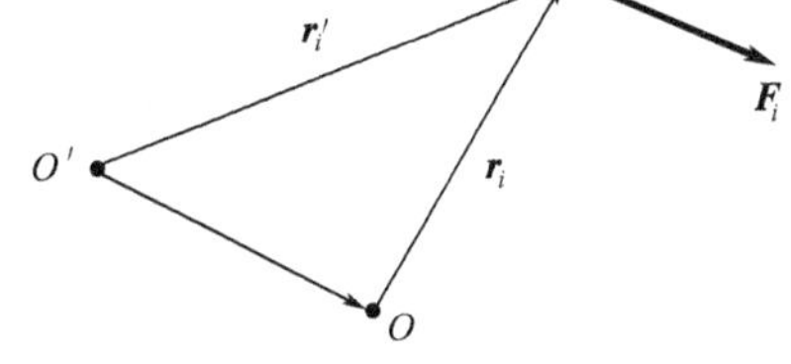

图3-14　力系对不同矩心的主矩

3.3.2　空间任意力系的简化结果分析

3.3.2.1　力系的简化结果

力系向任一点简化的结果及简化的最后结果如表3-1所示。

表3-1　力系简化结果

力系向任一点O简化的结果			力系简化的最后结果	说　明
主矢	主矩			
$\boldsymbol{F}'_R=0$	$\boldsymbol{M}_O=0$		平衡	平衡力系
	$\boldsymbol{M}_O\neq0$		合力偶	此时主矩与简化中心的位置无关
$\boldsymbol{F}'_R\neq0$	$\boldsymbol{M}_O=0$		合力	合力作用线通过简化中心
	$\boldsymbol{M}_O\neq0$	$\boldsymbol{F}'_R\perp\boldsymbol{M}_O$（见图3-15）	合力	合力作用线离简化中心O的距离$d=\dfrac{M_O}{F'_R}$
	$\boldsymbol{M}_O\neq0$	$\boldsymbol{F}'_R/\!/\boldsymbol{M}_O$（见图3-16）	力螺旋	力螺旋的中心轴通过简化中心
		与$\boldsymbol{F}'_R$成$\boldsymbol{M}_O$角α（见图3-17）	力螺旋	力螺旋的中心轴离简化中心O的距离$d=\dfrac{M_O\sin\alpha}{F'_R}$

空间任意力系简化的最后结果有四种情形：合力、合力偶、力螺旋和平衡（见图3-15～图3-17）。

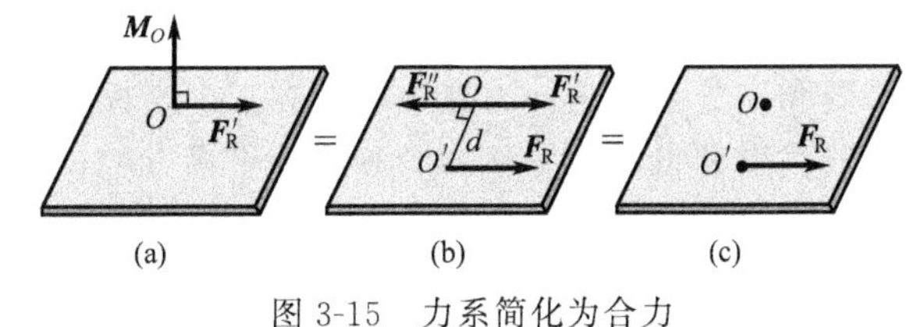

图3-15　力系简化为合力

3.3.2.2　合力矩定理的一般形式

由图3-15可知

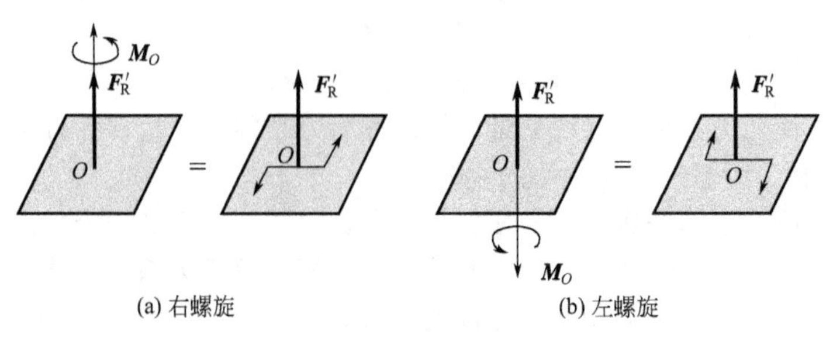

图 3-16 力螺旋

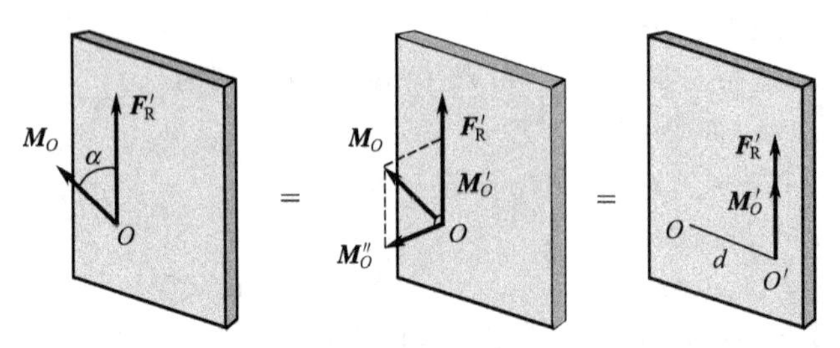

图 3-17 力系简化为力螺旋

$$\boldsymbol{M}_O=\boldsymbol{M}_O(\boldsymbol{F}_R)$$

又由式(3-20)，有

$$\boldsymbol{M}_O=\sum\boldsymbol{M}_O(\boldsymbol{F})$$

得

$$\boldsymbol{M}_O(\boldsymbol{F}_R)=\sum\boldsymbol{M}_O(\boldsymbol{F}) \tag{3-22}$$

将上式投影到通过 O 点的任一轴 OZ 上，有

$$[\boldsymbol{M}_O(\boldsymbol{F}_R)]_Z=\sum[\boldsymbol{M}_O(\boldsymbol{F})]_Z=\sum\boldsymbol{M}_Z(\boldsymbol{F}) \tag{3-23}$$

式(3-22) 和式(3-23) 是最一般情况的合力矩定理。即合力对任一点之矩矢等于力系中各力对该点之矩矢的矢量和；合力对任一轴之矩等于力系中各力对该轴之矩的代数和。

3.3.3 空间任意力系的平衡方程

空间任意力系平衡的必要和充分条件是：力系的主矢和对任一点的主矩都等于零，即

$$\boldsymbol{F}'_R=0$$
$$\boldsymbol{M}_O=0$$

平衡的解析条件为

$$\left.\begin{aligned}&\sum X=0\\&\sum Y=0\\&\sum Z=0\\&\sum M_x(\boldsymbol{F})=0\\&\sum M_y(\boldsymbol{F})=0\\&\sum M_z(\boldsymbol{F})=0\end{aligned}\right\} \tag{3-24}$$

即空间任意力系平衡的必要和充分条件是：力系中各力在三个坐标轴上投影的代数和分别等于零，各力对每个轴之矩的代数和也等于零。六个独立的平衡方程，可解 6 个未知量。

[实例 3-4] 图 3-18 所示的三轮小车，自重 $P=8\text{kN}$，作用于点 E，载荷 $P_1=10\text{kN}$ 作用于点 C。求小车静止时地面对车轮的约束力。

分析：选取小车为研究对象，运用力学原理进行受力分析；再根据空间任意力系的平衡方程列出平衡方程求出约束力即可。

解：取小车为研究对象，受力如图 3-18 所示。5 个力构成空间平行力系。建立图示坐

标系 $Oxyz$，由平衡方程

$$\sum Z=0 \qquad -P_1-P+F_A+F_B+F_D=0$$

$$\sum M_x(\boldsymbol{F})=0 \qquad -0.2P_1-1.2P+2F_D=0$$

$$\sum M_y(\boldsymbol{F})=0 \qquad 0.8P_1+0.6P-0.6F_D-1.2F_B=0$$

解得 $\qquad F_D=5.8\text{kN} \qquad F_B=7.777\text{kN} \qquad F_A=4.423\text{kN}$

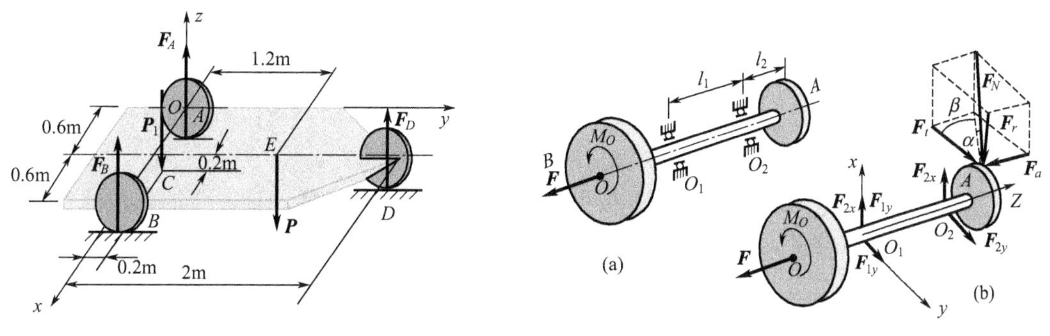

图 3-18 小车的平衡 　　　　 图 3-19 涡轮盘系统的平衡

[实例 3-5] 图 3-19(a) 所示涡轮发动机叶片受到的燃气压力可简化为作用在涡轮盘上的一个轴向力和一个力偶。已知：轴向力 $F=2\text{kN}$，力偶矩 $M_O=1\text{kN}\cdot\text{m}$。斜齿轮 A 的压力角$\alpha=20°$，螺旋角 $\beta=10°$，齿轮节圆半径 $r=10\text{cm}$。轴承间距离 $O_1O_2=l_1=50\text{cm}$，径向轴承 O_2 与斜齿轮间的距离 $O_2A=l_2=10\text{cm}$。不计发动机自重。求斜齿轮所受的作用力 $\boldsymbol{F}_{\text{N}}$ 及推力轴承 O_1 和径向轴承 O_2 的约束力。

分析： 选取涡轮轴系统为研究对象进行受力分析；再根据空间任意力系的平衡方程列出平衡方程求出约束力，方法和前面的例题类似。

解： 取图示涡轮轴系统为研究对象，系统受力及坐标系 O_1xyz 如图 (b) 所示，其中推力轴承 O_1 的约束力有三个分量，径向轴承 O_2 的约束力有两个分量。斜齿轮所受的作用力 $\boldsymbol{F}_{\text{N}}$ 分解成三个分量：周向力 $\boldsymbol{F}_t$、径向力 $\boldsymbol{F}_\gamma$ 和轴向力 $\boldsymbol{F}_\alpha$。各分力的大小有

$$F_t=F_{\text{N}}\cos\alpha\cos\beta \tag{a}$$

$$F_\alpha=F_{\text{N}}\cos\alpha\sin\beta \tag{b}$$

$$F_\gamma=F_{\text{N}}\sin\alpha \tag{c}$$

由空间力系平衡方程

$$\sum X=0$$

$$F_{1x}+F_{2x}-F_r=0 \qquad ①$$

$$\sum Y=0$$

$$F_{1y}+F_{2y}+F_t=0 \qquad ②$$

$$\sum Z=0$$

$$-F_{1z}-F_a+F=0 \qquad ③$$

$$\sum M_x(\boldsymbol{F})=0$$

$$-F_{2y}l_1-F_t(l_1+l_2)=0 \qquad ④$$

$$\sum M_y(\boldsymbol{F})=0$$

$$F_{2x}l_1+F_ar-F_r(l_1+l_2)=0 \qquad ⑤$$

$$\sum M_z(\boldsymbol{F})=0$$

$$F_tr-M_0=0 \qquad ⑥$$

由上式解得 $F_t=10\text{kN}$，代入式(a)、式(b) 和式(c) 得

$$F_{\text{N}}=\frac{F_t}{\cos20°\cos10°}=\frac{10}{0.94\times0.98}=10.8\ (\text{kN})$$

$$F_{\alpha}=F_{N}\cos20°\sin10°=10.8\times0.94\times0.17=1.73\ (\text{kN})$$

$$F_{\gamma}=F_{N}\sin20°=10.8\times0.34=3.67\ (\text{kN})$$

将所求各值分别代入式③、式④、式⑤、式①和式②得

$$F_{1z}=-F+F_{\alpha}=1.77-2=-0.27\ (\text{kN})$$

$$F_{2y}=-\frac{F_{t}(l_1+l_2)}{l_1}=-\frac{10(50+10)}{50}=-12\ (\text{kN})$$

$$F_{2x}=\frac{F_{r}(l_1+l_2)-F_{a}r}{l_1}=\frac{3.67(50+10)-1.73\times10}{50}=4.06\ (\text{kN})$$

$$F_{1x}=F_{r}-F_{2x}=3.67-4.06=-0.39\ (\text{kN})$$

$$F_{1y}=-F_{2y}-F_{t}=20-10=2\ (\text{kN})$$

[实例 3-6] 图 3-20 所示均质方板由六根杆支撑于水平位置，直杆两端各用球铰链与板和地面连接。板重为 P，在 A 处作用一水平力 $\boldsymbol{F}$，且 $F=2P$，不计杆重。求各杆的内力。

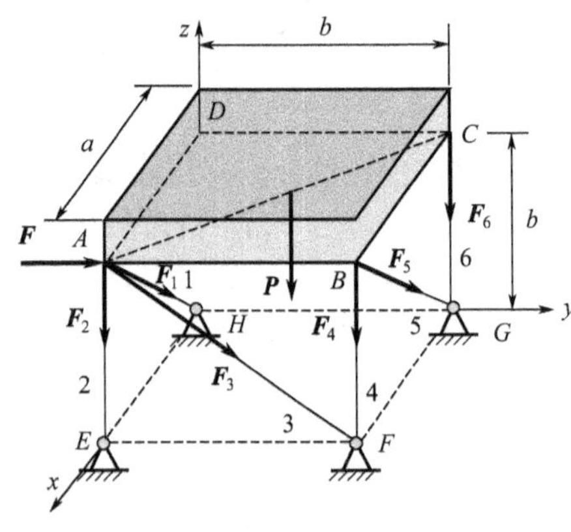

图 3-20 长方板的平衡

分析：选取方板为研究对象进行受力分析，再根据空间任意力系的平衡方程列出平衡方程求出约束力，方法同前面例题。

解：取方板为研究对象。设各杆均受拉力。板的受力如图 3-20 所示。由平衡方程

$$\sum M_{AB}(\boldsymbol{F})=0,\ -F_6a-P\frac{a}{2}=0$$

得

$$F_6=-\frac{P}{2}\ (\text{压力})$$

$$\sum M_{AE}(\boldsymbol{F})=0,\ F_5=0$$

$$\sum M_{AC}(\boldsymbol{F})=0,\ F_4=0$$

$$\sum M_{EF}(\boldsymbol{F})=0$$

$$-P\frac{a}{2}-F_6a-F_1\frac{b}{\sqrt{a^2+b^2}}a=0$$

得

$$F_1=0$$

$$\sum M_{FG}(\boldsymbol{F})=0$$

$$-P\frac{b}{2}+Fb-F_2b=0$$

得

$$F_2=1.5P\ (\text{拉力})$$

$$\sum M_{BC}(\boldsymbol{F})=0$$

$$-P\frac{b}{2}-F_2b-F_3\cos45°b=0$$

得

$$F_3=-2\sqrt{2}P\ (\text{压力})$$

例中用 6 个力矩方程求 6 根杆的内力。力矩方程比较灵活，常可用一个方程解一个未知数。也可用四矩式、五矩式形式的平衡方程求解。但独立的平衡方程只有 6 个。由于空间情况比较复杂，在此不讨论其独立性条件。

任务 3.4 物体的重心

重心是力学中的一个重要概念。对物体重心的研究，在工程实际中有很重要的意义。例如起重机重心的位置若超出某一范围，受载后就不能保证起重机的平衡；高速旋转的物体像

涡轮机的叶片、洗衣机甩干桶等，如果其重心偏离转轴的中心线，转动起来就会引起轴的振动和轴承的动压力；汽车或飞机重心的位置对它们运动的稳定性和操作性有很大影响；高速转动的计算机硬盘对重心位置也有严格的限制。

3.4.1 物体的重心

物体的重力就是地球对它的吸引力。如果把物体视为由许多质点组成，由于地球比所研究的物体大得多，作用在这些质点上的重力形成的力系可以认为是一个铅垂的平行力系。这个空间平行力系的中心称为物体的重心，如图 3-21 所示。

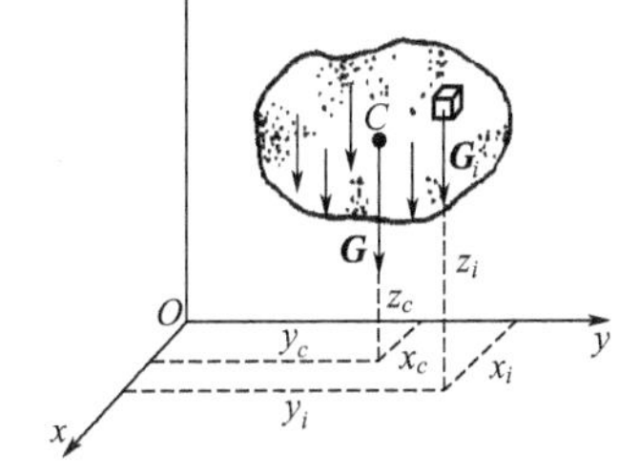

图 3-21 物体的重心

将物体分割成许多微单元，每一微单元的重力方向均指向地心，近似地看成一平行力系，大小分别为 G_1、$G_2 \cdots G_n$，其作用点为 $C_1(x_1, y_1, z_1)$、$C_2(x_2, y_2, z_2) \cdots C_n(x_n, y_n, z_n)$。物体重心 C 的坐标的近似公式为

$$x_C = \frac{\sum G_i x_i}{\sum G_i};\quad y_C = \frac{\sum G_i y_i}{\sum G_i};\quad z_C = \frac{\sum G_i z_i}{\sum G_i} \tag{3-25}$$

式中，$\sum G_i$ 为整个物体的重量 G。微单元分得越多，每个单元体体积越小，所求得的重心 C 的位置就越准确。在极限情况下，$n \to \infty$，$G_i \to 0$，得到重心的一般公式为

$$\begin{cases} x_C = \dfrac{\lim\limits_{n\to\infty}\sum\limits_{i=1}^{n} G_i x_i}{G_i} = \dfrac{\int_V \rho g x \,\mathrm{d}v}{\int_V \rho g \,\mathrm{d}v} \\ y_C = \dfrac{\lim\limits_{n\to\infty}\sum\limits_{i=1}^{n} G_i y_i}{G_i} = \dfrac{\int_V \rho g y \,\mathrm{d}v}{\int_V \rho g \,\mathrm{d}v} \\ z_C = \dfrac{\lim\limits_{n\to\infty}\sum\limits_{i=1}^{n} G_i z_i}{G_i} = \dfrac{\int_V \rho g z \,\mathrm{d}v}{\int_V \rho g \,\mathrm{d}v} \end{cases} \tag{3-26}$$

式中，ρ 为物体的密度；g 为重力加速度；ρg 为单位体积所受的重力；$\mathrm{d}v$ 是微单元的体积。

对于匀质的物体来说，物体单位体积所受的重力 ρg 为常数，代入式(3-26) 得到：

$$x_C = \frac{\int_V x \,\mathrm{d}v}{\int_V \mathrm{d}v} = \frac{\int_V x \,\mathrm{d}v}{V};\quad y_C = \frac{\int_V y \,\mathrm{d}v}{\int_V \mathrm{d}v} = \frac{\int_V y \,\mathrm{d}v}{V};\quad z_C = \frac{\int_V z \,\mathrm{d}v}{\int_V \mathrm{d}v} = \frac{\int_V z \,\mathrm{d}v}{V} \tag{3-27}$$

这里 $V = \int_V \mathrm{d}v$ 是整个物体的体积。

由式(3-27) 可见，匀质物体的重心，只取决于物体的几何形状，而与物体的重量无关，因此又称为形心。

需要强调的是，一个形体的形心，不一定在该形体上。例如图 3-22 所示的输水管道，其形心在 C 点。一个物体的重心，同样也不一定在该物体上。例如我们日常用的碗，其重心也不在碗体上。

工程实际中常采用匀质、等厚度的薄板、薄壳结构，形成一种面形形体。例如厂房的双曲顶壳、薄壁容器、飞机机翼等。若厚度为 t，面积元为 $\mathrm{d}A$，则体积元 $\mathrm{d}V = t\mathrm{d}A$，代入式

(3-27) 得到面体体形的重心坐标公式

$$x_C = \frac{\int_A x\,\mathrm{d}A}{A};\ y_C = \frac{\int_A y\,\mathrm{d}A}{A};\ z_C = \frac{\int_A z\,\mathrm{d}A}{A} \tag{3-28}$$

式中，$A = \int_A \mathrm{d}A$ 为整个面形体的面积。

对于匀质线段如等截面匀质细长曲杆、细金属丝，可以视为一匀质空间曲线，如图 3-23 所示，其重心坐标公式为：

$$x_C = \frac{\int_L x\,\mathrm{d}L}{L};\ y_C = \frac{\int_L y\,\mathrm{d}L}{L};\ z_C = \frac{\int_L z\,\mathrm{d}L}{L} \tag{3-29}$$

式中，$L = \int_L \mathrm{d}L$ 为整个线段的长度。

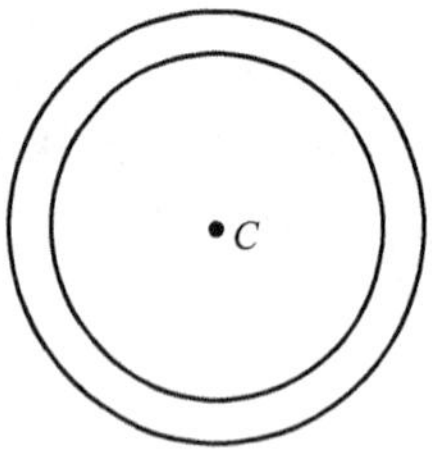

图 3-22　输水管道

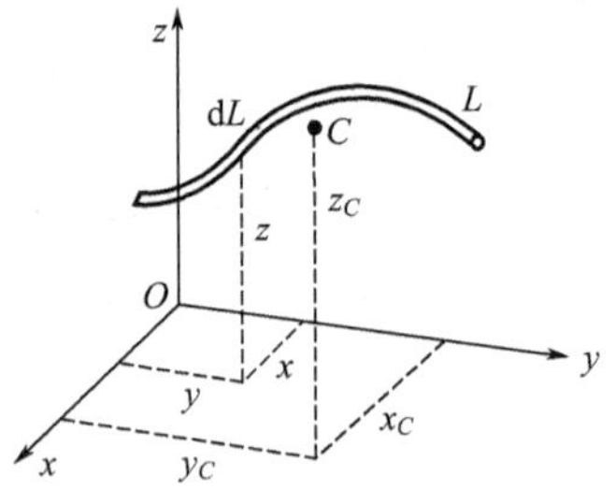

图 3-23　匀质空间曲线

3.4.2　确定物体重心的几种方法

下面介绍几种常用的确定物体重心的方法。

3.4.2.1　对称法

对于具有对称轴、对称面或对称中心的匀质物体，可以利用其对称性确定重心位置。可以证明这种物体的重心必在对称轴、对称面或对称中心上。如圆球体或球面的重心在球心，圆柱体的重心在轴线中点，圆周的重心在圆心，等腰三角形的重心在垂直于底边的中线上。

3.4.2.2　积分法

对于具有某种规律的规则形体，可以根据式(3-27)～式(3-29) 利用积分方法求出形体的重心从而得到简单图形的形心如表 3-2 所列。

表 3-2　简单图形的形心位置

图　形	形　心　坐　标
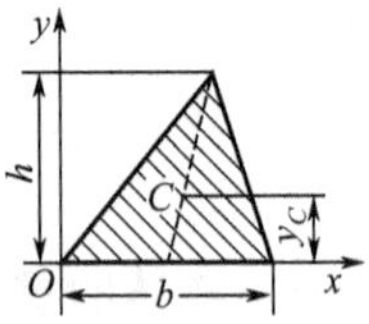	$y_C = \frac{h}{3}$
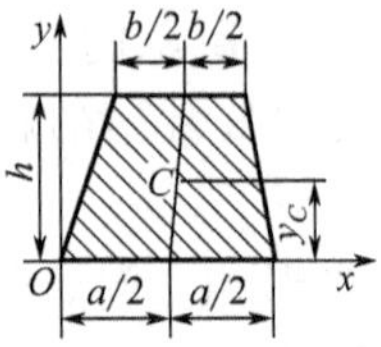	$y_C = \frac{h(a+2b)}{3(a+b)}$

续表

图　形	形　心　坐　标
	$x_C=\frac{r\sin\alpha}{\alpha}$ 对于半圆弧 $\alpha=\frac{\pi}{2}$，则 $x_C=\frac{2r}{\pi}$
	$x_C=\frac{2r\sin\alpha}{3\alpha}$（$\alpha$ 用弧度表示，以下各图相同） 对于半圆 $\alpha=\frac{\pi}{2}$，则 $x_C=\frac{4r}{3\pi}$
	$x_C=\frac{2r^3\sin^3\alpha}{3A}$ 其中弓形面积 $A=\frac{r^2(2\alpha-\sin 2\alpha)}{2}$

3.4.2.3　组合法

工程中有些形体虽然比较复杂，但往往是由一些简单形体组成的，而简单形体重心位置根据对称性或查表很容易确定。因而可将组合形体分割为若干个简单几何形体，然后应用下式求出组合形体的重心位置：

$$x_C=\frac{\sum A_i x_i}{A};\quad y_C=\frac{\sum A_i y_i}{A};\quad z_C=\frac{\sum A_i z_i}{A} \tag{3-30}$$

式中，$A=\sum A_i$ 为整个面积体的面积。

[实例 3-7]　角钢截面的尺寸如图 3-24 所示，试求其形心的位置。

分析：组合法求重心的应用。

解：取 Oxy 坐标系如图 3-24 所示，角钢截面可用虚线分为两个矩形。两矩形的形心位置 C_1 和 C_2 处于矩形对角线的交点，坐标分别为

$$x_1=15\text{mm},\quad y_1=150\text{mm}$$

$$x_2=30+\frac{225-30}{2}\text{mm}=127.5\text{mm},\quad y_2=15\text{mm}$$

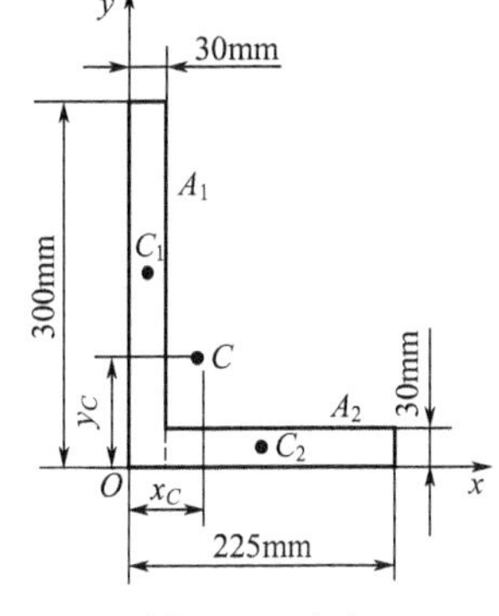

图 3-24　角钢

两个矩形的面积分别为

$$A_1=30\times300\text{mm}^2=9000\ (\text{mm}^2)$$

$$A_2=(225-30)\times30\text{mm}^2=5850\ (\text{mm}^2)$$

将以上数值代入式(3-30)，得到角钢截面对 Oxy 坐标系的形心坐标为

$$x_C=\frac{\sum A_i x_i}{A}=\frac{9000\times15+5850\times127.5}{9000+5850}\text{mm}=59.32\ (\text{mm})$$

$$y_C=\frac{\sum A_i y_i}{A}=\frac{9000\times15+5850\times15}{9000+5850}\text{mm}=96.82\ (\text{mm})$$

3.4.2.4　负面积法

如果在规则形体上切去一部分，例如钻孔或开槽等。当求这类形体的形心时，首先认为

原形体是完整的，然后把切去的部分视为负面积，运用式(3-30) 求出形心。负面积法可以认为是形体组合法的推广。

[实例 3-8] 已知振动器用的偏心块为等厚度的匀质形体，如图 3-25 所示。其上有半径为 r_2 的圆孔。偏心块的几何尺寸$R=120\text{mm}$，$r_1=35\text{mm}$，$r_2=15\text{mm}$。试求偏心块形心的位置。

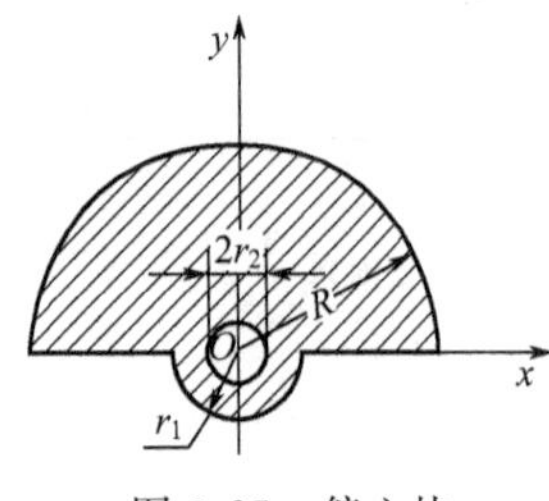

图 3-25 偏心块

分析：负面积法求重心的应用。

解：将偏心块挖空的圆孔视为"负面积"，于是偏心块的面积可以视为由半径为 R 的大半圆、半径为 r_1 的小半圆和半径为 r_2 的小圆（负面积）共三部分组成。

取坐标系 Oxy，其中 Oy 轴为对称轴。根据对称性，偏心块的形心 C 必在对称轴 Oy 上，所以

$$x_C=0$$

半径为 R 的大半圆的面积 $A_1=\frac{1}{2}\pi R^2=7200\pi\ \text{mm}^2$，查表 3-2 得到形心坐标 $y_1=\frac{4R}{3\pi}=\frac{160}{\pi}\text{mm}$；

半径为 r_1 的小半圆的面积 $A_2=\frac{1}{2}\pi r_1^2=612.5\pi\ \text{mm}^2$，查表 3-2 得到形心坐标 $y_2=-\frac{4r_1}{3\pi}=-\frac{46.67}{\pi}\text{mm}$；

半径为 r_2 的小圆的面积 $A_3=-\pi r_2^2=-225\pi\ \text{mm}^2$，形心坐标 $y_3=0$。

将上面的结果代入式(3-30) 可得到形心坐标为

$$y_C=\frac{\sum A_iY_i}{A}=\frac{7200\pi\times\frac{160}{\pi}+612.5\pi\times\left(-\frac{46.67}{\pi}\right)+(-225\pi)\times 0}{7200\pi+612.5\pi+(-225\pi)}\text{mm}=47.13\ (\text{mm})$$

3.4.2.5 试验法

对于某些形状复杂的机械零部件，在工程实际中常采用试验方法来测定其重心。试验法往往比计算法直接、简便，并具有足够的准确性。常用的试验方法有以下两种。

（1）悬挂法　对于形状复杂的薄平板求形心时可以采用悬挂法。如图 3-26 所示，首先将板悬挂于任一点 A，则可以判断薄平板的形心在绳子向下的延长线 AD 上；然后将薄平板悬挂于另一点 B，其形心在绳子向下的延长线 BE 上。显然，AD 与 BE 的交点即为薄平板的形心 C。

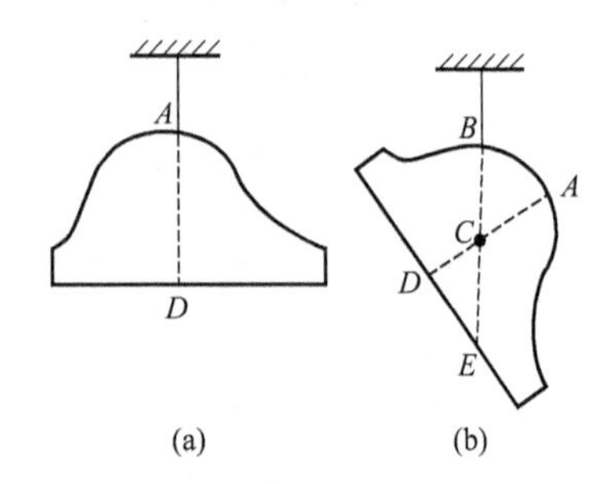

图 3-26 悬挂法求形心

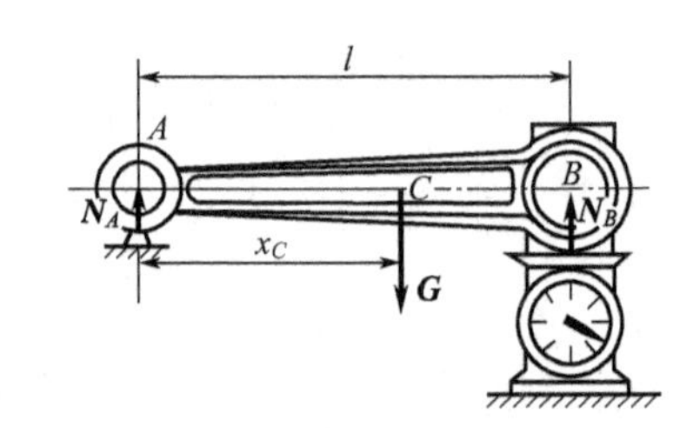

图 3-27 称重法求重心

（2）称重法　形状复杂或体积庞大的物体，可以采用称重法求重心。例如内燃机的连杆，其重心必在对称中心线 AB 上，如图 3-27 所示，我们只需确定重心在中心线 AB 上

的确切位置。将连杆的小端 A 放在水平面上，大端 B 放在台秤上，使中心线 AB 处于水平位置。已知连杆重量为 G，小头支承点距重力 $\boldsymbol{G}$ 的作用线的距离为 x_C，由力矩平衡方程

$$\sum m_A=0, \quad N_B l-G x_C=0$$

可得

$$x_C=\frac{N_B}{G}l$$

式中，l 为连杆大、小头支承点间的距离；G 为重量，可以直接测定。B 端的反力 $\boldsymbol{N}_B$ 的大小可由台秤读出，从而求出 x_C 的值。

为了便于测量和减少误差，A、B 支承处的接触面积要尽量小，可做成刃口形状。摩托车、汽车、各类机床等的重心位置可以用称重法确定。

本项目案例工作任务解决方案步骤：

① 确定整个轴为研究对象；

② 确定在轴上、曲柄上的已知作用力及轴承反力；

③ 正确选取坐标轴；

④ 列出空间力系平衡方程进行计算。

同学们利用所学知识自行解决任务。

项目能力知识结构总结

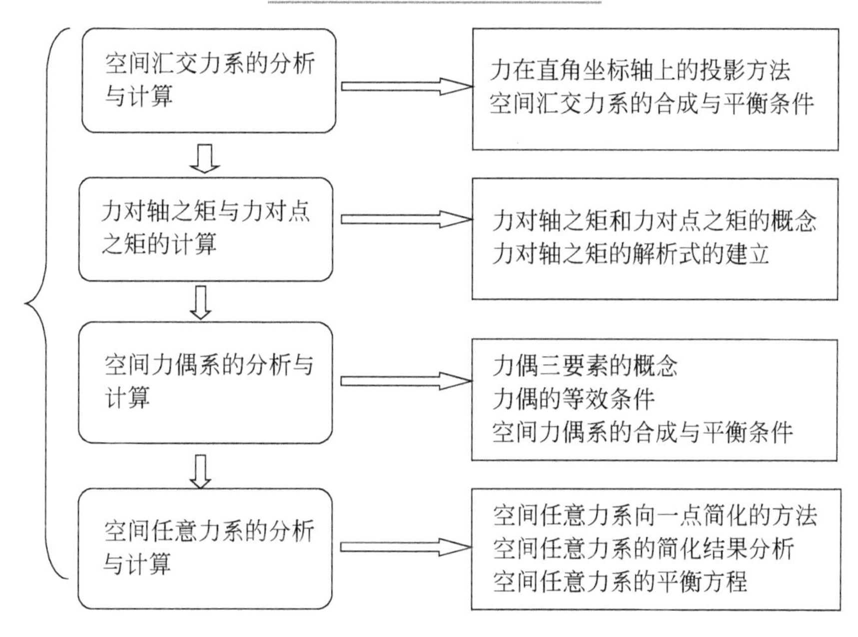

思考与训练

3-1　如题 3-1 图所示为一圆柱斜齿轮，传动时受力 $\boldsymbol{F}_n$ 的作用，$\boldsymbol{F}_n$ 作用于与齿向成垂直的平面内（法面），且与过接触点 J 的切面成 α 角（称为压力角），轮齿与轴线成 β 角（称为螺旋角），试求此力 $\boldsymbol{F}_n$ 在齿轮圆周方向、半径方向和轴线方向的分力。

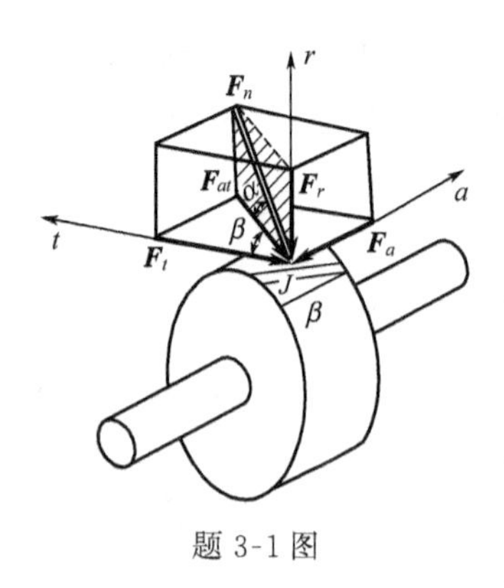

题 3-1 图

3-2　如题 3-2 图所示为变速箱传动装置，运动由 CD 轴传至 AB 轴上的斜齿轮 2，再由 AB 轴上的斜齿轮 1 传至 EF 轴。已知 AB 轴上两斜齿轮的半径 $r_1=35\text{mm}$，$r_2=100\text{mm}$，作用在斜齿轮 2 上的圆周力 $F_{t2}=1.04\text{kN}$，径向力 $F_{r2}=349\text{N}$，轴向力 $F_{a2}=314\text{N}$，作用在斜齿轮 1 上的径向力 $F_{r1}=1.14\text{kN}$，轴向力 $F_{a1}=900\text{N}$，圆周力为 $\boldsymbol{F}_{t1}$，其方向如题 3-2 图（b）所示，轴承 A、B 均为向心推力轴承。试求齿轮 1 传递的圆周力 $\boldsymbol{F}_{t1}$，及两轴承的反力。

3-3　作用在圆柱斜齿轮上的力如题 3-3 图所示，已知$Q=364\text{N}$，$T=173\text{N}$，$P=1000\text{N}$，$d=100\text{mm}$，$a=40\text{mm}$，$b=150\text{mm}$ 。试求当轴平衡时所受的力偶 m 及向心轴承 A 和向心推力轴承 B 的约束反力。

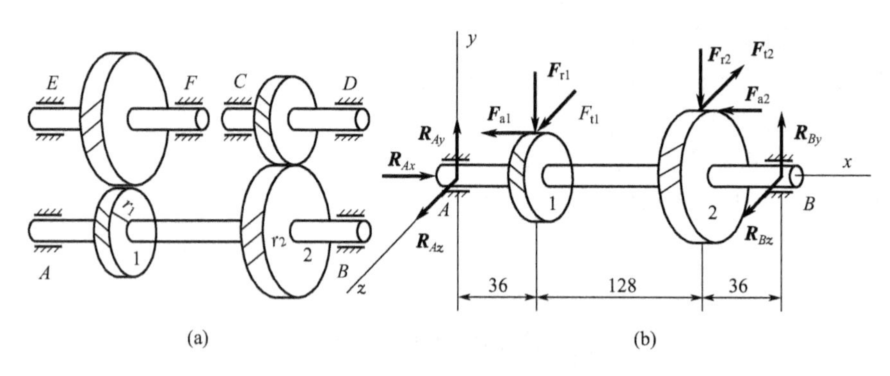

题 3-2 图

3-4　作用于半径为 120mm 的齿轮上的啮合力 F 推动皮带绕水平轴 AB 作匀速转动，如题 3-4 图所示。已知皮带紧边拉力为 200N，松边拉力为 100N，尺寸如图所示。试求力 $\boldsymbol{F}$ 的大小以及轴承 A、B 的约束力（尺寸单位 mm）。

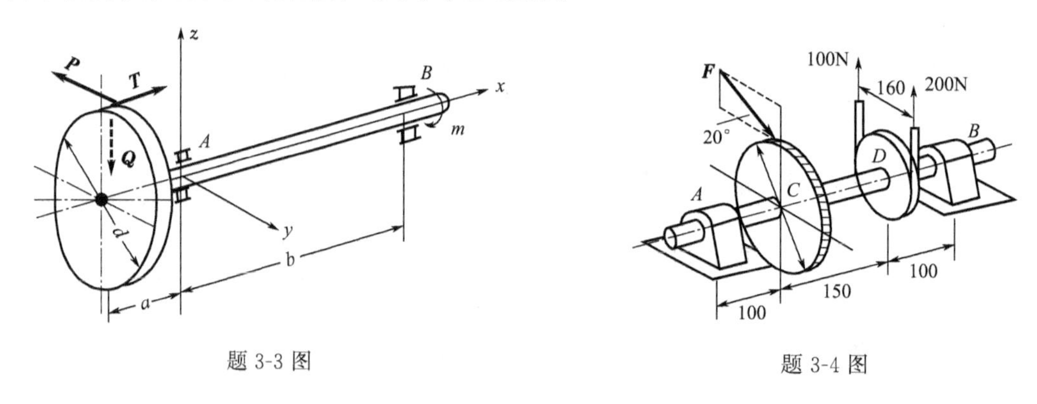

题 3-3 图　　　　题 3-4 图

3-5　如题 3-5 图所示，某传动轴以 A、B 两轴承支承，圆柱直齿轮的节圆直径 $d=17.3\text{cm}$，压力角 $\alpha=20°$。在法兰盘上作用一力偶矩 $M=1030\ \text{N}\cdot\text{m}$ 的力偶，如轮轴自重和摩擦不计，求传动轴匀速转动时的啮合力 F 及 A、B 轴承的约束力（图中尺寸单位为 cm）。

3-6　如题 3-6 图所示，数控铣床重量为 $W=30\text{kN}$，当水平放置时（$\theta_1=0°$），秤上读数为 $T_1=21\text{kN}$；当 $\theta_2=20°$ 时，秤上读数为 $T_2=18\text{kN}$。试求机床重心坐标 x_C、y_C。（提示：当 $\theta_1=0°$、$\theta_2=20°$ 时，分别对 B 点列力矩平衡方程）

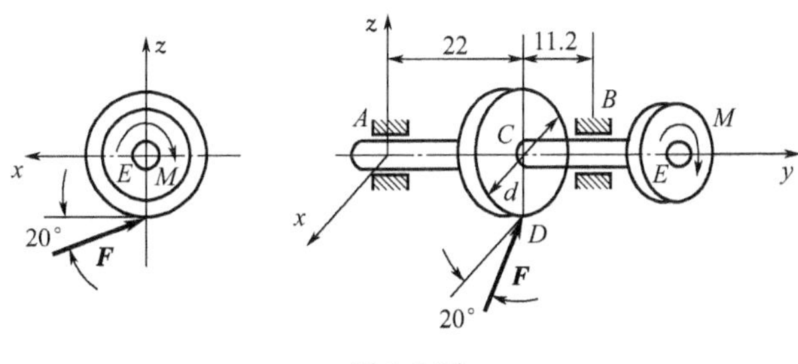

题 3-5 图

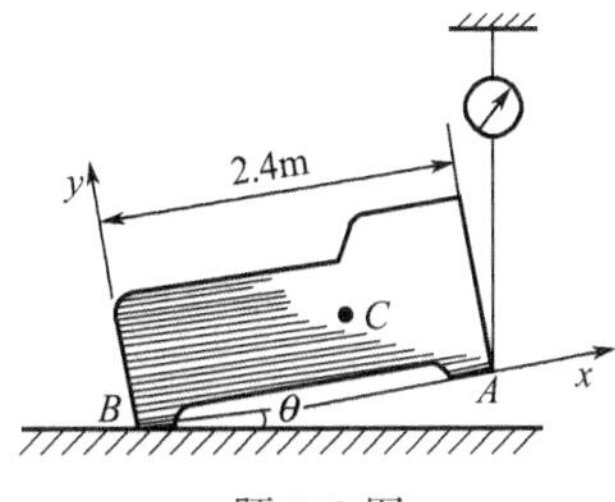

题 3-6 图

能力模块 2

构件承载能力校核与计算

[工程应用解决的问题] 现要校核一级减速器的齿轮轴的承载安全性，应怎样进行？

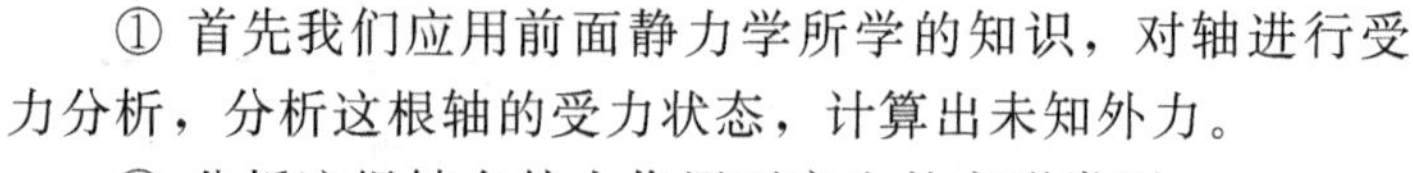

① 首先我们应用前面静力学所学的知识，对轴进行受力分析，分析这根轴的受力状态，计算出未知外力。

② 分析这根轴在外力作用下产生的变形类型。

③ 分析轴在变形下的内力情况，确定危险截面。

④ 求出最大应力值，根据材料强度条件进行校核，确定能否安全可靠地进行正常工作。

⑤ 如果对轴的刚度有要求，还应进行刚度校核。

解决步骤：外力分析-截面法求内力，建立平衡方程式——分析应力情况，确定危险截面，计算最大应力——根据材料的强度指标校核强度。

知识引入　材料力学的任务和变形固体的假设

一、材料力学的任务

构件是各种工程结构组成单元的统称。机械中的轴、杆件，建筑物中的梁、柱等均称为构件。当工程结构传递运动或承受载荷时，各个构件都要受到力的作用。为了保证机械或建筑物能在载荷作用下正常工作，要求每一构件必须具有足够的承载能力。

1. 强度要求

所谓**强度**，是指构件抵抗破坏的能力。例如起吊重物的钢索不能被拉断。

2. 刚度要求

所谓**刚度**，是指构件抵抗变形的能力。例如车床主轴的变形不能过大，否则会影响其加工零件的精度。

3. 稳定性要求

所谓**稳定性**，是指构件保持其原有平衡形态的能力。例如细长直杆所受轴向压力不能太大，否则会忽然变弯，由此折断。

在工程设计中，构件不仅要满足强度、刚度和稳定性要求，同时还必须符合经济方面的要求。材料力学的任务是在**满足强度、刚度和稳定性要求的前提下，选用适宜的材料，确定合理的截面形状和尺寸，为构件设计提供基本理论和计算方法。**

二、变形体的基本假设

研究构件强度、刚度和稳定性时，材料力学的研究对象不再是刚体而是可变形固体，它们在载荷作用下要产生变形。变形固体的变形可分为弹性变形和塑性变形。载荷卸除后能消失的变形称为**弹性变形**，载荷卸除后不能消失的变形称为**塑性变形**。为便于材料力学问题的理论分析，对变形固体作如下假设。

① 材料的均匀连续性假设——指物体内部毫无空隙地充满物质，且各处具有相同的力学性能。

② 各向同性假设——指材料沿各个方向具有相同的力学性能。

③ 小变形条件——指构件的变形量远小于其原始尺寸的变形，在研究构件的平衡和运动时，可忽略变形量，仍按原始尺寸进行计算。

三、杆件变形的基本形式

正如绪论所述，工程中常见的构件有杆、板、块、壳等。杆件是指长度方向尺寸远大于其他两个方向尺寸的构件。如一般的传动轴、梁和柱等均属于杆件。杆内各横截面形心的连线称为轴线，轴线为直线的杆称为直杆，为曲线的为曲杆。我们主要研究的是直杆。

在不同的载荷下，杆件变形的形式各异。归纳起来，杆件有四种基本变形：轴向拉伸（压缩）（见能力模块 2 图 1）、剪切（见能力模块 2 图 2）、扭转（见能力模块 2 图 3）、弯曲（见能力模块 2 图 4）。其他复杂的变形可归纳为以上四种基本变形的组合。

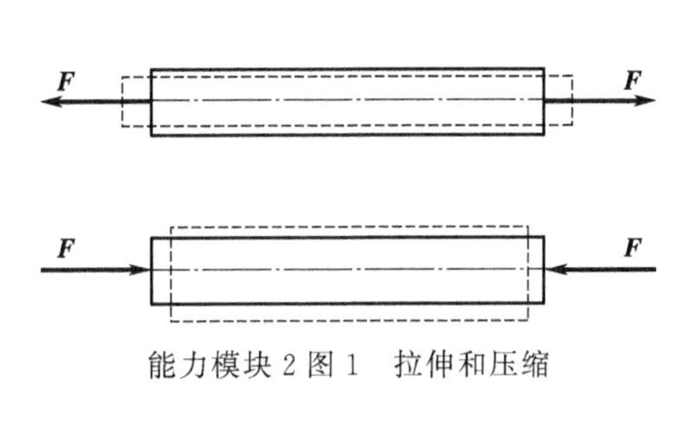

能力模块 2 图 1　拉伸和压缩

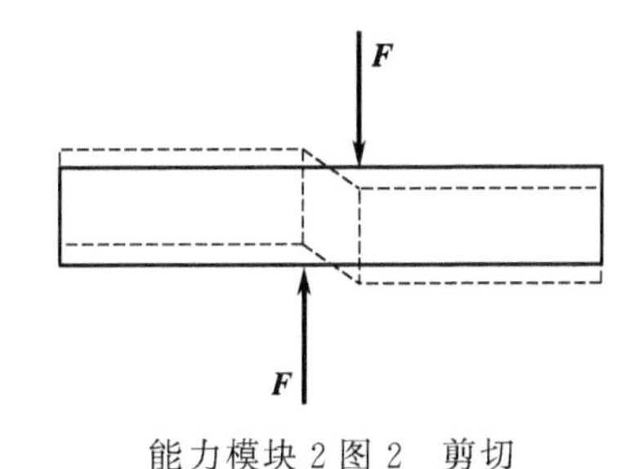

能力模块 2 图 2　剪切

能力模块 2 图 3　扭转

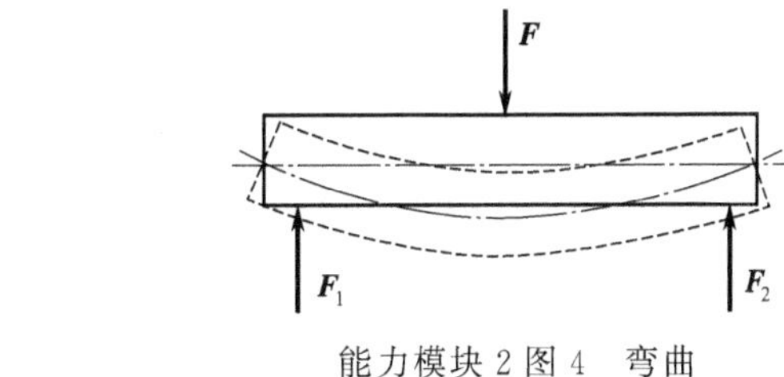

能力模块 2 图 4　弯曲

四、构件的承载能力

工程中的构件，功能形式多样，对其承载能力的要求要根据材料、用途，精度要求等具体进行确定。当然，强度足够是构件承载安全的最基本和主要的要素，而对刚度和稳定性等要求根据实际情况而定。在工程实际中，对于轴向拉（压）杆，除极特殊情况外，一般不会因其变形过大而影响正常使用，因此一般不考虑其变形。而对于扭转轴和平面弯曲梁及发生组合变形的构件则需要考虑刚度问题，虽然承受外力的杆件不发生破坏，但若其弹性变形超过允许限度，也将导致其不能正常工作。

如能力模块 2 图 5，例如电机的转子和定子之间的间隙一般很小，若转轴变形过大，运转时转子与定子可能碰撞；而且还将导致轴承的不均匀磨损。所以，对有些构件，其具有足够强度的同时，应有足够的刚度。

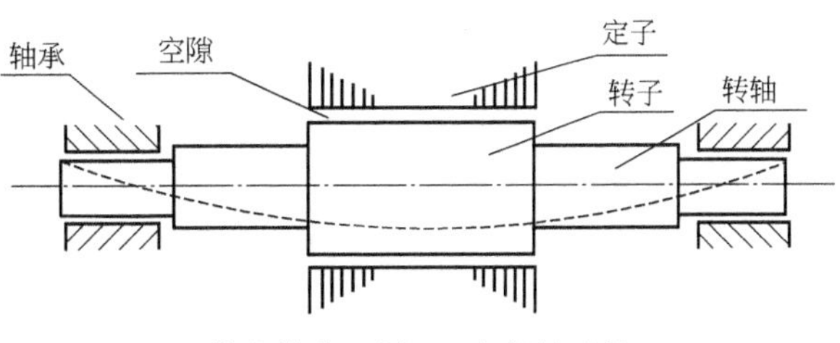

能力模块 2 图 5　电机转动轴

项目4 拉压杆件承载能力计算

◆ [能力目标]

会应用截面法求轴力

会计算杆件轴向拉伸（压缩）时的正应力

会计算杆件在拉伸和压缩时的总变形量

会分析材料在拉伸和压缩时的机械性质

会校核杆件在承受拉压时的强度安全性和根据承载要求设计杆件

◆ [工作任务]

学习拉压杆件的内力分析及应力计算方法

理解轴向拉伸压缩时的变形，胡克定律

了解材料在拉伸（压缩）时的力学性能

掌握拉压杆件强度校核设计计算方法

案例导入

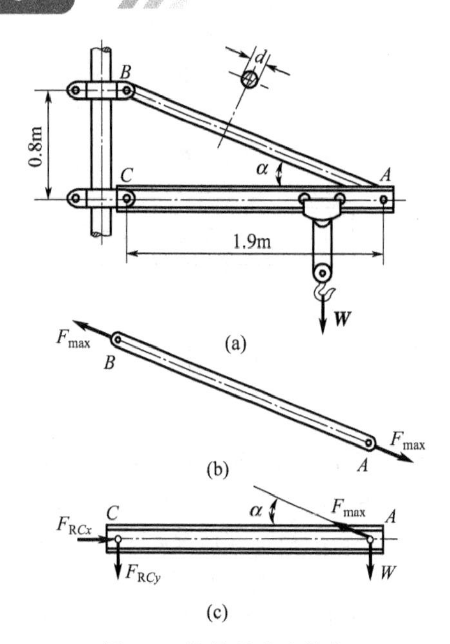

图4-1 简易悬臂式吊车

案例任务描述

图4-1所示为简易悬臂式吊车。*AC*杆为起重横梁，上面有导轨吊钩可吊起重物，*AB*杆为斜杆，主要起到拉伸横梁的作用，杆件材料为16Mn钢。*AB*杆受到了轴向拉伸的作用，会产生拉伸变形，吊车的起重能力取决于拉杆*AB*的承载能力。要求校核在起吊起图示重物*W*时，拉杆*AB*的强度是否足够。

解决任务思路

解决该起重吊车拉杆的受力和强度校核问题，要用到以前静力学中的受力分析和列平衡方程式求出未知力，再用到本项目所学的知识求出拉杆的应力进行强度校核。

任务4.1 拉伸压缩的概念及内力分析

工程中很多杆件是承受轴向拉伸和压缩的，它是杆件的基本变形之一。是指直杆在其两端沿着轴线受到拉力而伸长或受到压力而缩短，简称**拉伸压缩**。例如图4-2(a)所示的屋架中的弦杆、图4-2(b)所示的牵引桥的拉索和桥塔、图4-2(c)所示的阀门启闭机的螺杆等

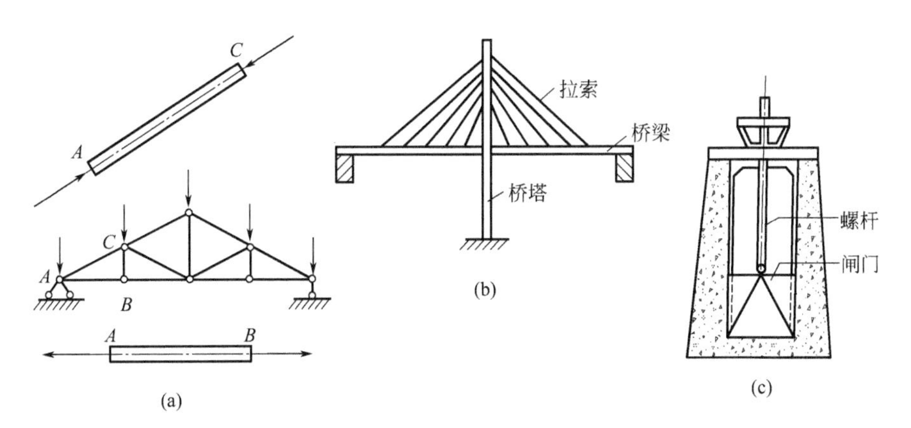

图 4-2　各种拉压杆件

均为拉压杆。

4.1.1　轴向拉伸与压缩的概念

产生轴向拉伸与压缩变形的杆件称为**拉压杆**。轴向拉压的受力特点：**杆件受到与杆件轴线重合的外力的作用。轴向拉压的变形特点：杆沿轴线方向的伸长或缩短。**

轴向拉伸：杆的变形是轴向伸长，横向缩短，如图 4-3 所示。

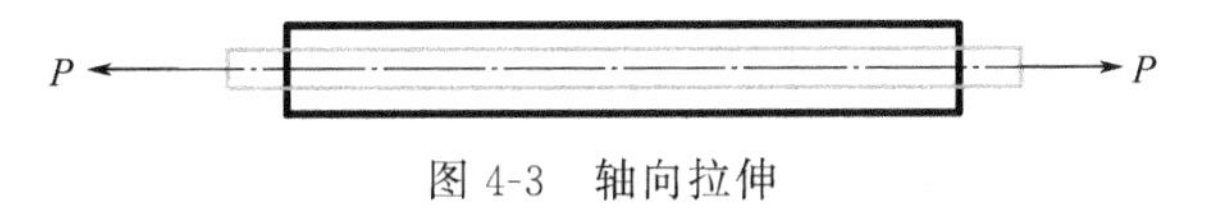

图 4-3　轴向拉伸

轴向压缩：杆的变形是轴向缩短，横向变粗，如图 4-4 所示。

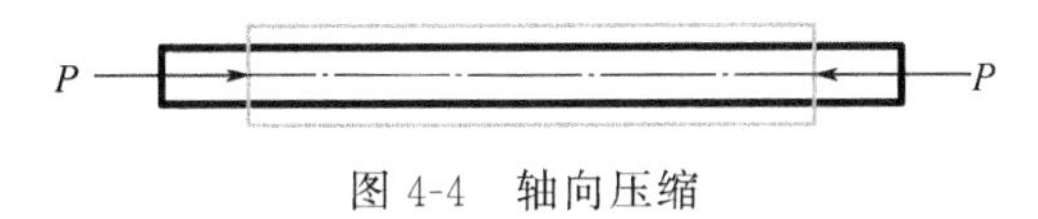

图 4-4　轴向压缩

4.1.2　用截面法求取受拉压杆件的内力

4.1.2.1　内力的概念

构件的材料是由许多质点组成的。构件不受外力作用时，材料内部质点之间保持一定的相互作用力，使构件具有固体形状。当构件受外力作用产生变形时，其内部质点之间相互位置改变，原有内力也发生变化（见图 4-5）。这种**由外力作用而引起的受力构件内部质点之间相互作用力的改变量称为附加内力**，简称**内力**。工程力学所研究的内力是由外力引起的，内力随外力的变化而变化，外力增大，内力也增大，外力撤销后，内力也随着

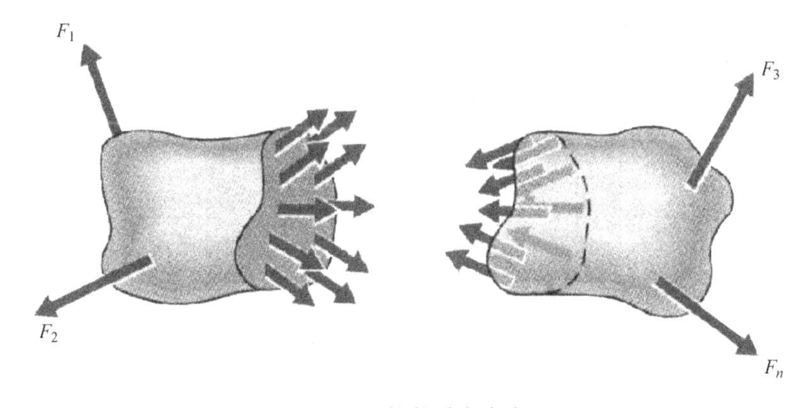

图 4-5　构件质点内力

消失。

显然，构件中的内力是与构件的变形相联系的，内力总是与变形同时产生。构件中的内力随着变形的增加而增大，但对于确定的材料，内力的增加有一定的限度，超过这一限度，构件将发生破坏。因此，内力与构件的强度和刚度都有密切的联系。在研究构件的强度、刚度等问题时，必须知道构件在外力作用下某截面上的内力值。

4.1.2.2　内力的计算

内力的计算是分析构件强度、刚度、稳定性等问题的基础。截面法是求内力的一般方法。欲求图 4-6(a) 所示杆件某一截面 m-m 上的内力，可假想将杆沿该截面截开，分成左、右两段，任取其中一段为研究对象，将另一段对该段的作用以内力 N 来代替，因为构件整体是平衡的，所以它的任一部分也必须是平衡的。列出平衡方程即可求出截面上内力的大小和方向。

截面法的基本步骤："截—取—代—平"。

① 截开：在所求内力的截面处，假想地用截面将杆件一分为二。

② 取出：取出其中任意一部分作为研究对象。

③ 代替：用内力代替弃去部分对选取部分的作用。

④ 平衡：对留下的部分建立平衡方程，根据其上的已知外力来计算杆在截开面上的未知内力（此时截开面上的内力对所留部分而言是外力）。

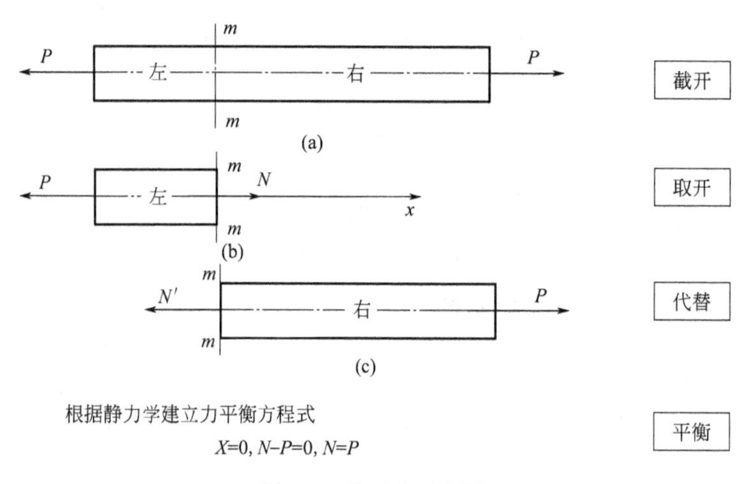

图 4-6　截面法示意图

4.1.2.3　轴力

轴向拉伸、压缩时，杆的内力与杆轴线重合，称为轴力，用 N 表示。

符号约定：拉伸引起的轴力为正值，指向背离横截面；压缩引起的轴力为负值，指向向着横截面，如图 4-7 所示。

图 4-7　轴力符号图

[实例 4-1]　一等直杆受 4 个轴向力作用［见图 4-8(a)］，试求指定截面的轴力。

解：假设各截面轴力均为正，利用截面法对各截面的轴力进行计算。

① 1-1 截面：如图 4-8(b) 所示。

由 $$\sum F_X=0，N_1-P=0$$

解得 $$N_1=P=10\ (\text{kN})$$

② 2-2 截面：如图 4-8(c) 所示。

由 $$\sum F_X=0，N_2-P_1-P_2=0$$

解得 $$N_2=P_1+P_2=35\ (\text{kN})$$

③ 3-3 截面：如图 4-8(d) 所示。

由 $$\sum F_X=0，N_3-P_1+P_3-P_2=0$$

解得 $$N_3=P_1-P_3+P_2=-20\ (\text{kN})$$

结果为负值，说明 N_3 为压力。

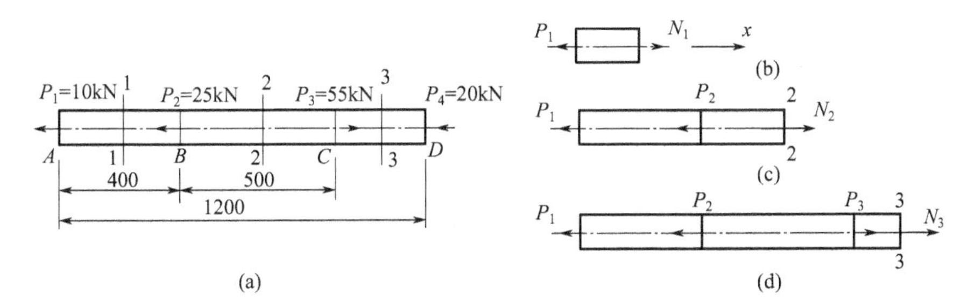

图 4-8　直杆受力图

由上例轴力计算过程可推得：**任一截面上的轴力的数值等于对应截面一侧所有外力的代数和，且当外力的方向使截面受拉时为正，受压时为负**。即：

$$N=\sum P \tag{4-1}$$

4.1.2.4　轴力图

为了直观地表示整个杆件各截面轴力的变化情况，如图 4-9 所示，用平行于杆轴线的坐标表示横截面的位置，用垂直于杆轴线的坐标按选定的比例表示对应截面轴力的正负及大小。这种表示轴力沿轴线方向变化的图形称为**轴力图**。轴力图的意义：①反映出轴力与横截面位置的变化关系，较直观；②确定出最大轴力的数值及其所在横截面的位置，即确定危险截面位置，为强度计算提供依据。

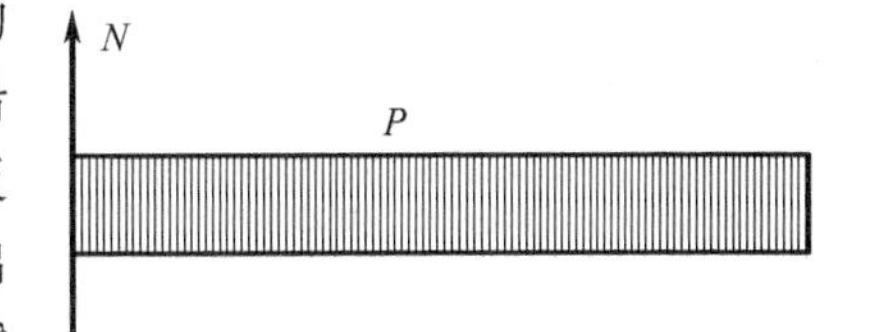

图 4-9　轴力图

［**实例 4-2**］　一直杆受外力作用如图 4-10 所示，求此杆各段的轴力，并作轴力图。

分析　该杆件为等截面直杆，在轴线上分别受到了四个不同方向和大小的外力。根据分析可知，由于外力不同，在杆件的不同位置轴力也不相同。所以，应该对该杆件分段用截面法进行轴力计算。

解：根据外力的变化情况，各段内轴力各不相同，应分段计算。

① AB 段，用截面 1-1 假想将杆截开，取左段研究，设截面上的轴力为正方向，受力如图 4-10(b) 所示。列平衡方程式：

$$\sum F_X=0，N_1-6=0$$

所以 $$N_1=6\text{kN}（拉力）$$

② BC 段，取截面 2-2 左段研究，N_2 设为正向，受力如图 4-10(c) 所示，列平衡方程式：

$$\sum F_X=0,\ N_2+10-6=0$$

所以 $N_2=-4\text{kN}$（压力）

③ CD 段，取截面 3-3 右段研究，N_3 设为正，受力如图 4-10(d) 所示，列平衡方程式：

$$\sum F_X=0,\ 4-N_3=0$$

所以 $N_3=4\text{kN}$（拉力）

④ 画轴力图如图 4-10(e) 所示。

结论： 由图 4-10(e) 可分析出 AB 段和 CD 段受拉，BC 段受压，AB 段所受的轴力最大。

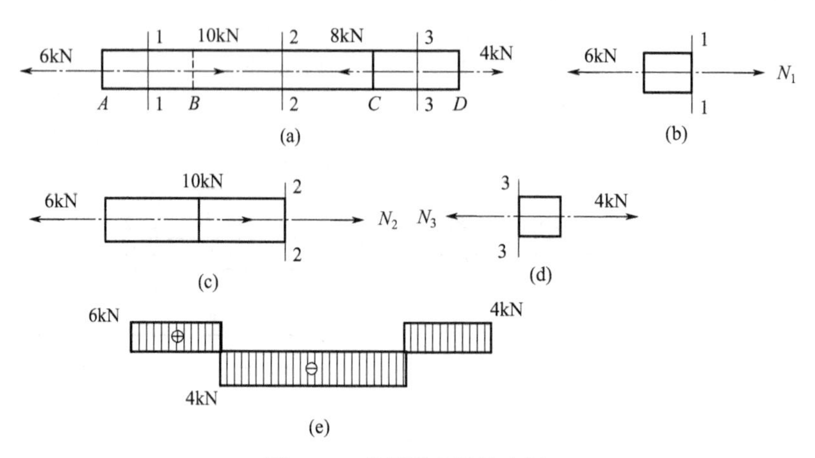

图 4-10 直杆受力及轴力图

任务 4.2 拉压杆的应力计算及变形问题

4.2.1 轴向拉压杆件的应力计算

4.2.1.1 应力的概念

(1) 引入应力的原因（问题的提出） 两根粗细不同的杆件，内力相同，但是细的先被拉断，原因是什么？

两根相同材料做成的粗细不同的直杆在相同拉力作用下，用截面法求得的两杆横截面上的轴力是相同的。若逐渐将拉力增大，则细杆先被拉断。这说明杆的强度不仅与内力有关，还与内力在截面上各点的分布集度有关。当粗细两杆轴力相同时，细杆内力分布的密集程度较粗杆要大一些。

(2) 应力——内力的密集程度（或单位面积上的内力） **内力在截面上的某点处分布集度，称为该点的应力。** 设在某一受力构件的 m-m 截面上，围绕 K 点取面积 ΔA [见图 4-11(a)]，ΔA 上的内力的合力为 ΔF，这样，在 ΔA 上内力的平均集度定义为：

$$p_{平均}=\frac{\Delta F}{\Delta A} \tag{4-2}$$

一般情况下，截面 m-m 上的内力并不是均匀分布的，因此平均应力 $p_{平均}$ 随所取 ΔA 的大小而不同，当 $\Delta A\to 0$ 时，上式的极限值

$$p=\lim_{\Delta A\to 0}\frac{\Delta F}{\Delta A}=\frac{\mathrm{d}F}{\mathrm{d}A} \tag{4-3}$$

即为 K 点的分布内力集度，称为 K 点处的总应力。$\boldsymbol{p}$ 是一矢量，通常把应力 $\boldsymbol{p}$ 分解成垂直于截面的分量 $\boldsymbol{\sigma}$ 和相切于截面的分量 $\boldsymbol{\tau}$，如图 4-11(a) 所示。

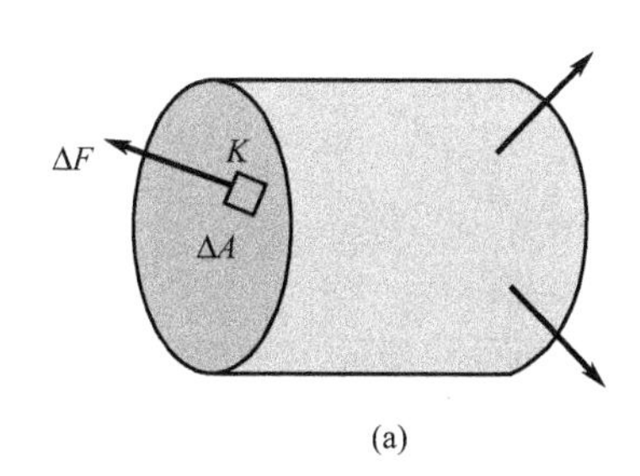

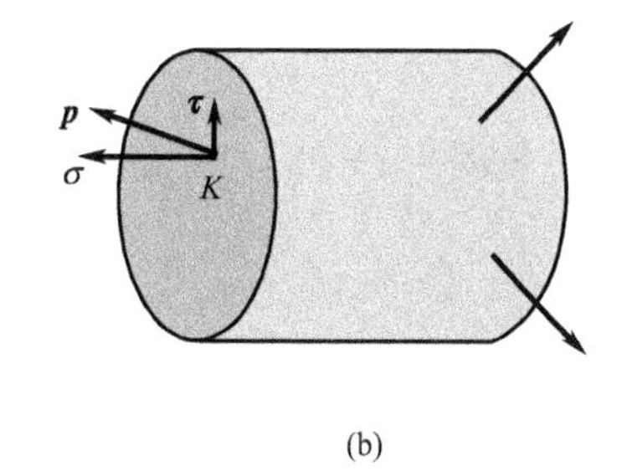

图 4-11　内力集度示意图

σ：垂直于截面的应力称为正应力

$$\sigma=\lim_{\Delta A\to 0}\frac{\Delta N}{\Delta A}=\frac{\mathrm{d}N}{\mathrm{d}A} \tag{4-4}$$

τ：位于截面内的应力称为剪应力

$$\tau=\lim_{\Delta A\to 0}\frac{\Delta T}{\Delta A}=\frac{\mathrm{d}T}{\mathrm{d}A} \tag{4-5}$$

在国际单位制中，应力的单位是帕斯卡，以 Pa（帕）表示，$1\mathrm{Pa}=1\mathrm{N/m^2}$。由于帕斯卡这一单位甚小，工程常用 kPa（千帕）、MPa（兆帕）、GPa（吉帕）。$1\mathrm{kPa}=10^3\mathrm{Pa}$，$1\mathrm{MPa}=10^6\mathrm{Pa}$，$1\mathrm{GPa}=10^9\mathrm{Pa}$。

4.2.1.2　横截面上的正应力

为观察杆的拉伸变形现象，在杆表面上作出图 4-12(a) 所示的纵、横线。当杆端加上一对轴向拉力后，由图 4-12(a) 可见：杆上所有纵向线伸长相等，横线与纵线保持垂直且仍为直线。由此作出变形的平面假设：**杆件的横截面，变形后仍为垂直于杆轴的平面**。于是杆件任意两个横截面间的所有纤维，变形后的伸长相等。又因材料为连续均匀的，所以杆件横截面上内力均布，且其方向垂直于横截面［见图 4-12(b)］，即横截面上只有正应力 σ。于是横截面上的正应力为

$$\sigma=N/A \tag{4-6}$$

式中，A 为横截面面积，σ 的符号规定与轴力的符号一致，即拉应力 σ_t 为正，压应力 σ_c 为负。注意：由于加力点附近区域的应力分布比较复杂，式(4-6) 不再适用，其影响的长度不大于杆的横向尺寸。

4.2.1.3　斜截面上的正应力

如图 4-13(a) 所示为一轴向拉杆，取左段［见图 4-13(b)］，斜截面上的应力 p_α 也是均布的，由平衡条件知斜截面上内力的合力 $N_\alpha=P=N$。设与横截面成 α 角的斜截面的面积为

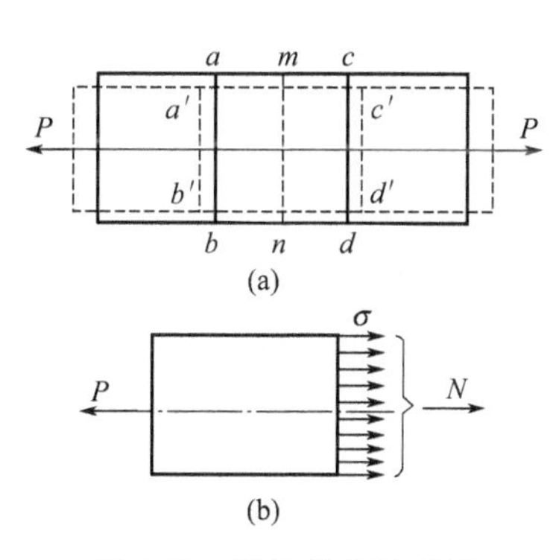

图 4-12　杆件拉伸示意图

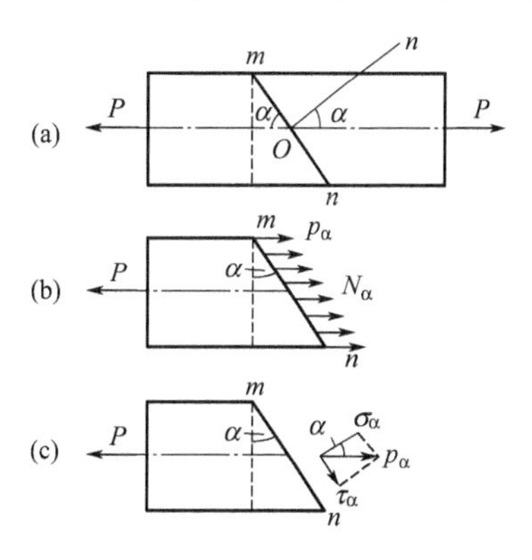

图 4-13　轴向拉杆

A_α，横截面面积为 A，则 $A_\alpha = A\sec\alpha$，于是

$$p_\alpha = N_\alpha / A_\alpha = N/(A\sec\alpha)$$

令 $p_\alpha = \tau_\alpha + \sigma_\alpha$ [见图 4-13(c)]。于是

$$\sigma_\alpha = p_\alpha \cos\alpha = \sigma\cos^2\alpha \tag{4-7}$$

$$\tau_\alpha = p_\varepsilon \sin\alpha = \sigma\sin 2\alpha/2 \tag{4-8}$$

其中角 α 及剪应力 τ_α 符号规定：自轴 x 转向斜截面外法线 n 为逆时针方向时 α 角为正，反之为负。剪应力 τ_α 对所取杆段上任一点的矩顺时针转向时，剪应力为正，反之为负。σ_α 及 α 符号规定相同。由式(4-7) 和式(4-8) 可知，σ_α 及 τ_α 均是 α 角的函数，当 $\alpha=0$ 时，即为横截面，$\sigma_{\max}=\sigma$，$\tau_\varepsilon=0$；当 $\alpha=45°$时，$\sigma_a=\sigma/2$，$\tau_{\max}=\sigma/2$，此时剪应力值达到最大；当 $\alpha=90°$时，即在平行与杆轴的纵向截面上无任何应力。

4.2.1.4　危险截面和危险点

在进行构件的强度或刚度校核时，通常要确定出构件的危险截面及截面上的危险点，强度或刚度失效往往就在危险截面或危险点上。**危险截面**指的是内力最大的面或截面尺寸最小的面；**危险点**指的是应力最大的点。

$$\sigma_{\max} = \max\left[\frac{N(x)}{A(x)}\right]$$

[实例 4-3]　一阶梯杆如图 4-14 所示，AB 段横截面面积为 $A_1=100\text{mm}^2$，BC 段横截面面积为 $A_2=180\text{mm}^2$，试求各段杆横截面上的正应力。

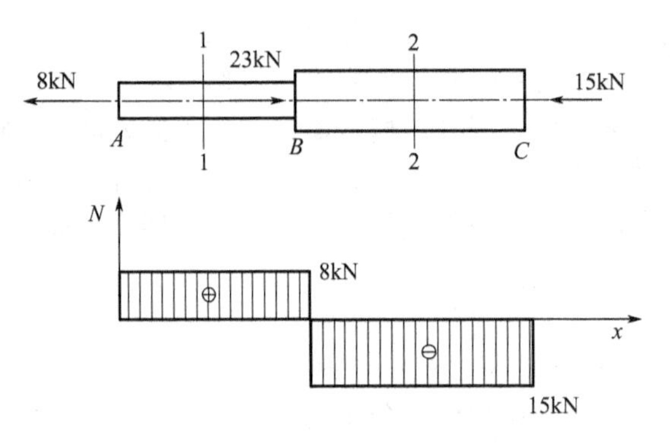

图 4-14　阶梯杆

分析： 该杆件为阶梯轴，两段粗细不一，受到的外力大小和方向也不一样，各段的应力要分段计算。校核其安全性，需要判定危险截面，求出最大应力。

解： ① 计算各段内轴力。由截面法，求出各段杆的轴力，具体如下。

AB 段：$N_1=8\text{kN}$（拉力）；

BC 段：$N_2=-15\text{kN}$（压力）。

② 确定应力。根据公式，各段杆的正应力，具体如下。

AB 段：$\sigma_1 = N_1/A_1 = 8\times10^3/100\times10^{-6}\text{Pa}=80\text{MPa}$（拉应力）；

BC 段：$\sigma_2 = N_2/A_2 = -15\times10^3/180\times10^{-6}\text{Pa}=-83.3\text{MPa}$（压应力）。

结论： 从轴力图可直观地分析出 AB 杆受拉，BC 杆受压。BC 杆的轴力虽然最大，但根据计算出来的应力值，AB 和 BC 杆应力值相差不大。

4.2.2　轴向拉压杆件的变形问题

轴向拉伸或压缩时，杆件会产生沿轴线方向的拉伸或缩短，与此同时，其横向尺寸也会有缩小或增大。前者称为纵向变形，后者称为横向变形。

4.2.1.1　拉压杆件的变形和应变

(1) 纵向变形（绝对变形）

$$\Delta L=l_1-l \tag{4-9}$$

如图 4-15(a) 拉伸时，$\Delta L>0$，压缩时 $\Delta L<0$。且 ΔL 与杆的原长有关。式中 l 为杆件拉伸前的纵向长度，l_1 为杆件拉伸后的纵向长度。

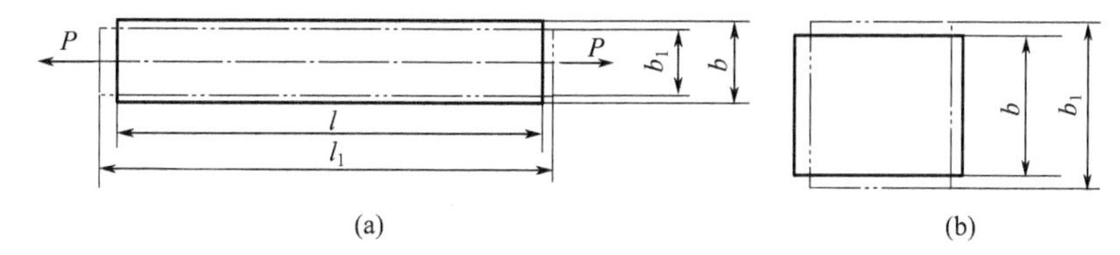

图 4-15　杆件纵向变形和横向变形

(2) 相对变形（纵向线应变） 用 ε 表示：

$$\varepsilon=\frac{\Delta l}{l}=\frac{l_1-l}{l} \tag{4-10}$$

ε 在轴向拉伸时为正值，称为拉应变，在压缩时为负值，称为压应变。

(3) 横向变形和应变　横向变形：$b=b_1-b$，如图 4-15(b)。

若以 ε′表示横向应变，则有：

$$\varepsilon'=\frac{\Delta b}{b}=\frac{b_1-b}{b} \tag{4-11}$$

同一种材料，在弹性变形范围内，横向应变 ε′和纵向应变 ε 之间有如下关系：

$$\frac{\varepsilon'}{\varepsilon}=\mu \tag{4-12}$$

μ 称为横向变形系数或泊松比。由于 μ 取绝对值，而 ε 与 ε′总是符号相反，故

$$\varepsilon'=-\mu\varepsilon \tag{4-13}$$

泊松比 μ 是表示材料力学性质的弹性常数，其数值可由实验求出，在表 4-1 中，给出了几种材料的 E 和 μ 的约值。

表 4-1　几种常用材料的 E 和 μ 的约值

材料	E/GPa	μ	材料	E/GPa	μ
碳素钢	200～220	0.24～0.30	铝合金	70	0.26～0.33
合金钢	186～206	0.25～0.30	橡胶	0.0078	0.47
灰口铸铁	80～160	0.23～0.27	木材(顺纹)	9～12	
铜及其合金	72.6～128	0.31～0.42			

4.2.2.2　拉压杆件的胡克定律

实验表明，在轴向拉伸或压缩中，当杆件横截面上的正应力不超过某一限度时，杆的绝对伸长或绝对压缩 ΔL 与轴力 P 及杆长 L 成正比，与横截面面积 A 成反比，即

$$\Delta L\propto\frac{PL}{A}$$

引入与材料有关的比例常数 E，可得

$$\Delta L=\frac{PL}{EA}=\frac{NL}{EA} \tag{4-14}$$

式(4-14) 称为**胡克定律**。

式中，E 为材料的**弹性模量**，单位为 Pa，不同的材料，E 的数值不同，如表 4-1 所示。由上式可知，对 N、L 相同的杆件，EA 越大则变形 ΔL 越小，所以 EA 称为杆件的**抗拉刚度**。

将 $\sigma=N/A$，$\varepsilon=\Delta L/L$ 代入上式得：

$$\sigma=E\varepsilon \tag{4-15}$$

上式表明**拉压杆件在弹性范围内，杆件任一点的正应力与线应变成正比**。这是胡克定律的另一种表现形式。弹性定律是材料力学等固体力学一个非常重要的基础。一般认为它是由英国科学家胡克（1635～1703）首先提出来的，所以通常叫做胡克定律。其实，在胡克之前1500 年，我国就有了关于力和变形成正比关系的记载。

［实例 4-4］ 如图 4-16（a）所示的阶梯杆，已知横截面面积 $A_{AB}=A_{BC}=400\text{mm}^2$，$A_{CD}=200\text{mm}^2$，弹性模量 $E=200\text{GPa}$，受力情况为 $F_{P1}=30\text{kN}$，$F_{P2}=10\text{kN}$，各段长度如图所示，试求杆的总变形。

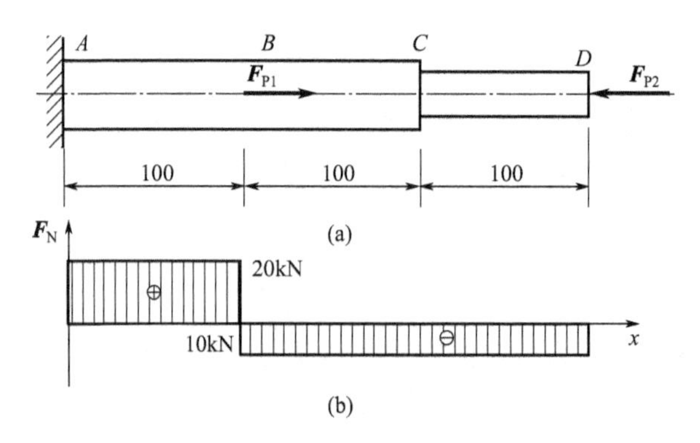

图 4-16　阶梯杆件

解： ① 作轴力图。杆的轴力图如图 4-16(b) 所示。

② 计算杆的变形。应用胡克定律分别求出各段杆的变形。

$$\Delta l_{AB}=\frac{F_{NAB}l_{AB}}{EA_{AB}}=\frac{20\times10^3\times100\times10^{-3}}{200\times10^9\times400\times10^{-6}}=0.025\times10^{-3}\text{m}=0.025\ (\text{mm})$$

$$\Delta l_{BC}=\frac{F_{NBC}l_{BC}}{EA_{BC}}=\frac{-10\times10^3\times100\times10^{-3}}{200\times10^9\times400\times10^{-6}}=-0.0125\times10^{-3}\text{m}=-0.0125\ (\text{mm})$$

$$\Delta l_{CD}=\frac{F_{NCD}l_{CD}}{EA_{CD}}=\frac{-10\times10^3\times100\times10^{-3}}{200\times10^9\times200\times10^{-6}}=-0.025\times10^{-3}\text{m}=-0.025\ (\text{mm})$$

杆的总变形等于各段变形之和

$$\Delta l=\Delta l_{AB}+\Delta l_{BC}+\Delta l_{CD}=-0.0125\ (\text{mm})$$

结论： 从计算得知，计算结果为负，说明杆的总变形为缩短。

任务 4.3　材料在轴向拉伸与压缩时的力学性能

材料力学性能是指材料受外力作用时在强度和变形方面表现的各种特性，它是强度计算和选用材料的重要依据。如弹性模量 E、泊松比 μ 以及极限应力等。构件的材料不同，它们各自的强度安全性就大不相同，如导入案例的吊车拉杆，低合金钢材料拉杆的允许工作载荷就要大于一般低碳钢材料拉杆。材料的力学性能是通过实验得到的。

下面主要介绍工程中广泛使用的低碳钢在常温、静载（缓慢加载）下受轴向拉伸和压缩时的力学性能，其他材料简单介绍。

4.3.1 低碳钢在拉伸时的力学性能

4.3.1.1 低碳钢拉伸试验

轴向拉伸试验是研究材料力学性能最常用的试验。为了便于比较试验结果，试件须按照国家标准制成标准试件，如图 4-17 所示。

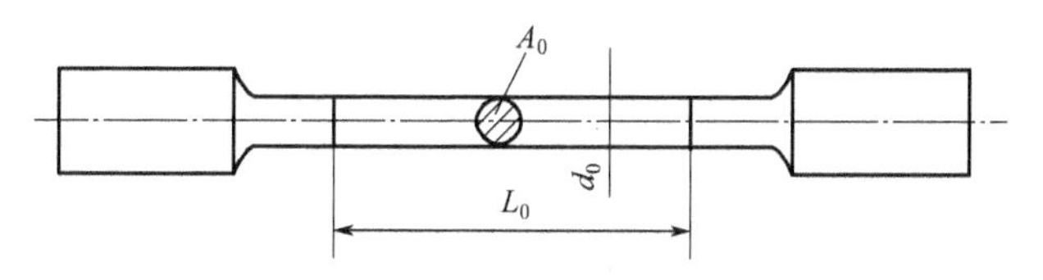

图 4-17 试验标准试件

低碳钢拉伸试验中的标准试件（GB 6397—86）：圆形面试件或矩形截面试件。

其中标距 l_0：试件的有效工作总长度称为标距。对圆形试件：$l_0=10d$ 或 $l_0=5d$。对矩形截面试件：$l_0=11.3\sqrt{A_0}$ 或 $l_0=5.65\sqrt{A_0}$。试样较粗的两端装夹在试验机上。

试验：将低碳钢制成的标准件安装在试验机上，开动机器缓慢加载，直至试件拉断为止。试验机的自动绘图装置会将试验过程中的载荷 P 和对应的伸长量绘成曲线图，称为**拉伸图**。

试验设备：万能材料拉伸机；变形仪，如图 4-18 所示。

图 4-18 拉伸试验设备

为了消除试件原始几何尺寸的影响，常用应力 σ 作为纵坐标，应变 ε 作为横坐标，得到材料拉伸时的应力-应变曲线图（σ-ε 曲线），如图 4-19 所示。

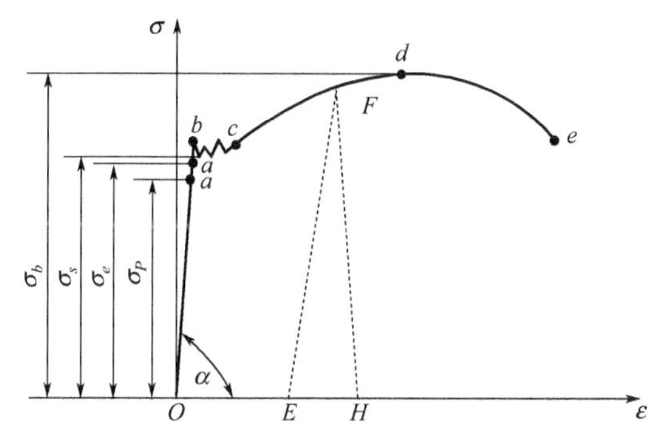

图 4-19 应力-应变曲线图（σ-ε 曲线）

4.3.1.2 低碳钢拉伸时的力学性能

低碳钢是工程上广泛使用的金属材料。它在拉伸时表现出来的力学性能具有典型性。从

图 4-19 可知，低碳钢的应力-应变曲线分为四个阶段。

（1）弹性阶段——比例极限 σ_P　oa 段：在拉伸的初始阶段，应力与应变呈直线关系，直至 a 点，此时 a 点所对应的应力值称为比例极限，用 σ_P 表示。可见只有当 $\sigma<\sigma_P$ 时，杆件的变形和轴力之间的关系才符合胡克定律式(4-14) 和式(4-15)。

当应力超过比例极限后，图中 aa'段已不再是直线，说明材料已不符合胡克定律。但在 aa'段内卸载，变形也随之消失，说明 aa'段也发生弹性变形，oa'段称为弹性阶段。弹性阶段的最高点 a'所对应的应力是材料保持弹性变形的极限值，称为**弹性极限**，记作 σ_e。由于弹性极限与比例极限非常接近，所以工程上近似地用比例极限代替弹性极限。

（2）屈服阶段——屈服点 σ_s（屈服极限）　bc 段：应力超过弹性极限后继续加载，会出现一种现象，即应力增加很少或不增加，而应变却明显地增加。材料对外力完全表现出不抵抗现象，我们将这种现象称为**屈服**。这个阶段称为屈服阶段。开始发生屈服的点所对应的应力称为屈服极限，又称为**屈服强度**，记作 σ_s。

在屈服阶段应力基本不变而应变不断增加，材料似乎失去了抵抗变形的能力，因此产生了显著的塑性变形。此时若卸载，应变不会完全消失，存在残余变形，也称**塑性变形**。通常，在工程中是不允许构件在塑性变形情况下工作的，所以 σ_s 是衡量材料强度的重要指标。

（3）强化阶段——抗拉强度 σ_b　cd 段：越过屈服阶段后，继续加载，σ-ε 曲线又逐渐上升，表明材料恢复了抵抗变形的能力，而且变形迅速加大，这一阶段称为**强化阶段**。强化阶段中的最高点 d 所对应的应力是材料所能承受的最大应力，称为强度极限，记作 σ_b。

（4）局部变形阶段（颈缩阶段）　de 段：过 d 点后，即应力达到强度极限后，试件局部发生急剧收缩的现象（类似如图 4-20 所示），称为**颈缩**。进而试件内部出现裂纹，直至 e 点试件断裂。这一阶段称为局部变形阶段，又可称为颈缩断裂阶段。

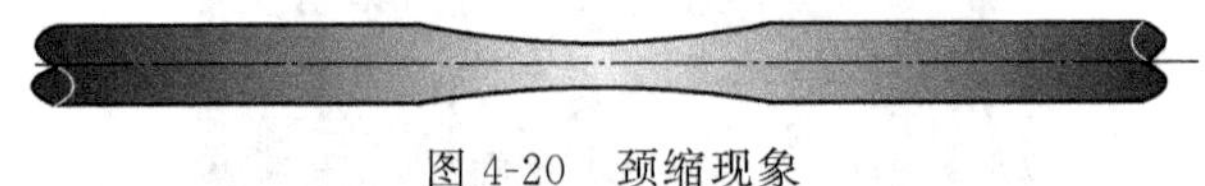

图 4-20　颈缩现象

上述拉伸过程中，材料经历了弹性、屈服、强化、局部变形四个阶段。对应前三个阶段的三个特征点，其相应的应力值依次为比例极限 σ_P、屈服点应力 σ_s 和强度极限 σ_b。对低碳钢来说屈服点应力和强度极限是衡量材料强度的主要指标。

试件拉断后，弹性变形消失了，只剩下残余变形，残余变形标志着材料的塑性。工程中常用**伸长率** δ 和**断面收缩率** ψ 作为材料的两个塑性指标：

$$\delta=\frac{l_1-l_0}{l_0}\times100\% \tag{4-16}$$

$$\psi=\frac{A_0-A_1}{A_0}\times100\% \tag{4-17}$$

一般把 $\delta>5\%$ 的材料称为塑性材料，如钢材、铜和铝等；把 $\delta<5\%$的材料称为脆性材料，如铸铁、砖石等。低碳钢的伸长率 $\delta=20\%\sim30\%$，是塑性材料。综上所述，当应力增大到屈服应力 σ_s 时，材料出现了明显的塑性变形；抗拉强度 σ_b 则表示材料抵抗破坏的最大能力，故 σ_s 和 σ_b 是衡量塑性材料强度的两个重要指标。

实验表明，如果将试件拉伸到超过屈服点应力 σ_s 后的任一点，如图 4-19 中的 F 点，然后缓慢卸载。这时可以发现，卸载过程中试件的应力和应变保持直线关系。沿着与 oa 几乎平行的直线 FE 回到 E 点，而不是沿着原来的加载曲线回到 O 点。OE 是试件残留下来的塑性应变，EH 表示消失的弹性应变。如果卸载后接着重新加载，则 σ-ε 曲线将基本沿着卸载

时的直线 EF 上升到 F 点，F 点以后的 σ-ε 曲线仍然与原来的曲线相同。由此可见，将试件拉到超过屈服点应力后卸载，然后重新加载时，材料的比例极限有所提高，而塑性变形减小，这种现象称为**冷作硬化**。工程中常用冷作硬化来提高某些构件的承载能力，例如预应力钢筋、钢丝绳等。若要消除冷作硬化，需经过退火处理。

4.3.2 其他材料在拉伸时的力学性能

其他金属材料的拉伸试验和低碳钢的拉伸试验做法相同，但材料所显示出来的力学性能有差异。图 4-21(a) 给出了锰钢、硬铝、退火球墨铸铁、45 钢的应力-应变曲线。这些和低碳钢一样都是塑性材料，但前三种没有明显的屈服阶段。对于没有明显屈服阶段点应力的塑性材料，工程上规定，取对应于试件产生 0.2%的塑性应变时的应力值为材料的规定非比例伸长应力，以 $\sigma_p0.2$ 表示 [见图 4-21(b)]。

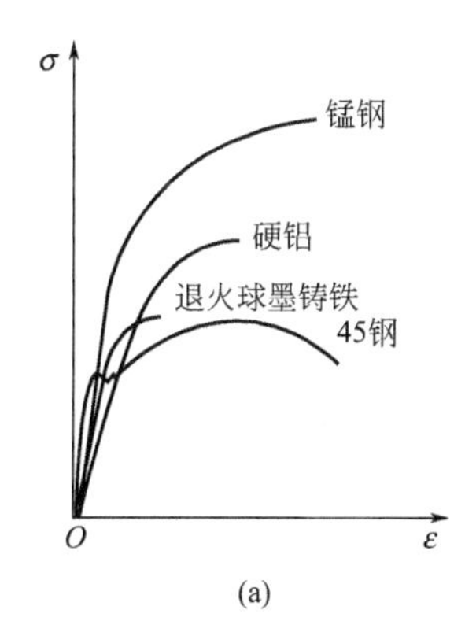

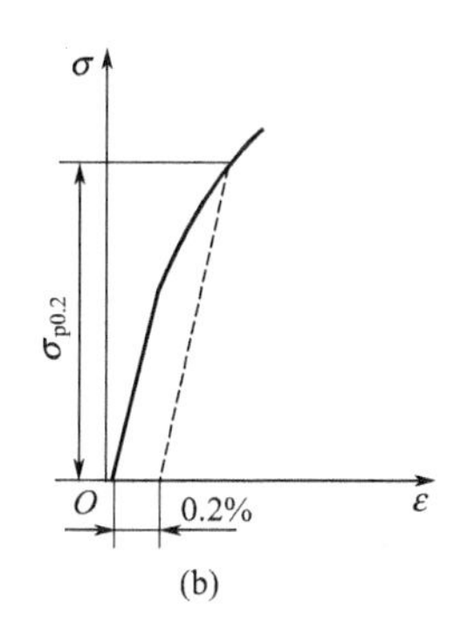

图 4-21 其他材料曲线

灰铸铁是脆性材料，其拉伸应力-应变曲线如图 4-22 所示，图中无明显的直线部分，但应力较小时接近直线，可近似认为服从胡克定律。工程上有时以曲线的某一割线的斜率作为弹性模量。铸铁拉伸时无屈服现象和缩颈现象，断裂是突然发生的，强度极限是衡量铸铁强度的唯一指标。

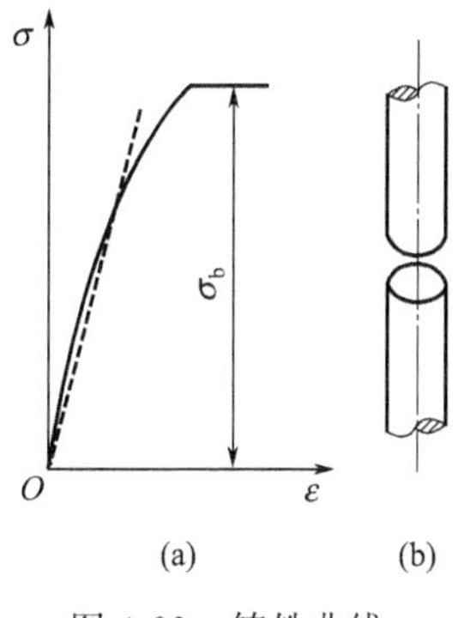

图 4-22 铸铁曲线

4.3.3 材料在压缩时的力学性能

4.3.3.1 低碳钢的压缩试验

图 4-23(a) 为低碳钢压缩时的 σ-ε 曲线。将其与拉伸时的 σ-ε 曲线（图中虚线）比较，可以看出，在弹性阶段和屈服阶段，拉、压的 σ-ε 曲线基本重合。这表明低碳钢在拉伸和压缩时，它的比例极限、屈服点应力及弹性模量大致相同。与拉伸试验不同的是，当试件上的压力不断增大时，试样上的横截面面积也不断增大，试样越压越扁而不破裂，故不能测定出它的抗压强度极限。

4.3.3.2 铸铁的压缩试验

铸铁压缩时的 σ-ε 曲线如图 4-23(b) 所示。与其拉伸时的 σ-ε 曲线比较，抗压强度极限远高于抗拉强度极限（约 3～4 倍）。所以，脆性材料抗压性能优于抗拉性能，工程中宜作受压元件。铸铁试件压缩时的破裂断口与轴线约成 45°角，这是因为受压试件在 45°方向的截面上存在最大切应力，铸铁材料的抗剪能力比抗压能力差的缘故。

几种常用材料的力学性能见表 4-2，其他材料的力学性能可查阅机械设计手册等相关资料。

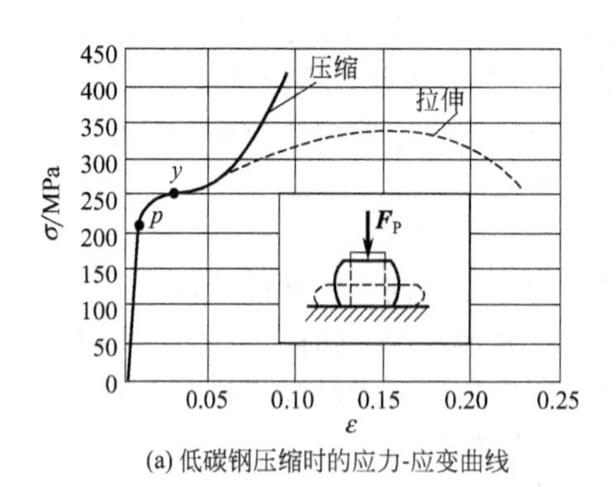

(a) 低碳钢压缩时的应力-应变曲线

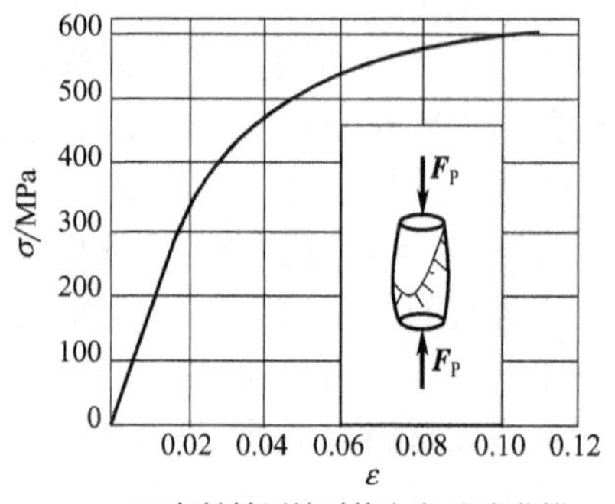

(b) 灰铸铁压缩时的应力-应变曲线

图 4-23 材料压缩应力-应变曲线

表 4-2 常用材料的力学性能

材料	牌号	σ_s/MPa	σ_b/MPa	δ_5/%
普通碳素钢	Q235	235	372～392	25～27
	Q275	274	490～519	21
优质碳素钢	35	314	529	20
	45	353	598	16
	50	372	627	14
低合金钢	09MuV	294	431	22
	Q345	343	510	21
合金钢	20Cr	539	833	10
	40Cr	784	980	9
	30CrMnSi	882	1078	8
铝合金	LY12	274	412	19

任务 4.4 杆件在轴向拉伸和压缩时的强度计算

4.4.1 极限应力、许用应力和安全系数

工程上材料丧失正常工作能力称为**失效**，此时所能承受的应力称为材料的**极限应力**，用 σ_u 表示。塑性材料制成的构件，当其应力达到屈服点应力，虽未断裂，但已产生明显的塑性变形而丧失了工作能力。所以塑性材料屈服点的应力规定为其极限应力，即：$\sigma_u=\sigma_s$（或 $\sigma_{0.2}$）；脆性材料制成的构件，在外力所用下，变形很小就忽然断裂而丧失工作能力。所以对于脆性材料，用材料的强度极限 σ_b（或抗压强度）作为极限应力，即：$\sigma_u=\sigma$（或 σ_{by}）。

构件在载荷作用下产生的应力称为工作应力。等截面直杆最大轴力处的横截面称为危险截面。危险截面上的应力称为最大工作应力。构件的工作应力必须小于材料的极限应力，并使构件留有必要的强度储备。因此，一般将极限应力除以一个大于 1 的因数，即安全系数 n，作为强度设计时的最大许可值，称为许用应力，用 $[\sigma]$ 表示，即：

$$[\sigma]=\frac{\sigma_u}{n} \tag{4-18}$$

对于塑性材料

$$[\sigma]=\frac{\sigma_s}{n_s} \tag{4-19}$$

对于脆性材料
$$[\sigma]=\frac{\sigma_b}{n_b} \tag{4-20}$$

对于安全系数的确定要考虑载荷变化、构件加工精度不够、计算不准确等因素；还要考虑材料的性能差异及材质的均匀性。各种材料在不同工作条件下的安全系数和许用应力值可以从相关规定或设计手册中查到。在静载荷作用下，一般杆件的安全系数为：$n_s=1.5\sim2.5$，$n_b=2.0\sim3.5$ 。

4.4.2 轴向拉伸和压缩的强度计算

为了保证构件在外力作用下安全可靠地工作，必须使构件的最大工作应力小于材料的许用应力，即：

$$\sigma_{max}=\frac{N_{max}}{A}\leqslant[\sigma] \tag{4-21}$$

上式称为拉压杆的强度条件。利用强度条件，可以解决以下三种强度计算问题。

(1) 强度校核　应用公式(4-21)，若杆件满足强度条件，就能安全工作，否则，因强度不够而不安全。

(2) 设计截面　将公式改成：

$$A\geqslant\frac{N}{[\sigma]} \tag{4-22}$$

即可确定杆件所需的横截面面积。

(3) 确定许用载荷　可先由静力平衡方程求出杆件的内力与外力之间的关系，再代入：

$$N_{max}\leqslant A[\sigma] \tag{4-23}$$

即可确定出杆件或结构所能承受的最大许可载荷。

[实例 4-5]　在图 4-24 所示的简易吊车中，BC 为钢杆，AB 为木杆。木杆 AB 的横截面面积 $A_1=100\text{cm}^2$，许用应力 $[\sigma]_1=7\text{MPa}$；钢杆 BC 的横截面面积 $A_2=6\text{cm}^2$，许用应力 $[\sigma]_2=160\text{MPa}$，试求许可吊重 P。

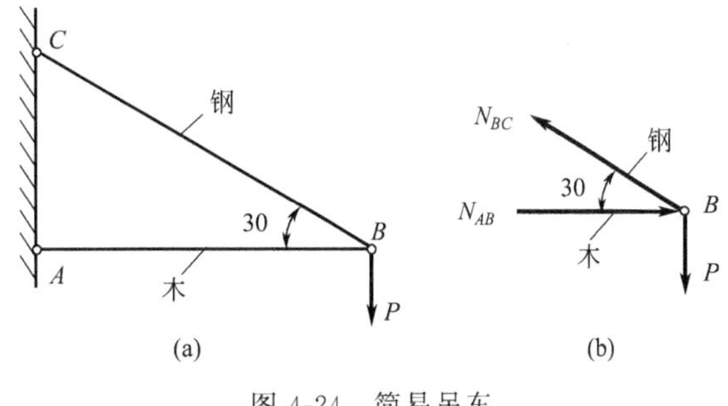

图 4-24　简易吊车

分析：该吊车的两根杆为二力受力杆件，首先应利用静力学所学知识求出两杆的拉力。分别利用拉压杆件的强度条件求出钢杆和木杆所能承受的载荷，取较小值即为许可载重。

解：① 以 B 铰链为研究对象，建立方程，求出两杆拉力。

B 铰链的受力如图 4-24(b) 所示，由平衡条件得：

$$\sum F_X=0,\ N_{AB}-N_{BC}\cos30^\circ=0$$
$$\sum F_Y=0,\ N_{BC}\sin30^\circ-P=0$$

可解得两杆所受拉力分别为

$$N_{BC}=2P,\ N_{AB}=\sqrt{3}P$$

② 利用钢杆的强度条件求出许可吊重 P，利用公式(4-21)

$$\sigma_{钢}=\frac{N_{BC}}{A_2}\leqslant[\sigma]_2$$

故
$$N_{BC}\leqslant[\sigma]_2A_2=160\times10^6\times6\times10^{-4}=96\ (\text{kN})$$

由于
$$N_{BC}=2P$$

所以按钢杆的强度要求确定许可吊重

$$[P]=\frac{N_{BC}}{2}\leqslant 48\ (\text{kN})$$

③ 利用木杆的强度条件求出许可吊重 P，利用公式(4-21)

$$\sigma_{木}=\frac{N_{AB}}{A_1}\leqslant[\sigma]_1$$

故
$$N_{AB}\leqslant[\sigma]_1A_1=7\times10^6\times100\times10^{-4}=70\ (\text{kN})$$

因 $N_{AB}=\sqrt{3}P$，按木杆的强度要求确定许可吊重

$$[P]=\frac{N_{AB}}{\sqrt{3}}\leqslant 40.4\ (\text{kN})$$

④ 比较确定吊车的许可吊重，最后确定出该吊车的许可吊重取较小值

$$[P]=40.4\text{kN}$$

[实例 4-6] 如图 4-25 所示为某铣床工作台进给油缸图，缸内工作油压 $P=2\text{MPa}$，油缸内径 $D=75\text{mm}$，活塞杆直径 $d=18\text{mm}$，已知活塞杆材料的许用应力 $[\sigma]=50\text{MPa}$，试校核该活塞杆的强度。

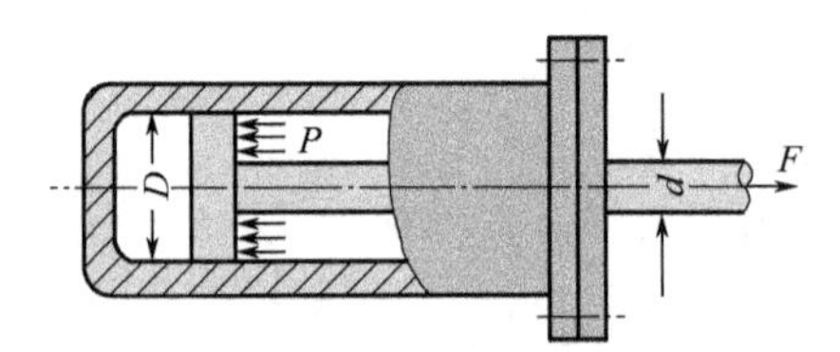

图 4-25 铣床工作台进给油缸

分析： 进给油缸的工作原理是气缸活塞运动，连杆机构活塞杆带动活塞在气缸内作往复运动。活塞受到介质轴向压力，活塞杆受到活塞的轴向力和连杆的拉力，受力分析如图4-25所示。此时活塞杆就受到拉伸作用，要校核其强度就需根据外力求出轴力，再求出正应力进行强度校核。

解： ① 求活塞杆的轴力

$$F_N=pA_1=p\frac{\pi(D^2-d^2)}{4}=2\times\frac{\pi(75^2-18^2)}{4}$$

② 按强度条件校核，由公式(4-11) 可求出活塞杆的正应力

$$\sigma=\frac{F_N}{A}=\frac{2\times\frac{\pi(75^2-18^2)}{4}}{\frac{\pi\times18^2}{4}}\text{MPa}=32.6\text{MPa}\leqslant[\sigma]=50\ (\text{MPa})$$

结论： 由以上计算结果可得出，该铣床工作台进给油缸活塞杆在缸内工作油压为 $P=2\text{MPa}$ 时强度安全，能正常工作。

本项目案例工作任务解决方案步骤：

① 确定杆件 AB、AC 为研究对象；

② 分析杆件 AB、AC 的受力图，列出方程式求出拉杆 AB 所受到的拉力；

③ 利用应力方程求出拉杆 AB 杆横截面的应力；

④ 查材料表得出 16Mn 钢常温强度指标；

⑤ 利用强度校核公式进行该杆件的强度校核；

同学们利用所学知识自行解决任务。

项目能力知识结构总结

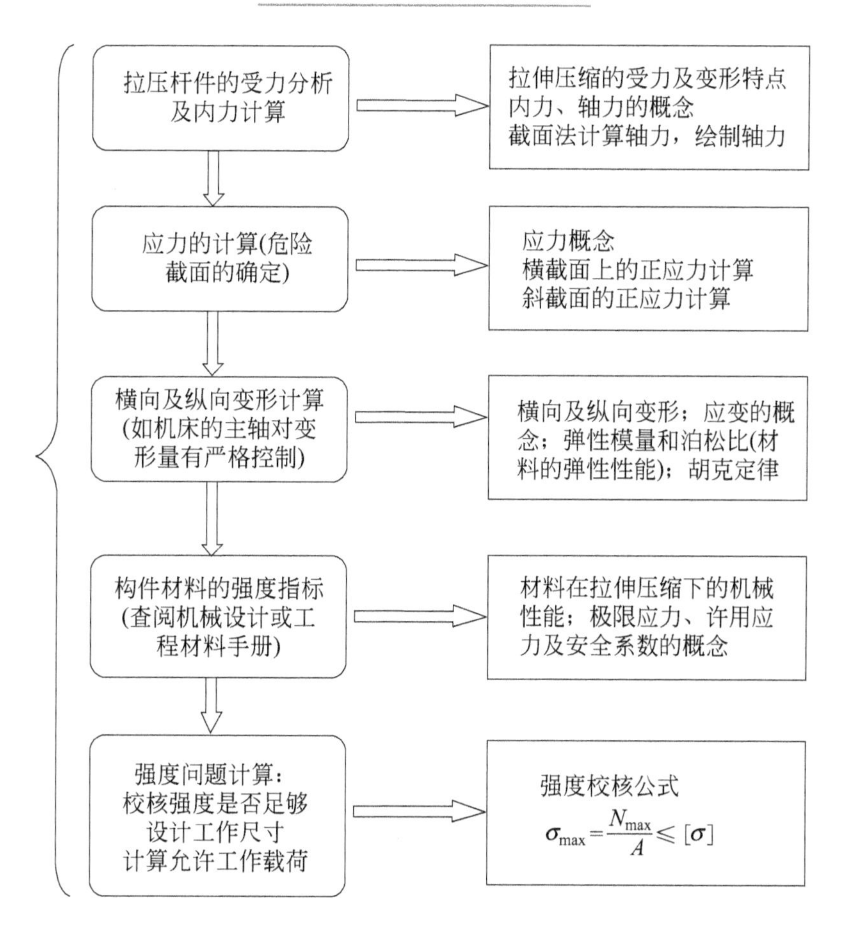

思考与训练

4-1　试判别如题 4-1 图所示构件上的哪些力能使轴承受轴向拉伸或轴向压缩。

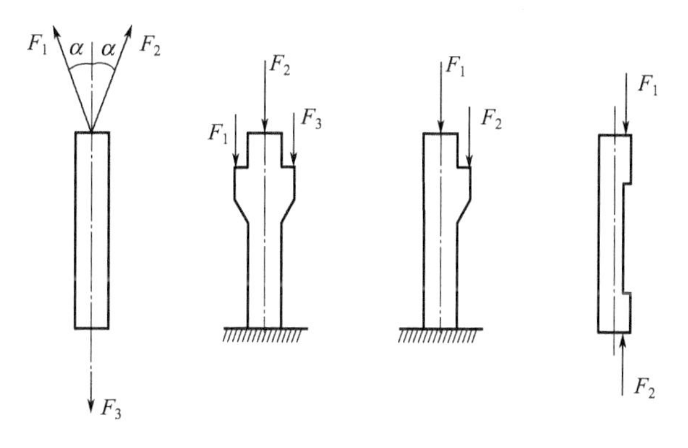

题 4-1 图

4-2　三根试件的尺寸相同，但材料不同，其 σ-ε 曲线如题 4-2 图所示，试分别说明为哪一种材料。

（1）强度高__________

（2）塑性好__________

（3）刚度大__________

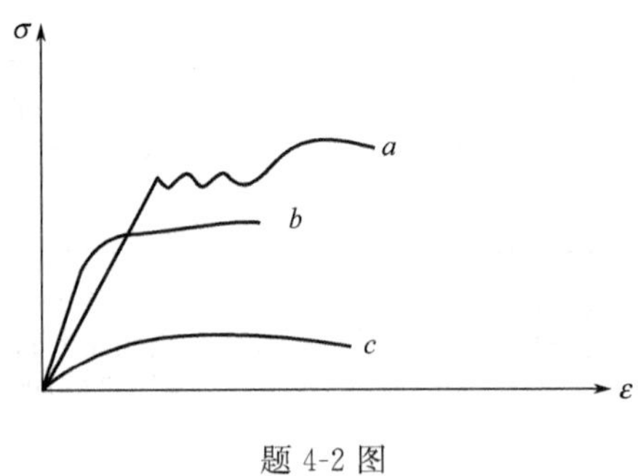

题 4-2 图

4-3 用截面法作出如题 4-3 图中所示各杆指定截面的轴力，并画出各杆件的轴力图。

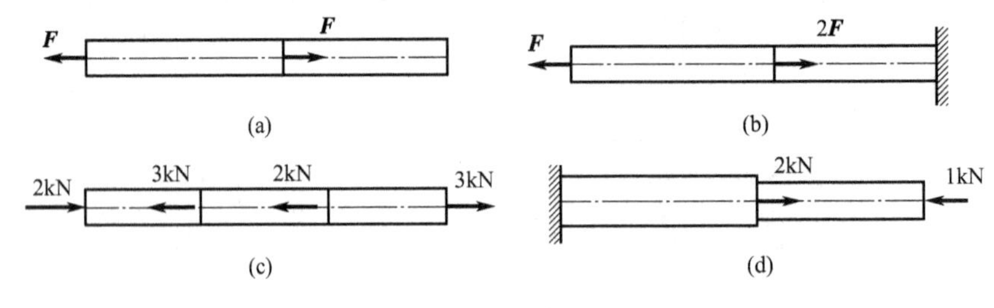

题 4-3 图

4-4 求如题 4-4 图所示的阶梯杆各段横截面上的应力。已知横截面面积：$A_{AB}=200\text{mm}^2$，$A_{BC}=300\text{mm}^2$，$A_{CD}=400\text{mm}^2$。

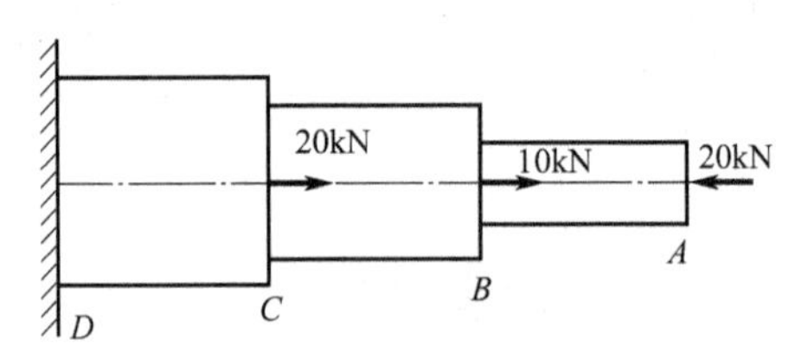

题 4-4 图

4-5 简易旋臂式吊车如题 4-5 图(a) 所示。斜杆 AB 为横截面直径 $d=20\text{mm}$ 的钢材，载荷 $W=15\text{kN}$。求当 W 移到 A 点时，求斜杆 AB 横截面应力（两杆的自重不计）。

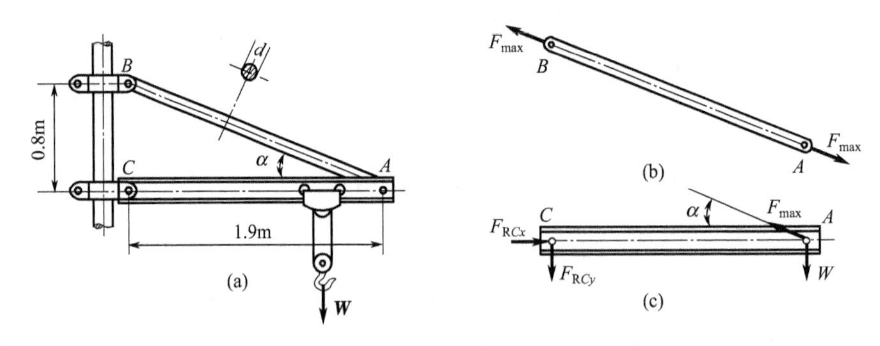

题 4-5 图

4-6 如题 4-6 图所示为桁架，杆 1 与杆 2 的横截面均为圆形，直径分别为 $d_1=30\text{mm}$

与 $d_2=20$mm，两杆材料相同，许用应力 $[\sigma]=160$MPa。该桁架在节点 A 处承受铅直方向的载荷 $F=80$kN 作用，试校核桁架的强度。

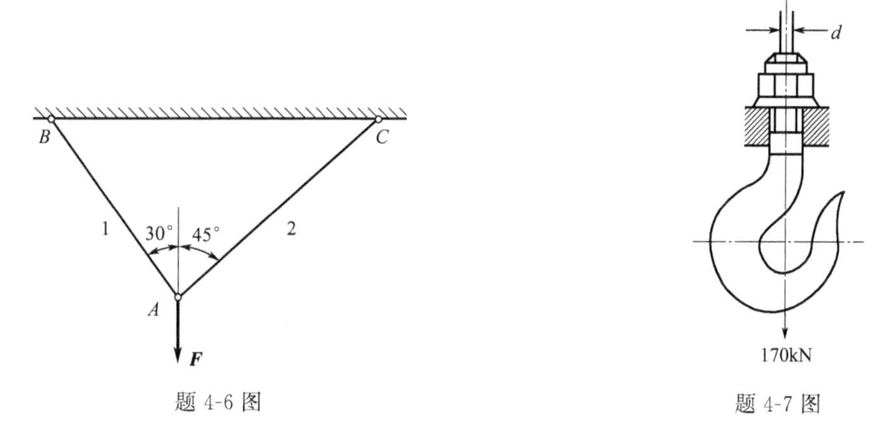

题 4-6 图　　　　题 4-7 图

4-7　起重机吊钩的上端用螺母固定，如题 4-7 图所示。若吊钩螺栓部分的内径 $d=55$mm，材料的许用应力 $[\sigma]=80$MPa，试校核螺栓部分的强度。

4-8　如题 4-8 图所示的桁架，杆 1、2 的横截面均为圆形，直径分别为 $d_1=30$mm 和 $d_2=20$mm，两杆材料相同，许用应力 $[\sigma]=160$MPa，该桁架在节点 A 处受载荷 P 作用，试确定 P 的最大允许值。

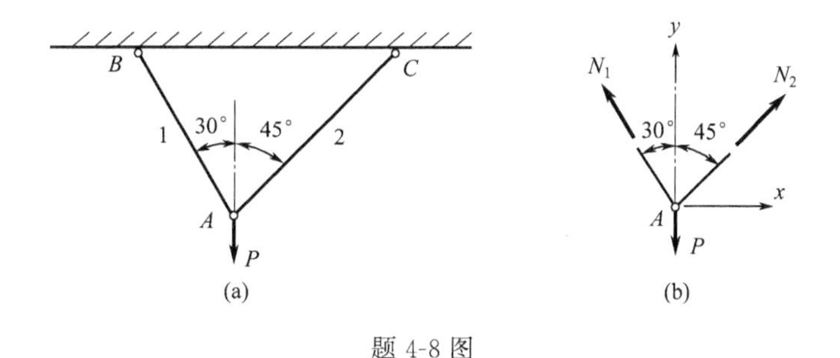

题 4-8 图

4-9　如题 4-9 图所示的连接螺栓，内径 $d_1=15.3$mm，被连接部分的总长度 $l=54$mm，拧紧螺栓 AB 段的伸长量 $\Delta l=0.04$mm，钢的弹性模量 $E=200$GPa，泊松比 $\mu=0.3$，试计算螺栓横截面上的正应力及螺栓的横向变形。

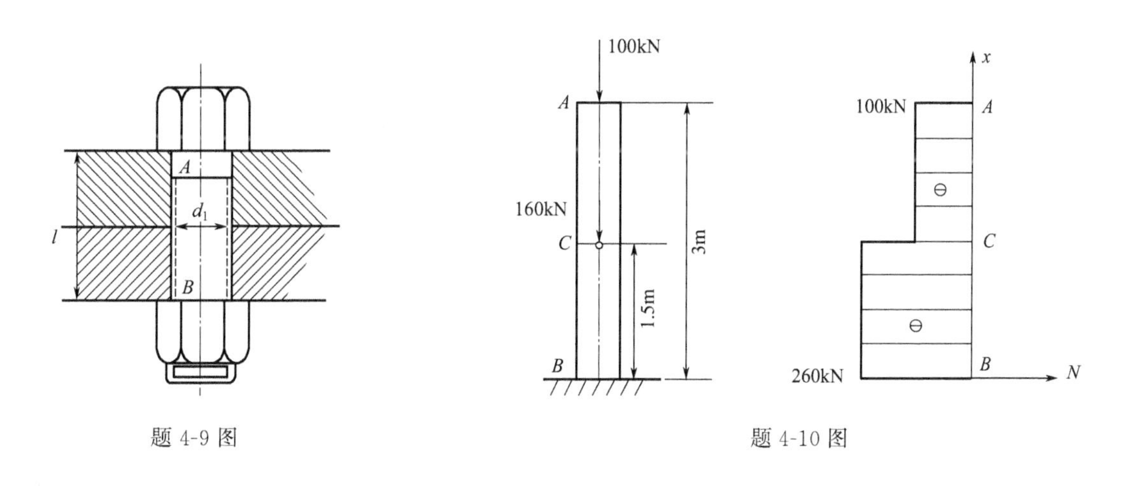

题 4-9 图　　　　题 4-10 图

4-10　一木柱受力如题4-10图所示。柱的横截面为边长200mm的正方形，材料可认为符合胡克定律，其弹性模量$E=10\times10^3$MPa，若不计柱的自重，试求下列各项：

① 作轴力图；

② 各段柱内横截面上的应力；

③ 各段柱内的纵向线应变；

④ 柱的总变形。

项目 5　受剪切连接件的承载能力计算

◆ ［能力目标］

会分析连接件的受力情况

会确定连接件的失效形式

会对键、螺栓等连接件进行实用强度校核

会对键、螺栓等连接件进行实用强度设计

◆ ［工作任务］

学习剪切和挤压的受力特点及变形特点

学习受剪切连接件的强度安全校核方法

案例导入

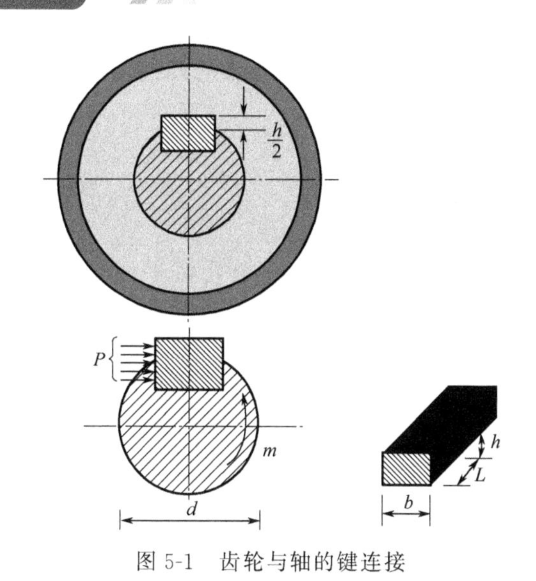

图 5-1　齿轮与轴的键连接

案例任务描述

图 5-1 齿轮与轴由平键（$b\times h\times L=20\times12\times100$）连接，它传递的扭矩 $m=2\text{kN}\cdot\text{m}$，轴的直径 $d=70\text{mm}$，键的许用剪应力为［τ］$=60\text{MPa}$，许用挤压应力为［σ_{jy}］$=100\text{MPa}$，试校核键的强度。

解决任务思路

首先分析此键连接件的受力特点和变形特点；确定出危险截面即剪切面和挤压面，再根据本任务学习的受剪切强度校核方法分别进行剪切面和挤压面的强度校核。

任务 5.1　连接件的受力分析和失效形式

5.1.1　连接件的工程实例

在构件连接处起连接作用的部件，称为连接件。例如：螺栓、铆钉、键等。连接件虽小，却起着传递载荷的作用。如图 5-2～图 5-4 所示。

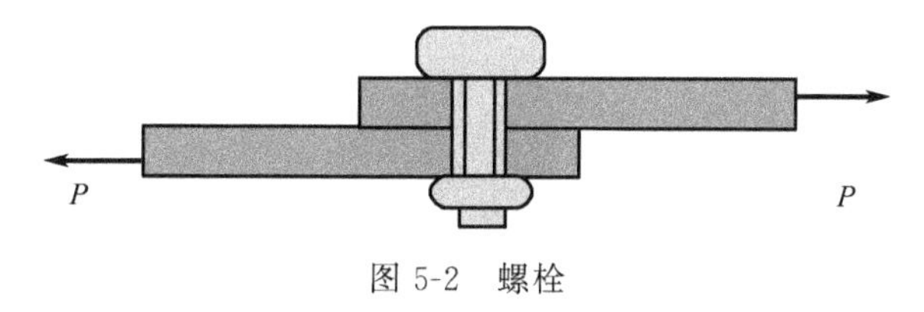

图 5-2　螺栓

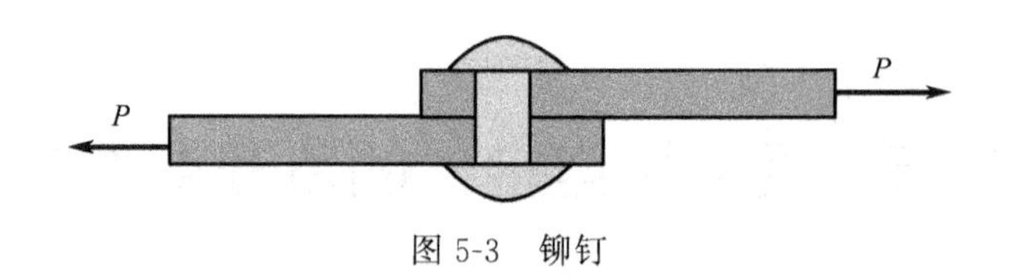

图 5-3 铆钉

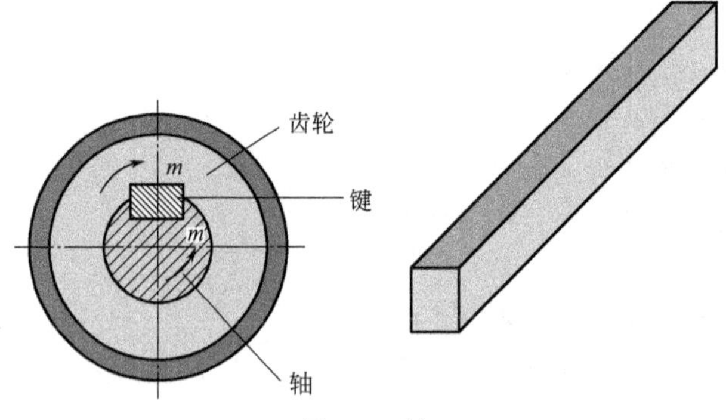

图 5-4 键

例如螺栓是一种非常常见的连接件，它的受力方式有两种，一种如压力容器上法兰的螺栓，受到的就是轴向载荷；而如图 5-2 所示，受到的是横向载荷。此任务中我们主要解决的是受横向载荷，也是受剪切挤压连接件的强度问题。而受轴向载荷的螺栓则属于拉伸强度问题。

本项目解决的是受剪切连接件的承载能力安全计算问题。

5.1.2 受剪切连接件的受力特点和变形特点

5.1.2.1 受力特点

构件受两组大小相等、方向相反、作用线相距很近（差一个几何平面）的平行力系作用。

5.1.2.2 变形特点

构件沿两组平行力系的交界面发生相对错动。如图 5-5(a) 所示，以铆钉为例。

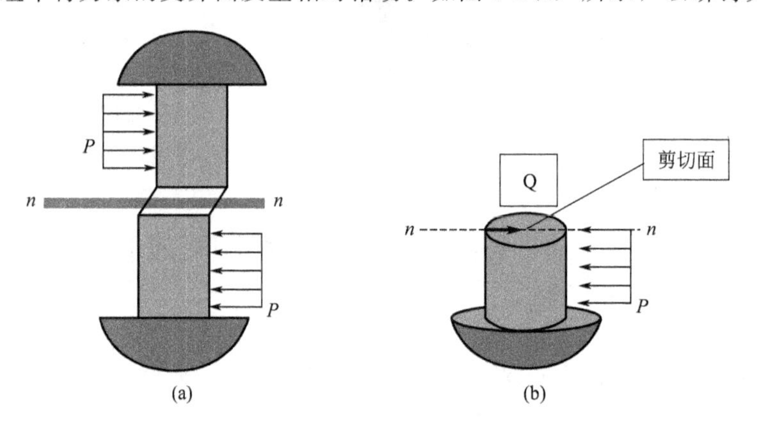

图 5-5 铆钉受单剪切

5.1.2.3 剪切面

构件将发生相互的错动面，如 n-n，见图 5-5(b)。

5.1.2.4 剪切面上的内力

在构件发生剪切面初发生了变形，产生了内力——剪力 Q，其作用线与剪切面平行。剪

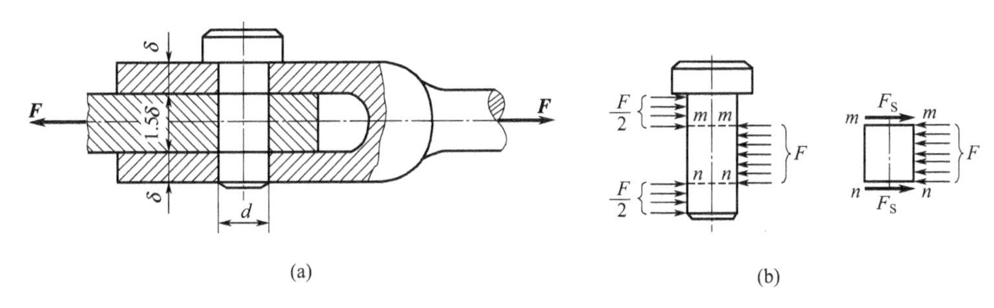

图 5-6 铆钉受双剪切

切面上分布内力的集度即为**切应力** τ。

5.1.2.5 挤压变形

构件发生剪切变形时，往往会受到挤压作用。如图 5-7(a) 所示，铆钉在外力作用下除了剪切变形外，还在连接件和被连接件接触面上互相挤压，产生局部压陷变形，铆钉孔被铆钉挤压成长圆孔，致使构件表面发生压溃破坏，这种现象称为挤压。接触面上的压力称为**挤压力**，用 F_{bs}表示。由挤压引起的接触面上的表面压强，习惯上称为**挤压应力**，用 σ_{bs}表示。

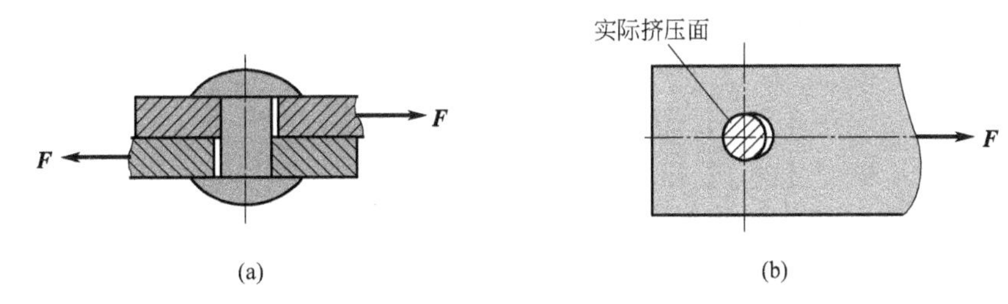

图 5-7 铆钉受剪切挤压

要注意的是，挤压与压缩不一样，挤压发生在两个构件相互接触的表面上。而压缩发生在一个构件上。

5.1.3 受剪切连接处破坏的三种形式

5.1.3.1 剪切破坏

沿铆钉的剪切面剪断，如沿 n-n 面剪断。根据剪切面的个数，又有单剪（见图 5-5）和双剪（见图 5-6）。

5.1.3.2 挤压破坏

如图 5-8 所示铆钉产生的挤压变形，它与钢板在相互接触面上因挤压而使铆钉侧面被压溃连接松动，发生破坏。

备注：对于受拉伸或压缩（轴向载荷）的连接件，失效形式主要是拉伸或压缩破坏，如

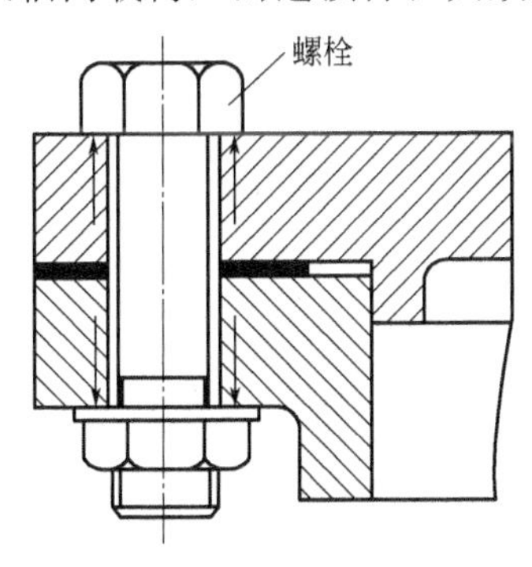

图 5-8 受轴向力的螺栓

法兰螺栓、起盖螺钉等，受力为拉伸或压缩，强度校核用项目四所学习的方法解决。

任务5.2 受剪切连接件的强度计算

5.2.1 剪切的实用计算

切应力在剪切面上分布的情况比较复杂。为了便于计算，工程中常采用实用计算，即根据构件的实际破坏情况，作出粗略的、简单的但基本符合实际情况的假设，作为强度计算的依据。在这种实用计算中，假设切应力在剪切面内是均匀分布的，一般称为平均切应力。

如图5-9(a)为连接螺栓，用截面法求 $m—m$ 截面上的内力，取下段，由 $\sum X=0$，有

$$Q-P=0$$

解得

$$Q=P$$

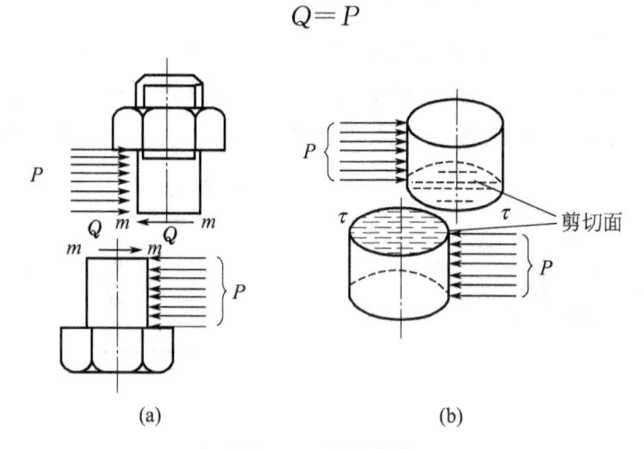

图5-9 连接螺栓

根据实用计算的假设，在剪切面上切应力是均匀分布的，如图5-9(b)所示。若以 A 表示剪切面面积，则构件剪切面上的平均切应力为

$$\tau=\frac{Q}{A} \tag{5-1}$$

剪切强度条件为

$$\tau=\frac{Q}{A}\leqslant[\tau] \tag{5-2}$$

剪切许用应力 $[\tau]$，可从有关设计手册中查得。

剪切强度条件也可用来解决强度计算的三类问题：校核强度、设计截面和确定许可载荷。

5.2.2 挤压的实用计算

机械中的连接件，承受剪切作用的同时，在传力的接触面间互相挤压，而产生局部变形的现象，称为**挤压**。图5-10(a)就是螺栓孔被压成长圆孔的情况，当然，螺栓也可能被挤压成扁圆柱。

如前面介绍，作用于接触面上的压力，称为挤压力，以 P_{bs} 表示。挤压面上的压强，称为挤压应力，以 σ_{bs} 表示。挤压应力分布一般比较复杂［见图5-10(b)］。实用计算中，同样假设在挤压面上挤压应力是均匀分布的。则构件挤压面上的平均挤压应力为

$$\sigma_{bs}=\frac{P_{bs}}{A_{bs}} \tag{5-3}$$

挤压强度条件为

$$\sigma_{bs}=\frac{P_{bs}}{A_{bs}}\leqslant[\sigma_{bs}] \tag{5-4}$$

式中，$[\sigma_{bs}]$为材料的许用挤压应力；A_{bs}为挤压面积，当接触面为平面时，A_{bs}就是接触面面积；当接触面为圆柱面时，以圆柱面的正投影作为A_{bs}，如图 5-10(c) 所示，$A_{bs}=dt$。挤压强度条件同样也可用来解决强度计算的三类问题：校核强度、设计截面和确定许可载荷。

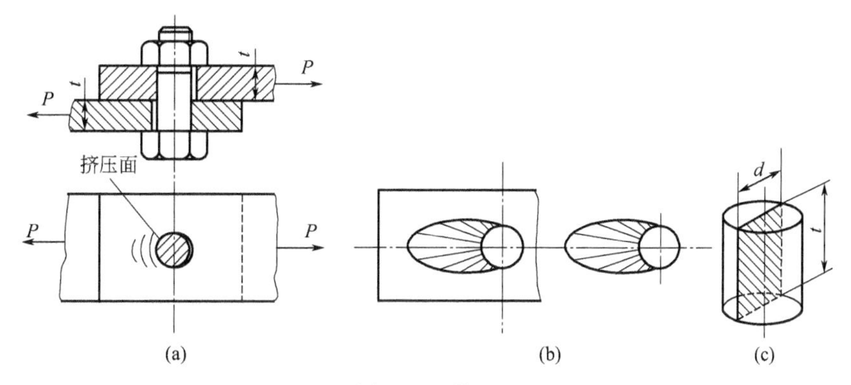

图 5-10　挤压

5.2.3　剪切和挤压实用计算中应注意的问题

① 对于多个螺栓连接的多个构件问题。找出研究对象，画出受力图，并确定剪切面的数目，从而确定剪切面上的剪力。若沿力的方向有 n 个受剪构件，且每个受剪构件有 m 个剪切面，剪切面面积为 A，则每个受剪构件的剪切面上的剪力为：

$$Q_s=Q/(nm)$$

② 接触面为半圆柱面时，其挤压面积为半圆柱面的正投影面或其直径面面积，接触面为平面时，挤压面积就是实际挤压面面积。

③ 在利用剪切的场合，剪切的破坏条件是剪切力≥材料的破坏切应力×剪切面面积。

下面用实例来说明受剪连接件的强度校核方法。

[实例 5-1]　电瓶车挂钩由插销连接［见图 5-11(a)］。插销材料为 20 钢，$[\tau]=30\text{MPa}$，$[\sigma_{bs}]=100\text{MPa}$，直径 $d=20\text{mm}$。挂钩及被连接的板件的厚度分别为 $t=8\text{mm}$ 和 $1.5t=12\text{mm}$。牵引力 $P=15\text{kN}$。试校核插销的剪切和挤压强度。

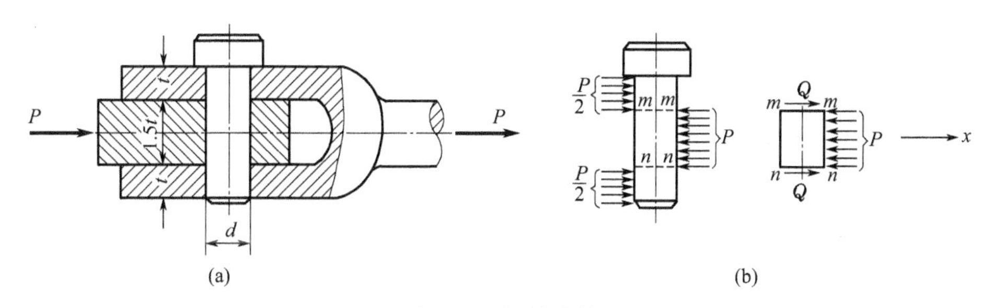

图 5-11　插销连接

分析：该插销属于受到剪切的连接件，且有两个剪切面，为双剪切连接。利用强度剪切及挤压的强度条件进行校核。

解：① 通过静力平衡求出剪力 Q。插销受力如图 5-11(b) 所示。插销中段相对于上、下两段，沿 $m—m$ 和 $n—n$ 两个面向左错动，这两个面为剪切面。

由　　　　$\sum F_X=0$，　　$2Q-P=0$

解得 $$Q=P/2$$

② 进行剪切和挤压强度校核。由式(5-2)，有

$$\tau=\frac{Q}{A}=\frac{2P}{\pi d^2}=23.9\text{MPa}<30\text{MPa}=[\tau]$$

由式(5-4)，有

$$\sigma_{bs}=\frac{P_{bs}}{A_{bs}}=\frac{P}{1.5td}=62.5\text{MPa}<100\text{MPa}=[\sigma_{bs}]$$

故该插销满足剪切及挤压强度要求。

[实例 5-2] 如图 5-12(a) 所示的齿轮用平键与轴连接（齿轮未画出）。已知轴的直径 $d=70\text{mm}$，键的尺寸 $b\times h\times l=20\text{mm}\times 12\text{mm}\times 100\text{mm}$，传递的扭矩 $m=2\text{kN}\cdot\text{m}$，键的许用应力 $[\tau]=60\text{MPa}$，$[\sigma_{bs}]=100\text{MPa}$，试校核键的强度。

分析：该实例中齿轮与轴的连接方式为键连接。从受力分析可知，该键为受剪切的连接件。要对键进行剪切和挤压的强度校核。解决的关键是确定剪切面和挤压面的位置，从图 5-12(c) 中，键的平面为剪切面（长度为 l，宽度为 b），挤压面为侧面（长度为 l，宽度为 $b/2$）。

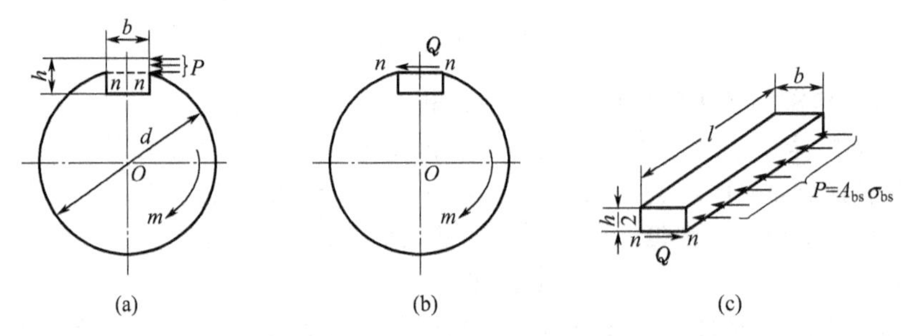

图 5-12 齿轮轴与平键连接

解：① 剪切强度校核

如图 5-12(b) 所示，m-m 剪切面上的剪力 Q 为

$$Q=A\tau=bl\tau$$

由 $$\sum m_0=0,\ Qd/2-m=0$$

由式(5-2) 得出 $$\tau=\frac{2m}{bld}=\frac{2\times 200}{20\times 100\times 70\times 10^{-9}}=28.6\text{MPa}<60\text{MPa}=[\tau]$$

此键满足剪切强度条件

② 挤压强度校核

如图 5-12(c) 所示，右侧面上的挤压力为

$$P=A_{bs}\sigma_{bs}=\frac{h}{2}l\sigma_{bs}$$

由 $$\sum F_X=0,\ Q-P=0$$

由式(5-4) 得出 $$\sigma_{bs}=\frac{2b\tau}{h}=\frac{2\times 20\times 28.6}{12}=95.3\text{MPa}<100\text{MPa}=[\sigma_{bs}]$$

此键满足挤压强度条件。

[实例 5-3] 图 5-13 所示结构采用键连接，键长度 $l=35\text{mm}$，宽度 $b=5\text{mm}$，高度 $h=5\text{mm}$，其余尺寸如图所示，键材料许用剪应力 $[\tau]=100\text{MPa}$，许用挤压应力 $[\sigma_{bs}]=220\text{MPa}$，键与所连构件材料相同，确定手柄上最大压力 P 的值。

分析：该手柄与转轴采用的是键连接，受到剪切和挤压作用。所以需要用剪切和挤压的

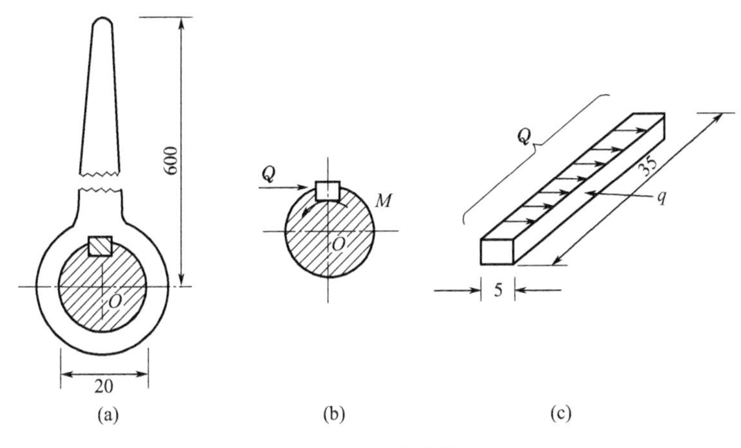

图 5-13　键连接

强度条件来进行手柄上许可（最大）压力值的计算。

解：本题中键的变形为剪切与挤压变形，与键相连的另两个构件（轴与手柄）受挤压作用，因三者材料相同，仅对键进行强度计算。

① 受力分析。由图 5-13(a) 可知 $M=600P$；由图 5-13(b) 可知 $M=10Q$，即 $Q=60P$。

② 由剪切和挤压强度条件计算最大压力 P。键剪切面积 $A=lb=5\text{mm}\times35\text{mm}$，挤压面积 $A=2.5\text{mm}\times35\text{mm}$。

由剪切强度条件，公式(5-2) 得

$$\tau=\frac{Q}{A}=\frac{Q}{lb}=\frac{60P}{35\times5}\leqslant[\tau]=100(\text{MPa})$$

得 $P\leqslant292\text{N}$。

由挤压强度条件，公式(5-4) 得

$$\sigma_{bs}=\frac{P_{bs}}{A_{bs}}=\frac{60P}{l\cdot h/2}=\frac{60P}{35\times2.5}\leqslant[\sigma_{bs}]=220(\text{MPa})$$

得 $P\leqslant321\text{N}$。

故取 $P\leqslant292\text{N}$。

［实例 5-4］ 图 5-14 所示钢板冲孔，冲床最大冲力 $P=400\text{kN}$，冲头材料的许用应力 $[\sigma]=440\text{MPa}$，钢板剪切强度极限 $\tau=360\text{MPa}$，试确定：该冲床能冲剪切的最小孔径。该冲床能冲剪切的钢板的最大厚度 δ。

分析：冲头对钢板进行冲压，要保证机械构件的强度，必须保证冲头和钢板的强度足够。进行受力分析可知，冲头向下对钢板进行冲压，受到压缩的作用，因此需用压缩强度条件进行设计。而要保证冲头对钢板进行冲孔，在冲孔时，冲头和钢板是剪切作用，所以要应用剪切条件进行设计。

解：① 由冲头压缩强度条件进行设计。冲头直径过大，则冲头压缩产生的正应力过大，不能保证正常工作。由项目四中式(4-21) 强度条件得出：

$$\sigma_{max}=\frac{N_{max}}{A}=\frac{400\times10^3}{\frac{\pi d^2}{4}}\leqslant[\sigma]=440(\text{MPa})$$

得 $d\geqslant34\text{mm}$，此为冲头最小直径。

② 由钢板受剪切强度条件进行设计。冲头冲孔时，钢板

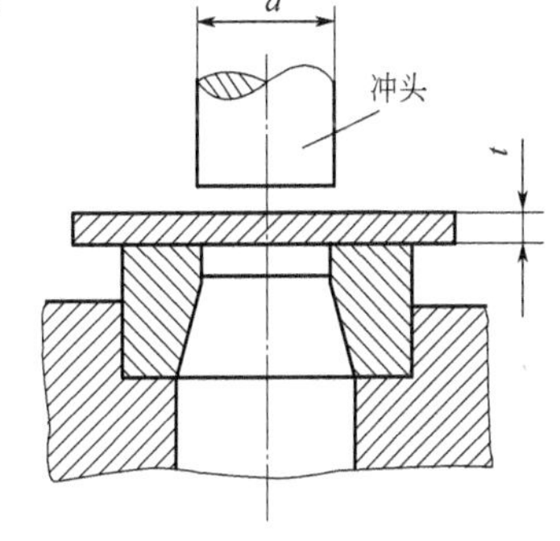

图 5-14　钢板冲孔

受剪切，剪切面为圆柱面，如图所示，剪切面积 $A=\pi d\delta$，剪力 $Q=P$，由冲孔强度条件：

$$\tau=\frac{Q}{A}=\frac{400\times10^3}{\pi\times34\delta}\geqslant\tau_b=360(\text{MPa})$$

$$\delta\leqslant10.4\text{mm}$$

如 δ 超过此值，则冲孔的剪切应力小于钢板强度极限，达不到冲孔条件。

本项目案例工作任务解决方案步骤：

① 分析键传递扭矩时受剪切和挤压作用；

② 确定键上危险截面——剪切面和挤压面；

③ 利用平衡公式求出剪力和挤压力；

④ 利用应力公式求出危险截面上的剪切应力和挤压应力；

⑤ 利用材料强度指标进行剪切面和挤压面的强度校核；

同学们利用所学知识自行解决任务。

项目能力知识结构总结

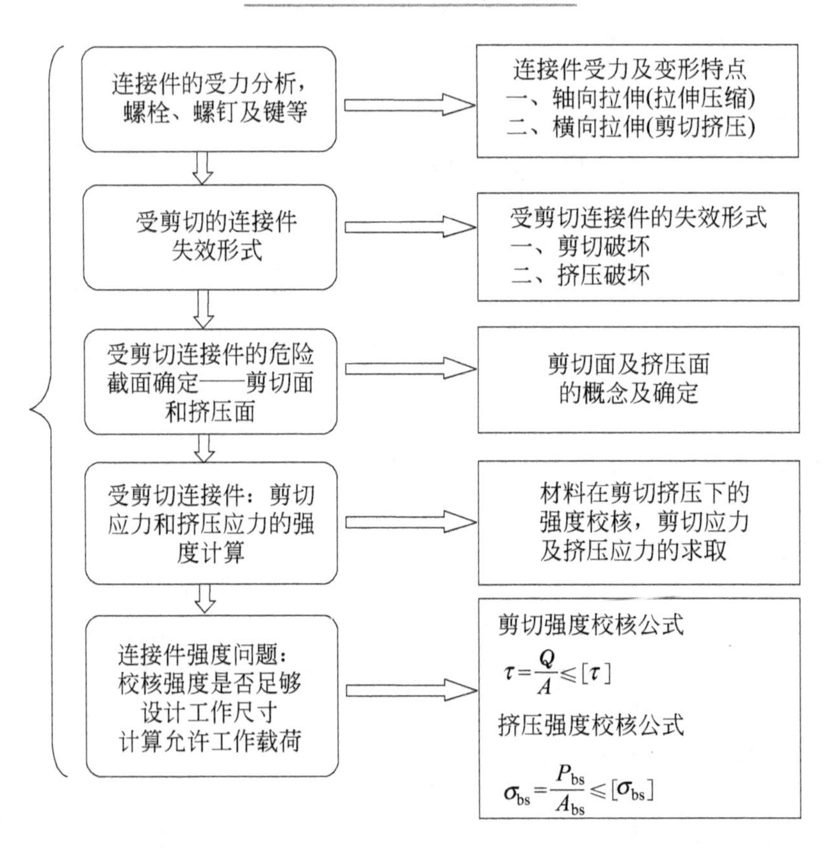

思考与训练

5-1　剪切和挤压的实用计算采用了什么假设？为什么？

5-2　挤压应力和一般的压应力有什么区别？

5-3　题5-3图中拉杆的材料为钢材，在拉杆和木材之间放一金属垫圈，该垫圈起何作用？

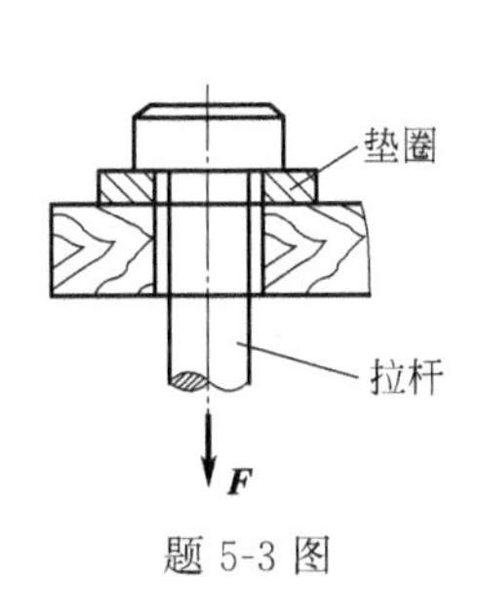

题5-3图

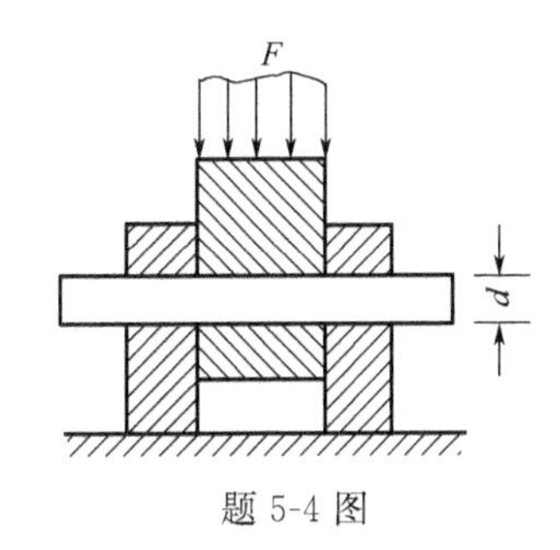

题5-4图

5-4　测定材料剪切强度的剪切器的示意图如题5-4图所示。设圆试件的直径d=15mm。当压力F=31.5kN时，试件被剪断，试求材料的名义剪切极限应力。若剪切容许应力为$[\tau]$=80MPa，试问安全系数等于多大？

5-5　试校核如题5-5图所示销钉的剪切强度。已知F=120kN，销钉直径d=30mm，材料的许用切应力$[\tau]$=70MPa。若强度不够，应改用多大直径的销钉？

5-6　如题5-6图所示，两块厚度为10mm的钢板，用两个直径为17mm的铆钉搭接在一起，钢板受拉力F=60kN。已知$[\tau]$=140MPa，$[\sigma_{bs}]$=280MPa，$[\sigma]$=160MPa。试校核该铆接件的强度（假定每个铆钉的受力相等）。

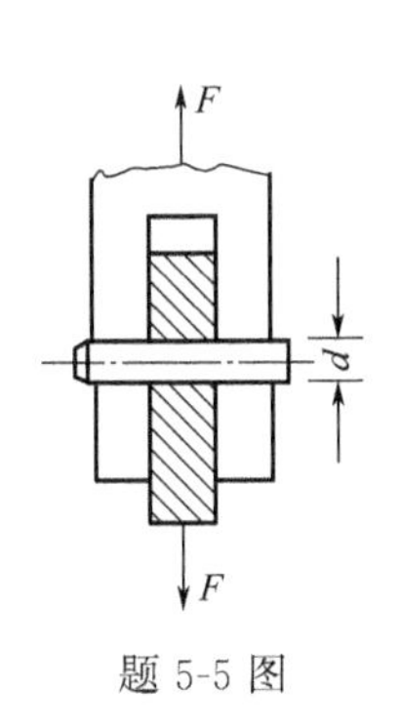

题5-5图

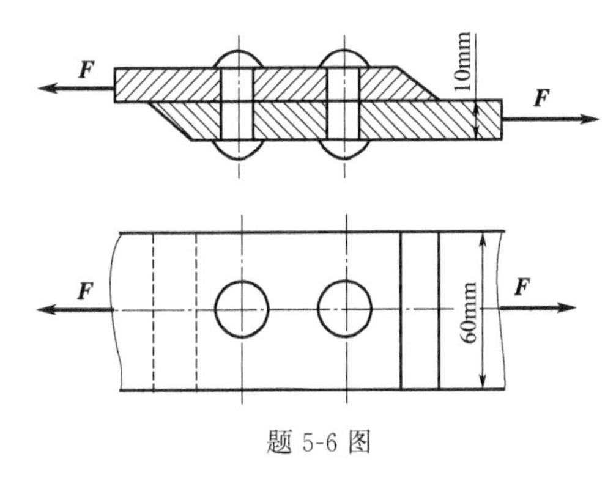

题5-6图

5-7　一矩形截面的木拉杆接头如题5-7图所示。已知轴向拉力F=40kN，截面宽度b=250mm。木材的许用挤压应力$[\sigma_{bs}]$=10MPa，许用切应力$[\tau]$=1MPa。求接头处所需尺寸l和a。

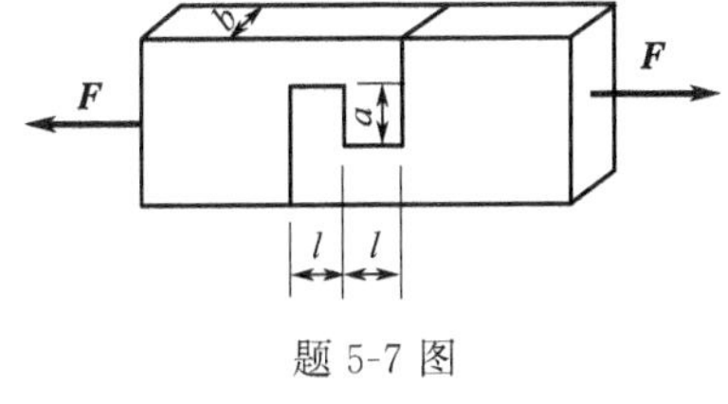

题5-7图

5-8　如题5-8图所示，一螺栓将拉杆与厚度为8mm的两块盖板相连接。各构件材料相同，其许用应力均为$[\sigma]$=80MPa，$[\tau]$=60MPa，$[\sigma_{bs}]$=160MPa。若拉杆的厚度t=15mm，拉力F=120kN。试设计螺栓直径d和拉杆宽度b。

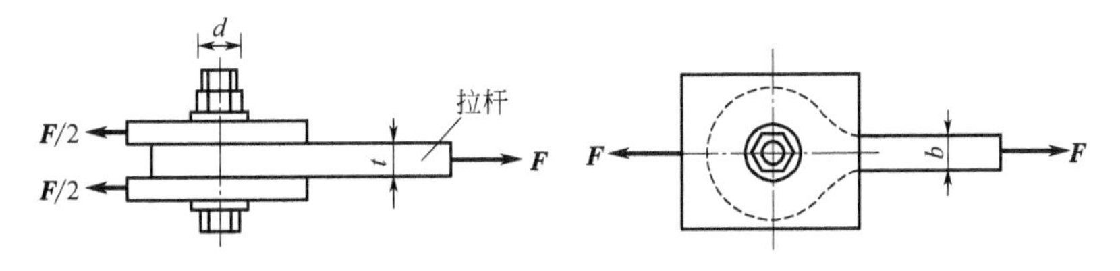

题5-8图

项目 6　传动轴的承载能力计算

◆ [能力目标]

能够根据传递功率转速计算外力偶矩

能熟练运用截面法求传动轴横截面上的扭矩，并绘制扭矩图

能计算传动轴的切应力和扭转角

会进行传动轴的扭转强度和刚度的计算

◆ [工作任务]

正确理解扭转角的概念

熟练掌握扭转切应力和扭转变形公式

学习扭矩的计算和扭矩图绘制方法

理解切应力和扭转变形公式

掌握传动轴的强度计算和刚度计算方法

案例导入 

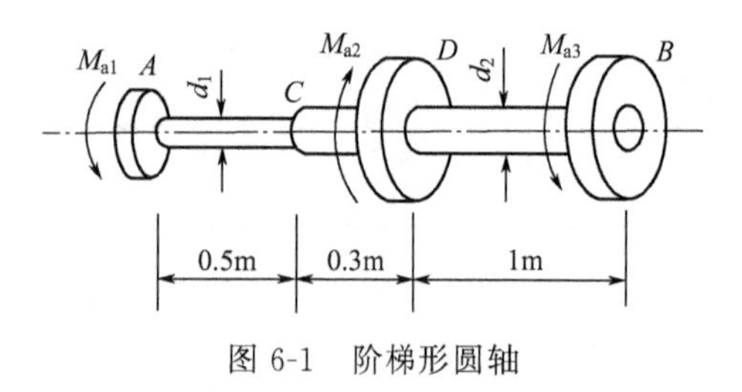

图 6-1　阶梯形圆轴

案例任务描述

如图 6-1 所示，阶梯形圆轴的直径分别为$d_1=40$mm，$d_2=70$mm，轴上安装三个皮带轮，已知由轮 D 的输入功率 $P_D=30$kW，轮 A 的输出功率 $P_A=13$kW 轴的转速 $n=200$r/min，材料的许用切应力 $[\tau]=60$MPa，$G=80$GPa，许用单位长度扭转角 $[\varphi]=2°/m$，试校核轴的强度和刚度。

解决任务思路

解决该传动轴的刚度和强度问题，要先利用外力偶矩的计算，截面扭矩的计算，然后判断出危险截面，再根据强度和刚度公式进行危险截面的强度和刚度的计算。

任务 6.1　传动轴的受力分析及内力计算

6.1.1　轴类零件的工程实例

轴是组成机器的重要零件之一，其主要作用是支承轴上零件，并传递运动和转矩。轴根据所受载荷的情况不同，分为转轴、传动轴和心轴。

转轴：既受弯矩又受扭矩的轴，如减速器中的轴，如图 6-2 所示。

传动轴：只受扭矩或主要承受扭矩，弯矩很小的轴，如图 6-3 所示的汽车传动轴。

心轴：只承受弯矩不承受扭矩的轴，如火车车轮轴，如图 6-4 所示。

本项目主要介绍传动轴的受力分析及内力计算。

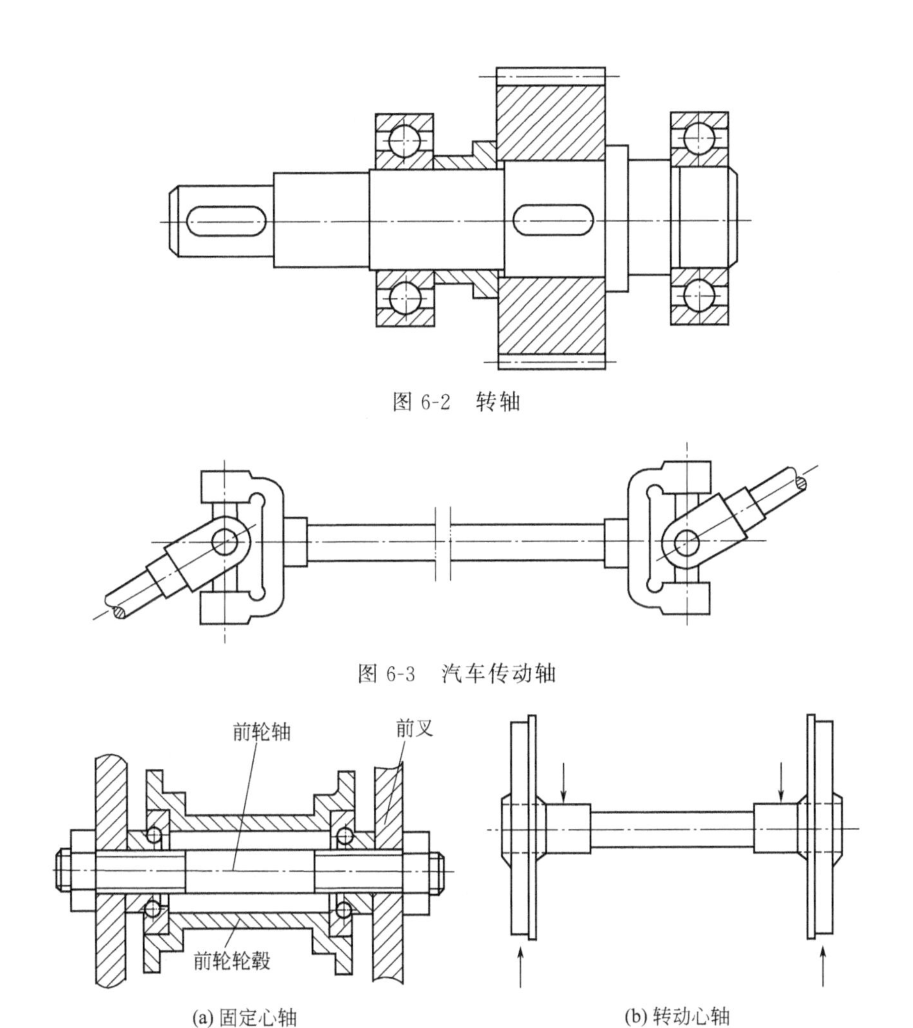

图 6-2　转轴

图 6-3　汽车传动轴

(a) 固定心轴　　(b) 转动心轴

图 6-4　心轴

如前知识引入介绍，图 6-4 所示的传动轴，主要承受的是扭转，我们现在来学习扭转变形。工程中许多杆件承受扭转变形，例如，当钳工攻螺纹时，两手所加的外力偶作用在丝锥杆的上端，工件的反力偶作用于丝杆的下端，使得丝杆发生扭转变形，如图 6-5 所示。

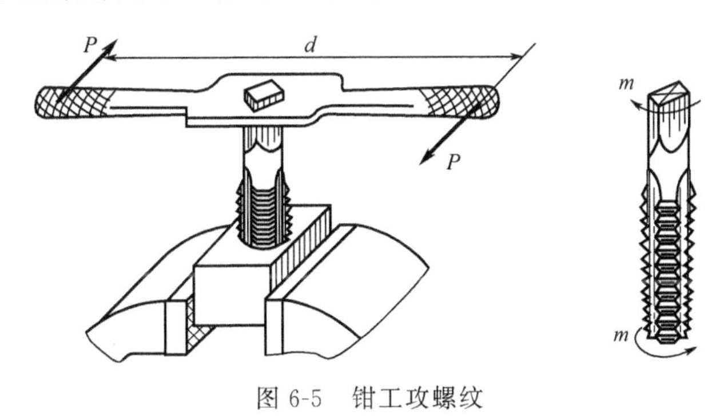

图 6-5　钳工攻螺纹

图 6-6(a) 所示的方向盘的操纵杆，汽车驾驶员通过方向盘把力偶作用于操纵杆的上端，其下端受到来自转向器阻力偶的作用，使操纵杆发生扭转变形，它的受力如图 6-6(b) 所示。

6.1.2　扭转的受力和变形特点

可以看出，杆件的两端作用着大小相等，方向相反，并作用面垂直于杆件轴线的力偶，且杆件的任意两个横截面发生绕轴线的相对转动。如图 6-7 所示扭转变形的力学模型，左右两端横截面绕轴线相对转动的角度 φ 称为扭转角，以扭转变形为主的杆件常称为轴。

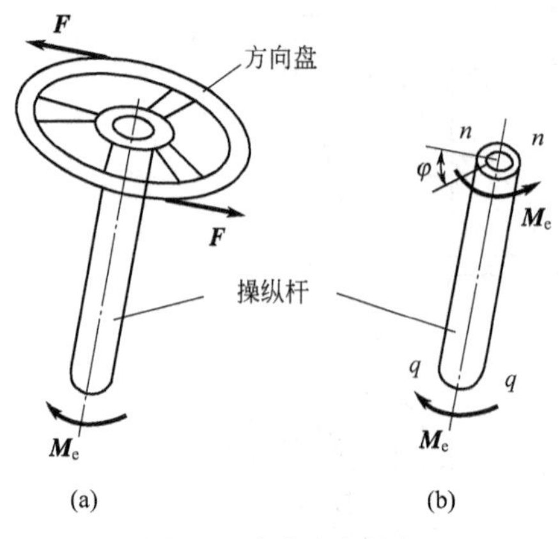

图 6-6 方向盘操纵杆

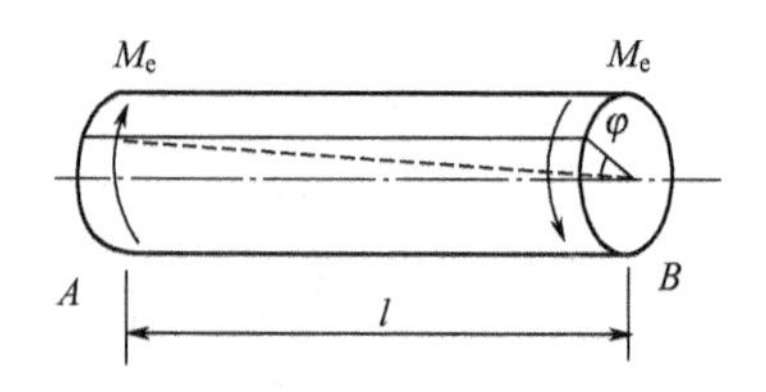

图 6-7 扭转变形力学模型

6.1.3 传动轴（扭转）的内力计算

6.1.3.1 扭矩的概念

如同轴向拉压杆横截面的内力是一个作用线与杆件轴线相重合的轴力一样，扭转杆件横截面上也存在一个内力，该内力为一个作用在横截面所在平面内的力偶矩，是杆件扭转变形所产生的，所以形象地称之为扭矩，单位为 N·m。

6.1.3.2 扭矩的计算

求圆轴横截面上的内力仍采用截面法，如图 6-8(a) 所示，在任意截面 m—m 上，将轴分为两段，取左端为研究对象，如图 6-8(b) 所示，因 A 端有外力偶矩的作用，在截面m—m上必须有一个内力偶矩 M_x 与之平衡，该内力偶矩 M_x 称为扭矩。由平衡方程得：$M_x=M$

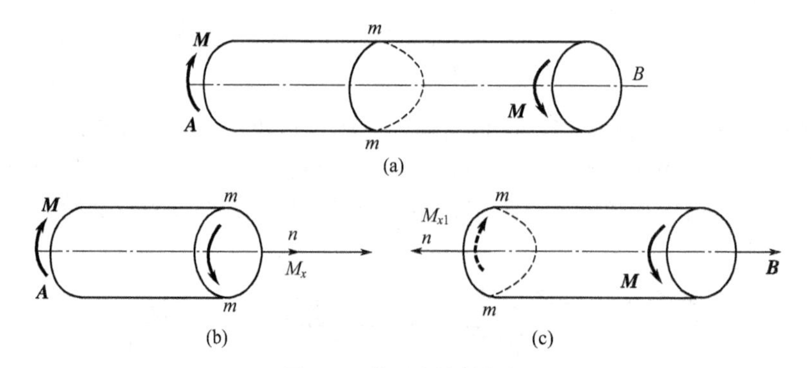

图 6-8 截面法计算扭矩

同理如取右端为研究对象，得到的扭矩是与左段扭矩大小相等、方向相反的扭矩，构成作用力与反作用力的关系。扭矩的转向用右手螺旋法则来确定符号：即用四指弯向表示扭矩的转向，大拇指的指向与截面外法线方向相同时，该扭矩为正。反之取负号。如图 6-9 所示。根据这一法则，无论对于截面的左段还是右段，扭矩的符号都是一致的。当横截面上的扭矩的实际转向未知时，一般先设扭矩为正。若求得结果为正，则表示扭矩实际转向与假设相同；若结果为负，则表示扭矩实际转向与假设相反。

6.1.3.3 外力偶矩的计算

使轴产生扭转变形的是外力偶矩，但在工程上，作用于轴的外力偶矩不是直接给出的，而是通过轴所传递的功率和转速计算出来的，如图 6-10 所示进行分析。

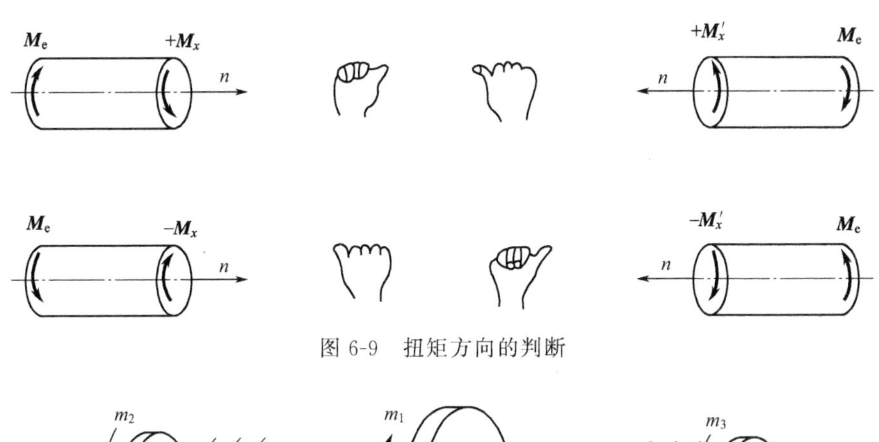

图 6-9　扭矩方向的判断

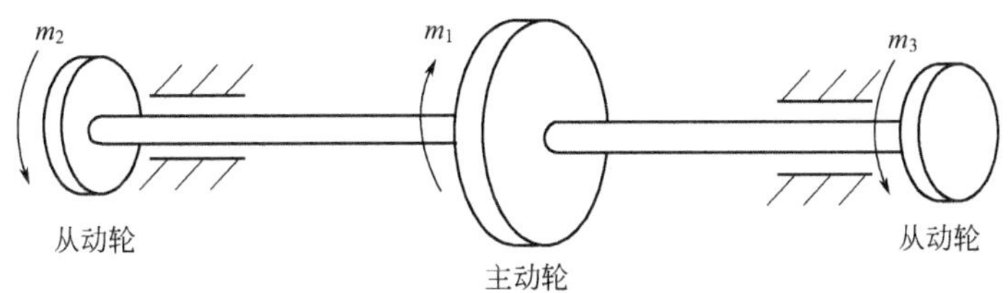

图 6-10　外力偶矩的计算

功率由主动轴传到轴上，再由从动轴分配出去，作用于轴上的功率为 P(kW)，轴的转速为 n(r/min)，则轴的外力偶矩 M(N·m) 为：

$$M=9550\frac{P}{n} \tag{6-1}$$

确定外力偶矩的转向时应该注意，输入端收到的外力偶矩是带动轴转动的主动力偶矩，所以它的方向应该和轴的转动方向一致，而输出端的外力偶矩是阻力偶矩，应和轴的转动方向相反。

6.1.3.4　扭矩图

当轴上作用有多个外力偶时，需以外力偶所在的截面将轴分为数段，然后逐段求出其扭矩，为了形象地表示扭矩沿轴线的变化情况，以便确定危险截面，通常把扭矩随截面位置的变化绘制出图形，称为**扭矩图**。作图时，沿轴线方向取坐标表示横截面的位置，沿垂直于轴线的方向取坐标表示扭矩。

[实例 6-1]　如图 6-11 所示，齿轮传动轴转速 $n=250$r/min，主动轮输入功率 $P_A=7$kW，从动轮 B、C、D 分别输出功率 $P_B=3$kW，$P_C=2.5$kW，$P_D=1.5$kW，试画该轴的扭矩图。

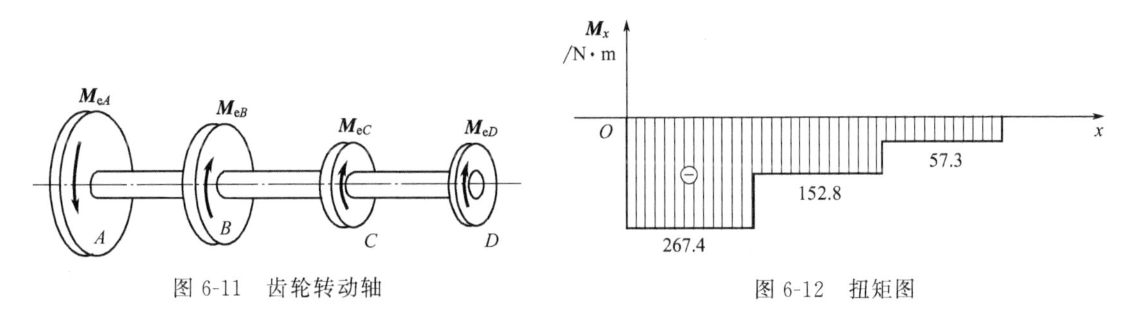

图 6-11　齿轮转动轴　　　　图 6-12　扭矩图

分析：已知功率和转速根据公式分别求出各段外力偶矩，然后分段计算扭矩，画出扭矩图。

解：① 计算外力偶矩：

$$M_{eA}=9550\frac{P_A}{n}=9550\times\frac{7\text{kW}}{250\text{r/min}}=267.4\ (\text{N}\cdot\text{m})$$

$$M_{eB}=9550\frac{P_B}{n}=9550\times\frac{3\text{kW}}{250\text{r/min}}=114.6\ (\text{N}\cdot\text{m})$$

$$M_{eC}=9550\frac{P_C}{n}=9550\times\frac{2.5\text{kW}}{250\text{r/min}}=95.5\ (\text{N}\cdot\text{m})$$

$$M_{eD}=9550\frac{P_D}{n}=9550\times\frac{1.5\text{kW}}{250\text{r/min}}=57.3\ (\text{N}\cdot\text{m})$$

② 计算扭矩：该轴上各段截面的扭矩均以截面左侧的外力偶矩计算，则 AB 段各截面的扭矩均为：

$$M_{x1}=-M_{eA}=-267.4\ (\text{N}\cdot\text{m})$$

BC 段内各截面的扭矩均为：

$$M_{x2}=-M_{eA}+M_{eB}=-267.4+114.6=-152.8\ (\text{N}\cdot\text{m})$$

CD 段内各截面的扭矩均为：

$$M_{x3}=-M_{eD}=-57.3\ (\text{N}\cdot\text{m})$$

③ 画扭矩图：如图 6-12 所示。

[实例 6-2] 已知某齿轮传动轴如图 6-13 所示，轴的转速 $n=350\text{r/min}$，主动轮 1 输入的功率 $P_1=450\text{kW}$，三个从动轮输入的功率分别为 $P_2=100\text{kW}$，$P_3=100\text{kW}$，$P_4=150\text{kW}$，试绘制轴的扭矩图。

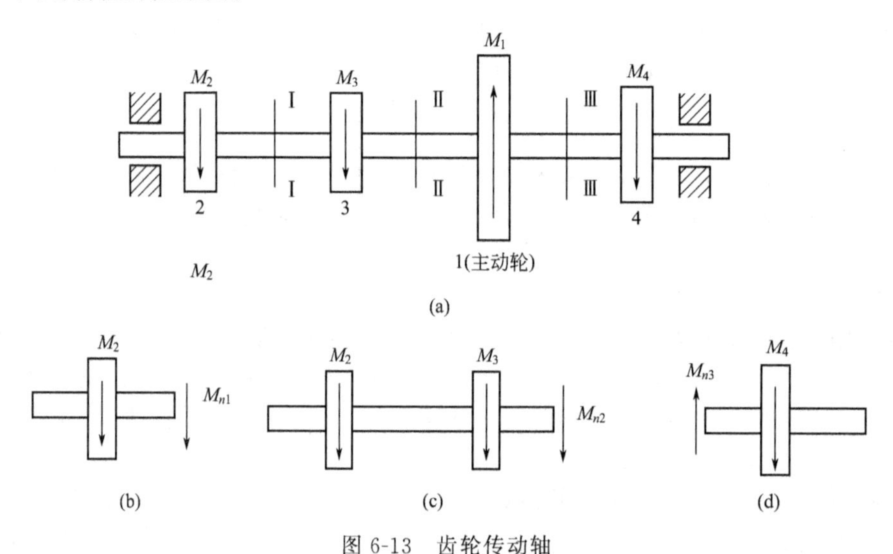

图 6-13　齿轮传动轴

分析：已知功率和转速根据公式分别求出各段外力偶矩，然后分段计算扭矩，注意方向，画出扭矩图。

解：① 求外力偶矩。

$$M_1=9550\frac{P_1}{n}=9550\times\frac{450\text{kW}}{350\text{r/min}}=12278.5\ (\text{N}\cdot\text{m})$$

$$M_2=M_3=9550\frac{P_2}{n}=9550\times\frac{100\text{kW}}{350\text{r/min}}=2728.6\ (\text{N}\cdot\text{m})$$

$$M_4=9550\frac{P_4}{n}=9550\times\frac{150\text{kW}}{350\text{r/min}}=4092.9\ (\text{N}\cdot\text{m})$$

② 求各段扭矩。

a. 沿截面Ⅰ-Ⅰ截开，取左边为研究对象：

$$M_2+M_{n1}=0$$

$$M_{n1}=-M_2=-2728.6\text{N}\cdot\text{m}$$

b. 沿截面Ⅱ-Ⅱ截开，取左边为研究对象

$$M_2+M_3+M_{n2}=0$$

$$M_{n2}=-(M_2+M_3)=-5457.2\text{N}\cdot\text{m}$$

c. 沿截面Ⅲ-Ⅲ截开，取右侧为研究对象

$$-M_{n3}+M_4=0$$

$$M_{n3}=M_4=4092.9\text{N}\cdot\text{m}$$

③ 画扭矩图。如图 6-14 所示。

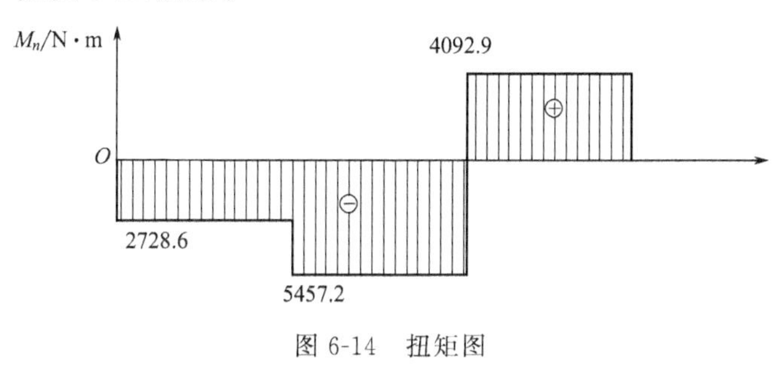

图 6-14　扭矩图

任务 6.2　传动轴的强度校核计算

6.2.1　圆轴扭转时的横截面上的应力

6.2.1.1　圆轴扭转时横截面上应力的分布

为了研究圆轴扭转时横截面上的应力分布情况，可进行扭转实验。如图 6-15 所示，取圆轴，在其表面画若干垂直于轴线的圆周线和平行于轴线的纵向线，实验时，在轴的两端作用大小相等、方向相反的外力偶，圆轴发生扭转变形。

在小变形的情况下，可以看到（见图 6-16）：

① 各圆轴线的形状、大小以及两圆周线间的距离均无变化，只是绕轴转了不同的角度；

② 所有纵向线近似地为一条直线，只是倾斜了同一个角度，使原来的矩形变成平行四边形。

由上述现象可认为：扭转变形后，轴的横截面仍保持平面，其形状和大小不变，半径仍为直线。这就是圆轴扭转的平面假设。

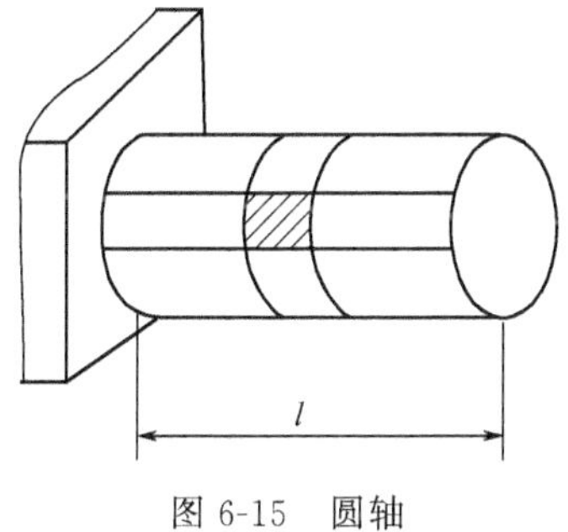

图 6-15　圆轴

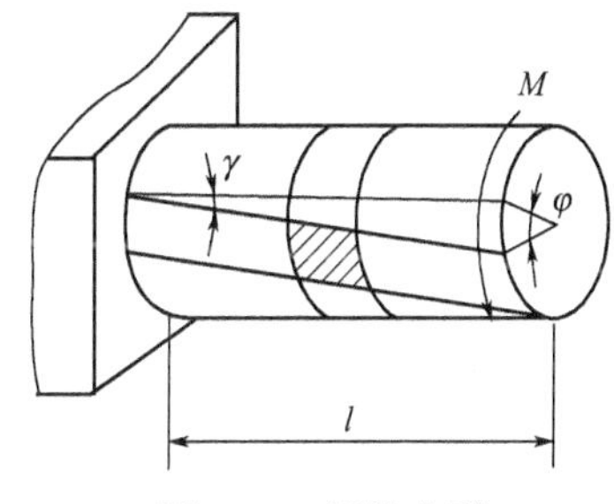

图 6-16　扭转变形

由上述可知，圆轴扭转时，其横截面上各点的切应变与该点至截面形心的距离成正比。由剪切胡克定律可知，横截面上各点必有切应力存在，且垂直于半径呈线性分布，如图6-17所示。

图 6-17(a) 和 (b) 分别表示了实心圆截面和空心圆截面上切应力的分布规律。

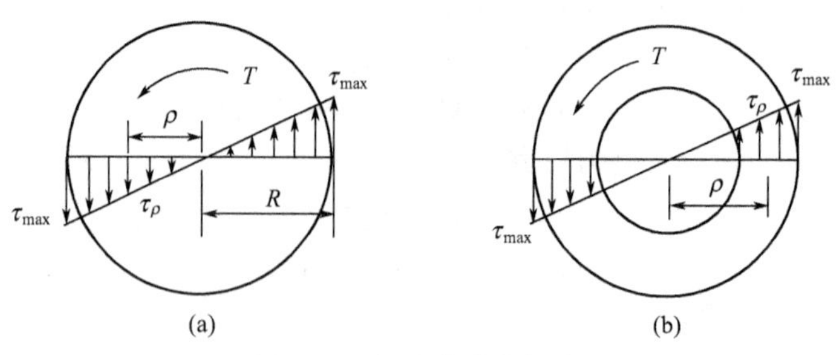

图 6-17　切应力分布规律

6.2.1.2　圆轴扭转时横截面上应力的计算

如图 6-18 所示，在横截面上取一微面积 $\mathrm{d}A$，其微面积中心至圆心的距离为 ρ，微面积上内力的合力为 $\tau_\rho \mathrm{d}A$

它对截面中心 O 的力矩为 $\tau_\rho \mathrm{d}A \cdot \rho$，则整个横截面上所有微力矩之和应等于该横截面上的扭矩 M_x，则有：

$$M_x = \int_A \tau_\rho \rho \mathrm{d}A = K\int \rho^2 \mathrm{d}A \tag{6-2}$$

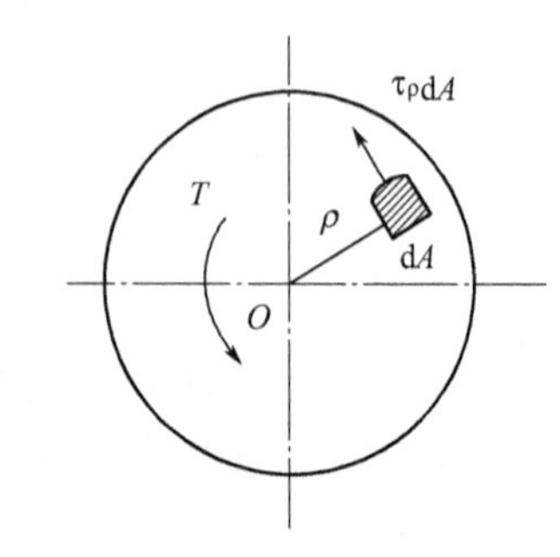

图 6-18　横截面示意图

将 $I_\rho = \int_A \rho^2 \mathrm{d}A$ 定义为横截面对圆心的极惯性矩，则有：$M_x = KI_\rho = \tau_\rho I_\rho / \rho$

$$\tau_\rho = M_x \rho / I_\rho \tag{6-3}$$

显然，当 $\rho=0$，$\tau=0$，且 $\rho=R$ 时，剪切力最大。

另 $W_x = I_\rho / R$，则有：

$$\tau_{max} = \frac{M_x}{W_x} \tag{6-4}$$

式中，W_x 为抗扭截面系数。

因公式是以平面假设为基础导出的，实验结果表明，只有对横截面不变的圆轴，平面假设才是正确的，因此这些公式只适用于圆轴，包括实心圆轴和空心圆轴的扭转问题。

对实心圆轴：

$$\mathrm{d}A = 2\pi\rho \mathrm{d}\rho$$

$$I_\rho = \int_A \rho^2 \mathrm{d}A = 2\pi \int_0^R \rho^3 \mathrm{d}\rho = \frac{\pi R^4}{2} = \frac{\pi D^4}{32} \tag{6-5}$$

抗扭模量：

$$W_x = \frac{I_\rho}{R} = \frac{\pi D^3}{16} \tag{6-6}$$

对空心圆轴：

$$I_\rho = \int_A \rho^2 \mathrm{d}A = 2\pi \int_{d/2}^{D/2} \rho^3 \mathrm{d}\rho = \frac{\pi (D^4 - d^4)}{32} = \frac{\pi D^4}{32}(1-\alpha^4) \tag{6-7}$$

抗扭模量：

$$W_x = \frac{I_\rho}{R} = \frac{\pi (D^4 - d^4)}{16D} = \frac{\pi D^3}{16}(1-\alpha^4) \tag{6-8}$$

6.2.2 传动轴的强度计算

等直圆轴最大剪切力发生在最大扭矩截面的外周边各点处，为了使圆轴能正常工作，应使工作时的最大剪切力不超过材料的许用剪切力，等直圆轴扭转的强度条件为：

$$\tau_{max}=\frac{M_x}{W_x}\leqslant[\tau] \tag{6-9}$$

对阶梯轴来说，各段的抗扭截面模量 W_x 不同，因此要确定其最大剪应力 τ_{max} 必须综合考虑 M_x 和 W_x 两种因素。在静载荷作用下，扭转许用切应力 $[\tau]$ 和许用拉应力 $[\sigma]$ 的关系如下。

钢： $[\tau]=(0.5-0.6)[\sigma]$

铸铁： $[\tau]=(0.8-1)[\sigma]$

[实例 6-3] 已知某机器传动轴的直径 $d=55\text{mm}$，转速 $n=120\text{r/min}$，传递的功率为 18kW，轴的 $[\tau]=50\text{MPa}$，试校核轴的强度。

分析： 先利用公式求出扭矩，然后求出抗扭截面模量，最后可校核

解： ① 计算扭矩。用截面法求得扭矩为：

$$M_x=M=9550\frac{P}{n}=9550\times\frac{18}{120}=1432.5\ (\text{N}\cdot\text{m})$$

$$W_x=\frac{\pi d^3}{16}=\frac{\pi 55^3}{16}=32651\ (\text{mm}^3)$$

② 计算最大切应力。

$$\tau_{max}=\frac{M_x}{W_x}=\frac{1432.5\times10^3}{32651}=43.9\ (\text{MPa})\leqslant[\tau]$$

结论： 轴的强度满足要求。

[实例 6-4] 已知某离合器空心传动轴的外径 $D=32\text{mm}$，内径 $d=24\text{mm}$，两端受力偶矩 $M=156\text{N}\cdot\text{m}$，试计算轴横截面上的最大切应力 τ_{max}。

分析： 先计算扭矩，然后计算抗扭截面系数，最后计算最大切应力 τ_{max}。

解： 计算扭矩

$$M_x=M=156\text{N}\cdot\text{m}$$

计算抗扭截面系数：

$$W_x=\frac{\pi D^3}{16}(1-\alpha^4)=\frac{\pi 32^3}{16}\left[1-\left(\frac{24}{32}\right)^4\right]=4400\ (\text{mm}^3)$$

$$\tau_{max}=\frac{M_x}{W_x}=\frac{156\times10^3}{4400}=35.5\ (\text{MPa})$$

任务 6.3 传动轴的刚度校核计算

6.3.1 扭转变形的计算

圆轴扭转时，各横截面绕轴线转动，两个横截面间相对转过的角度 φ 即为圆轴的扭转变形。φ 称为扭转角。为了保证受扭圆轴的刚度，对其扭转角需加以限制。等直径的轴受转矩 M_x 作用时，其扭转角 φ 可按材料力学中扭转变形公式求出，即：

$$\varphi=\frac{M_x l}{GI_\rho}=\frac{32M_x l}{G\pi d^4}\ (\text{rad}) \tag{6-10}$$

式中，M_x 为转矩，N·mm；l 为相应两横截面的距离，mm；G 为材料的剪切弹性模量，MPa；d 为轴径，mm；I_ρ 为轴截面的极惯性矩。

GI_ρ反映了圆轴抵抗扭转变形的能力，称为圆轴的抗扭刚度。如果两截面之间的扭矩值M_x有变化，或者轴的直径不同，那么应该分段计算各段的扭转角，然后叠加。

6.3.2 传动轴的刚度计算

传动轴在工作时不仅要满足强度要求，还要满足刚度要求。在工程实际中，通常是限制轴单位长度的扭转角θ不得超过许用单位长度扭转角$[\theta]$。

刚度条件为：

$$\theta=\frac{M_x}{GI_\rho}\leqslant[\theta] \tag{6-11}$$

习惯上θ的单位用度/米（弧度/米）表示，且$1\text{rad}=\frac{180°}{\pi}$

传动轴的刚度条件可为：

$$\theta_{\max}=\frac{M_x}{GI_\rho}\times\frac{180°}{\pi}\leqslant[\theta] \tag{6-12}$$

一般情况下，$[\theta]=(0.5°\sim1°)/\text{m}$，对于要求不高的轴，$[\theta]=(2°\sim4°)/\text{m}$，对于精密仪器、机器中的轴$[\theta]=(0.25°\sim0.5°)/\text{m}$

[实例 6-5] 某机器传动轴所传递的外力偶矩如图6-19所示，传动轴为等截面圆轴，直径$d=90\text{mm}$，材料的许用切应力$[\tau]=70\text{MPa}$，切变模量$G=80\text{GPa}$，轴的许可单位长度扭转角$[\theta]=1°/\text{m}$，试校核轴的强度和刚度。

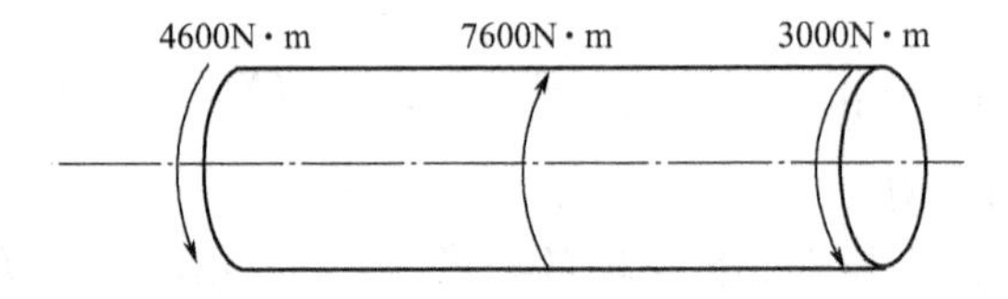

图6-19 机器传动轴

分析： 先求出各段扭矩，画扭矩图，确定危险截面，对危险截面处进行刚度和强度计算。

解： ① 求扭矩，画扭矩图。

$$M_1=-4600\text{N}\cdot\text{m}$$

$$M_2=3000\text{N}\cdot\text{m}$$

因为等截面圆轴，所以一段为危险截面

② 对危险截面进行强度校核，根据强度条件

$$|M|_{\max}=4600\text{N}\cdot\text{m}$$

由公式$\tau_{\max}=\frac{M_{\max}}{W_x}\leqslant[\tau]$可得出

$$W_x=\frac{\pi d^3}{16}=\frac{\pi 90^3}{16}=143066\ (\text{mm}^3)$$

$$\tau_{\max}=\frac{M_{\max}}{W_x}=\frac{4600\times10^3}{143066}=32.2\text{MPa}\leqslant[\tau]$$

③ 对危险截面进行刚度校核，根据刚度条件为：

$$\theta=\frac{M_{\max}}{GI_\rho}\times\frac{180°}{\pi}\leqslant[\theta]$$

$$I_\rho=\frac{\pi d^4}{32}=\frac{3.14\times90^4}{32}$$

$$\theta=\frac{4600}{80\times\frac{3.14\times 90^4}{32}\times 10^3}\times\frac{180^\circ}{\pi}=0.51(^\circ/\text{m})\leqslant[\theta]$$

结论： 强度和刚度均符合要求。

[实例 6-6] 某齿轮实心轴如图 6-20 所示，已知该轴的转速 $n=250\text{r/min}$，主动轴输入的功率 $P_C=35\text{kW}$，从动轴输出的功率 $P_A=10\text{kW}$，$P_B=12\text{kW}$，$P_D=16\text{kW}$，材料的剪切模量 $G=80\text{GPa}$，若轴的 $[\tau]=45\text{MPa}$，$[\theta]=0.3^\circ/\text{m}$，试按强度条件和刚度条件设计此轴的直径。

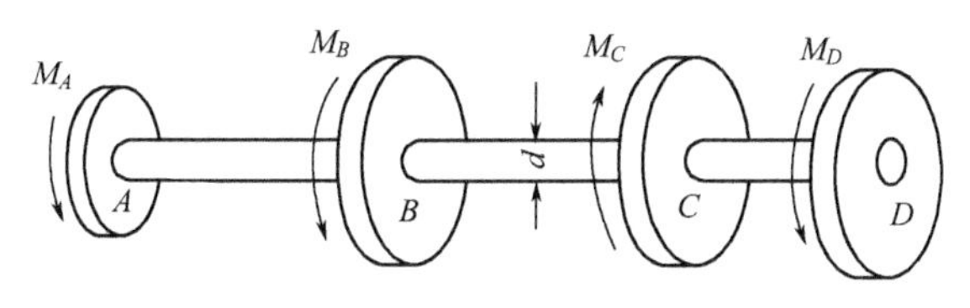

图 6-20　齿轮实心轴

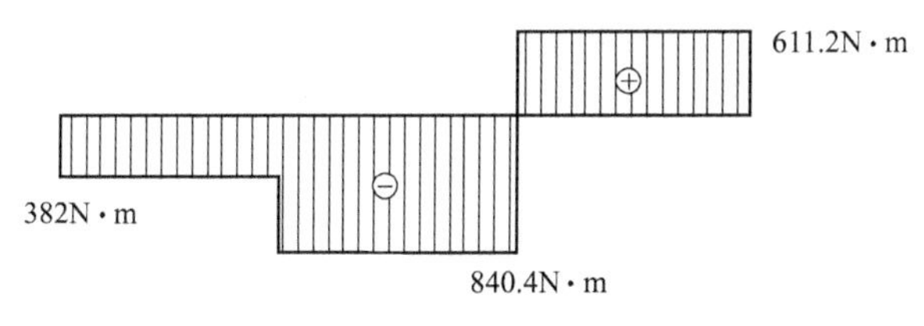

图 6-21　扭矩图

分析： 先分段求出各部分外力偶矩，然后画扭矩图，确定最大扭矩位置，然后分别按刚度和强度设计轴径。

解： ① 求外力偶矩。

$$M_A=9550\frac{P_A}{n}=9550\times\frac{10}{250}=382\ (\text{N}\cdot\text{m})$$

$$M_B=9550\frac{P_B}{n}=9550\times\frac{12}{250}=458.4\ (\text{N}\cdot\text{m})$$

$$M_C=9550\frac{P_C}{n}=9550\times\frac{35}{250}=1337\ (\text{N}\cdot\text{m})$$

$$M_D=9550\frac{P_D}{n}=9550\times\frac{16}{250}=611.2\ (\text{N}\cdot\text{m})$$

② 画扭矩图。

$$M_{AB}=-M_A=-382\ (\text{N}\cdot\text{m})$$
$$M_{BC}=-M_A-M_B=-840.4\ (\text{N}\cdot\text{m})$$
$$M_{CD}=M_D=611.2\ (\text{N}\cdot\text{m})$$

根据求出的扭矩，画出扭矩图如图 6-21 所示，最大扭矩发生在 BC 段，其值为 $|M|_{\max}=840.4\ (\text{N}\cdot\text{m})$

③ 按强度条件设计轴的直径。根据强度条件：

$$\tau_{\max}=\frac{M_{\max}}{W_x}\leqslant[\tau]$$

$$W_x=\frac{\pi d^3}{16}$$

得

$$d \geqslant \sqrt[3]{\frac{16M_{max}}{\pi[\tau]}} = \sqrt[3]{\frac{16 \times 840.4 \times 10^3}{3.14 \times 45}} = 45.5\ (mm)$$

④ 按刚度条件设计轴径。根据刚度条件：

$$\theta = \frac{M_{max}}{GI_\rho} \times \frac{180^\circ}{\pi} \leqslant [\theta]$$

$$I_\rho = \frac{\pi d^4}{32}$$

得

$$d \geqslant \sqrt[4]{\frac{32M_{max} \times 180}{G\pi^2[\theta]}} = \sqrt[4]{\frac{32 \times 840.4 \times 10^3 \times 180}{80 \times 10^3 \times \pi^2 \times 0.3 \times 10^{-3}}} = 67.3\ (mm)$$

结论：为使轴同时满足强度和刚度条件，应选择两者中的大值。因此，所设计的轴的直径应不小于 67.3mm。

本项目案例工作任务解决方案步骤：

① 利用传动轴传递的功率转速计算传动轴外力偶矩；

② 求某一截面的扭矩，并绘制扭矩图；

③ 判断危险截面；

④ 利用传动轴强度校核公式和刚度校核公式进行校核计算；

同学们利用所学知识自行解决任务。

项目能力知识结构总结

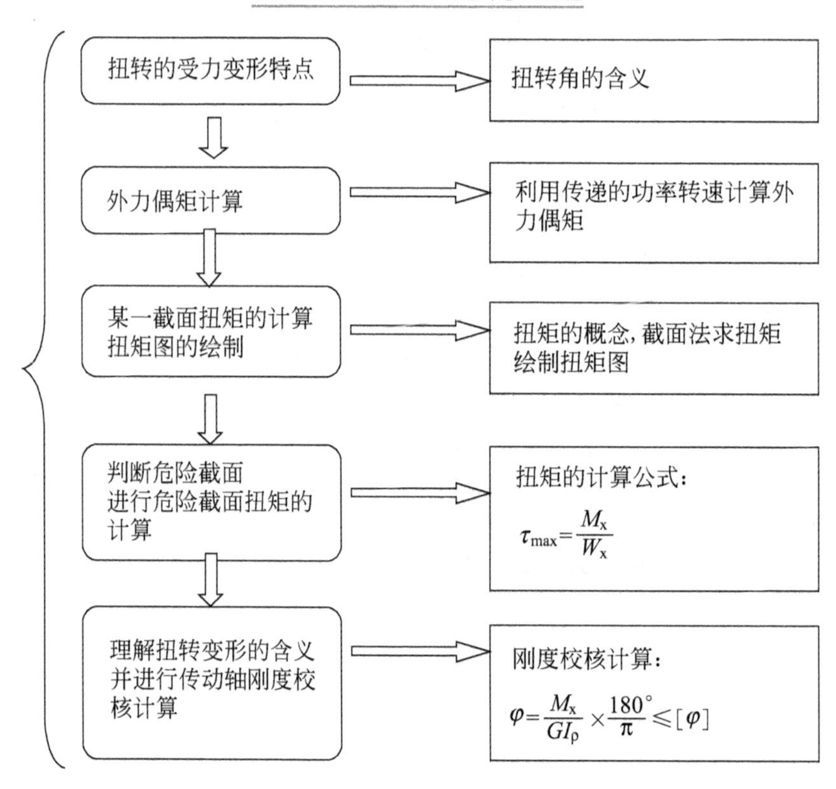

思考与训练

6-1 若将实心轴直径增大一倍，而其他条件不变，问最大切应力，轴的扭转角应如何变化？

6-2 为什么同一减速器中，高速轴的直径较小，而低速轴的直径较大？

6-3 传动轴扭转时提出了什么假设？它是根据什么现象提出的？有何用途？

6-4 直径和长度相同，而材料不同的两根轴，在相同扭矩作用下，它们的最大切应力是否相同？扭转角是否相同？为什么？

6-5 空心圆轴的极惯性矩和抗扭截面系数是否可按下式计算？

$$I_\rho=\frac{\pi D^4}{32}-\frac{\pi d^4}{32}\qquad W_x=\frac{\pi D^3}{16}-\frac{\pi d^3}{16}$$

6-6 传动轴扭转时，同一截面上各点的切应力大小：(1) 全相同 (2) 全不相同(3) 部分相同；同一圆周上的切应力：(1) 全相同 (2) 全不相同 (3) 部分相同

6-7 如题 6-7 图所示，求各段的扭矩，并绘制图示各杆的扭矩图。

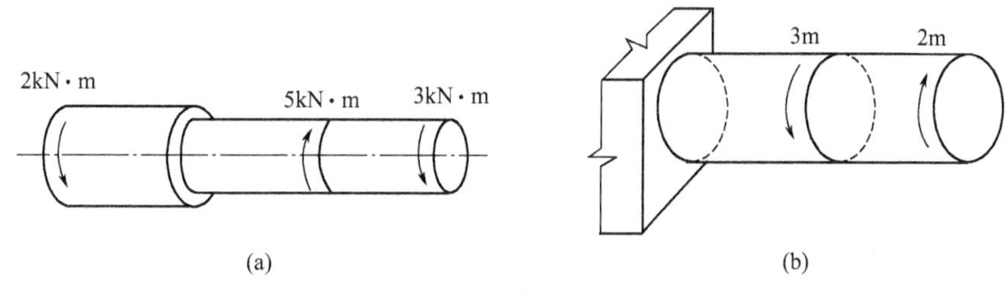

题 6-7 图

6-8 某圆截面钢轴，转速 $n=250$r/min，传递的功率 $P=60$kW，许用切应力 $[\tau]=40$MPa，单位长度许用扭转角 $[\varphi]=0.8°$/m，切变模量 $G=80$GPa。试设计轴径。若把轴改为 $\alpha=0.8$ 的空心轴，求轴的外径。与原实心轴相比，空心轴节约材料百分之几？

6-9 阶梯轴的最大扭转剪切应力是否一定发生在最大扭矩所在的截面？为什么？

6-10 已知某机器传动轴的最大扭矩 $M_{max}=286.47$N·m，轴的材料 $[\tau]=40$MPa，$[\varphi]=1°$/m，剪切弹性模量 $G=80$GPa，试按轴的强度条件和刚度条件设计轴的直径。

6-11 有一钢制的空心圆轴，其内径 $d=60$mm，外径 $D=100$mm，所需承受的最大扭矩 $M=10$kN·m，单位长度容许扭转角 $[\varphi]=0.5°$/m，材料的许用切应力 $[\tau]=60$MPa 剪切弹性模量 $G=80\times10^5$GPa，试对该轴进行强度和刚度校核。

6-12 如题 6-12 图所示传动轴，转速 $n=200$r/min，主动轮 A 输入的功率 $P_1=60$kW，两个从动轮 B、C 输入的功率分别为 $P_2=20$kW，$P_3=40$kW：

(1) 作轴的扭矩图；

(2) 轮子如何布置比较合理？并求出这种方案的 M_{emax}。

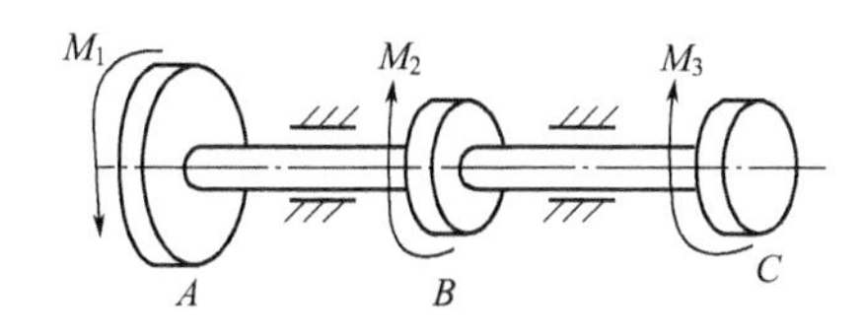

题 6-12 图

6-13 一受扭圆轴，最大的工作切应力 τ_{max} 达到许用切应力的 $[\tau]$ 的 1.5 倍，为了使轴能安全可靠地工作，将轴的直径由原来的 d_1 增加到 d_2，试确定 d_2 是 d_1 的几倍。

6-14　如题6-14图所示，已知 $M_A=1500\text{N}\cdot\text{m}$，$M_B=500\text{N}\cdot\text{m}$，$M_C=1000\text{N}\cdot\text{m}$，轴的直径 $d=65\text{mm}$，$[\tau]=40\text{MPa}$，$[\varphi]=0.5°/\text{m}$，$G=80\text{GPa}$，试校核传动轴的强度和刚度。

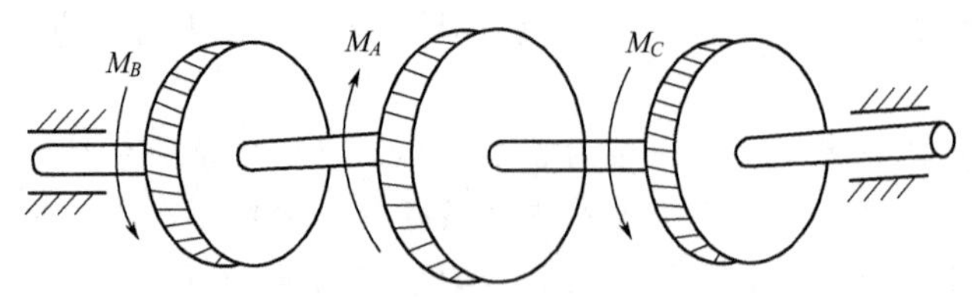

题6-14图

6-15　实心轴直径 $d=50\text{mm}$，材料的许用扭转切应力 $[\tau]=55\text{MPa}$，轴的转速 $n=300\text{r/min}$，试按扭转强度确定轴所能传递的最大功率，并分析当转速升高为 $n=600\text{r/min}$，时，能传递的功率如何变化？

6-16　如题6-16图所示，空心轴和实心轴通过牙嵌式离合器连接在一起，已知传递的力偶矩为716N・m，材料的许用切应力 $[\tau]=40\text{MPa}$，试选择实心轴的直径 d_1 和内外径比值 $\alpha=0.5$ 的空心轴的外径 D_2。

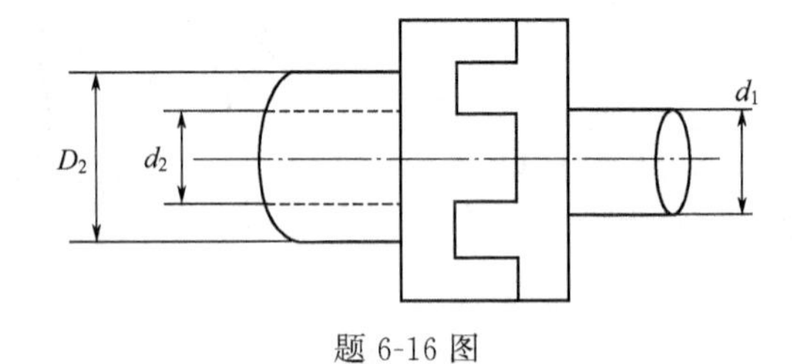

题6-16图

项目7　工程梁的承载能力计算

◆ ［能力目标］

会分析梁的受力情况并作出计算简图

会利用截面法求取梁的内力——剪力和弯矩

会根据内力方程绘制剪力和弯矩图，确定危险截面

会根据强度条件解决弯曲梁的强度问题

会对梁进行变形计算和刚度校核

◆ ［工作任务］

学习梁的内力分析及计算简图方法

掌握建立梁的内力方程和作内力图的方法

理解纯弯曲和剪力弯曲的区别，理解正应力和切应力的分布情况

掌握梁的应力计算和强度设计方法

理解梁的转角和挠度

掌握梁的刚度计算方法

案例任务描述

图7-1所示为一原起重量为50kN的单梁吊车，其跨度 l=10.5m，由45a号工字钢制成。而现拟将其重量提高到 Q=70kN，试校核梁的强度。若强度不够，再计算其可能承受的起重量。梁的材料为A3钢，许用应力 $[\sigma]$=140MPa；电葫芦自重 G=15kN，暂不考虑梁的自重。

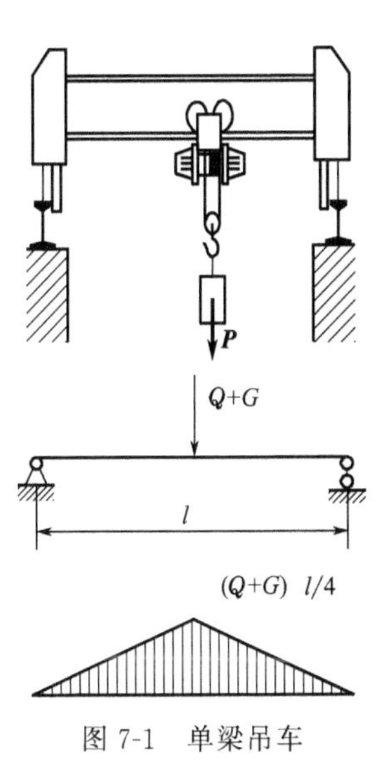

图7-1　单梁吊车

解决任务思路

吊车是工程机械中常见的起重设备，它的起重载荷决定了工作能力的大小。从图中可见，重物通过吊钩垂直作用在吊车横梁上，是否安全就要靠横梁的承载能力，所以校核横梁的强度是解决问题的关键。此时横梁所产生的变形是向下弯曲，要先研究弯曲的内力，确定出危险截面，分析应力分布情况，最后根据强度条件进行校核。

任务7.1　弯曲变形的工程实例和平面弯曲概念

7.1.1　弯曲变形的工程实例

工程构件中很多实际工程和生活中，常常会遇到发生弯曲变形的杆件，弯曲变形作为杆

件基本变形的一种，其受力与变形，内力和应力的求取相对前几种来说更为复杂一些。工程实例如案例导入中的单梁吊车、桥式起重机的大梁受到重物的作用［见图 7-2］，火车轮轴受到火车的重力［见图 7-3］，石油化工设备中的卧室换热器在自重和介质作用下发生平面弯曲［见图 7-4］，放置在室外的直立塔设备受到水平风载荷的作用，也产生了弯曲变形［见图 7-5］。

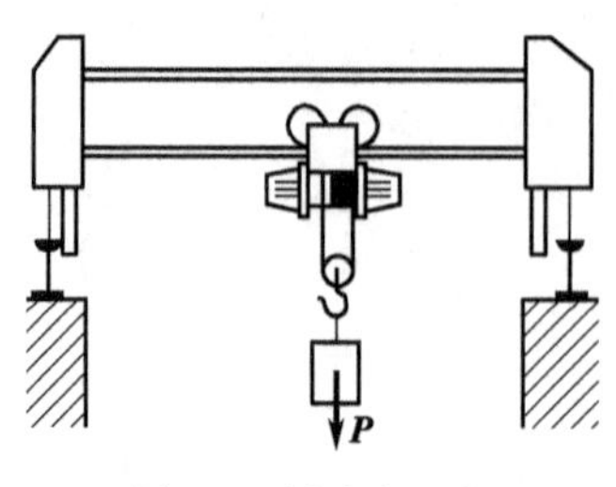

图 7-2　桥式起重机

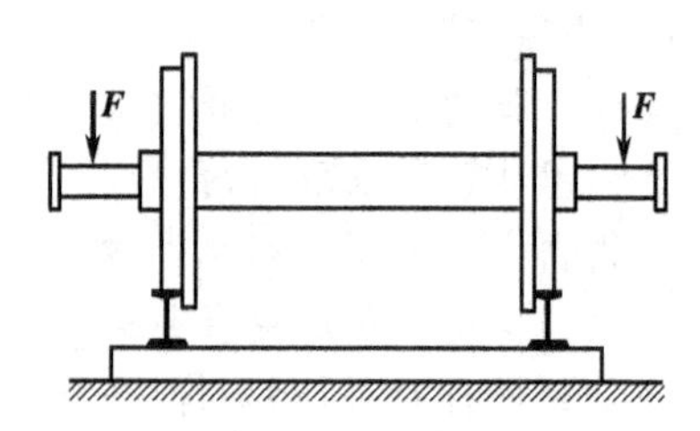

图 7-3　火车轮轴

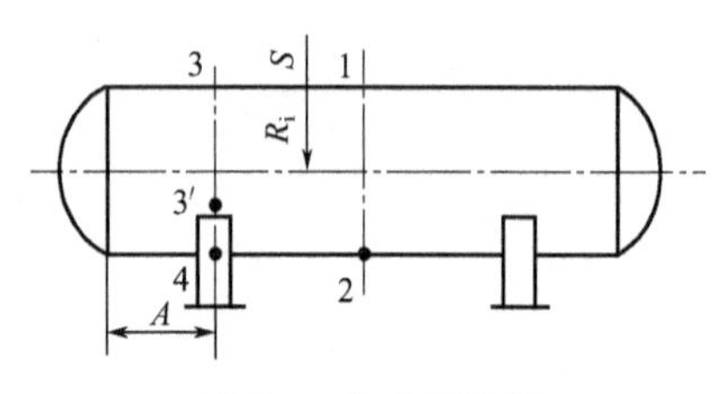

图 7-4　卧式换热器

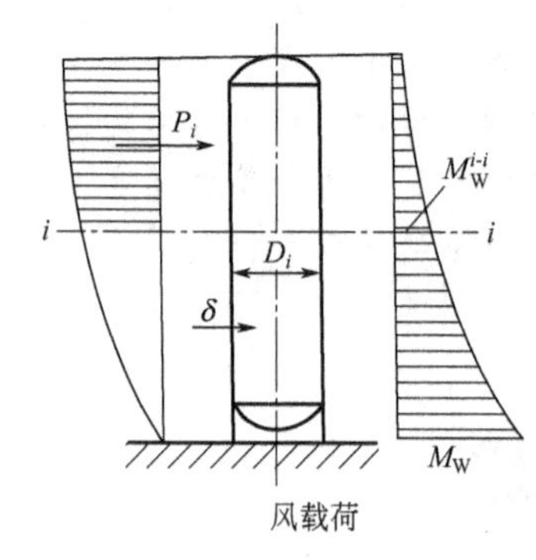

图 7-5　直立塔设备

7.1.2　平面弯曲的概念

当杆件受到垂直于轴线的外力作用，或受到作用面平行于轴的外力偶作用时，杆件的轴线会由直线变为曲线，这种变形称弯曲变形。如图 7-6 所示。在工程中常把以弯曲变形为主的杆件称作梁。

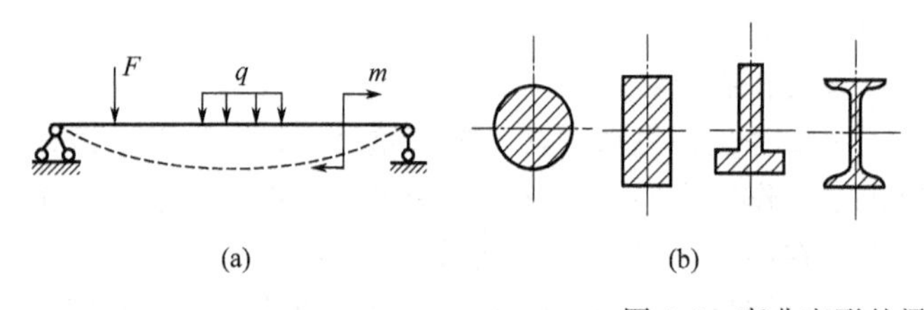

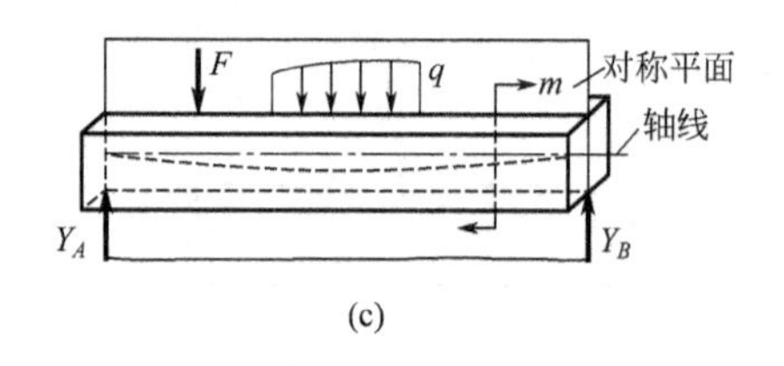

图 7-6　弯曲变形的梁

工程中常见的梁的轴线是直线，这样的梁称直梁。平面弯曲指的是梁发生弯曲变形后，轴线仍然和外力在同一平面内。常见的梁横截面都有一根纵向对称轴，由横截面的纵向对称轴和梁的轴线所确定的平面称为梁的纵向对称面。使杆件产生弯曲变形的外力一定垂直于杆轴线，若这样的外力又均作用在梁的某个纵向对称面内，则该梁的轴线将弯成位于此对称面内的一条平面曲线，这种弯曲称为**对称弯曲**，如图 7-7 所示为平面弯曲的特例。本项目主要研究的是梁的平面弯曲。

非对称弯曲——若梁不具有纵对称面，或者，梁虽具有纵对称面但外力并不作用在对称面内，这种弯曲统称为非对称弯曲。

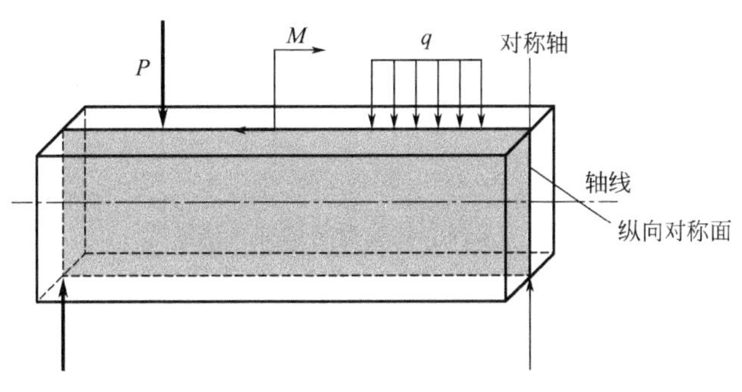

图 7-7　对称弯曲

任务 7.2　平面弯曲类梁的内力分析和计算

要进行平面弯曲的强度校核，所进行的方法步骤如前受拉伸压缩、剪切扭转变形。同理，首先要进行工程梁的受力分析及内力求取，然后分析出危险截面求出应力，最后进行强度和刚度变形校核。由于工程中受弯曲的杆件情况多样复杂，所以一般要先对梁的载荷及形式进行分析简化，做出计算简图。

7.2.1　梁的计算简图

（1）**构件本身的简化**　通常取梁的轴线来代替梁。

（2）**载荷简化**　作用于梁上的载荷（包括支座反力）可简化为三种类型：集中力、集中力偶和分布载荷。

（3）**支座简化**

① 固定铰支座。如图 7-8(a) 所示。2 个约束，1 个自由度。如：桥梁下的固定支座、止推滚珠轴承等。

② 活动铰支座。如图 7-8(b) 所示。1 个约束，2 个自由度。如：桥梁下的辊轴支座、滚珠轴承等。

③ 固定端支座。如图 7-8(c) 所示。3 个约束，0 个自由度。如：游泳池的跳水板支座、木桩下端的支座等。

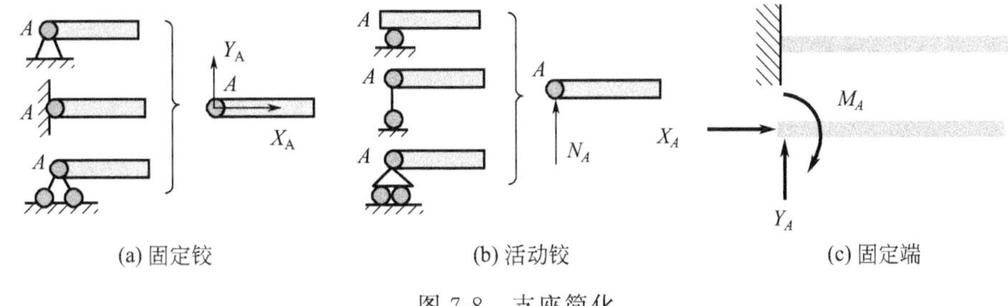

图 7-8　支座简化

根据梁的支座情况，工程中常见的静定梁可以简化成以下三种形式。

简支梁：梁的支座一端是固定铰支座，另一端是活动铰支座，如图 7-9(b) 所示。

外伸梁：梁的支座与简支梁相同，只是梁的一端或两端伸出支座之外，如图 7-9(c) 所示。

悬臂梁：梁的一端自由，另一端是固定支座，如图 7-9(a) 所示。

（4）静定梁和超静定梁　静定梁：由静力学方程可求出支反力，如上述三种基本形式

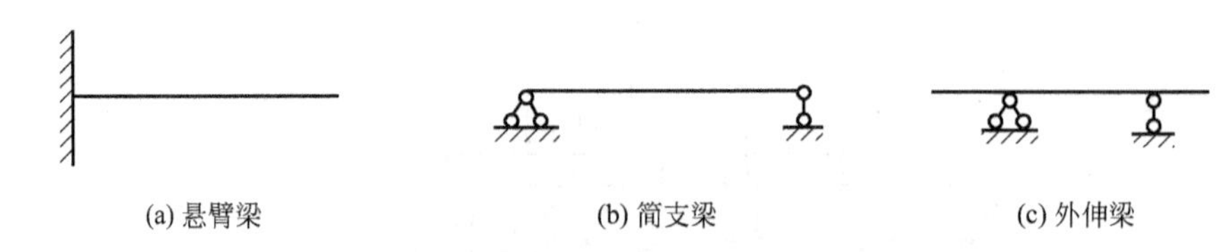

图 7-9　工程中常见静定梁的简化形式

的静定梁。超静定梁：由静力学方程不可求出支反力或不能求出全部支反力。在本项目（材料力学）中我们讨论的是静定梁，而超静定梁还需要建立变形协调方程等来进行解决。

下面用化工常用贮液罐工作时的受力状态来作出计算简图说明方法。

［实例 7-1］ 贮液罐如图 7-10 所示，罐长 $L=5\text{m}$，内径 $D=1\text{m}$，壁厚 $t=10\text{mm}$，钢的密度为 7.8g/cm^3，液体的密度为 1g/cm^3，液面高为 0.8m，外伸端长为 1m，试求贮液罐的计算简图，并计算出均布载荷 q 值的大小。

分析： 该贮液罐属于卧式容器，它的支座有两个，常称为鞍座，通常两个鞍座其中一个是圆形螺栓孔，可简化为固定铰约束，另一个支座是长圆形螺栓孔，可简化成活动铰约束；整个容器是圆筒形外加两个封头，可以简化成等截面梁；整个容器上受的载荷为自重及液体介质的重量，作用在整个容器截面上，可简化为均布载荷 q。

解： ① 由分析可作出该罐的计算简图，如图 7-10 所示。

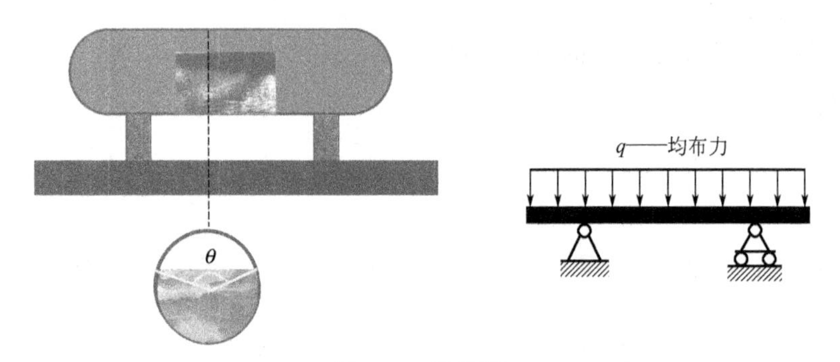

图 7-10　贮液罐

② 计算均布载荷 q

$$q=\frac{\sum mg}{L}=\frac{\sum V\gamma g}{L}=\frac{A_1L\gamma_1 g+A_2L\gamma_2 g}{L}=A_1\gamma_1 g+A_2\gamma_2 g$$

$\theta=106.3°=1.855$ (rad)

$$q=3.14\times1\times0.01\times7800\times9.8+\left[3.14\times0.5^2-\frac{1}{2}\times0.5^2(1.855-\sin106.3°)\right]\times1000\times9.8=9\ (\text{kN/m})$$

7.2.2　平面弯曲梁的内力——剪力和弯矩

7.2.2.1　内力的概念和求取方法

导入案例中图 7-1 所示案例的单梁吊车，横梁的受到重物的向下拉力（集中力），属于平面弯曲。它可以简化为简支梁。如图 7-11(a) 所示的简支梁 AB，受集中载荷 P_1、P_2、P_3 的作用，为求距 A 端 x 处横截面 $m—m$ 上的内力，首先求出支座反力 R_A、R_B，然后用截面法沿截面 $m—m$ 假想地将梁一分为二，取如图 7-11(b) 所示的左半部分为研究对象。因为作用于其上的各力在垂直于梁轴方向的投影之和一般不为零，为使左段梁在垂直方向平衡，则在横截面上必然存在一个切于该横截面的合力 Q（或 F_S），称为剪力。它是与横截面相切的分布内力系的合力；同时左段梁上各力对截面形心 O 之矩的代数和一般不为零，为使该段梁不发生转动，在横截面上一定存在一个位于荷载平面内的内力偶，其力偶矩用 M 表示，称为弯矩。它是与横截面垂直的分布内力偶系的合力偶的力偶矩。由此可知，梁弯曲时横截面上一般存在两种内力，即剪力和弯矩，如图 7-11(b) 所示。

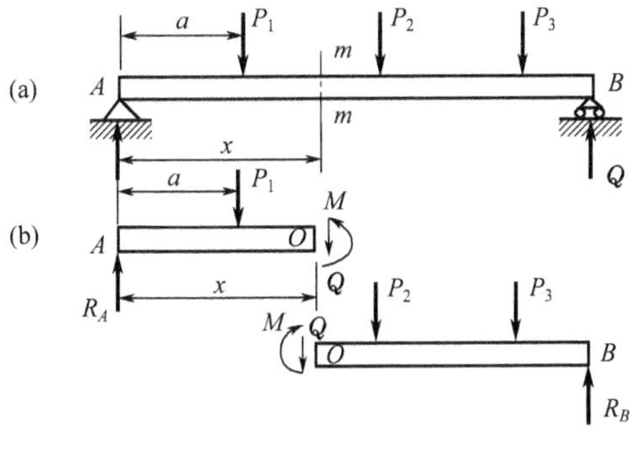

图 7-11　梁的内力分析

由　$\sum Y=0 \quad R_A-P_1-Q=0$

解得　$Q=R_A-P_1$

由　$\sum M_O=0 \quad -R_Ax+P_1(x-a)+M=0$

解得　$M=R_Ax-P_1(x-a)$

从以上对 AB 梁的内力分析可得出，用截面法计算内力步骤是：

① 对梁的受力情况进行分析，作出计算简图；

② 根据已知外力，建立静力学平衡方程计算支座反力；

③ 用假想的截面将梁截成两段，任取某一端为研究对象；

④ 画出研究对象的受力图，截面处画出内力——剪力和弯矩；

⑤ 建立平衡方程，计算内力。

7.2.2.2　剪力和弯矩的符号规定

上面分析可以得出，弯曲梁所受的内力为弯矩 M 和剪力 Q。弯矩 M 指构件受弯时，横截面上其作用面垂直于截面的内力偶矩。剪力 Q 指构件受弯时，横截面上其作用线平行于截面的内力。在上面以截面法计算弯曲内力的过程中，我们选取了左段作为研究对象，所求得的剪力与弯矩是 C 处左截面上的弯曲内力。试分析，若选取右段作为研究对象，所求得的弯曲内力则为右截面的内力，而左、右截面上剪力、弯矩的方向一定是相反的（因其为作用力与反作用力的关系），如图 7-12 所示。

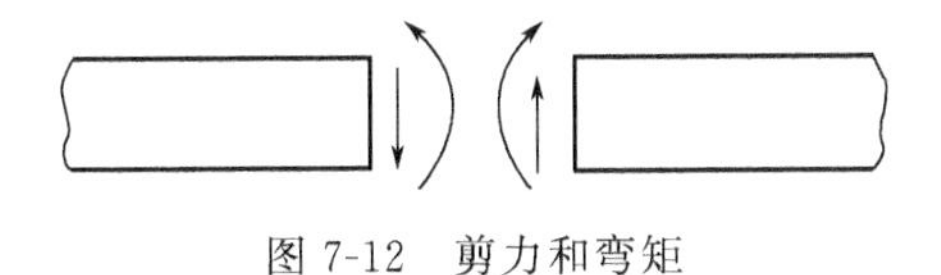

图 7-12　剪力和弯矩

因此，对弯曲内力的符号做如下规定。

① 剪力 Q。在所切横截面的内侧截取一段，如图 7-13(a) 所示，凡使该段产生顺时针旋转趋势的剪力为正，反之为负，如图 7-13(b) 所示。

② 弯矩 M。使保留段产生下凹变形的弯矩为正，如图 7-13(c) 所示；反之为负，如图 7-13(d) 所示。也可以形象地记忆为"开口笑为正，撇嘴哭是负。"

这样，当采用截面法计算弯曲内力时，以一个假想平面将梁截开后，无论选择哪一段作

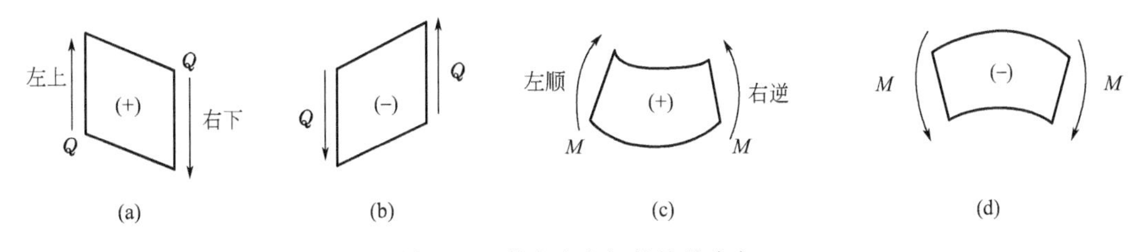

图 7-13　剪力和弯矩的符号确定

为研究对象，所计算出的同一位置截面的内力就会具有相同的符号。

[实例 7-2] 建筑物房间的横梁计算简图如图 7-14 所示，求图 7-14 所示简支梁 C、B 截面的内力。

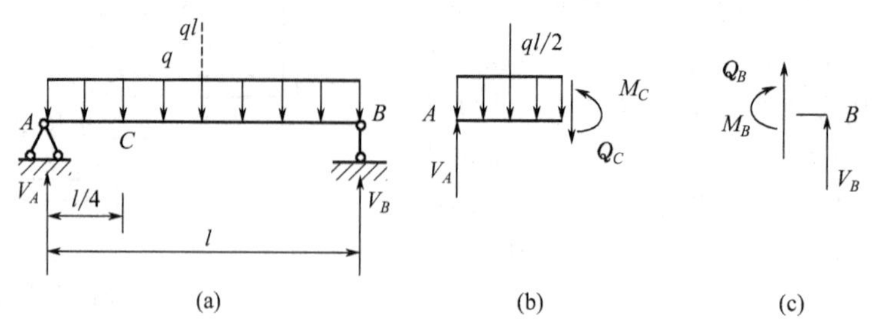

图 7-14 建筑物的横梁

分析： 房屋的横梁一般为钢筋混凝土结构，可简化为简支梁。所受的载荷是均布在梁上的自重和屋顶重量，可视为均布载荷 q。计算指定 C、B 截面处的内力，按照前述的求内力方法及步骤进行求解。

解： ① 计算支反力。由于结构对称，荷载也对称，所以有

$$V_A=V_B=ql/2$$

② 计算 C 截面的内力。设将在 C 截面处截开，取左段 AC 为隔离体。在 M_C、Q_C 未知的情况下，可先按正剪力的方向标出 Q_C，设弯矩为正弯矩，对该隔离体列出平衡方程

$$\Sigma Y=0，V_A-q\times\frac{l}{4}-Q_C=0$$

所以

$$Q_C=V_A-\frac{ql}{4}=\frac{ql}{4}$$

$$\Sigma M_C=0，M_C-V_A\frac{l}{4}+\frac{ql}{4}\times\frac{l}{8}=0$$

所以

$$M_C=V_A\frac{l}{4}-\frac{ql}{4}\times\frac{l}{8}=\frac{3ql^2}{32}$$

这里的矩心 C 是截面的形心。M_C 算得结果为正，表明弯矩的实际方向与所设的相同。

③ B 端左侧相邻截面的内力。

$$M_B=0，Q_B=-V_B=-\frac{ql}{2}$$

[实例 7-3] 如图 7-15 所示简支梁，求 C、D 截面的弯曲内力。

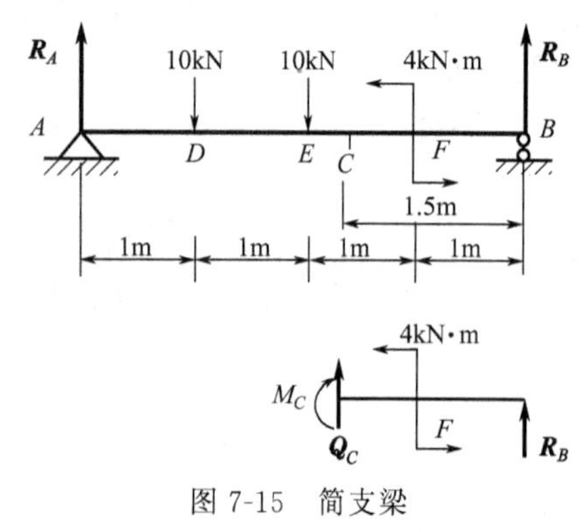

图 7-15 简支梁

分析： 该简支梁所受载荷除了两个集中力，还有一个外加逆时针的弯矩，要求取指定 C、D 截面的内力仍然采用截面法求取，注意列平衡方程时剪力和弯矩的符号。

解： ① 求 A、B 支座反力，建立平衡方程式：

$\Sigma m_A(F)=0$ $4R_B+4-10\times2-10\times1=0$。

得：$R_B=6.5\text{kN}$。

$\Sigma F_y=0$ $R_A+R_B-10-10=0$

得：$R_A=13.5\text{kN}$。

② 计算截面 C 处的剪力和弯矩。取右段为研究对象：

$\sum F_y=0$：$Q_C+R_B=0$。

得：$Q_C=R_B=-6.5\text{kN}$。

$\sum m_C(F)=0$：$-M_C+4+1.5R_B=0$。

得：$M_C=13.75\text{kN}\cdot\text{m}$。

③ 计算截面 D 处的剪力和弯矩。截面 D 作用有集中力，剪力在此有突变，用 D^+ 表示截面右侧，离面 D 无限近的截面；D^- 表示在截面 D 左侧，离截面 D 无限近的截面，分别计算 D^+ 和 D^- 处的剪力：

$D^+=R_A-10=13.5-10=3.5\text{kN}$；

$D^-=R_A=13.5\text{kN}$。

$M_D=R_A\times1=13.5\text{kN}\cdot\text{m}$。

7.2.3 剪力图和弯矩图

7.2.3.1 剪力图和弯矩图的概念和求取方法

从实例 7-2 内力分析可知，随着 C 截面的位置不一样，其剪力和弯矩就会发生变化，如果我们设定 C 截面的位置为 X（未知），通过截面法求取内力就可以得到以 X 为自变量的剪力和弯矩方程。为了便于直观分析，通常根据剪力和弯矩方程作图，称为**剪力图**和**弯矩图**。内力与截面位置坐标（X）间的函数关系式：

$$Q=Q(X)$$
$$M=M(X)$$

上述关系式分别称为**剪力方程**和**弯矩方程**，此方程从数学角度精确地给出了弯曲内力沿梁轴线的变化规律。若以 X 为横坐标，以 Q 或 M 为纵坐标，将剪力、弯矩方程所对应的图线绘出来，即可得到剪力图与弯矩图，这可使我们更直观地了解梁各横截面的内力变化规律。通过对剪力图和弯矩图的分析就可以得出剪力和弯矩产生的最大处，即**危险截面**，从而进行梁的弯曲强度校核。所以画剪力图和弯矩图是梁的强度和刚度计算中的重要步骤。

下面用实例分析来说明剪力图和弯矩图的做法。

[实例 7-4] 一悬臂梁 AB 如图 7-16(a) 所示，右端固定，左端受集中力 P 作用。试作出此梁的剪力图及弯矩图。

分析：该梁为悬臂梁，在悬臂端受到集中力。在悬臂梁上任意位置假想横截面被截开，位置距悬臂端距离设为 x，用前面实例求取内力的方法来求取剪力和弯矩，不同的是截面的位置距离不是确切的数据而取代为 x，建立内力方程，并作出剪力和弯矩图。

解：① 求剪力方程和弯矩方程。以 A 为坐标原点，在距原点 x 处将梁截开，取左段梁为研究对象，其受力分析如图 7-16(b) 所示。

列平衡方程求 x 截面的剪力与弯矩分别为

$$\sum F_Y=-Q-P=0,\ Q=-P$$
$$\sum M_O(F)=Px+M=0,\ M=-Px$$

因截面的位置是任意的，故式中的 x 是一个变量。以上两式即为 AB 梁的剪力方程与弯矩方程。

② 依据剪力方程与弯矩方程作出剪力图与弯矩图。由剪力方程可知，梁各截面的剪力不随截面的位

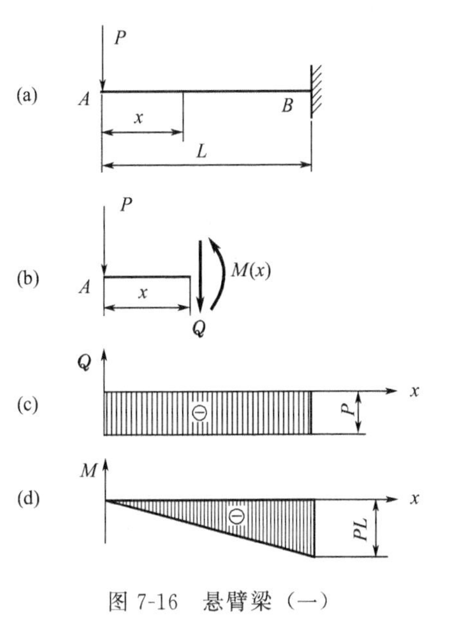

图 7-16 悬臂梁（一）

置而变，因此剪力图为一条水平直线。如图 7-16(c) 所示。

由弯矩方程可知，弯矩是 x 的一次函数，故弯矩图为一条斜直线（两点确定一线，$x=0$ 时，$M=0$；$x=L$ 时，$M=-PL$）。如图 7-16(d) 所示。

结论：从绘制出的剪力和弯矩图分析出，剪力为一条平行线，说明在整个梁上的剪力相等，弯矩图为一斜直线，在悬臂梁的固定端处弯矩达到最大值，所以该处为危险截面。

［**实例 7-5**］ 试绘制图 7-17 所示悬壁梁的剪力图和弯矩图。

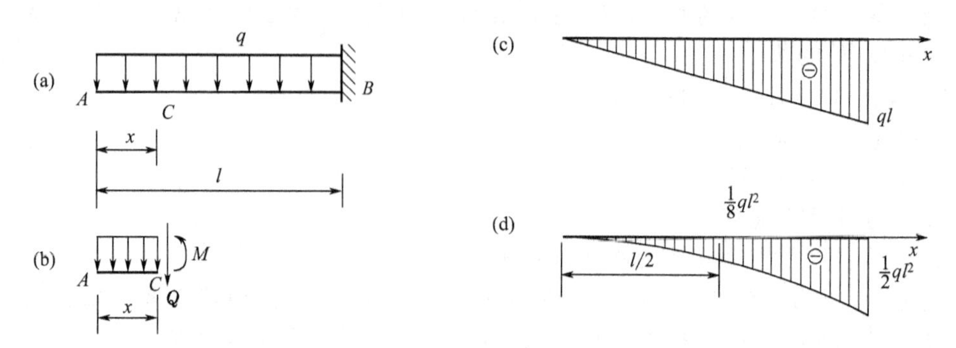

图 7-17 悬臂梁（二）

分析：该悬臂梁和上个实例的悬臂梁不同之处在于所受的载荷不同，该梁上受的是均布载荷 q，方法同实例 7-4。

解：① 求剪力和弯矩方程。将梁的 A 端定为坐标原点，在梁上取任意截面，设该截面而到原点的距离为 x，求该截面的剪力和弯矩。

取该截面以左部分作为隔离体，由平衡条件

$$\sum F_Y=0,\ -Q-qx=0$$

所以得出剪力方程

$$Q=-qx(0\leqslant x<l) \tag{Ⅰ}$$

设 C 为所取截面的形心

$$\sum M_C=0,\ M+qx\frac{x}{2}=0$$

所以得出弯矩方程

$$M=-\frac{qx^2}{2}(0\leqslant x<l) \tag{Ⅱ}$$

② 根据求出的剪力和弯矩方程作出剪力和弯矩图。式(Ⅰ)即为梁的剪力方程，式(Ⅱ)为梁的弯矩方程。由式(Ⅰ)可见，剪力图应为一倾斜直线，如 $x=0$ 时，$Q=0$；$x=l$ 时，$Q=-ql$，可绘出剪力图。

由式(Ⅱ)可知，弯矩图为一条二次抛物线，需至少确定曲线上的 3 个点的弯矩才能画出弯矩图。即：

$$x=0\text{ 时},\ M=0$$

$$x=l/2,\ M=-\frac{ql^2}{8}$$

$$x=l,\ M=-\frac{ql^2}{2}$$

于是可绘出弯矩图。这里需要注意的是，在 $x=l/2$ 和 $x=l$ 处弯矩为负值，根据上述弯矩方程中弯矩的正负号约定，负弯矩表明梁的上侧受拉，因此弯矩图应画出梁的上侧。

结论：由 Q 图、M 图可见，在固定端处的剪力和弯矩的值最大，分别是 $|Q|_{\max}=ql$ 和

$|M|_{max}=\frac{ql^2}{2}$，该处为悬臂梁的危险截面。

[实例 7-6] 一简支梁 AB 受集度为 q 的均布载荷作用，如图 7-18(a) 所示。作此梁的剪力图与弯矩图。

分析： 该梁为受均布载荷的简支梁，同理在任意位置 x 处用假想截面截开，求取支反力，建立内力方程，作出剪力图和弯矩图。

解： ① 求支座反力。

$$R_A=R_B=\frac{1}{2}ql$$

② 列剪力方程与弯矩方程。在距 A 点 x 处截取左段梁为研究对象，其受力如图 7-18(b) 所示。由平衡方程

$$\sum F_Y=R_A-qx-Q=0$$

得

$$Q=R_A-qx=\frac{ql}{2}-qx$$

由

$$\sum M_O(F)=-R_Ax+qx\frac{x}{2}+M=0$$

得

$$M=R_Ax-qx\frac{x}{2}=\frac{ql}{2}x-\frac{q}{2}x^2$$

③ 画剪力图与弯矩图。由剪力方程可知剪力图为一斜直线（两点确定一线：$x=0$ 时，$Q=ql/2$；$x=l$ 时，$Q=-ql/2$）如图 7-18(c) 所示。

由弯矩方程可知弯矩图为一抛物线：抛物线上凸；在 $x=l/2$ 处，弯矩有极值，$M_{max}=ql^2/8$；$x=0$ 及 $x=l$ 时，$M=0$。如图 7-18(d) 所示。

结论： 由剪力图及弯矩图可见，在靠近两支座的横截面上剪力的绝对值最大。在梁的中点截面上，剪力为零，而弯矩最大。该工程梁的危险截面在两端约束处和梁的中段处。

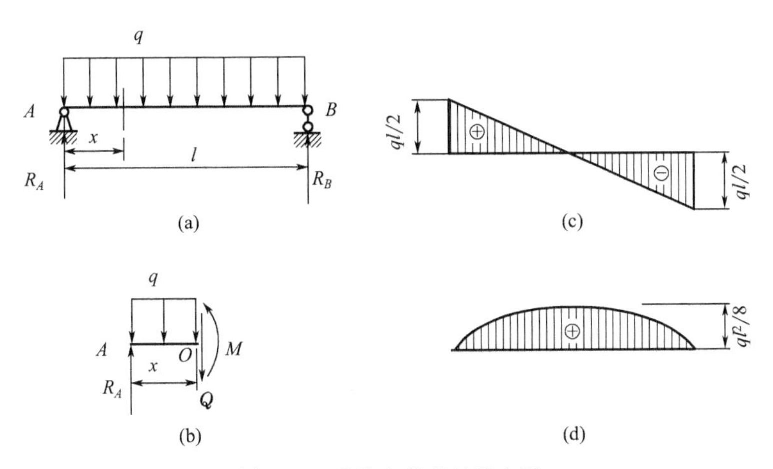

图 7-18 受均布载荷的简支梁

[实例 7-7] 画出如图 7-19 所示外伸梁 AD 的剪力图和弯矩图，并求 Q_{max} 和 M_{max}。其中 $q=4\text{kN}$，$P=2\text{kN}$，$m=6\text{kN}\cdot\text{m}$。

分析： 该梁为外伸梁，梁上所受载荷为外加弯矩及外伸段上的均布载荷。利用截面法求取，列出内力方程，再作出剪力及弯矩图，确定危险截面。

解： ① 外力分析。求支座约束反力。研究梁 AD，受力分析如图 7-19 所示，列平衡方程：

$$\begin{cases}\sum F_y = N_A + N_B + P - q \times 1 = 0 \\ \sum m_A(F) = N_B \times 2 + P \times 3 + m - q \times 1 \times 2.5 = 0\end{cases} \Rightarrow N_A = 3\text{kN}, N_B = -1\text{kN}$$

② 内力分析。首先列出各段的剪力方程和弯矩方程

$$AC: \begin{cases}\sum Y = N_A - Q_1 = 0 \\ \sum m_1 = M_1 - N_A x_1 = 0\end{cases} \Rightarrow \begin{cases}Q_1 = N_A = 3(\text{kN}) \\ M_1 = N_A x_1 = 3x_1(\text{kN} \cdot \text{m})\end{cases}$$

$$CB: \begin{cases}\sum Y = N_A - Q_2 = 0 \\ \sum m_2 = M_2 + m - N_A x_2 = 0\end{cases} \Rightarrow \begin{cases}Q_2 = N_A = 3(\text{kN}) \\ M_2 = N_A x_2 - 6 = 3x_2 - 6(\text{kN} \cdot \text{m})\end{cases}$$

$$BD: \begin{cases}\sum Y = P + Q_3 - q(3 - x_3) = 0 \\ \sum m_3 = P(3 - x_3) - M_3 - \frac{q}{2}(3 - x_3)^2 = 0\end{cases} \Rightarrow \begin{cases}Q_3 = 4(3 - x_3) - 2 \\ M_3 = -2(3 - x_3)^2 + 2(3 - x_3)\end{cases}$$

③ 作出剪力图和弯矩图。根据上面剪力方程和弯矩方程分区段绘制剪力图和弯矩图，如图 7-19(b) 和图 7-19(c) 所示。

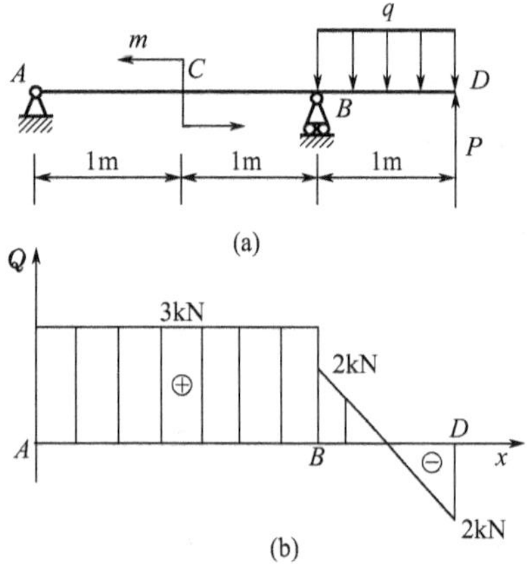

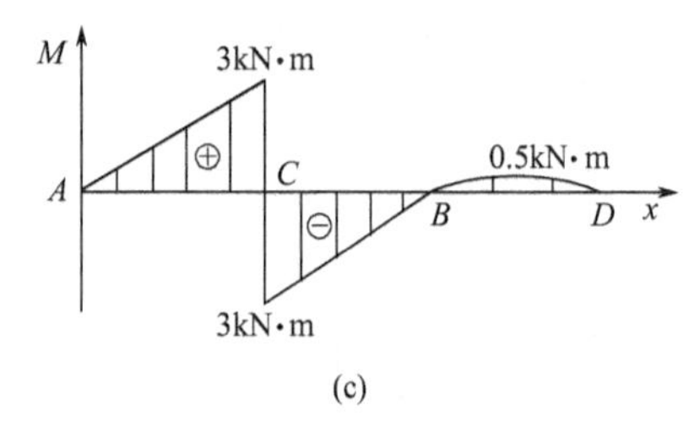

图 7-19　外伸梁

由图可知：$Q_{max} = 3\text{kN}$，$M_{max} = 3\text{kN} \cdot \text{m}$

结论：从作出的剪力和弯矩图可分析出最大剪力发生在活动铰支座 B 处，最大弯矩发生在有外加弯矩作用的 C 截面上，这两处为危险截面。

7.2.3.2　梁的内力图规律和绘制内力图的具体步骤

① 通过实例可以总结出画剪力图、弯矩图的规律。

a. 梁上只有集中力作用时，剪力图为水平线，弯矩图为倾斜直线，且在集中力作用处。剪力图有突变，其突变量即为该处集中力的大小，突变的方向与集中力的方向一致，弯矩图在此出现尖角，发生转折。

b. 梁上有均布载荷作用时，其受均布载荷作用一段，剪力图为斜直线，弯矩图为二次抛物线。q 向下，则剪力图向下右方倾斜，弯矩图的抛物线开口向下；q 向上，则剪力图向右上方倾斜，弯矩图的抛物线开口向上。

c. 在集中力偶作用处，剪力图不变，弯矩图右突变。突变之值即为该集中力偶的力偶矩值。

d. 最大弯矩值往往发生在集中力作用处，或集中力偶作用处以及剪力为零的截面处。

e. 悬臂梁固定端处，往往会有最大弯矩值。

② 绘制梁的剪力图和弯矩图的具体步骤如下。

a. 对梁进行外力分析，利用静力学平衡方程式求支座反力。

b. 对梁分段，设截面位置为 X，利用截面法列出各段的剪力和弯矩方程。

c. 分析方程，利用微分关系确定曲线形状，建立直角坐标，以截面位置 X 为横坐标，$Q(X)$ 和 $M(X)$ 为纵坐标，绘制剪力图和弯矩图。

d. 确定 Q_{max} 和 M_{max}，从而确定危险截面，为下一步强度校核做准备。

③ 剪力、弯矩与分布载荷间的微分关系*。

通过对不同梁的内力图规律进行研究，不难发现弯矩 $M(X)$、剪力 $Q(X)$ 和 $F(X)$ 载荷之间存在一定的关系。掌握这种关系对绘制和校核 Q 和 M 极为有用。

如图 7-20(a) 所示为梁，受均布载荷 $q=q(x)$ 作用。为了寻找剪力、弯矩沿梁轴的变化情况，我们选梁的左端为坐标原点，用距离原点分别为 x、$x+\mathrm{d}x$ 的两个横截面 m-m、

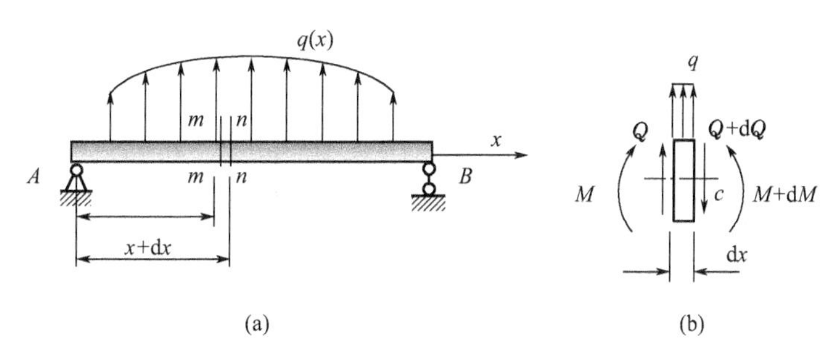

图 7-20　梁的剪力

n-n 从梁中切取一微段进行分析，其受力如图 7-20(b) 所示。

设微段的截面 m-m 上的内力为 Q、M，截面 n-n 上的内力则应为 $Q+\mathrm{d}Q$、$M+\mathrm{d}M$。此外，微段上还作用着分布载荷（$\mathrm{d}x$ 上作用的分布载荷可视为均布）。

由平衡方程　　$\sum F_Y=Q+q\mathrm{d}x-(Q+\mathrm{d}Q)=0$

得：

$$\frac{\mathrm{d}Q}{\mathrm{d}x}=q \tag{7-1}$$

由平衡方程 $\sum M_C(F)=M+\mathrm{d}M-q\mathrm{d}x\cdot\frac{\mathrm{d}x}{2}-Q\mathrm{d}x-M=0$（略去其中的高阶微量 $q\mathrm{d}x\cdot\frac{\mathrm{d}x}{2}$）

得：

$$\frac{\mathrm{d}M}{\mathrm{d}x}=Q \tag{7-2}$$

由式(7-1) 和式(7-2) 两式又可得：

$$\frac{\mathrm{d}^2M}{\mathrm{d}x^2}=q \tag{7-3}$$

以上三式即为剪力、弯矩与载荷集度之间的微分关系式。表 7-1 总结了工程梁在不同载荷下 Q 图和 M 图各自的特征。利用表 7-1 指出的规律以及通过求出梁上某些特殊截面的内力值，可以不必再列出剪力方程和弯矩方程。下面用实例说明。当然，利用如前所介绍的截面法建立内力方程，再利用知识点 2 所述的内力图规律来作图的方法是更为普遍的一种。同学们可根据自己学习的情况选用。

表 7-1　在几种载荷下 Q 图与 M 图的特征

梁上载荷情况	无载荷 $q=0$		均布载荷		集中力	集中力偶
Q 图特征	水平直线		上倾斜直线	下倾斜直线	在 C 截面有突变	在 C 截面无变化
	$Q>0$	$Q<0$	$q>0$	$q<0$		
	⊕	⊖			c　P	c
M 图特征	上倾斜直线	下倾斜直线	下凸抛物线	上凸抛物线	在 C 截面有转折角	在 C 截面有突变
			$Q=0$ 处，M 有极值		c	c　m

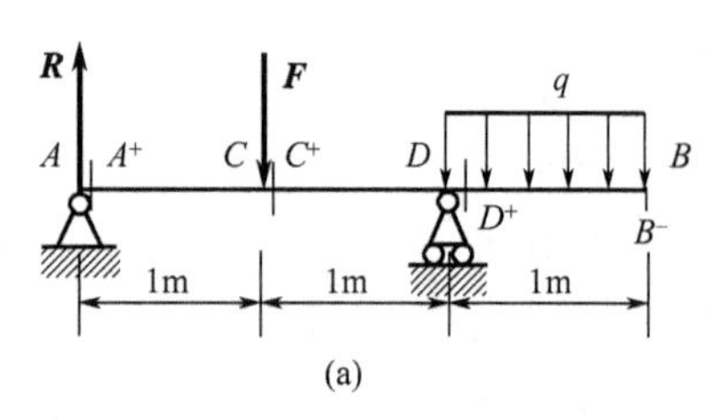

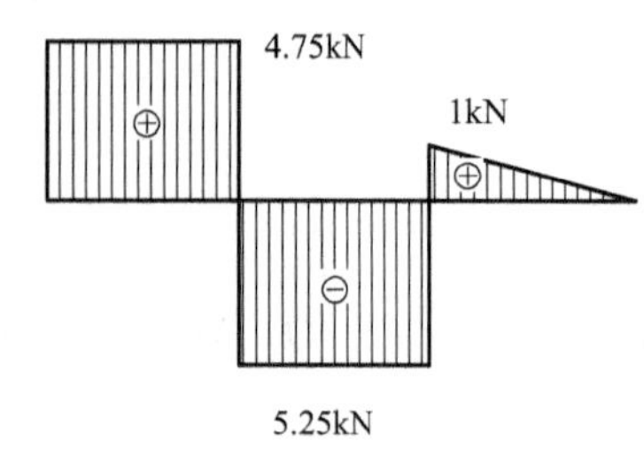

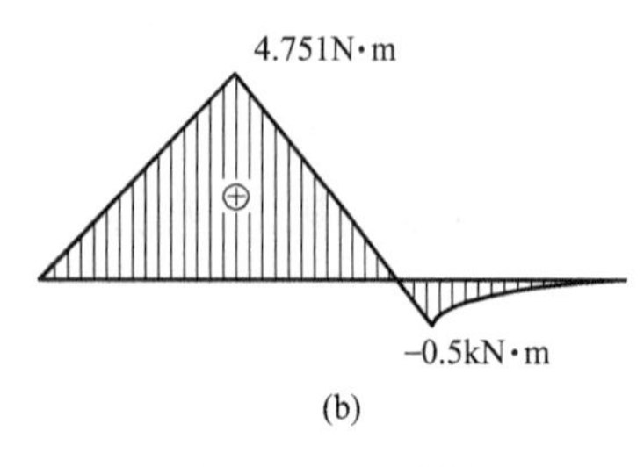

图 7-21　外伸梁

［实例 7-8］　如图 7-21 所示为外伸梁，集中力 $F=10\text{kN}$，均布载荷集度 $q=10\text{N/cm}$，试利用剪力、弯矩与载荷集度的微分关系绘制出梁的剪力图、弯矩图。

分析：①对此外伸梁，在求内力前，只需求出 A 点支反力。②梁上 A、C、D 三点处作用着集中力（A、D 两点处作用着支座约束力），故剪力在该三点处发生突变，而该处的弯矩无突变。③AC、CD 两段上没有均布载荷作用（$q=0$），故该两段梁的剪力图为水平直线，所以，只需用截面法分别求出 AC、CD 段上某一个截面的剪力即可画出两段梁的剪力图。而 AC、CD 两段梁的弯矩图为斜直线，欲确定一斜直线，则需确定两个点，所以，需用截面法分别求出两段梁上某两个截面的弯矩。④BD 段上有均布载荷作用（$q<0$），故该段剪力图为一斜直线，需求出 BD 段上某两个截面上的剪力。而 BD 段的弯矩图为一上凸的抛物线，所以，首先需求出 B、D 截面的弯矩，再根据 $Q=0$ 处，M 有极值，来确定抛物线的极值点。

解：① 求 A 处约束力。由

$$\Sigma M_D(F)=R\times 2-F\times 1+q\times \frac{1}{2}=0$$

得　　$R=4.75\ (\text{kN})$

② 用截面法，求各段梁关键截面的内力。先分析剪力 Q，如表 7-2 所示。

表 7-2　剪力分析

段	AC	CD	BD	
横截面	A^+	C^+	B^-	D^+
Q/kN	4.75	−5.25	0	1

根据剪力和弯矩之间的微分关系，再分析弯矩，如表 7-2 所示。

③ 由关键点画剪力图与弯矩图，如图 7-21(a) 和图 7-21(b) 所示。

任务 7.3　弯曲梁的应力及强度计算

7.3.1　弯曲梁上的正应力

平面弯曲时，如果某段梁各横截面上只有弯矩而没有剪力，这种平面弯曲称为纯弯曲。如图 7-22 梁 AB 段上没有剪力只有弯矩，该段即为纯弯曲梁。

如果某段梁各横截面不仅有弯矩而且有剪力，此段梁在发生弯曲变形的同时，还伴有剪切变形，这种平面弯曲称为**横力弯曲或剪切弯曲**。

7.3.1.1　纯弯曲时梁横截面上的正应力计算

(1) 梁的纯弯曲试验　在梁的两端施加一对力偶，梁将发生纯弯曲变形，如图 7-23 所示。

① 所有纵线都弯成曲线，靠近底面（凸边）的纵线伸长了，而靠近顶面（凹边）的纵线缩短了。

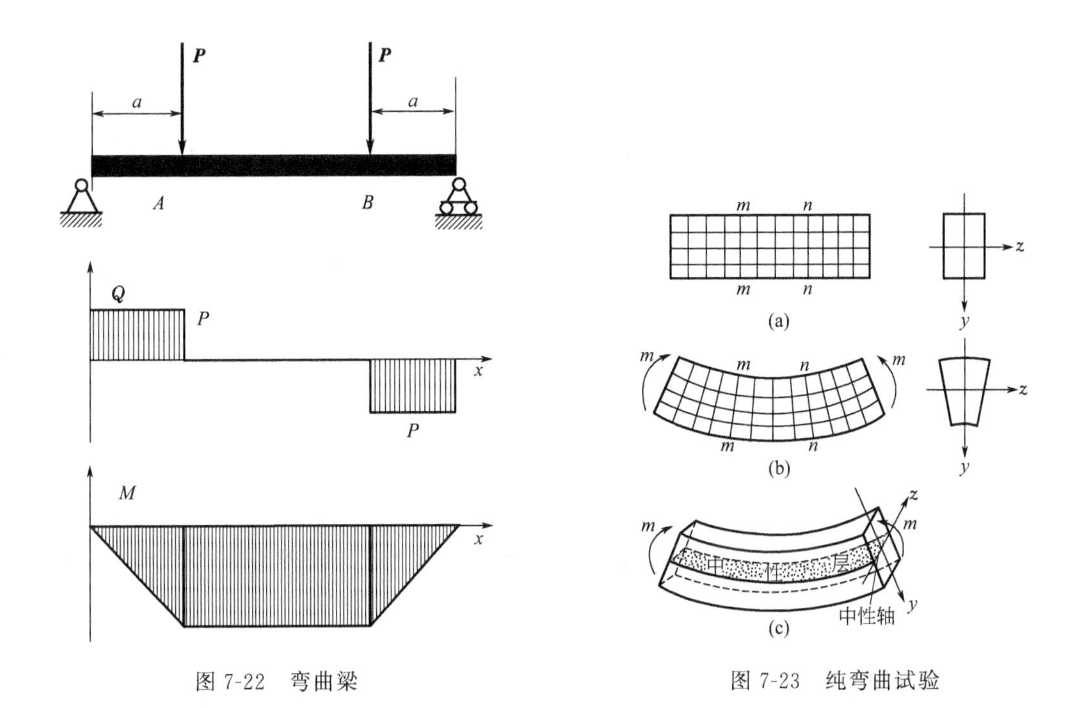

图 7-22　弯曲梁　　　　图 7-23　纯弯曲试验

② 所有横线仍保持为直线，只是相互倾斜了一个角度，但仍与弯曲的纵线垂直。

③ 矩形截面的上部变宽，下部变窄。梁的内部变形可作出如下的假设和推断。

a. 平面假设。在纯弯曲时，梁的横截面在梁弯曲后仍保持为平面，且仍垂直于弯曲后的梁轴线。

b. 单向受力假设。将梁看成由无数根纵向纤维组成，各纤维只受到轴向拉伸或压缩，不存在相互挤压。

由平面假设可知，梁变形后各横截面仍保持与纵线正交，所以剪应变为零。由应力与应变的相应关系知，**纯弯曲梁横截面上无切应力存在。**

一层长度不变的过渡层称为**中性层**。中性层与横截面的交线称为**中性轴**。

(2) 几何方程的建立　为了观察梁纯弯曲时的变形，取一矩形截面等直梁，在其侧面画两条横向直线 mm 和 nn，两条纵向线 ab 和 cd，如图 7-24(a) 所示。

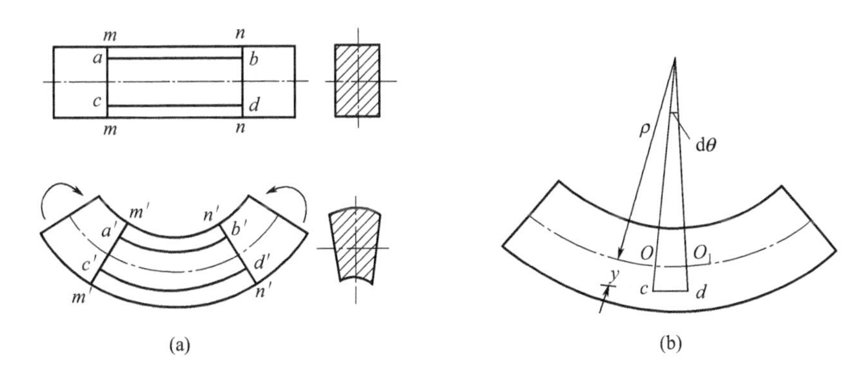

图 7-24　纯弯曲变形梁

当梁发生弯曲变形后，取矩形截面纯弯曲梁［如图 7-24(b)］的一个微段 cd，变形前微段的长度为 cd，OO_1 在中性层内，cd 离中性层的距离为 y。变形后，Oc 面与 O_1d 面的夹角

为 $d\theta$，中性层处的曲率半径为 ρ，则 cd 处的曲率半径为 $\rho+y$。cd 的线应变为：

$$\varepsilon=\frac{cd-\overset{\frown}{cd}}{\overset{\frown}{cd}}=\frac{(\rho+y)d\theta-\rho d\theta}{\rho d\theta}=\frac{y}{\rho} \tag{7-4}$$

对于一个确定的截面来说，其曲率半径 ρ 是个常数，因此上式说明同一截面处任一点纵向纤维的线应变与该点到中性层的距离成正比。

(3) 物理关系 根据单向受力假设，各纵向纤维之间无挤压，所以每一纵向纤维都只发生简单的轴向拉伸或者压缩变形。当正应力不超过材料的比例极限时可应用胡克定律，可得 cd 处的正应力为：

$$\sigma=E\varepsilon=Ey/\rho \tag{7-5}$$

由式(7-5) 表明横截面上正应力的分布规律，横截面上任一点的弯曲正应力与该点到中性轴的距离成正比，即正应力沿截面高度呈线性变化（见图 7-25、图 7-26），在中性轴处，$y=0$，所以正应力也为零。

式(7-5) 给出了正应力的分布规律，但还不能直接用于计算正应力，因为中性层的几何位置及其曲率半径 ρ 均未知。下面我们将利用应力与内力间的静力学关系来进行解决。

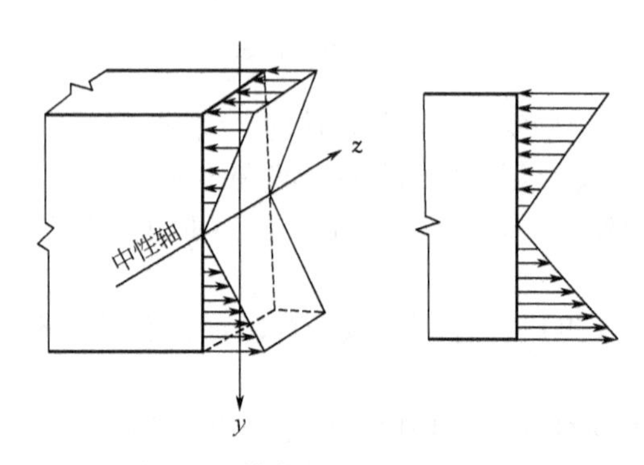

图 7-25 横截面正应力分布规律

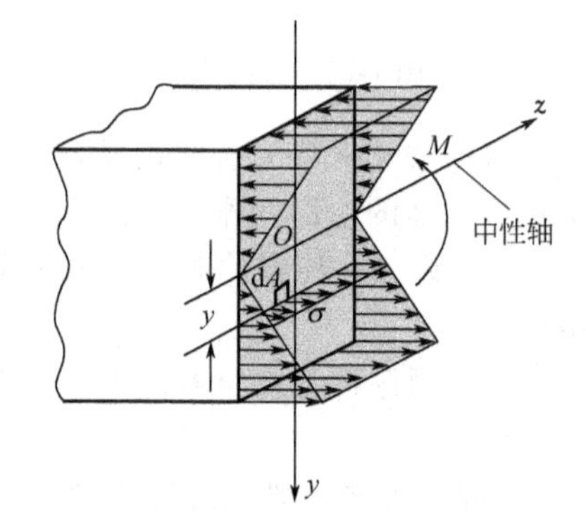

图 7-26 横截面取微面积

(4) 静力平衡关系 如图 7-26 所示在横截面上取微面积 dA，其形心坐标为 z、y，设 z 轴为截面的中性轴，微面积上的法向内力可认为是均匀分布的，其集度（即正应力）用 σ 来表示。则微面积上的合力为 σdA，由于是纯弯曲，截面上的内力只有弯矩 M。因为静力平衡关系，截面上所有轴向力的合力为零，有：

$\Sigma F_y=0$：则有 $\int_A \sigma dA=0$

把 $\sigma=E\varepsilon=Ey/\rho$ 代入上式得：$\dfrac{E}{\rho}\int_A y dA=0$

记 $S_Z=\int_A y dA$

由于 $E/\rho\neq0$，所以一定有 $S_Z=0$

上式说明截面对中性轴 Z 的静矩为零，由此可知，直梁弯曲时 Z 轴必通过截面的形心，即中性轴必过截面的形心。令 $I_z=\int_A y^2 dA$ 则截面所有微面积上的力对 Z 轴的合力矩为作用在该截面上的弯矩，即

$$M=\int_A y\sigma dA=\int_A y\cdot E\cdot\frac{y}{\rho}dA=\frac{E}{\rho}\int_A y^2 dA=\frac{EI_z}{\rho} \tag{7-6}$$

由此可知，中性层的曲率为

$$\frac{1}{\rho}=\frac{M}{EI_z} \tag{7-7}$$

式中，I_z 为截面对 Z 轴的惯性矩，它是仅与截面形状及尺寸有关的几何量。由上式可知，中性层的曲率 $1/\rho$ 与弯矩 M 成正比，与 EI_z 成反比。可见，EI_z 的大小直接决定了梁抵抗变形的能力，因此我们称 EI_z 为梁的截面抗弯刚度，简称为**抗弯刚度**。

通过以上推导，我们得知了梁弯曲后中性轴的位置及中性层的曲率半径。将式(7-7) 代入式(7-5) 中，即可得横截面上任一点的正应力计算公式：

$$\sigma=\frac{My}{I_z} \tag{7-8}$$

公式表明：梁横截面上任一点的正应力。与该截面上的弯矩 M 和该点到中性轴的距离 y 成正比，而与该截面对中性轴的惯性矩 I_z 成反比。

利用上式计算正应力时直接将 M 和 y 的绝对值代入公式，正应力的性质（拉或压）可由弯矩 M 的正负所求点的位置来判断。当 M 为正时，中性轴以上各点为压应力，取负值；中性轴以下各为拉应力，取正值，如图 7-27(a) 所示。当 M 为负时则相反，如图 7-27(b) 所示。

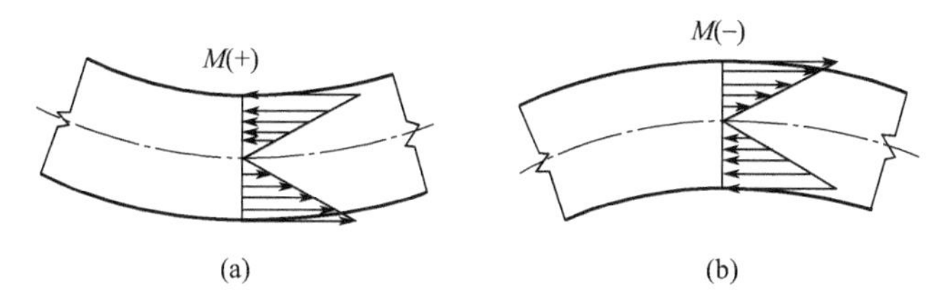

图 7-27　应力符号

在对梁进行强度计算时，总要寻找最大正应力。由式(7-8) 可知，当 $y=y_{max}$时，即截面上离中性轴最远的各点处，弯曲正应力最大，其值为：

$$\sigma_{max}=\frac{My_{max}}{I_z}=\frac{M}{I_z/y_{max}} \tag{7-9}$$

式中，I_z/y_{max}也是只与截面的形状及尺寸相关的几何量，称其为**抗弯截面模量**，用 W_z 表示，即

$$W_z=\frac{I_z}{y_{max}} \tag{7-10}$$

因此，最大弯曲正应力即为：

$$\sigma_{max}=\frac{M}{W_z} \tag{7-11}$$

(5) 正应力公式的使用条件

① 由正应力计算公式的推导过程知，它的适用条件是：a. 纯弯曲梁；b. 梁的最大正应力不超过材料的比例极限。

② 横力弯曲是平面弯曲中最常见的情况（在下面会单独讨论，实例讲解）。在这种情况下，梁横截面上不仅有正应力，而且有剪应力。梁受载后，横截面将发生翘曲，平面假设不成立。然而大量的理论计算和实验结果表明：当梁跨度与横截面高度比 $l/h>5$ 时，剪应力的存在对正应力的影响甚小，可以忽略不计。在一般情况下也可用于横力弯曲时横截面正应力的计算。

③ 虽然是由矩形截面推导出来的，但对于横截面为其他对称形状的梁，如圆形、圆环形、工字形和 T 形截面等，在发生平面弯曲时均适用。

7.3.1.2 横力弯曲时梁横截面上的正应力

梁在横弯曲作用下，其横截面上不仅有正应力，还有剪应力。由于存在剪应力，横截面不再保持平面，而发生“翘曲”现象。进一步的分析表明，对于细长梁（例如矩形截面梁，$l/h>5$，l 为梁长，h 为截面高度），剪应力对正应力和弯曲变形的影响很小，可以忽略不计，纯弯曲时的正应力公式仍然适用。

7.3.1.3 各种截面构件的惯性矩 I_z 和抗弯截面模量 W_z

由以上公式可以看出，工程梁的抗弯强度和刚度不仅和弯曲应力、材料有关，还和构件的不同截面形状有关，不同的截面形状惯性矩和抗弯截面模量就不同，从而抗弯能力就不同。下面将讨论各种常见截面的惯性矩和抗弯截面模量的求取方法。

（1）矩形截面　如图 7-28(a) 所示为矩形截面，其高、宽分别为 h、b，z 轴通过截面形心 C 并平行于矩形底边。为求该截面对 z 轴的惯性矩，在截面上距 z 轴为 y 处取一微元面积（图中阴影部分），其面积 $\mathrm{d}A=b\mathrm{d}y$，根据惯性矩定义有：

$$I_z=\int_A y^2\mathrm{d}A=\int_{-\frac{h}{2}}^{\frac{h}{2}}y^2 b\mathrm{d}y=\frac{bh^3}{12} \tag{7-12}$$

同理可得截面对 y 轴的惯性矩：

$$I_y=\frac{hb^3}{12} \tag{7-13}$$

注意，应用式(7-8) 计算弯曲正应力时，首先需判断梁发生弯曲的方位，从而确定中性轴的位置。

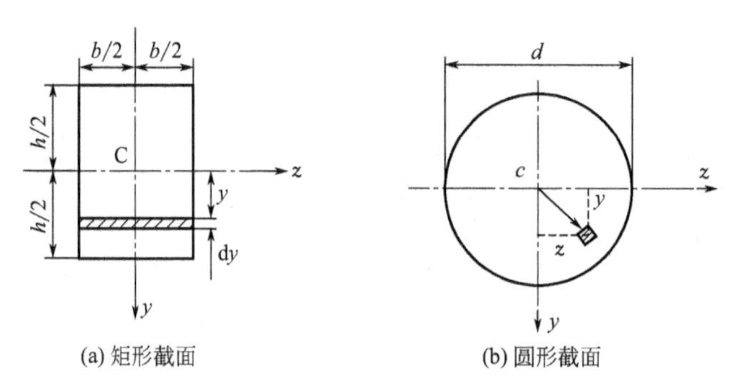

(a) 矩形截面　(b) 圆形截面

图 7-28　矩形截面和圆形截面

由公式 $W_z=\dfrac{I_z}{y_{\max}}$ 可以得出，矩形截面抗弯截面系数：

$$W_z=\frac{\frac{bh^3}{12}}{\frac{h}{2}}=\frac{bh^2}{6} \tag{7-14}$$

（2）圆形截面

如图 7-28(b) 所示为直径为 d 的圆形截面，z、y 轴均过形心 C。因为圆形对任意直径都是对称的，因此有 $I_z=I_y$。在圆截面上取微面积 $\mathrm{d}A$，因为 $\rho^2=y^2+z^2$，于是，圆截面对中心的极惯性矩 I_P 与其对中性轴的惯性矩 I_z 有如下关系：

$$I_P=\int_A\rho^2\mathrm{d}A=\int_A y^2\mathrm{d}A+\int_A z^2\mathrm{d}A=I_z+I_y=2I_z$$

故有

$$I_z=\frac{I_P}{2}=\frac{\pi d^4}{64} \tag{7-15}$$

同理，空心圆截面对中性轴的惯性矩为：

$$I_z=\frac{I_P}{2}=\frac{\pi D^4}{64}(1-\alpha^4) \tag{7-16}$$

式中，D 为空心圆截面的外径；α 为内、外径的比值。

圆形截面抗弯截面系数为：

$$W_z=\frac{\frac{\pi d^4}{64}}{\frac{d}{2}}=\frac{\pi d^3}{32} \tag{7-17}$$

空心圆截面的抗弯截面系数为：

$$W_z=\frac{\frac{\pi D^4}{64}(1-\alpha^4)}{\frac{D}{2}}=\frac{\pi D^3}{32}(1-\alpha^4) \tag{7-18}$$

(3) 其他截面　对于不同截面的惯性矩和弯曲截面系数可根据表 7-3 中的公式进行计算，若中性轴不是对称轴（见表 7-3），其最大拉应力和最大压应力不等值，这时应将 y_1 和 y_2 分别代入式(7-8) 方可计算出最大拉应力和最大压应力。工程梁中常用各种标准轧制型钢，其惯性矩和弯曲截面系数可查教材后附录表 1。

表 7-3　不同截面的惯性矩和弯曲截面系数

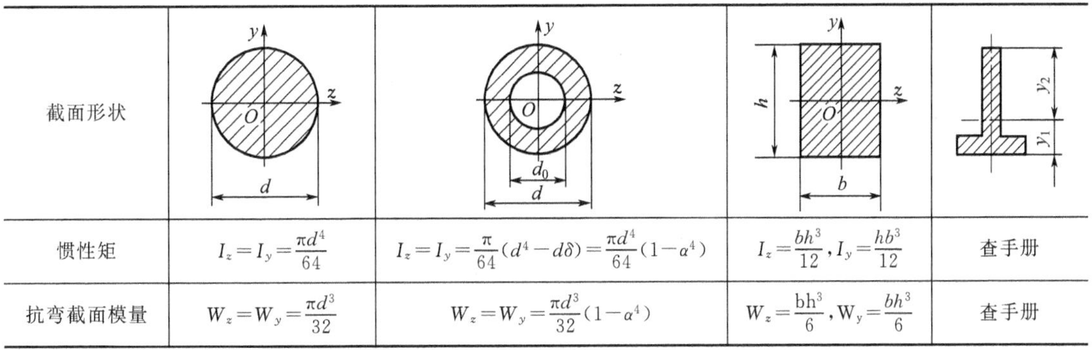

截面形状	圆形（d）	空心圆（d_0，d）	矩形（b，h）	T形（y_1，y_2）
惯性矩	$I_z=I_y=\frac{\pi d^4}{64}$	$I_z=I_y=\frac{\pi}{64}(d^4-d\delta)=\frac{\pi d^4}{64}(1-\alpha^4)$	$I_z=\frac{bh^3}{12}, I_y=\frac{hb^3}{12}$	查手册
抗弯截面模量	$W_z=W_y=\frac{\pi d^3}{32}$	$W_z=W_y=\frac{\pi d^3}{32}(1-\alpha^4)$	$W_z=\frac{\mathrm{bh}^3}{6}, \mathrm{W}_y=\frac{bh^3}{6}$	查手册

[实例 7-9]　矩形截面悬臂梁如图 7-29 所示，$F_P=1\text{kN}$。试计算截面 1-1 上 A、B、C 各点的正应力，并指明是拉应力还是压应力。

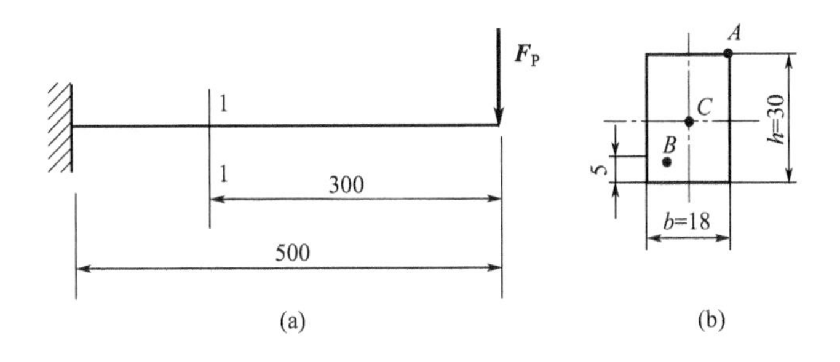

图 7-29　矩形截面悬臂梁

分析： 该梁不属于纯弯曲梁，它既受到弯矩，又受到剪力，是横力弯曲梁，它 $1/h>5$ 符合细长梁，所以纯弯曲梁正应力公式适用。判断截面上不同位置的应力正负号，要根据该截面所受弯矩的方向来判定。

解： ① 求截面 1-1 的弯矩　由截面法得

$$M_1=-1\times10^3\times300\times10^{-3}=-300\ (\text{N}\cdot\text{m})$$

② 计算截面惯性矩

$$I_z=\frac{bh^3}{12}=\frac{18\times30^3}{12}=4.05\times10^4\ (\mathrm{mm}^4)$$

③ 计算各点正应力

A 点 $$\sigma_A=\frac{M_1 y_A}{I_z}=\frac{-300\times(-15)\times10^{-3}}{4.05\times10^{-4}\times10^{-12}}\approx111\ (\mathrm{MPa})$$

B 点 $$\sigma_B=\frac{M_1 y_B}{I_z}=\frac{-300\times10\times10^{-3}}{4.05\times10^{-4}\times10^{-12}}\approx-71.1\ (\mathrm{MPa})$$

C 点 $$\sigma_C=\frac{M_1 y_C}{I_z}=\frac{-300\times0}{4.05\times10^{-4}\times10^{-12}}=0\ (\mathrm{MPa})$$

求得的 A 点的应力为正值，表明该点为拉应力，B 点的应力为负值，表明该点为压应力，C 点无应力。当然，求得的正应力是拉应力还是压应力，也可根据梁的变形情况来判别。

[实例 7-10] 如上例的铸铁悬臂梁不是矩形截面而换成了 T 字钢截面，如图 7-30 所示，求梁内最大拉应力及最大压应力，并确定危险截面。$P=20\mathrm{kN}$，$I_z=10200\mathrm{cm}^4$。

分析：该实例与上例不同的是截面形状不一样，从前面的学习，根据式(7-8)可知，不同的截面惯性矩值不同，所受的应力值也不同，而且抗弯能力也大不相同。要确定危险截面，需要先画出弯矩图来确定。

解：① 画弯矩图，确定危险面。因为梁是等截面的，且横截面相对 z 轴不对称，铸铁的抗拉能力与抗压能力又不同，故绝对值最大的正、负弯矩所在面均可能为梁的危险面。弯矩图如图 7-30(b) 所示。

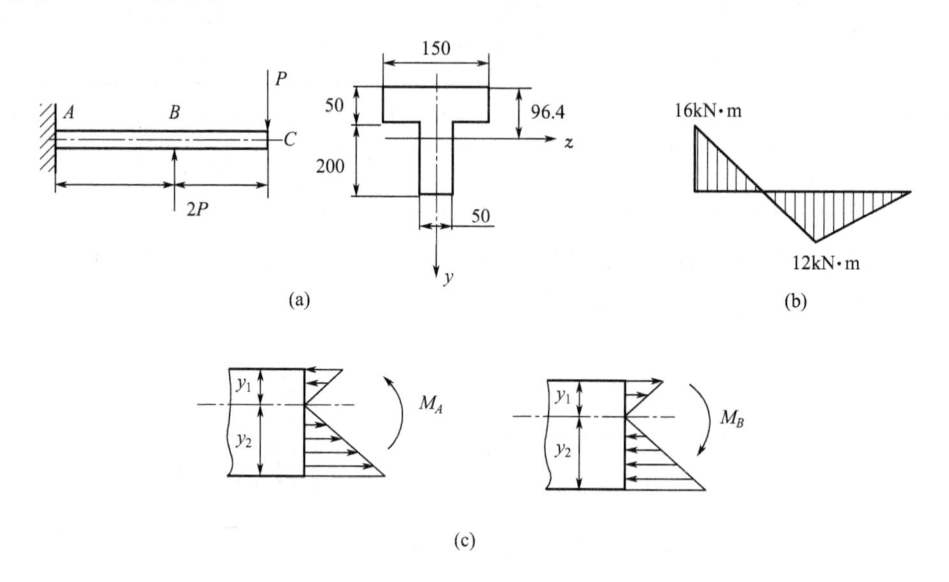

图 7-30 T 形铸铁梁

② 确定危险点，计算最大拉应力与最大压应力。由弯矩图看出，A、B 两截面均可能为危险面。A 截面上有最大正弯矩，该截面下边缘各点处将产生最大拉应力，上边缘各点处将产生最大压应力；而 B 截面上有最大负弯矩，该截面下边缘各点处将产生最大压应力，上边缘各点处将产生最大拉应力。A、B 截面正应力分布如图 7-30(c) 所示。

显然，A 截面上的最大拉应力要大于 B 截面上的最大拉应力，故梁内最大拉应力发生在 A 截面下边缘各点处，其值为：

$$\sigma_{\max}^{+}=\frac{M_A y_2}{I_z}=\frac{16\times10^6\times(250-96.4)}{1.02\times10^8}=24.09\ (\text{MPa})$$

对 A、B 两截面，需经计算，才能得知哪个截面上的最大压应力更大：

$$\sigma_{A\max}^{-}=\frac{M_A y_1}{I_z}=\frac{16\times10^6\times96.4}{1.02\times10^8}=15.12\ (\text{MPa})$$

$$\sigma_{B\max}^{-}=\frac{M_B y_2}{I_z}=\frac{12\times10^6\times(250-96.4)}{1.02\times10^8}=18.07\ (\text{MPa})$$

由此可见，梁内最大压应力发生在 B 截面的下边缘各点处。

7.3.2 梁横截面上的切应力简介*

当梁发生横向弯曲时，横截面上一般都有剪力存在，横截面上与剪力对应的分布内力在各点的强弱程度称为**切应力**，用希腊字母 τ 表示。由切应力互等定理可知，在平行于中性层的纵向平面内，也有切应力存在。一般情况下梁的强度往往由正应力控制，但是有些情况下就必须考虑切应力对强度的影响，要对切应力进行强度校核，如横截面上有较大剪力 F_S 作用而弯矩却较小，梁的跨度短而截面较高（$1/h<5$），组合截面梁的腹板较薄的情况等。

7.3.2.1 矩形截面梁横截面上的切应力

（1）横截面上切应力分布规律的假设　设梁的横截面为矩形，如图 7-31 所示。其高度为 h，宽度为 b，且 $h>b$。

① 横截面上各点处的切应力方向都平行于剪力 F_Q。

② 切应力沿截面宽度均匀分布，即离中性轴等距离的各点处的切应力相等。

（2）切应力计算公式　矩形截面梁弯曲切应力计算公式

$$\tau=\frac{F_Q S_z}{I_z b} \tag{7-19}$$

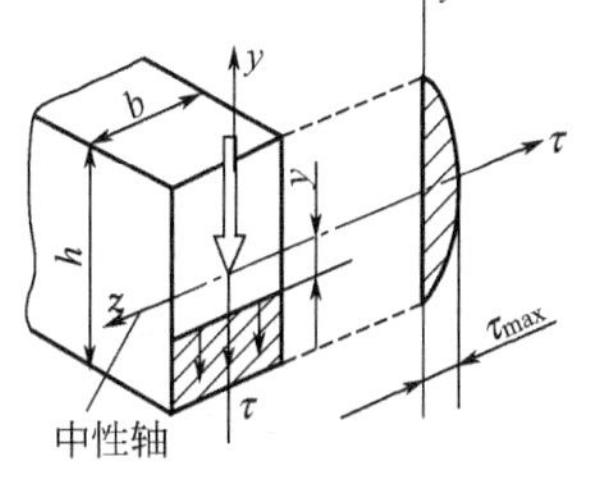

图 7-31　矩形横截面

式中，F_Q 为所求切应力的点所在横截面上的剪力；b 为所求切应力的点所在的截面宽度；I_z 为整个截面对中性轴的惯性矩；S_z 为所求切应力的点处横线以下（或以上）的面积 A^* 对中性轴的静矩。

切应力沿截面高度按二次抛物线规律变化。当 $y=\pm h/2$ 时，$\tau=0$，即截面上下边缘处的切应力为零。当 $y=0$ 时，$\tau=\tau_{\max}$，即中性轴上切应力最大，其值为

$$\tau_{\max}=1.5\frac{F_Q}{A} \tag{7-20}$$

即矩形截面上的最大剪切应力为截面上平均切应力的 1.5 倍。

7.3.2.2 其他截面梁横截面上的剪应力

其中几种形状截面梁的切应力可近似地按照矩形截面梁的切应力计算公式(7-19) 求得，且均在中性轴上切应力达到最大值，几种常用截面梁上的最大切应力值分别为

工字性
$$\tau=\frac{F_Q S_z}{I_z b} \tag{7-21}$$

圆形
$$\tau_{\max}=\frac{4}{3}\frac{F_Q}{A}\qquad A=\frac{\pi d^2}{4} \tag{7-22}$$

薄壁圆环
$$\tau_{\max}=2\frac{F_Q}{A}\qquad A=\frac{\pi(D^2-d^2)}{4} \tag{7-23}$$

7.3.3 工程梁的强度计算

为了保证工程梁的强度安全，就必须要求危险截面上的最大应力小于材料的许用应力值，即

$$\sigma_{max} \leqslant [\sigma]$$

还应考虑到梁的实际工作情况，比如在环境温度工作下的起重吊车梁、房屋的梁等，可取梁材料的常温许用应力。对于一些特殊情况下的梁，例如化工生产中塔设备内支撑塔盘的支架，力学模型可简化为悬臂梁，由于塔设备中介质环境的高温高压，还有腐蚀性，进行强度校核时就要选取材料的设计温度（高于工作温度）下的许用应力值，并且还要考虑到化学介质对支架的腐蚀裕度。

7.3.3.1　正应力强度条件

无论是纯弯曲梁还是横力弯曲梁，要保证强度的安全性，都必须进行正应力的校核。对于塑性材料，其抗拉和抗压强度相同，宜选用中性轴为截面对称轴的梁，其正应力强度条件为：

$$\sigma_{max}=\frac{M_{max}}{W_z}\leqslant[\sigma] \tag{7-24}$$

对于脆性材料，其最大拉应力和最大压应力不同，材料的抗拉和抗压强度不同，宜选用中性轴不是截面对称轴的梁，并分别对抗拉和抗压应力建立强度条件：

$$\left.\begin{aligned}\sigma_{max}^{+}=\frac{M^{+}y_{max}^{+}}{I_z}\leqslant[\sigma]^{+}\\ \sigma_{max}^{-}=\frac{M^{-}y_{max}^{-}}{I_z}\leqslant[\sigma]^{-}\end{aligned}\right\} \tag{7-25}$$

式中，σ_{max}^{+}，σ_{max}^{-}分别为最大拉应力和最大压应力；M^{+}，M^{-}分别为产生最大拉应力和最大压应力截面上的弯矩；$[\sigma]^{+}$，$[\sigma]^{-}$分别为材料的许用拉应力和许用压应力；y_{max}^{+}，y_{max}^{-}分别为产生最大拉应力和最大压应力截面上的点到中性轴之间的距离。

运用正应力强度条件，可解决梁的三类强度计算问题。

（1）强度校核　在已知梁的材料和横截面的形状、尺寸，以及所受载荷的情况下，检查梁是否满足正应力强度条件。

$$\sigma_{max}\leqslant[\sigma]$$

（2）设计截面　当已知荷载和所用材料时，可以根据强度条件计算所需的抗弯截面模量，然后根据梁的截面形状进一步确定截面的具体尺寸。

$$W_z\geqslant\frac{M_{max}}{[\sigma]} \tag{7-26}$$

（3）确定许可荷载　如果已知梁的材料和截面尺寸，则先由强度条件计算梁所能承受的最大弯矩。

$$M_{max}\leqslant W_z[\sigma]；\quad [P]=f(M_{max}) \tag{7-27}$$

7.3.3.2　切应力的强度条件

$$\tau_{max}=\frac{Q_{max}S_{zmax}}{bI_z}\leqslant[\tau] \tag{7-28}$$

切应力强度条件也可解决工程三个方面的应用：校核强度、设计截面尺寸、设计工程许可载荷。如前所述，在一般情况下，纯弯曲或细长梁的强度校核只需进行正应力的校核，但是在以下几种特殊情况下就需要进行切应力校核：

① 梁的跨度较短，M较小，而Q较大时，要校核剪应力；

② 铆接或焊接的组合截面，其腹板的厚度与高度比小于型钢的相应比值时，要校核剪应力；

③ 各向异性材料（如木材）的抗剪能力较差，要校核剪应力。

［实例 7-11］ 矩形截面外伸梁受力如图 7-32(a) 所示，已知 $l=4\text{m}$，$b=180\text{mm}$，$h=220\text{mm}$，$F_P=4\text{kN}$，$q=8\text{kN/m}$，材料的许用应力 $[\sigma]=10\text{MPa}$，试校核梁的强度。

分析：该梁的长度比上宽度 l/b 远远大于 5，因此应力情况可只考虑正应力，而切应力的影响很小，可忽略不计。解决思路应先根据已知条件求出弯矩图，找出产生最大正应力的危险截面，求出最大正应力，再根据强度条件进行校核。

解：① 作弯矩图。作出的弯矩图如图 7-32(b) 所示，从图中可得出 $M_{\max}=14.1\text{kN}\cdot\text{m}$。且危险截面处于受均布载荷内梁中段 1/2 处。

② 求出危险截面处最大正应力。先求出该梁矩形截面的抗弯截面模量

$$W_z=\frac{bh^2}{6}=\frac{180\times 220^2}{6}\approx 1.45\times 10^6\ (\text{mm}^3)$$

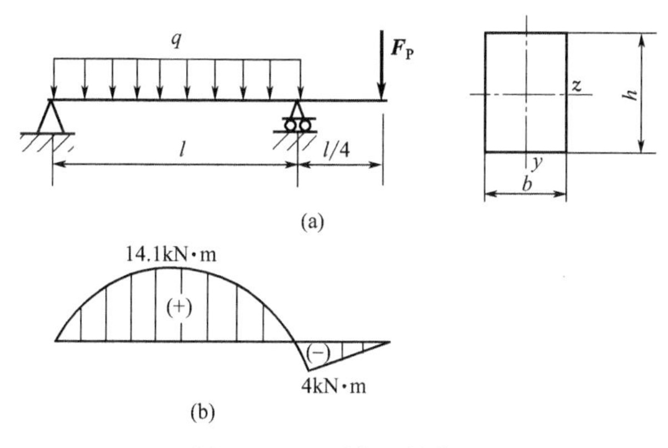

图 7-32 矩形截面外伸梁

然后根据公式(7-24) 求出最大正应力

$$\sigma_{\max}=\frac{M_{\max}}{W_z}=\frac{14.1\times 10^3}{1.45\times 10^6\times 10^{-9}}\approx 9.72\times 10^6\ (\text{Pa})=9.72\text{MPa}$$

③ 根据正应力强度公式对该梁进行强度校核。由已知条件可知该梁材料的许用应力 $[\sigma]=10\text{MPa}$，可得出结论

$$\sigma_{\max}\leqslant[\sigma]$$

结论：该矩形外伸梁在此工作条件下强度足够安全。

［实例 7-12］ 如图 7-33 所示为一工字形钢梁，受力如图 7-33(a) 所示，钢的容许弯曲应力为 $[\sigma]=152\text{MPa}$，容许切应力为 $[\tau]=95\text{MPa}$。试选择工字钢的型号。

分析：该工程梁截面为工字钢，已知外加载荷和许可拉应力及切应力，要先作出剪力和弯矩图确定危险截面。然后先按正应力强度设计式(7-26) 进行截面设计，再根据假设的型

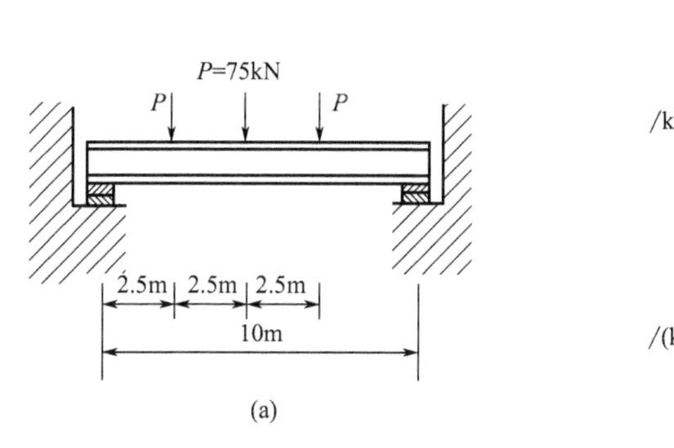

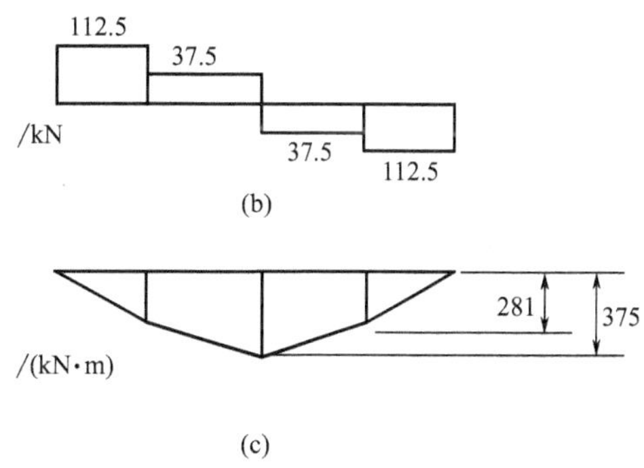

图 7-33 工字钢梁

号来校核切应力强度是否足够，如足够就说明所选的型号合适。

解：① 首先将梁简化为简支梁，作出剪力和弯矩图如图 7-33(b)、(c) 所示，梁的最大弯矩为

$$M_{max}=375000\ (N \cdot m)$$

② 按正应力强度条件选择截面。根据 $\sigma_{max}=\frac{M_{max}}{W_z}\leqslant[\sigma]$，可计算梁截面的截面模量 W_z，应为

$$W_z=\frac{W_{max}}{\sigma_{max}}=\frac{375000}{152\times10^6}=2460\times10^{-6}\ (m^3)$$

由教材后附录型钢表查得最接近这一要求的是 56b 号工字钢，其截面模量为

$$W_z=2450\times10^{-6}m^3$$

由于在规定材料的容许应力时，为材料留有一定的安全裕度，所以只要超出容许应力不是很大（一般 5%在之内），选用小一号的截面是允许的，这里 56b 号工字钢截面模量与所需要的相差不到 1%，相应地，最大正应力也将不会超出容许应力 1%，因此可以采用。

③ 进行切应力强度校核。梁的最大剪力为

$$Q_{max}=112500N$$

利用型钢表查得，56b 号工字钢的 $I_z/S_z=47.2\times10^{-2}m$，$d=14.5mm$ 最大切应力为

$$\tau_{max}=\frac{Q_{max}S_{zmax}}{I_zd}=\frac{Q_{max}}{\frac{I_z}{S_{zmax}}\times d}=\frac{112500}{47.2\times10^{-2}\times14.5\times10^{-3}}=19.07\times10^6Pa=19.07\ (MPa)$$

结论：显然，这个最大切应力小于容许切应力，切应力强度条件满足。实际上，前面已经讲到，梁的强度多由正应力控制，故在按正应力强度条件选好截面后，在一般情况下不需要再按切应力进行强度校核。

［实例 7-13］ T 形铸铁梁，受力和截面尺寸如图 7-34(a) 所示，已知截面对中性轴 z 的惯性矩 $I_z=6013\times10^4mm^4$，材料的许用拉应力 $[\sigma_t]=40MPa$，许用压应力 $[\sigma_c]=160MPa$。试校核梁的强度。

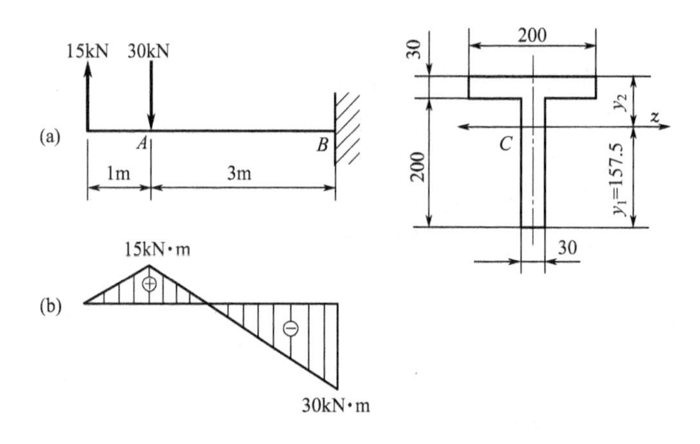

图 7-34 T 形铸铁梁

分析：解题思路仍然是先画出弯矩图，确定危险截面，求出最大应力进行强度校核。但需要注意的是：该 T 形梁的材料为铸铁，属于脆性材料。其最大拉应力和最大压应力不同，材料的抗拉和抗压强度不同，进行强度校核时要分别进行计算和校核，采用式(7-25) 进行校核。

解：① 作梁的弯矩图如图 7-34(b) 所示。由图中可知 $M_A=15\text{kN}\cdot\text{m}$，$M_B=-30\text{kN}\cdot\text{m}$。

在 A 截面上，弯矩 M_A 为正的最大值，梁下凸变形，最大拉应力发生在该截面下缘处，最大压应力发生在该截面上缘处。在 B 截面上，弯矩 M_B 为负的最大值，梁上凸变形，最大拉应力发生在该截面上缘处，最大压应力发生在该截面下缘处，下面要分别求出 A 和 B 两个截面的最大拉应力和最大压应力，取较大值。

② 计算最大拉应力和最大压应力，根据式(7-25) 可得

A 截面：

$$\sigma'_{\text{tmax}}=\frac{M_A y_1}{I_z}=\frac{15\times10^3\times157.5\times10^{-3}}{6013\times10^4\times10^{-12}}\approx39.3\ (\text{MPa})$$

$$\sigma'_{\text{cmax}}=\frac{M_A y_2}{I_z}=\frac{15\times10^3\times(230-157.5)\times10^{-3}}{6013\times10^4\times10^{-12}}\approx18.1\ (\text{MPa})$$

B 截面：

$$\sigma''_{\text{tmax}}=\left|\frac{M_B y_2}{I_z}\right|=\frac{30\times10^3\times(230-157.5)\times10^{-3}}{6013\times10^4\times10^{-12}}\approx36.2\ (\text{MPa})$$

$$\sigma''_{\text{cmax}}=\left|\frac{M_B y_1}{I_z}\right|=\frac{30\times10^3\times157.5\times10^{-3}}{6013\times10^4\times10^{-12}}\approx78.6\ (\text{MPa})$$

③ 利用正应力强度条件校核强度。

由此可见，全梁的最大拉应力为 $\sigma_{\text{tmax}}=39.3\text{MPa}\leqslant[\sigma_t]$ 发生在 A 截面下缘处，全梁的最大压应力为 $\sigma_{\text{cmax}}=78.6\text{MPa}\leqslant[\sigma_c]$ 发生在 B 截面下缘处。故均满足强度要求。

7.3.4 提高梁弯曲强度的几项措施

提高梁的弯曲强度，就是在材料消耗尽可能少的前提下，使梁承受尽可能大的载荷，达到既安全又经济，以及减轻结构重量等目的。对于一般细长梁，影响梁弯曲强度的主要因素是弯曲正应力强度条件，而梁的正应力强度条件为：

$$\sigma_{\max}=\frac{M_{\max}}{W_z}\leqslant[\sigma]$$

从上式中可看出，为提高梁的承载能力，必须降低梁的最大弯矩和提高梁的抗弯截面系数。工程中常见的措施有以下几种。

7.3.4.1 选择合理的梁截面

① 从应力分布规律考虑，应将较多的截面面积布置在离中性轴较远的地方。如矩形截面，由于弯曲正应力沿梁截面高度按直线分布，截面的上、下边缘处正应力最大，在中性轴附近应力很小，所以靠近中性轴处的一部分材料未能充分发挥作用。如果将中性轴附近的阴影面积(见图7-35) 移至虚线位置，这样，就形成了工字形截面，其截面面积大小不变，而更多的材料可较好地发挥作用。所以，从应力分布情况看，凡是中性轴附近用料较多的截面就是不合理的截面，即截面面积相同时，工字形比矩形好，矩形比正方形好，正方形比圆形好。

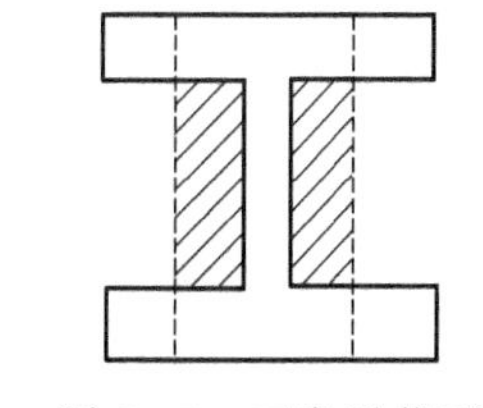

图 7-35 工字形截面

② 根据抗弯截面系数与截面面积比值 W_z/A 选择截面。抗弯截面系数越大，梁能承受的载荷越大；横截面积越小，梁使用的材料越少。同时考虑梁的安全性与经济性，可知 W_z/A 值越大，梁截面越合理。以下比较具有同样高度 h 的矩形、圆形和工字形（槽形）截面的 W_z/A 的值。

高为 h、宽为 b 的矩形截面：

$$\frac{W_z}{A}=\frac{\frac{bh^2}{6}}{bh}=0.167h$$

直径为 h 的圆形截面：

$$\frac{W_z}{A}=\frac{\frac{\pi h^3}{32}}{\frac{1}{4}\pi h^2}=0.125h$$

高为 h 的工字形与槽形截面：

$$\frac{W_z}{A}=(0.27\sim0.31)h$$

可见这三种截面的合理顺序是：a. 工字形与槽形截面；b. 矩形截面；c. 圆形截面。截面形状的合理性，可以从梁截面弯曲正应力的分布规律说明，梁截面的弯曲正应力沿截面高度呈线性变化，截面边缘处的正应力最大，中性轴处的正应力值为零，中性轴附近的材料没有得到充分的应用，如果减少中性轴附近的材料，而把材料布置到距中性轴较远处，截面形状则较为合理，所以，工程上常采用工字形、圆环形、箱形等截面形式，见表 7-4。

表 7-4　几种常见的截面形状及其 W_z/A 值

截面形状	圆形	矩形	圆环形	槽钢	工字钢
$\frac{W_A}{A}$	$0.125h$	$0.167h$	$0.205h$	$(0.27\sim0.31)h$	$(0.27\sim0.31)h$

③ 根据材料的拉压性能选择截面。对于塑性材料，其抗拉强度和抗压强度相等，宜采用中性轴为截面对称轴的截面，使最大拉应力与最大压应力相等。如矩形、工字形、圆环形、圆形等截面形式。对于脆性材料，其抗压强度大于抗拉强度，宜采用中性轴不是对称轴的截面，如 T 形截面，(见图 7-36)，使中性轴靠近受拉端，如 T 形等。设计时最好使得：截面受拉、受压的边缘到中性轴的距离与材料的抗拉、抗压许用应力成正比，这样才能充分发挥材料的潜力。

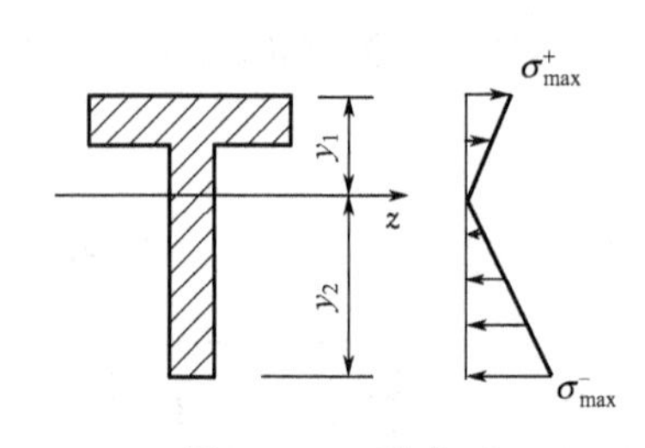

图 7-36　T 形截面

$$\frac{\sigma^+_{max}}{\sigma^-_{max}}=\frac{y_1}{y_2}=\frac{[\sigma]^+}{[\sigma]^-}$$

④ 采用等强度梁。一般承受横力弯曲的梁，各截面上的弯矩是随截面位置而变化的。对于等截面梁，除所在截面以外，其余截面的材料必然没有充分发挥作用。若将梁制成变截面梁，使各截面上的最大弯曲正应力与材料的许用应力 [σ] 相等或接近，这种梁称为等强度梁，如图 7-37(a) 所示的雨篷悬臂梁，如图 7-37(b) 所示的薄腹梁，如图 7-37(c) 所示的鱼腹式吊车梁等，都是近似地按等强度原理设计的。

7.3.4.2　合理安排载荷，降低梁的最大弯矩

(1) 减少梁的跨度　均布载荷作用在简支梁上时，最大弯矩与跨度的平方成正比，如能减少梁的跨度，将会降低梁的最大弯矩，如图 7-38 所示。

(2) 分散布置载荷　使梁上载荷分散布置，可以降低最大弯矩，如图 7-39 所示。

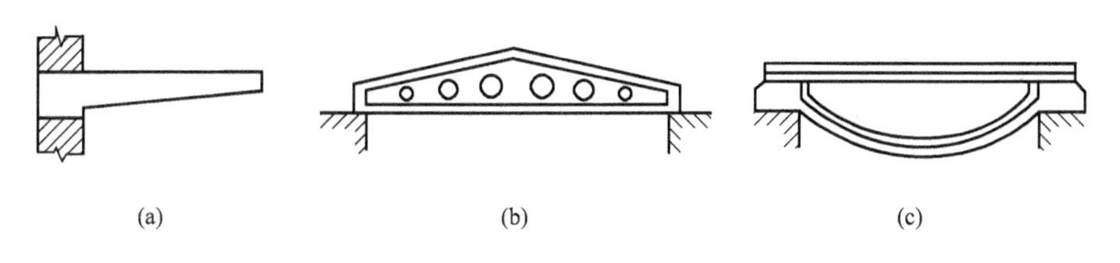

图 7-37　等强度梁

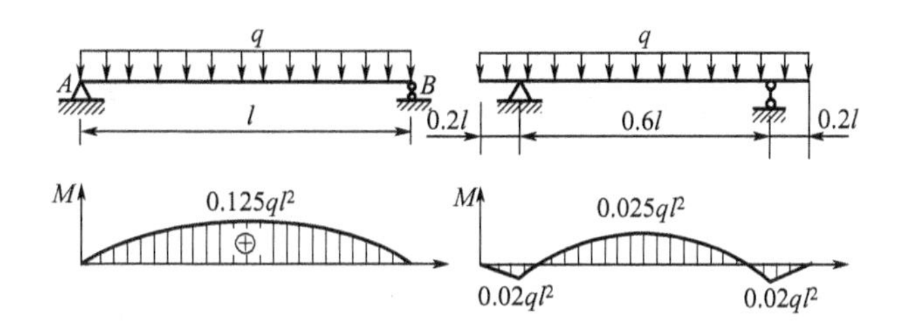

图 7-38　减少梁的跨度

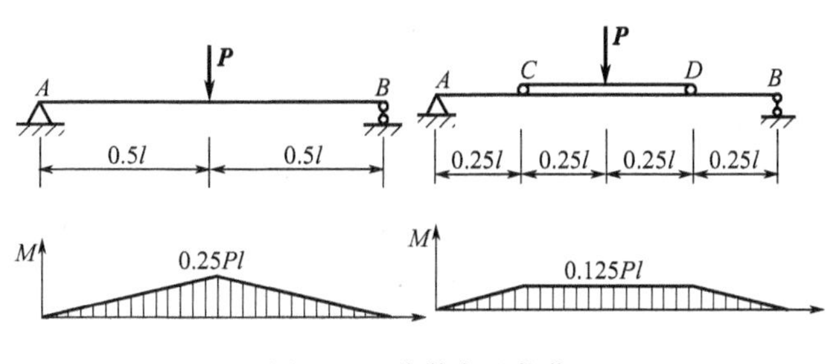

图 7-39　分散布置载荷

7.3.4.3　采用变截面梁

按弯曲强度条件设计梁截面，是按最危险截面的弯矩设计的，其他截面的弯矩值小于危险截面的弯矩，如果设计成等截面梁，将浪费梁的材料。因此，在工程实际中，根据弯矩沿梁轴变化的情况，将梁截面设计成沿梁轴变化的，截面沿梁轴变化的梁称为变截面梁（见图 7-40）。理想的变截面梁可使所有横截面上的最大弯曲正应力均相同，并且等于许用应力：

$$\sigma_{\max}=M(X)/W(X)=[\sigma]$$

得：$W(X)=M(X)/[\sigma]=PX/[\sigma]$。

如果梁截面为矩形，宽度为常量 b，高度可变，设为 $h(X)$，则 $W(X)=bh^2(X)/6$，得：

$$h(x)=\sqrt{\frac{6Px}{b[\sigma]}}$$

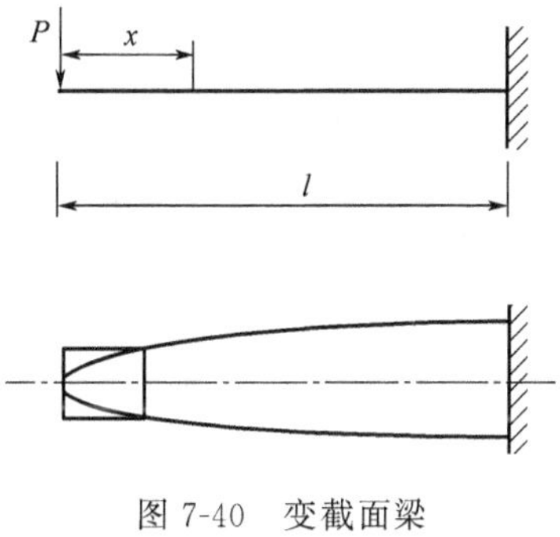

图 7-40　变截面梁

所以截面高度沿轴线按抛物线变化。如图 7-40 这样的梁称等强度梁。

7.3.5　弯曲中心的概念 *

要使梁不产生扭转，就必须使外力 F 作用在过 A 点的纵向平面内。通常，把 A 点称为弯曲中心，如表 7-5 所列。也就是说，只有横向力 F 作用在通过弯曲中心的纵向平面内时，梁才只产生弯曲而不产生扭转。

表 7-5 常见截面弯曲中心的位置

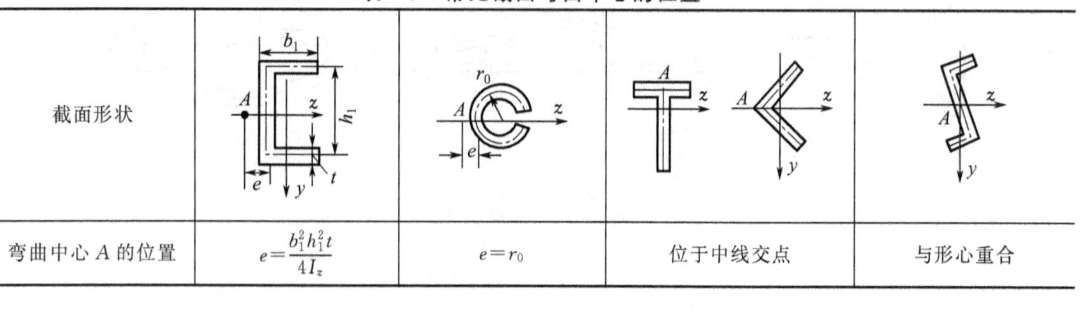

截面形状				
弯曲中心 A 的位置	$e=\frac{b_1^2h_1^2t}{4I_z}$	$e=r_0$	位于中线交点	与形心重合

任务 7.4 平面弯曲类梁的变形分析及刚度计算

正如能力模块二知识引入所叙述，当工程结构传递运动或承受载荷时，各个构件都要受到力的作用。为了保证机械或建筑物能在载荷作用下正常工作，要求每一构件必须具有足够的承载能力。即除了要求构件的强度足够外，还应有刚度和稳定性的要求，具体要求要根据不同工作情况来确定。在工程实际中，对于轴向拉（压）杆，除极特殊情况外，一般不会因其变形过大而影响正常使用，因此一般不考虑其变形。而对于扭转轴和平面弯曲梁及发生组合变形的构件则需要考虑刚度问题。所以对主要承受弯矩的梁要进行变形分析和刚度校核。

7.4.1 弯曲梁的变形分析

7.4.1.1 挠度和转角

如图 7-41 所示，梁 AB 在平面弯曲的情况下，其轴线为一光滑连续的平面曲线，称为**挠曲线**。由图 7-41 可见，梁变形后任一横截面将产生两种位移。

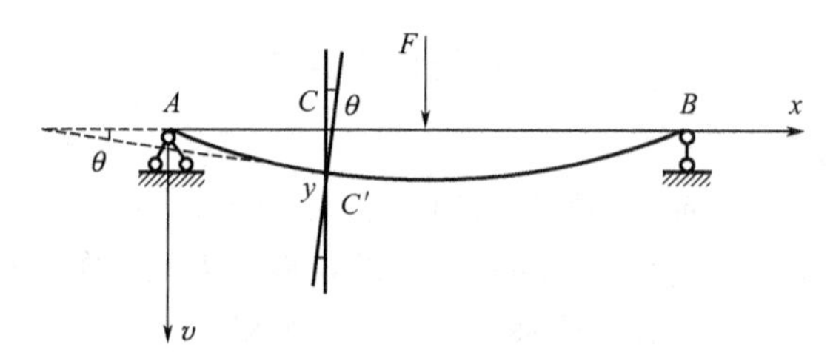

图 7-41 梁变形

挠度：梁任一横截面的形心沿 y 轴方向的线位移 C_C，称为该截面的挠度，通常用 y 表示，并以向下为正，其单位用 mm 或 m。横截面形心沿 x 轴方向的线位移，因为很小，可忽略不计。

转角：梁任一横截面相对于原来位置所转动的角度，称为该截面的转角，用 θ 表示，并以顺时针转动为正，单位为弧度（rad）。

梁的挠曲线可用方程 $y=f(x)$ 来表示，称为梁的**挠曲线方程**。

截面转角 θ 就等于挠曲线在该处的切线与 x 轴的夹角。挠曲线上任意一点处的斜率为

$$\tan\theta=\frac{\mathrm{d}y}{\mathrm{d}x}$$

$\tan\theta\approx\theta$，于是上式可写成

$$\theta=\frac{\mathrm{d}y}{\mathrm{d}x}$$

7.4.1.2　梁的挠曲线近似微分方程

$$\frac{d^2y}{dx^2}=-\frac{M_z(x)}{EI_z} \tag{7-29}$$

略去了剪力对梁弯曲变形的影响，并且在推导过程中略去了高阶微量，曲率采用近似的公式，所以称为梁的挠曲线近似微分方程。对此微分方程求解，即可得到挠度方程和转角方程。

7.4.1.3　积分法计算梁的位移

对等截面梁的转角和挠度方程为

$$\theta(x)=\frac{dy}{dx}=-\frac{1}{EI_z}\left[\int M_z(x)dx+C\right] \tag{7-30}$$

$$y(x)=-\frac{1}{EI_z}\left\{\int\left[\int M_z(x)dx\right]dx+Cx+D\right\} \tag{7-31}$$

这种应用两次积分法求出挠曲线方程的方法称为**积分法**。方程中的积分常数可通过挠曲线上已知的位移条件（通常称之为边界条件）来确定。积分法是确定梁位移的基本方法，通过积分法可得到梁的挠度方程和转角方程，从而确定任一截面的位移，但其运算繁杂，所以一般情况下我们采用下面介绍的叠加法来进行挠度和转角的计算。

7.4.1.4　用叠加法求挠度和转角

所谓叠加法，就是首先将梁上所承受的复杂荷载分解为几种简单荷载，然后分别计算梁在每种简单荷载单独作用下产生的位移，最后，再将这些位移代数相加。由于梁在各种简单荷载作用下计算位移的公式均有表可查（见表 7-6），因而用叠加法计算梁的位移就比较简单。

[实例 7-14]　如图 7-42(a) 所示的悬臂梁，求自由端 A 截面的挠度和转角。

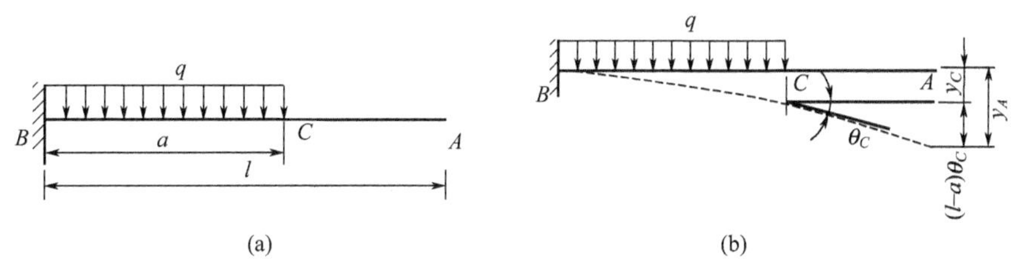

图 7-42　悬臂梁

解：梁的变形分为两段，梁段 BC 相当于跨度为 a 的悬臂梁截面 C 的挠度和转角，可由表 7-6 查得

$$y_C=\frac{qa^4}{8EI_z}$$

$$\theta_C=\frac{qa^3}{6EI_z}$$

而段梁 CA 上无荷载，它随着梁段 BC 的变形作刚性转动。所以，梁段 CA 变形后仍应保持直杆。从变形的连续性可知，截面 A 的转角与截面 C 的转角相同，而截面 A 处的挠度应由截面 C 处的挠度再加上由于截面 C 转角的影响。考虑到小变形，$\tan\theta\approx\theta$。所以有

$$y_A=y_C+(l-a)\theta_C=\frac{qa^4}{8EI_z}+(l-a)\frac{qa^3}{6EI_z}$$

$$\theta_A=\theta_C=\frac{qa^3}{6EI_z}$$

表 7-6　梁在各种简单荷载作用下计算位移

序号	梁的简图	挠曲线方程	端截面转角	最大挠度
1		$y=-\frac{Px^2}{6EI}(3l-x)$	$\theta_B=-\frac{Pl^2}{2EI}$	$y_B=-\frac{Pl^3}{3EI}$
2		$0\leqslant x\leqslant a$ $y=-\frac{Px^2}{6EI}(3a-x)$ $a\leqslant x\leqslant l$ $y=-\frac{Pa^2}{6EI}(3x-a)$	$\theta_B=-\frac{Pa^2}{EI}$	$y_B=-\frac{Pa^2}{6EI}(3l-a)$
3		$y=-\frac{mx^2}{2EI}$	$\theta_B=-\frac{ml}{EI}$	$y_B=-\frac{ml^2}{2EI}$
4		$0\leqslant x\leqslant a$ $y=-\frac{mx^2}{2EI}$ $a\leqslant x\leqslant l$ $y=-\frac{ma}{EI}\left(x-\frac{a}{2}\right)$	$\theta_B=-\frac{ma}{EI}$	$y_B=-\frac{ma}{EI}\left(l-\frac{a}{2}\right)$
5		$y=-\frac{qx^2}{24EI}(x^3+6l^2-4lx)$	$\theta_B=-\frac{ql^3}{6EI}$	$y_B=-\frac{ql^4}{8EI}$
6		$0\leqslant x\leqslant\frac{l}{2}$ $y=-\frac{Px}{48EI}(3l^3-4x^2)$	$\theta_A=-\theta_B=-\frac{Pl^2}{16EI}$	$y_C=-\frac{Pl^3}{48EI}$
7		$0\leqslant x\leqslant a$ $y=-\frac{Pbx}{6lEI}(l^2-x^2-b^2)$ $a\leqslant x\leqslant l$ $y=-\frac{Pb}{6lEI}[(l^3-b^2)x-x^2$ $+\frac{l}{b}(x-a)^3]$	$\theta_A=-\frac{Pab(l+b)}{6lEI}$ $\theta_B=-\frac{Pab(l+a)}{6lEI}$	若 $a>b$ 在 $x=\sqrt{\frac{l^2-b^2}{3}}$ 处 $y=-\frac{\sqrt{3}Pb}{27lEI}(l^2-b^2)^{\frac{2}{3}}$ 在 $x=\frac{l}{2}$ 处 $y_{\frac{1}{2}}=-\frac{Pb}{48EI}(3l^2-4b^2)$

7.4.2　弯曲梁的刚度计算

工程中常以允许的挠度与梁跨长的比值 $[f/l]$ 作为校核的标准。梁的刚度条件可写为：

$$\frac{y_{\max}}{l}\leqslant\left[\frac{f}{l}\right] \tag{7-32}$$

$$|\theta|_{\max}\leqslant[\theta] \tag{7-33}$$

梁应同时满足强度条件和刚度条件，但在一般情况下，强度条件起控制作用。可在设计梁时，由强度条件选择截面或确定许用荷载，再按刚度条件校核，若不满足，则需按刚度条件重新设计。如果工程要求刚度条件比较重要时，可以分别使用强度和刚度的设计条件求出截面，取更安全的设计方案。如［实例 7-15］。

通过以上刚度条件可以进行三个方面的工程计算。

① 利用式(7-32) 和式(7-33) 进行弯曲梁的刚度校核。

② 设计截面尺寸。根据梁的材料的许用应力及弹性模量、梁的许可挠度等，根据刚度条件设计截面尺寸。

③ 设计许可载荷。

7.4.3 提高梁的刚度措施

梁的变形与梁的抗弯刚度 EI、跨度 l、支座情况、载荷形式及其作用位置有关。根据这些因素对弯曲变形的作用，可通过以下措施来提高梁的刚度。

① 增大抗弯刚度。主要是采用合理的截面形状，在面积基本不变的情况下，使惯性矩 I 尽可能增大，可有效地减小梁的变形。为此，工程上的受弯构件多采用空心圆形、工字形、箱形等薄壁截面。材料的弹性模量 E 值愈大，梁的抗弯刚度也会愈大。但对钢材来说，各类钢的 E 值非常接近，故选用优质钢对提高梁的抗弯刚度意义并不大。

② 调整跨度和改善结构。静定梁的挠度与跨度的 n 次方成正比。在可能的条件下，减小跨度可明显地减小梁的变形。但减小跨度往往和改变梁的结构联系在一起。如图 7-43(a) 所示受均布载荷作用的简支梁，若将两端支座向内移动 $2l/9$ 变为外伸梁［见图 7-43(b)］，则其跨中截面的挠度变为 $0.11qI/384EI$。

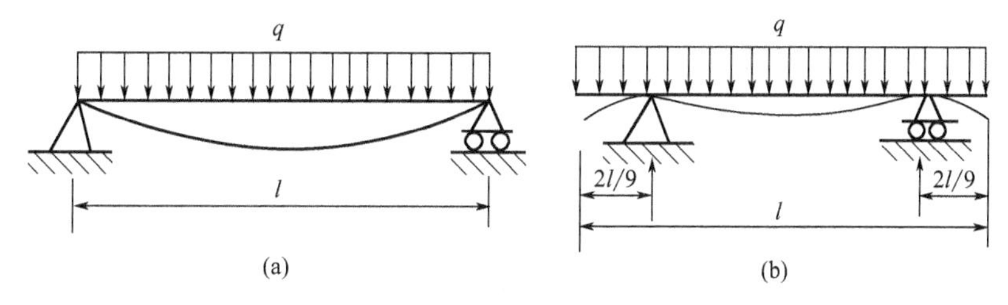

图 7-43 调整跨度和改善结构

③ 合理布置外力（包括支座），使 M_{max}尽可能小（图 7-44）。

下面用实例来说明工程梁强度和刚度的综合设计方法。

［实例 7-15］ 如图 7-45(a) 所示的一矩形截面悬臂梁，$q=10\text{kN/m}$，$l=3\text{m}$，梁的许用

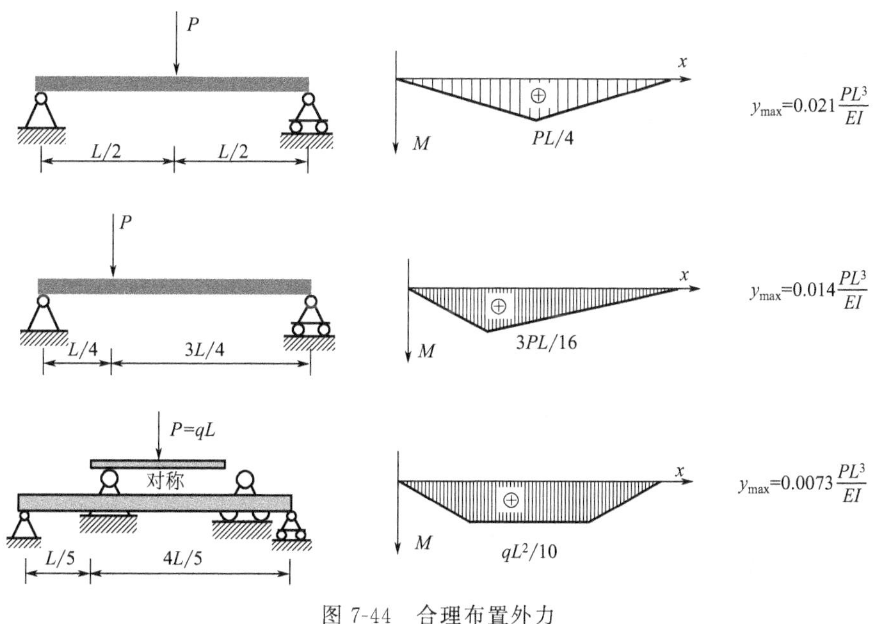

图 7-44 合理布置外力

挠度值 $[f/l]=1/250$，材料的许用应力 $[\sigma]=12\text{MPa}$，材料的弹性模量 $E=2\times10^4\text{MPa}$，截面尺寸比 $h/b=2$，试确定截面尺寸 b、h。

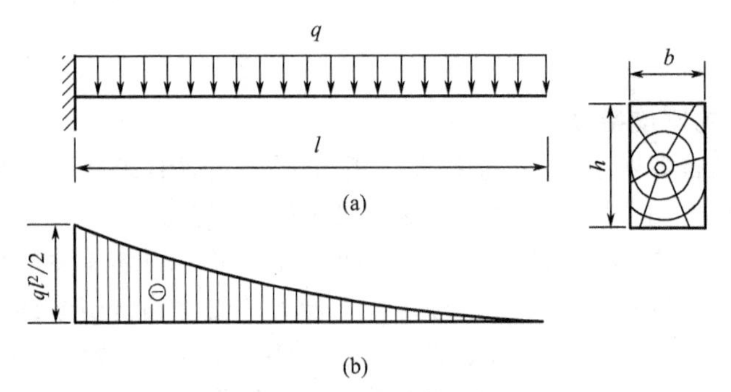

图 7-45　矩形截面悬臂梁

分析：该梁既有强度要求又有明确的刚度要求，所以要按强度和刚度条件分别设计。

解：该梁既要满足强度条件，又要满足刚度条件，这时可分别按强度条件和刚度条件来设计截面尺寸，取其较大者。

① 按强度条件 $\sigma_{\max}=\dfrac{M_{\max}}{W_z}\leqslant[\sigma]$ 设计截面尺寸。弯矩图如图 7-45(b) 所示。最大弯矩、抗弯截面系数分别为：

$$M_{\max}=\frac{q}{2}l^2=45\ (\text{kN}\cdot\text{m})\qquad\qquad W_z=\frac{b}{6}h^2=\frac{2}{3}b^3$$

把 M 及 W_z 代入强度条件，得

$$b\geqslant\sqrt[3]{\frac{3M_{\max}}{2[\sigma]}}=\sqrt[3]{\frac{3\times45\times10^6}{2\times12}}=178\ (\text{mm})\qquad h=2b=356\ (\text{mm})$$

② 按刚度条件 $\dfrac{y_{\max}}{l}\leqslant\left[\dfrac{f}{l}\right]$ 设计截面尺寸。查表 7-2 得：

$$y_{\max}=\frac{ql^4}{8EI_z}$$

又

$$I_z=\frac{b}{12}h^3=\frac{2}{3}b^4$$

把 $y_{\max}$ 及 I_z 代入刚度条件，得

$$b\geqslant\sqrt[4]{\frac{3ql^3}{16\left[\dfrac{f}{l}\right]E}}=\sqrt[4]{\frac{3\times10\times3000^3\times250}{16\times2\times10^4}}=159\ (\text{mm})\qquad h=2b=318\ (\text{mm})$$

③ 所要求的截面尺寸按大者选取，即 $h=356\text{mm}$，$b=178\text{mm}$。另外，工程上截面尺寸应符合模数要求，取整数即 $h=360\text{mm}$，$b=180\text{mm}$。

本项目案例工作任务解决方案步骤：

① 确定横梁为研究对象进行受力分析，作出计算简图；

② 根据计算简图，作出静力平衡方程，求出未知的支座反力；

③ 利用截面法建立内力方程，作出剪力和弯矩图，确定出危险截面；

④ 确定危险截面上的最大应力处，求出最大拉应力和最大压应力；

⑤ 利用弯曲强度校核公式进行该横梁的强度校核；

同学们利用所学知识自行解决任务。

项目能力知识结构总结

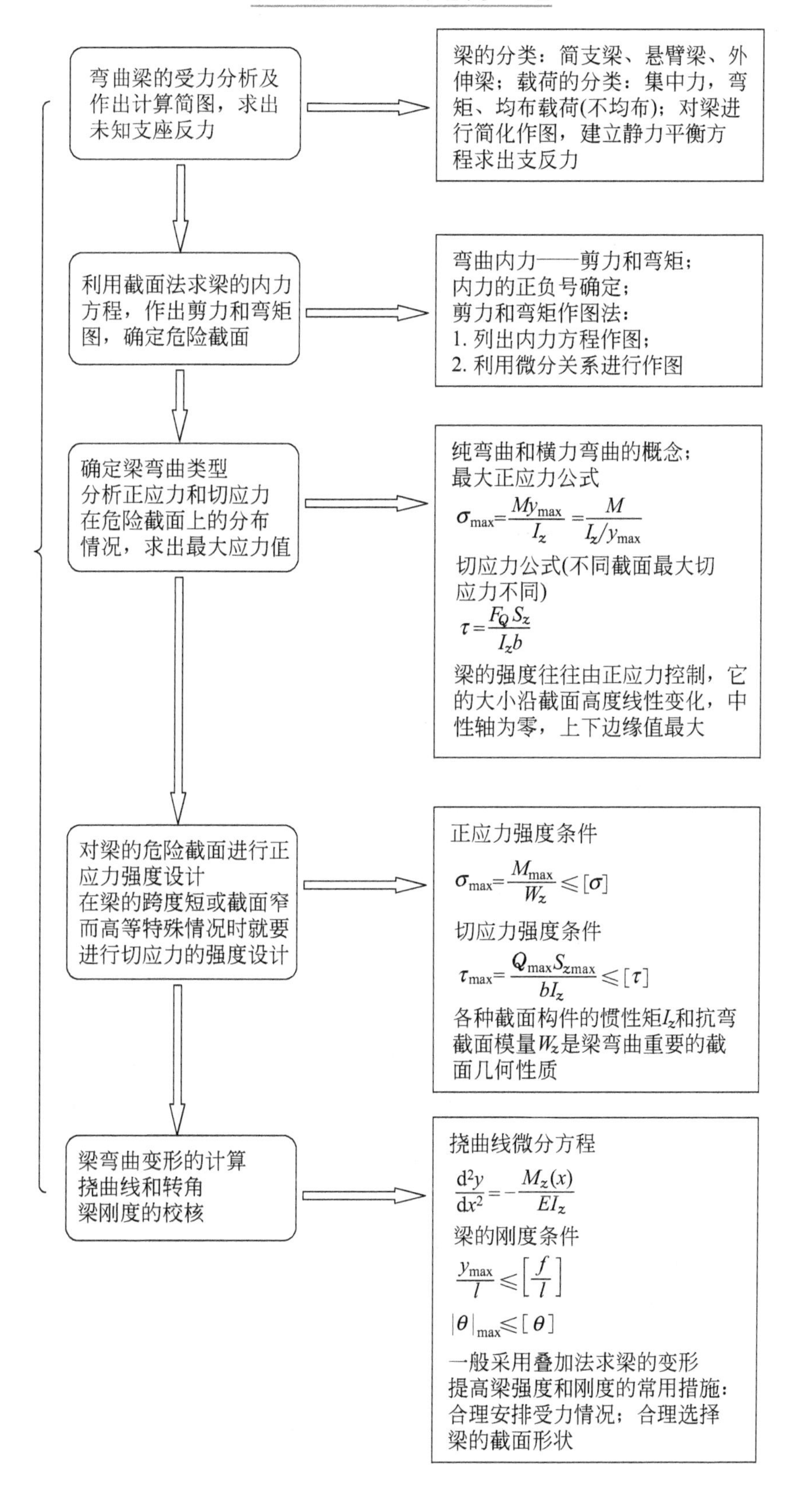
弯曲梁的受力分析及作出计算简图，求出未知支座反力
梁的分类：简支梁、悬臂梁、外伸梁；载荷的分类：集中力，弯矩、均布载荷(不均布)；对梁进行简化作图，建立静力平衡方程求出支反力
利用截面法求梁的内力方程，作出剪力和弯矩图，确定危险截面
弯曲内力——剪力和弯矩；
内力的正负号确定；
剪力和弯矩作图法：
1. 列出内力方程作图；
2. 利用微分关系进行作图
确定梁弯曲类型
分析正应力和切应力在危险截面上的分布情况，求出最大应力值
纯弯曲和横力弯曲的概念；
最大正应力公式
$\sigma_{max}=\frac{My_{max}}{I_z}=\frac{M}{I_z/y_{max}}$
切应力公式(不同截面最大切应力不同)
$\tau=\frac{F_Q S_z}{I_z b}$
梁的强度往往由正应力控制，它的大小沿截面高度线性变化，中性轴为零，上下边缘值最大
对梁的危险截面进行正应力强度设计
在梁的跨度短或截面窄而高等特殊情况时就要进行切应力的强度设计
正应力强度条件
$\sigma_{max}=\frac{M_{max}}{W_z}\leqslant[\sigma]$
切应力强度条件
$\tau_{max}=\frac{Q_{max}S_{zmax}}{bI_z}\leqslant[\tau]$
各种截面构件的惯性矩I_z和抗弯截面模量W_z是梁弯曲重要的截面几何性质
梁弯曲变形的计算
挠曲线和转角
梁刚度的校核
挠曲线微分方程
$\frac{d^2y}{dx^2}=-\frac{M_z(x)}{EI_z}$
梁的刚度条件
$\frac{y_{max}}{l}\leqslant\left[\frac{f}{l}\right]$
$|\theta|_{max}\leqslant[\theta]$
一般采用叠加法求梁的变形
提高梁强度和刚度的常用措施：
合理安排受力情况；合理选择梁的截面形状

思考与训练

7-1 矩形截面梁的高度增加一倍，梁的承载能力增加几倍？宽度增加一倍，承载能力又增加几倍？

7-2 形状、尺寸、支承、载荷相同的两根梁，一根是钢梁、一根是铝梁，问内力图相同吗？应力分布相同吗？

7-3 求题7-3图中所示各梁中指定截面上的剪力和弯矩。

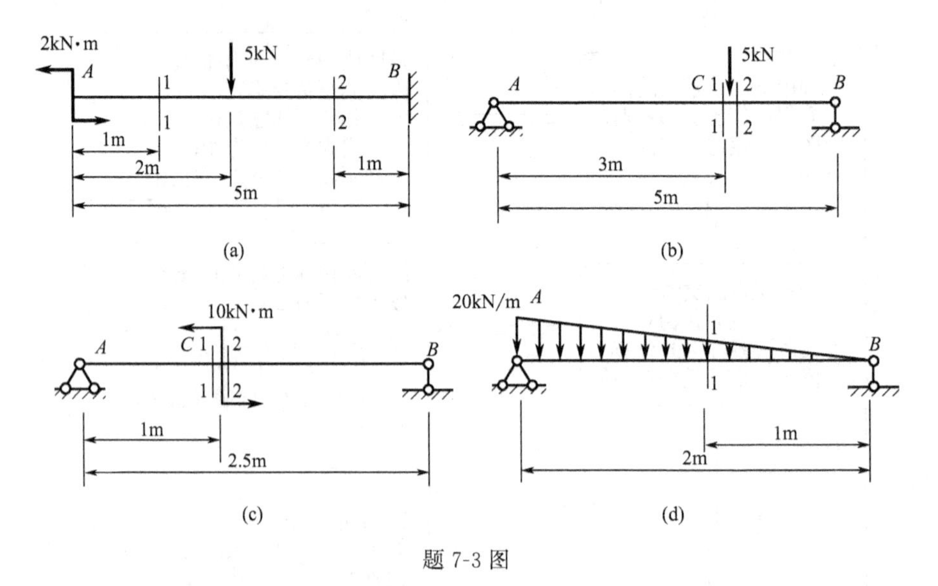

题7-3图

7-4 试列出如题7-4图中所示各梁的剪力方程和弯矩方程，作出剪力图和弯矩图，并找出最大剪力值和弯矩值。

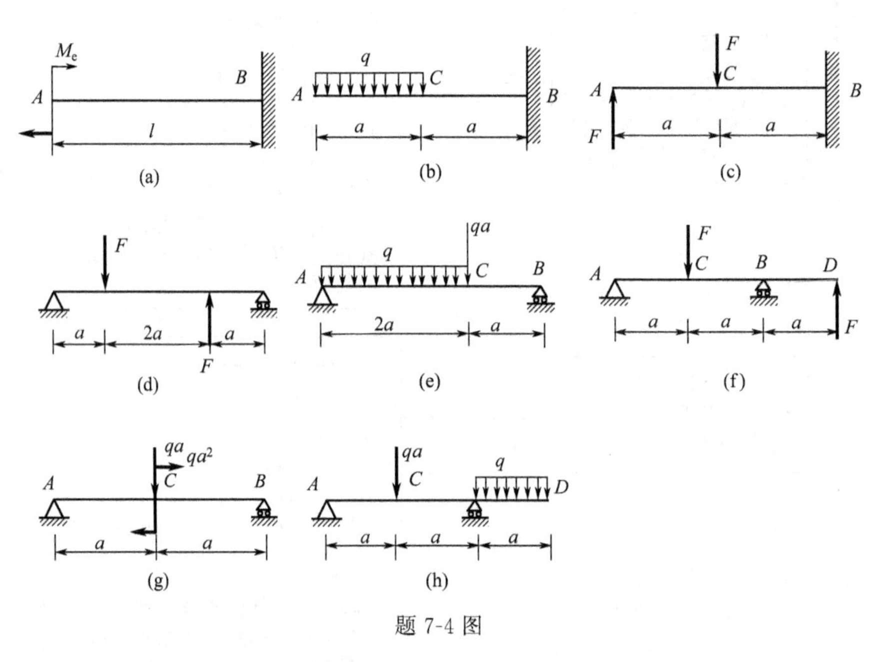

题7-4图

7-5 试利用荷载集度、剪力和弯矩间的微分关系作出如题7-5图中所示各梁的剪力图和弯矩图。

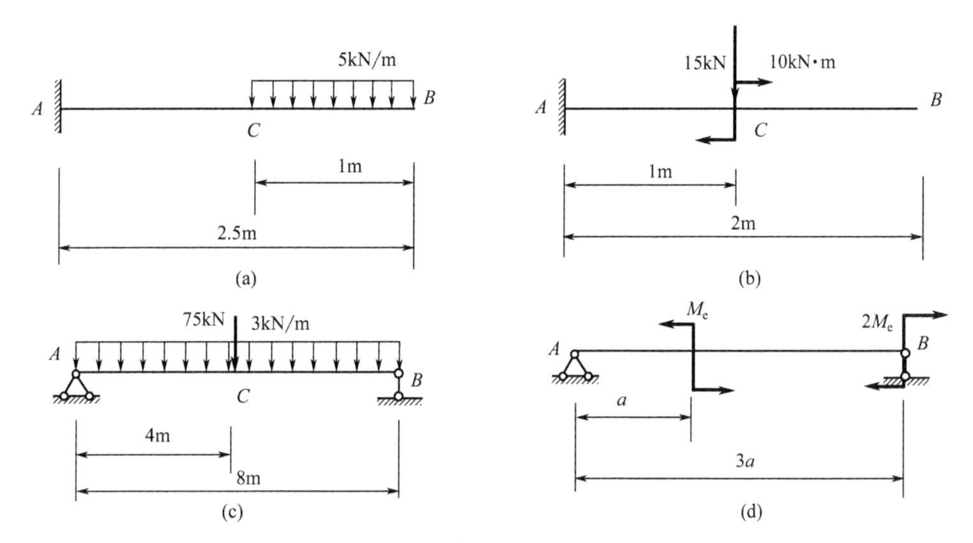

题 7-5 图

7-6　如题 7-6 图所示为一工字形钢梁，跨中作用集中力 $F=20\text{kN}$，跨长 $l=6\text{m}$，工字钢的型号为 20a，试求该梁上的最大正应力。

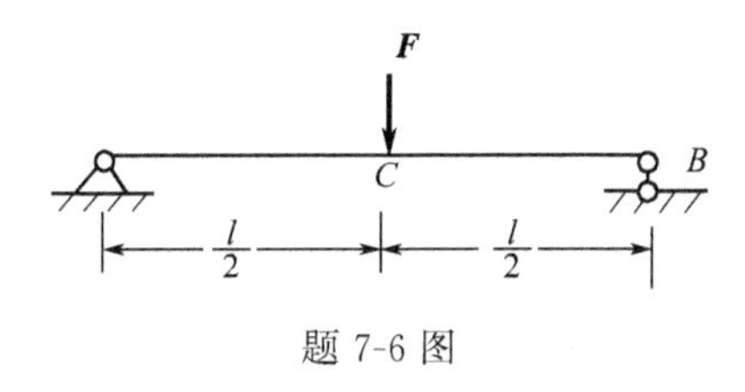

题 7-6 图

7-7　矩形（$b\times h=0.12\text{m}\times0.18\text{m}$）截面木梁如题 7-7 图所示，$[\sigma]=7\text{MPa}$，$[\tau]=0.9\text{MPa}$，试求最大正应力和最大剪应力之比，并校核梁的强度。

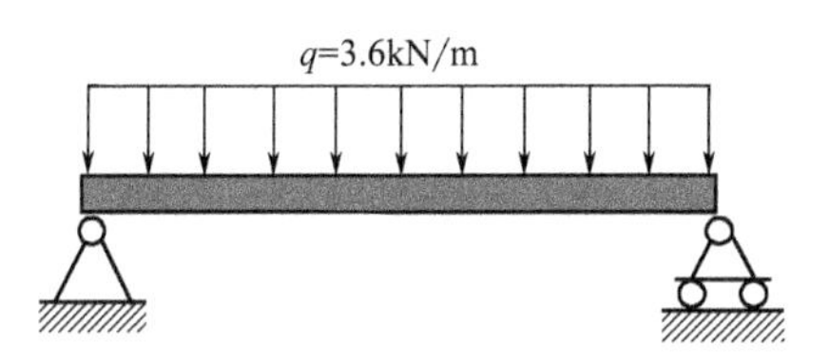

题 7-7 图

7-8　如题 7-8 图所示，一圆形截面木梁受力 $F=3\text{kN}$，$q=3\text{kN/m}$，弯曲许用应力 $[\sigma]=10\text{MPa}$。试设计截面直径 d。

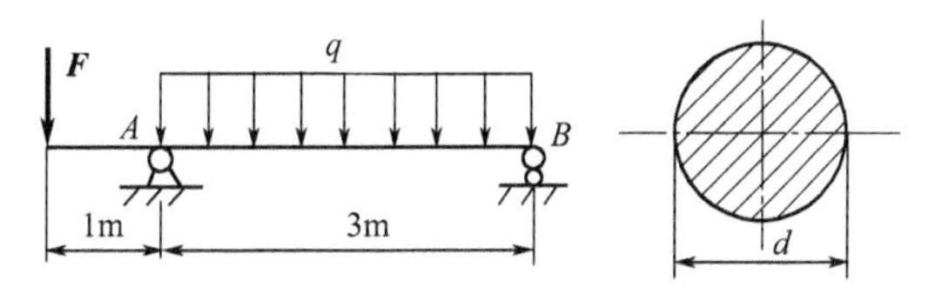

题 7-8 图

7-9　一铸铁梁受力和截面尺寸如题 7-9 图所示。已知 $q=10\text{kN/m}$，$F=20\text{kN}$，许用拉应力 $[\sigma_t]=40\text{MPa}$，许用压应力 $[\sigma_c]=160\text{MPa}$，试按正应力强度条件校核轴的强度。若

载荷不变，将该T形梁倒置成为倒T形，是否合理？

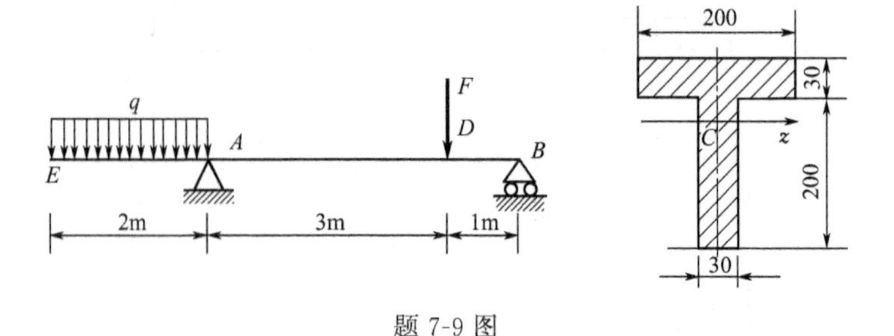

题7-9图

7-10 如题7-10图所示的简支梁承受的均布载荷 $q=15\mathrm{kN/m}$，材料的许用正应力 $[\sigma]=160\mathrm{MPa}$，许用切应力 $[\tau]=80\mathrm{MPa}$，求：

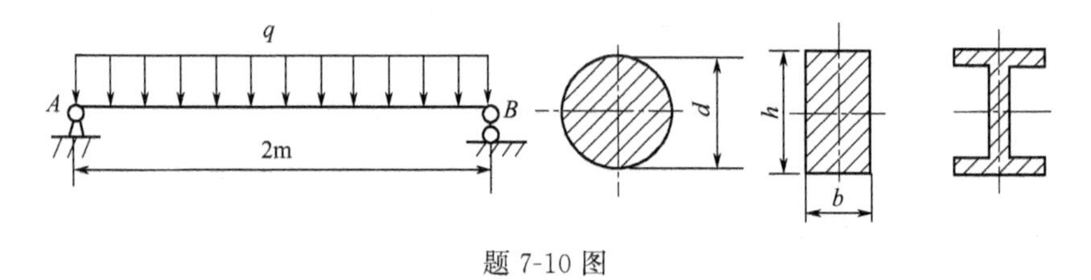

题7-10图

(1) 按正应力强度条件选择三种形状截面尺寸，矩形截面 $h=2b$；

(2) 校核切应力强度。

7-11 一铸铁梁受力和截面尺寸如题7-11图所示。已知 $q=10\mathrm{kN/m}$，$F=20\mathrm{kN}$，许用拉应力 $[\sigma_t]=40\mathrm{MPa}$，许用压应力 $[\sigma_c]=160\mathrm{MPa}$，试按正应力强度条件校核轴的强度。若载荷不变，将该T形梁倒置成为倒T形，是否合理？

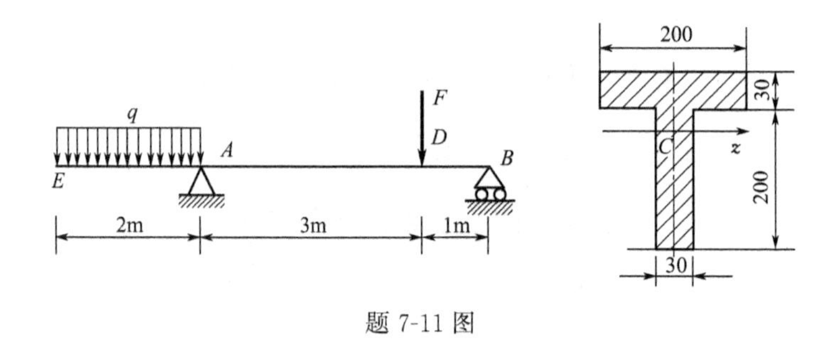

题7-11图

7-12 如题7-12图所示，悬臂梁起重机由工字梁 AB 及拉杆 BC 组成，起重载荷 $Q=22\mathrm{kN}$，$l=2\mathrm{m}$。若 B 处可以简化为铰链连接，相互作用力亦可近似认为通过 AB 和 BC 轴线

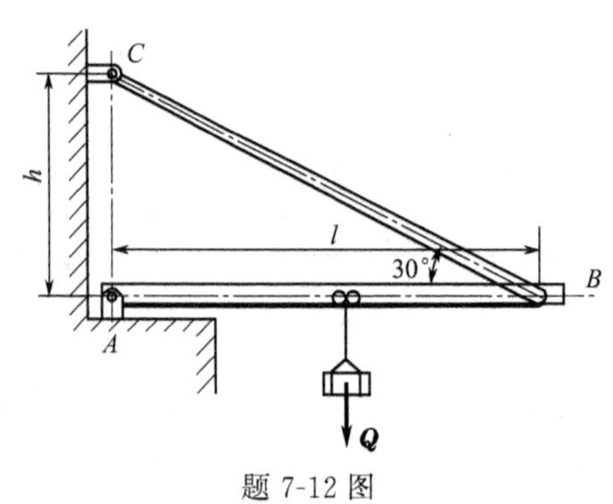

题7-12图

的交点。且已知 $[\sigma]=100\text{MPa}$，试选择 AB 的工字钢型号。

7-13　车床切削时，工作的支座与受力如题 7-13 图所示，卡盘处可视为插入端。若已知工件直径 $d=15\text{mm}$，材料的 $E=200\text{GPa}$，切削力 $P=360\text{N}$，试求工件在切削力 P 作用下在端点所产生的挠度。

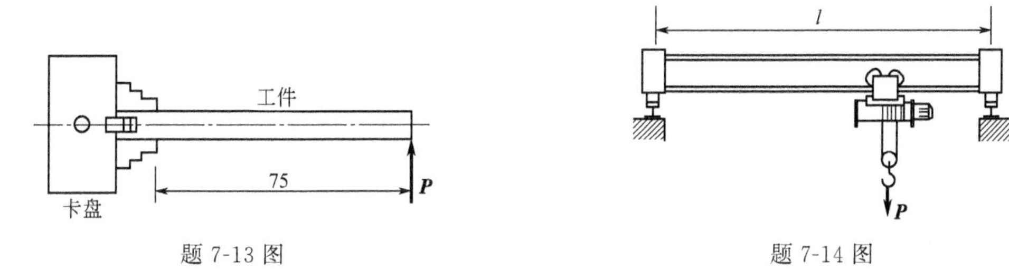

题 7-13 图　　题 7-14 图

7-14　如题 7-14 图所示，由 45b 号工字钢制成，其跨度 $l=10\text{m}$。已知：起重量为 50kN，材料的弹性模量 $E=210\text{GPa}$，梁的许用挠度 $[f/l]=1/500$。试校核该梁的刚度。

项目 8　组合变形

◆ [能力目标]

会组合变形杆件强度计算的基本方法

会对斜弯曲和拉（压）弯组合变形杆件强度校核

会对圆轴在弯扭组合变形情况下的强度校核

◆ [工作任务]

了解组合变形应力应变叠加法的原理

理解斜弯曲应力求取方法

理解弯拉（压）叠加应力求取法

理解圆轴弯扭组合的强度校核

了解四种强度理论

案例导入

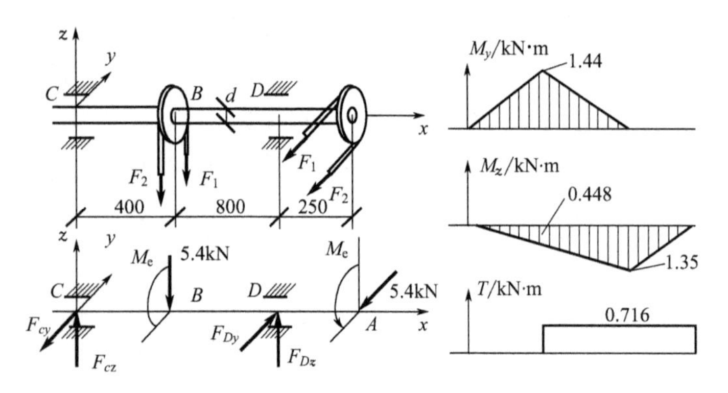

图 8-1　传动轴受力图

案例任务描述

如图 8-1 所示的传动轴，传递功率 $P=7.5\text{kW}$，轴的转速 $n=100\text{r/min}$，AB 为皮带轮，A 轮上的皮带为水平，B 轮上的皮带为铅直，若两轮的直径为 600mm，则已知，$F_1>F_2$，$F_2=1500\text{N}$，轴材料的许用应力 $[\sigma]=80\text{MPa}$，试按第三强度理论计算轴的直径。

解决任务思路

弯扭组合变形是机械中最常见的情况，根据外力的情况画出弯矩图与扭矩图，确定危险截面，然后根据强度理论来进行强度的校核。

任务 8.1　斜弯曲构件的承载能力计算

在前面的项目中，主要研究了杆件在各种基本变形下的强度与刚度的计算，但在工程实际中，有些杆件在外力作用下，往往同时发生两种或两种以上的基本变形，这种杆件的变形称为组合变形。如图 8-2(a) 所示的塔器，除了受到自重作用，发生轴向压缩外，同时还受到水平方向风载荷的作用，产生弯曲变形；又如反应釜中的搅拌轴［见图 8-2(b)］除了由于在搅拌物料叶片受到阻力的作用而发生扭转变形外，同时还因搅拌轴和桨叶的自重作用，而产生轴向拉伸变形。

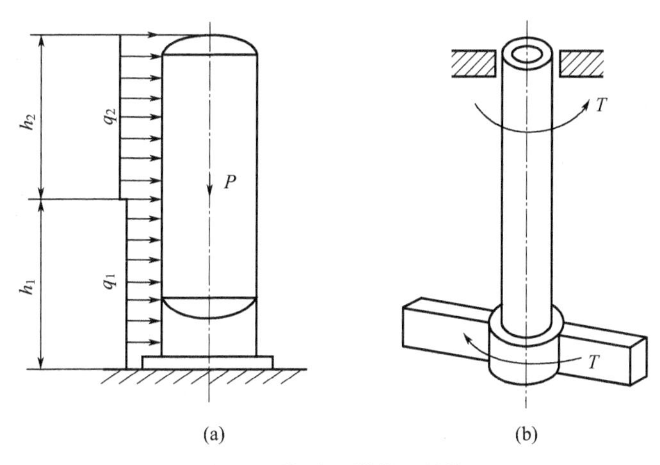

图 8-2　塔器和搅拌釜的轴

在组合变形的计算中，通常杆件的变形是在弹性范围内，而且都很小，就可以假设任一载荷所引起的应力和变形都不受其他载荷的影响，这样，将作用在杆件上的载荷适当地分解，使分解后的各个载荷都只产生基本变形，从而判断组合变形的类型，进行相应的强度计算。

8.1.1　斜弯曲的概念

斜弯曲是两个相互正交的形心主惯性轴平面内平面弯曲的组合变形。

当杆件在两个相互正交的形心主惯性平面内分别有横向力作用时［见图 8-3(a)］或杆件所受的横向力不与杆件的形心主惯性平面重合或平行时［见图 8-3(b)］杆件发生斜弯曲。杆件变形后的轴线与外力不在同一纵向平面内。

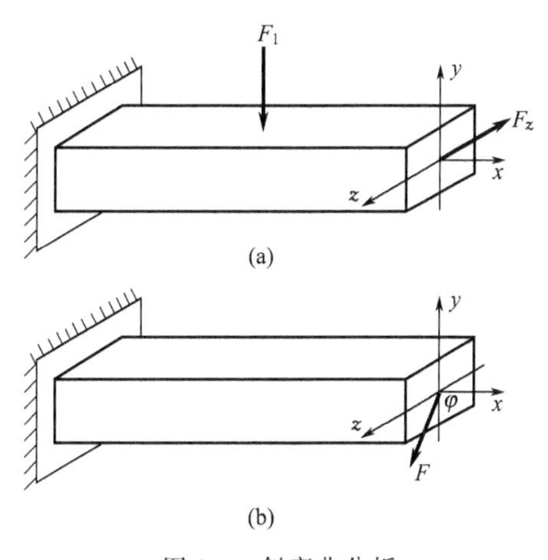

图 8-3　斜弯曲分析

8.1.2　斜弯曲杆的应力

将斜弯曲分解为在两个形心主惯性平面内的平面弯曲，然后分别计算其应力，再进行叠加。则任意截面上任意点（y，z）处的正应力为

$$\sigma=\frac{M_y z}{I_y}+\frac{M_z y}{I_z} \qquad (8\text{-}1)$$

式中，M_y，M_z 分别为主惯性平面 y、z 内的弯矩；y，z 分别为计算应力点的坐标；I_y，I_z 分别为截面的两个形心主惯性矩。

一般情况下，任意截面上还有剪力 F_{sy} 和 F_{sz}，因而该点处还有切应力。通常在斜弯曲问题中，剪力引起的切应力可忽略不计。

8.1.3　中性轴位置

由中性轴上各点的正应力均为零，可知任一截面上中性轴方程为

$$\frac{M_y z}{I_y}+\frac{M_z y}{I_z}=0 \qquad (8\text{-}2)$$

由上式可见，中性轴为一过截面形心的直线［见图 8-4(a)］，其方位角为：

$$\tan\alpha=-\frac{y}{z}=\frac{I_z M_y}{I_y M_z}=\frac{I_z}{I_y}\tan\varphi \qquad (8\text{-}3)$$

通常，$I_y \neq I_z$，所以 $\alpha \neq \varphi$，可见中性轴不与合成弯矩矢量的方位重合或平行。

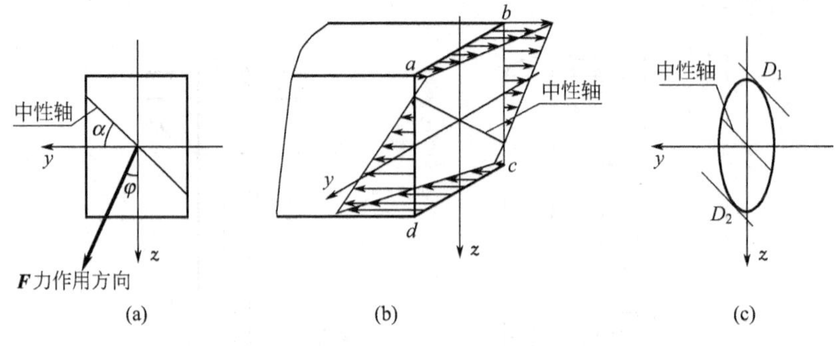

图 8-4　应力分析

如果截面 $I_y = I_z$（如圆形截面、正方形截面），则 $\alpha = \varphi$，中性轴将与合成弯矩矢量的方位重合，但这已不是斜弯曲而仅是垂直于中性轴平面内的平面弯曲。

8.1.4　截面上的应力分布和最大正应力

斜弯曲杆件截面上的正应力分布如图 8-4(b) 所示。最大正应力将发生在距中性轴最远点处。

若截面有棱角，则最大应力点必在棱角处，如截面为矩形，则最大应力点必为棱角 b、d 点［见图 8-4(b)］。若截面无棱角，则最大应力发生于截面周边上平行于中性轴的切点处［见图 8-4(c)］。

8.1.5　强度条件

斜弯曲杆件的危险点在危险截面上发生最大应力点处。危险点的应力状态为单向应力状态或近似当作单向应力状态，故其强度条件为

$$\sigma_{\max} = \frac{M_y z}{I_y} + \frac{M_z y}{I_z} \leqslant [\sigma] \tag{8-4a}$$

或

$$\sigma_{\max} = \frac{M_y}{W_y} + \frac{M_z}{W_z} \leqslant [\sigma] \tag{8-4b}$$

式中，M_y，M_z 为危险截面的两个弯矩，二者不一定同时是 $M_{y\max}$ 和 $M_{z\max}$；y，z 为危险点的坐标。若材料的许用拉、压应力不同，即 $[\sigma_t] \neq [\sigma_c]$，则拉、压强度均应满足。

8.1.6　挠度计算

分别求出两平面弯曲的挠度弯 w_y 和 w_z，然后按几何叠加，故合成挠度为

$$w = \sqrt{w_y^2 + w_z^2} \tag{8-5}$$

合成挠度的方位垂直于中性轴，所以并不在外力作用平面内。

［实例 8-1］　图 8-5 所示一工字形简支钢梁，跨中受集中力 F 作用。设工字钢的型号为 22b。已知 $F=20\text{kN}$，$E=2.0\times10^5\text{MPa}$，$\varphi=15°$，$l=4\text{m}$。试求：危险截面上的最大正应力。

分析：将斜弯曲分解为在两个形心主惯性平面内的平面弯曲，然后分别计算其应力，再进行叠加。

解：

先把荷载沿 z 轴和 y 轴分解为两个分量：

$$F_z = F\sin\varphi$$

$$F_y = F\cos\varphi$$

危险截面在跨中，其最大弯矩分别为

$$M_{z,\max} = \frac{1}{4}F_y l = \frac{1}{4}Fl\cos\varphi$$

$$M_{y,\max}=\frac{1}{4}F_z l=\frac{1}{4}Fl\sin\varphi$$

根据上述两个弯矩的方向，可知最大应力发生在 D_1 和 D_2 两点，如图 8-5(b) 所示，其中 D_1 点为最大压应力作用点，D_2 点为最大拉应力作用点。两点应力的绝对值相等，所以只要计算一点即可，如计算 D_2 点的应力

$$\sigma_{\max}=\frac{M_{z,\max}}{W_z}+\frac{M_{y,\max}}{W_y}$$

由型钢表查得　$W_z=325\text{cm}^3$，$W_y=42.7\text{cm}^3$，代入上式，得

$$\sigma_{\max}=\frac{Fl}{4}\left(\frac{\cos\varphi}{W_z}+\frac{\sin\varphi}{W_y}\right)=\frac{20\times10^3\times4}{4}\left(\frac{\cos15^\circ}{325\times10^{-6}}+\frac{\sin15^\circ}{42.7\times10^{-6}}\right)=181\text{MPa}$$

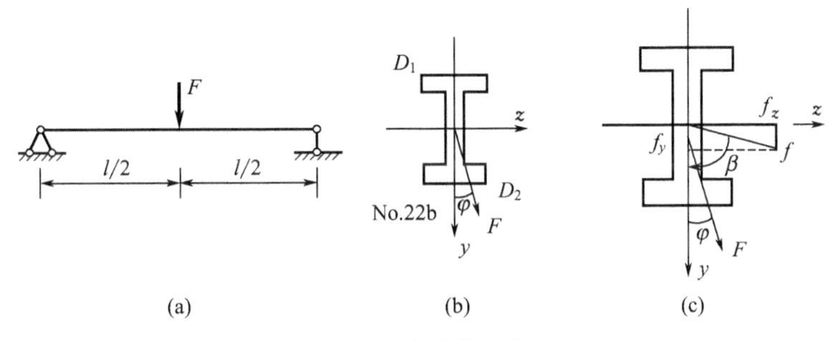

图 8-5　工字形简支钢梁

任务 8.2　弯拉（压）组合构件的承载能力计算

8.2.1　横向力与轴向力共同作用

杆件在拉伸（压缩）与弯曲的组合变形时，分别计算拉伸（压缩）正应力和弯曲正应力，叠加后进行强度计算。

8.2.1.1　应力计算

若任一截面由轴向力引起的轴力为 F_N，在两个相互垂直平面内由横向力引起的弯矩为 M_y 和 M_z，则任一点处（y，z）的应力为

$$\sigma_x=\pm\frac{F_N}{A}\pm\frac{M_y}{I_y}z\pm\frac{M_z}{I_z}y \tag{8-6}$$

式中，拉应力取“+”号；压应力取“－”号。

8.2.1.2　强度条件

由内力图（F_N，M_y，M_z 图）确定危险点，由横截面上的应力变化规律确定危险点。显然危险点为单向应力状态，故其强度条件为

$$\sigma_{\max}=\frac{F_{N,\max}}{A}+\frac{M_{y,\max}}{W_y}+\frac{M_{z,\max}}{W_z}\leqslant[\sigma] \tag{8-7}$$

一般地说，F_N，M_y 和 M_z 的最大值不一定发生在同一截面上。若材料的 $[\sigma_t]\neq[\sigma_c]$，则拉、压强度均应满足。

8.2.2　偏心拉伸（压缩）

当作用在杆件上的轴向力作用线偏离杆轴线时，称为偏心拉伸（压缩）。偏心拉伸（压缩）为拉伸（压缩）和弯曲的组合。

8.2.2.1　应力计算

构件承受偏心拉伸［见图 8-6(a)］或偏心压缩时，各截面上的内力分量相同，故任一截

面任一点 $C(y, z)$ 处的应力为

$$\sigma_x=\frac{F_N}{A}+\frac{M_y}{I_y}z+\frac{M_z}{I_z}y=\frac{F}{A}\left(1+\frac{z_F z}{i_y^2}+\frac{y_F y}{i_z^2}\right) \tag{8-8}$$

式中，y_F，z_F 为偏心拉力 F 的坐标；i_y，i_z 为截面对 y 和 z 轴的惯性半径。

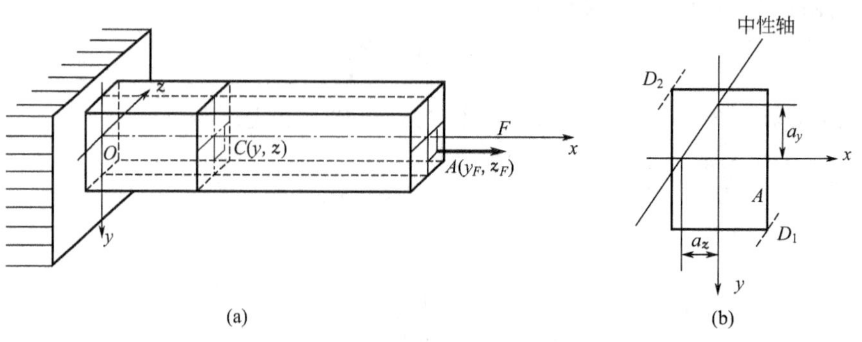

图 8-6 偏心拉伸

8.2.2.2 中性轴位置

中性轴为一不通过截面形心的直线，其方程为

$$1+\frac{z_F}{i_y^2}z_0+\frac{y_F}{i_z^2}y_0=0$$

中性轴在 y、z 轴上的截距为

$$a_y=-\frac{i_z^2}{y_F},\ a_z=-\frac{i_y^2}{z_F}$$

式中的负号表明，截距 a_y，a_z分别与外力作用点坐标 y_F，z_F 异号，即两者分别处于截面形心的两侧，如图 8-6(b) 所示。

8.2.2.3 强度条件

危险点位于距中性轴最远点处。若截面有棱角，则必在棱角处（如 D_1 点）；若截面无棱角，则在截面周边上平行于中性轴的切点处。危险点为单向应力状态，故其强度条件为

$$\sigma_{\max}=\frac{F}{A}\left(1+\frac{z_F z_1}{i_y^2}+\frac{y_F y_1}{i_z^2}\right)\leqslant[\sigma] \tag{8-9}$$

若材料的 $[\sigma_t]\neq[\sigma_c]$，则拉、压强度均应满足。

8.2.3 截面核心

截面核心的定义：使截面上只产生同号应力（均为拉应力或均为压应力）时，偏心外力的作用区域。

截面核心的确定：由与截面周边相切的中性轴截距，计算与其对应的截面核心边界上一点（外力作用点）的坐标，如图 8-7 所示，即

$$\rho_{y1}=-\frac{i_z^2}{a_{y1}},\ \rho_{z1}=-\frac{i_y^2}{a_{z1}} \tag{8-10}$$

[实例 8-2] 如图 8-8 所示，简支工字钢梁，型号为 25a，受均布荷载 q 及轴向压力 F_N 的作用。已知 $q=10\text{kN/m}$，$l=3\text{m}$，$F_N=20\text{kN}$。试求最大正应力。

分析： 分别计算拉伸（压缩）正应力和弯曲正应力，叠加后进行强度计算。

解： ① 先求最大弯矩 $M_{\max}$，它发生在跨中截面，其值为

$$M_{\max}=\frac{1}{8}ql^2=\frac{1}{8}\times10\times10^3\times3^2=11250\ (\text{N}\cdot\text{m})$$

② 分别计算由于轴力和最大弯矩所引起的最大应力。查型钢表，得 $W_z=402\text{cm}^3$，$A=$

48.3cm²，则

$$\sigma_{M,max}=\frac{M_{max}}{W_z}=\frac{11250}{402\times10^{-6}}=28\ (MPa)$$

$$\sigma_N=\frac{F_N}{A}=\frac{-20\times10^3}{48.3\times10^{-4}}=-4.12\ (MPa)$$

③ 求最大总压应力。

$$\sigma_{max}=\sigma_{M,max}+\sigma_N=-(28+4.12)=-32.12\ (MPa)$$

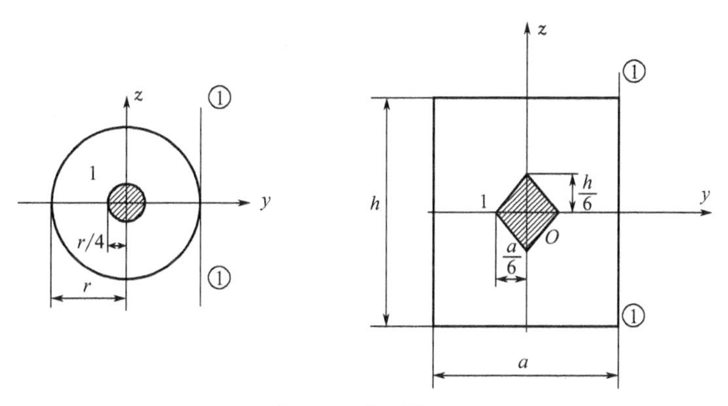

图 8-7　截面核心

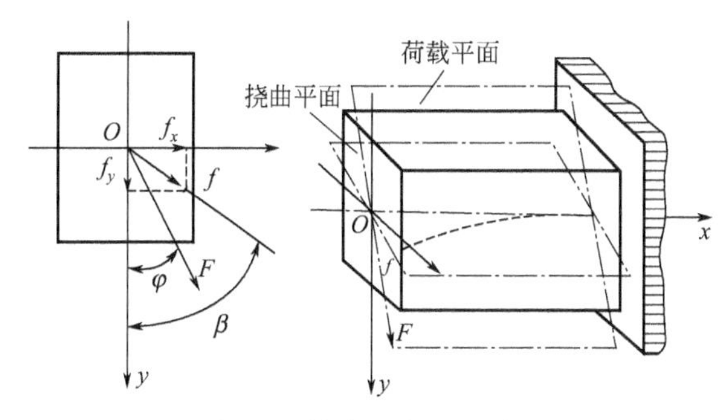

图 8-8　简支工字钢梁受力

任务 8.3　弯扭组合构件的承载能力计算

8.3.1　应力计算

若某一截面上的内力分量有扭矩 T 及两相互垂直平面内的弯矩 M_y 和 M_z。由于发生扭转与弯曲的组合变形的构件，大都是圆形或空心圆形截面的轴［见图 8-2(b)］，而圆形或空心圆形截面的任一直径轴均为对称轴，故可先计算其合成弯矩：

$$M=\sqrt{M_y^2+M_z^2} \tag{8-11}$$

于是，危险截面上危险点位于合成弯矩作用平面与横截面相交的截面周边处，其应力状态为平面应力状态，如图 8-9 所示，其应力分量分别为

$$\sigma=\frac{M}{W},\ \tau=\frac{T}{W_P} \tag{8-12}$$

其三个主应力为

$$\left.\begin{matrix}\sigma_1\\\sigma_3\end{matrix}\right\}=\frac{\sigma}{2}\pm\sqrt{\left(\frac{\sigma}{2}\right)^2+\tau^2},\sigma_2=0 \tag{8-13}$$

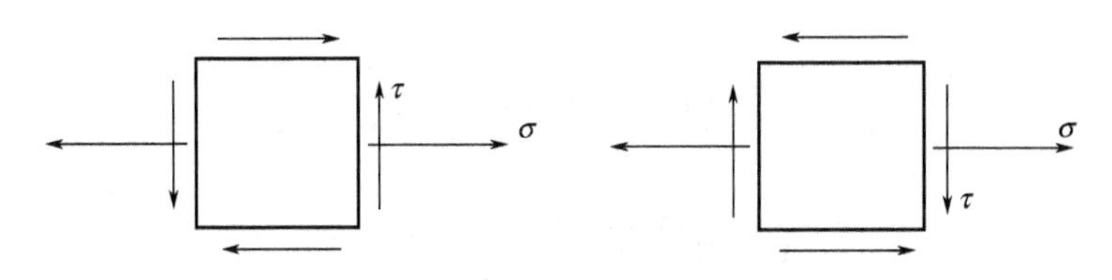

图 8-9 应力状态

8.3.2 强度条件

圆轴一般为塑性材料，故选用第三或第四强度理论，则强度条件为如下。

第三强度理论：

$$\sigma_{r3}=\sqrt{\sigma^2+4\tau^2}=\frac{\sqrt{M^2+T^2}}{W}\leqslant[\sigma] \tag{8-14}$$

第四强度理论：

$$\sigma_{r4}=\sqrt{\sigma^2+3\tau^2}=\frac{\sqrt{M^2+0.75T^2}}{W}\leqslant[\sigma] \tag{8-15}$$

［**实例 8-3**］ 圆轴直径 $d=20\text{mm}$，受力如图 8-10 所示。在轴的上边缘 A 点处，测得纵向线应变 $\varepsilon_A=4\times10^{-4}$；在水平直径平面的外侧 B 点处，测得 $\varepsilon_{-45^\circ}=3\times10^{-4}$。材料的弹性模量 $E=200\text{GPa}$，泊松比 $\nu=0.25$，$[\sigma]=160\text{MPa}$。求（1）作用在轴上的荷载 F、力偶 m 的大小；（2）按第三强度理论进行强度校核。

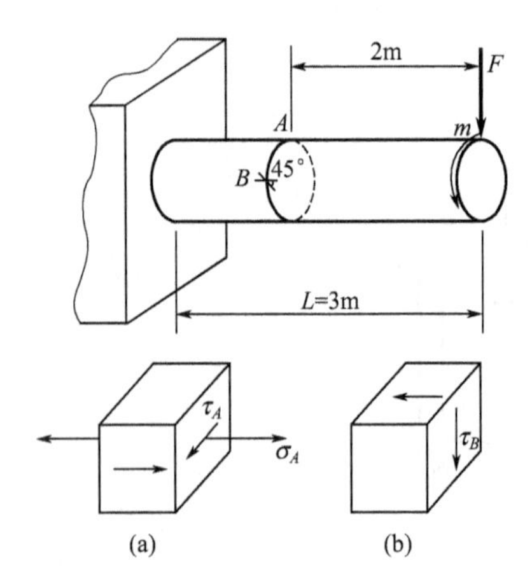

图 8-10 圆轴的应力分析

分析： 当知道某点的应变时，首先应分析该点的应力状态，即取出单元体，注明单元体各面上的应力，利用胡克定律，计算出应力值，通过对构件的受力分析，确定应力与内力间的关系，计算出内力大小，最后，根据静力平衡条件，确定作用在构件上的外力值。

工程上，常采用现场测试一点处的应变来确定该点的应力，以计算出作用在构件上的荷载或为构件的强度设计提供资料。

解： ① 确定 A、B 两点的应力大小。

由应力状态分析知，A 点处为二向应力状态，见图 8-10(a)。利用胡克定律可得 A 点应力：

$$\sigma_A=E\varepsilon_A=200\times10^9\times4\times10^{-4}=80\ (\text{MPa})$$

而 B 点处于纯剪切应力状态，见图 8-10(b)。由此有：

$$\sigma_{-45^\circ}=\tau_B\quad \sigma_{45^\circ}=-\tau_B$$

利用广义胡克定律：

$$\varepsilon_{-45^\circ}=\frac{1}{E}(\sigma_{-45^\circ}-\nu\sigma_{45^\circ})=\frac{1+\nu}{E}\tau_B$$

$$\tau_B=\frac{E}{1+\nu}\varepsilon_{-45^\circ}=\frac{200\times10^9}{1+0.25}\times3\times10^{-4}=48\ (\text{MPa})$$

② 计算荷载 F、外扭矩 m。

A 点的正应力：
$$\sigma_A=\frac{M}{W}=\frac{64F}{\pi d^3}$$

所以
$$F=\frac{\pi d^3}{64}\sigma_A=\frac{\pi\times20^3\times10^{-9}}{64}\times80\times10^6=31.4\ (\text{N})$$

B 点的切应力
$$\tau_B=\frac{T}{W_p}=\frac{16T}{\pi d^3}$$

所以
$$m=T=\frac{\pi d^3}{16}\tau_B=\frac{\pi}{16}20^3\times10^{-9}\times48\times10^6=75.4\ (\text{N}\cdot\text{m})$$

③ 强度校核。圆轴为弯扭组合变形，危险截面在固定端，有

$$M_{max}=3F=94.2\text{N}\cdot\text{m}\qquad T=75.4\text{N}\cdot\text{m}$$

由第三强度理论

$$\sigma_{r3}=\frac{\sqrt{M^2+T^2}}{W}=\frac{32\ \sqrt{M^2+T^2}}{\pi d^3}=\frac{32\ \sqrt{94.2^2+75.4^2}}{\pi\times20^3\times10^{-9}}=153.7(\text{MPa})<[\sigma]$$

结论：轴安全。

任务 8.4　四种强度理论

8.4.1　强度理论的概念

构件的强度问题是材料力学所研究的较基本问题之一。通常认为当构件承受的载荷达到一定大小时，其材料就会在应力状态最危险的一点处首先发生破坏。但实际上各种材料因强度不足而引起的失效现象是不同的。如以普通碳钢为代表的塑性材料，是以发生屈服现象、出现塑性变形为失效标志。对以铸铁为代表的脆性材料，失效现象则表现为突然断裂。在单向受力情况下，出现塑性变形时的屈服点 σ_s 和发生断裂时的强度极限 σ_b 可由实验测定。σ_s 和 σ_b 统称为失效应力，以安全系数除失效应力得到许用应力 $[\sigma]$，于是建立强度条件

$$\sigma\leqslant[\sigma]$$

可见，在单向应力状态下，强度条件都是以实验为基础的。

实际构件危险点的应力状态往往不是单向的。实现复杂应力状态下的实验，要比单向拉伸或压缩困难得多。常用的方法是把材料加工成薄壁圆筒（见图 8-11），在内压 p 作用下，筒壁为二向应力状态。如再配以轴向拉力 F，可使两个主应力之比等于各种预定的数值。用这种薄壁筒做试验除在作用内压和轴力外，有时还在其两端作用扭矩，这样还可得到更普遍的情况。此外，还有一些实现复杂应力状态的其他实验方法解决这类问题，经常是依据部分实验结果，经过推理，提出一些假说，推测材料失效的原因，从而建立强度条件。

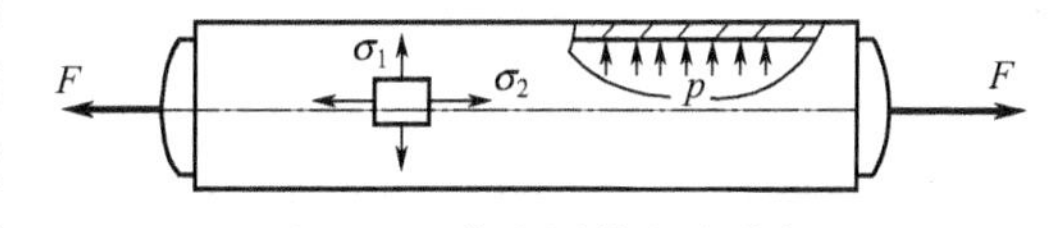

图 8-11　薄壁圆筒应力分析

人们在长期的生产活动中，综合分析材料的失效现象和资料，对强度失效提出各种假说。这类假说认为，材料之所以按某种方式（断裂或屈服）失效，是应力、应变或变形能等因素中某一因素引起的。按照这类假说，无论是简单应力状态还是复杂应力状态，引起失效的因素是相同的。也就是说，造成失效的原因与应力状态无关。这类假说称为**强度理论**。

本任务介绍四种常用强度理论，这些都是在常温、静载下，适用于均匀、连续、各向同性材料的强度理论。当然，强度理论远不止这几种。而且，现有的各种强度理论还不能说已经圆满地解决了所有强度问题，这方面还有待发展。

8.4.2　四种强度理论

强度失效的主要形式有屈服和断裂两种。相应地，强度理论也分成两类，一类是解释断裂失效的，其中有最大拉应力理论和最大伸长线应变理论。另一类是解释屈服失效的，其中有最大切应力理论和形状改变比能理论。

8.4.2.1 最大拉应力理论（第一强度理论）

是由意大利科学家伽利略（Galilei）于1638年提出的强度理论，由于它是最早提出的强度理论，所以也称为第一强度理论。这一理论认为：最大拉应力是使材料发生断裂破坏的主要因素。即认为不论是什么应力状态，只要最大拉应力达到与材料性质有关的某一极限值，材料就发生断裂。根据这个理论，材料的破坏条件是

$$\sigma_1=\sigma_b \tag{8-16}$$

将极限应力 σ_b 除以安全系数得许用应力 $[\sigma]$，故按第一强度理论建立的强度条件是

$$\sigma_1\leqslant[\sigma] \tag{8-17}$$

试验证明，这一理论与铸铁、陶瓷、玻璃、岩石和混凝土等脆性材料的拉断试验结果相符，例如由铸铁制成的构件，不论它是在简单拉伸、扭转或是在二向或三向拉伸的复杂应力状态下，其脆性断裂破坏总是发生在最大拉应力所在的截面上。但是这一理论没有考虑其他两个主应力的影响，且对没有拉应力的状态（如单向压缩、三向压缩等）也无法应用。

8.4.2.2 最大伸长线应变理论（第二强度理论）

这一理论认为最大伸长线应变是引起断裂的主要因素。即认为不论什么应力状态，只要最大伸长线应变 ε_1 达到与材料性质有关的某一极限值，材料即发生断裂。因此，断裂破坏的条件为

$$\varepsilon_1=\frac{\sigma_b}{E} \tag{8-18}$$

由广义胡克定律

$$\varepsilon_1=\frac{1}{E}[\sigma_1-\mu(\sigma_2+\sigma_3)]$$

代入式(8-18) 得到断裂准则

$$\sigma_1-\mu(\sigma_2+\sigma_3)=\sigma_b \tag{8-19}$$

将 σ_b 除以安全系数得许用应力 $[\sigma]$，于是按第二强度理论建立的强度条件是

$$\sigma_1-\mu(\sigma_2+\sigma_3)\leqslant[\sigma] \tag{8-20}$$

铸铁在拉-压二向应力，且压应力较大的情况下，试验结果也与这一理论接近。按照这一理论，铸铁在二向拉伸时应比单向拉伸安全，但试验结果并不能证实这一点。在这种情况下，第一强度理论比较接近试验结果。

8.4.2.3 最大切应力理论（第三强度理论）

这一理论认为最大切应力是引起屈服的主要因素。即认为不论什么应力状态，只要最大切应力 τ_{max} 达到与材料性质有关的某一极限值，材料就发生屈服。在单向拉伸下，当横截面上的拉应力到达极限应力 σ_s 时，与轴线成45°的斜截面上相应的最大切应力为 $\tau_{max}=\sigma_s/2$，此时材料出现屈服。于是得屈服准则

$$\frac{\sigma_1-\sigma_3}{2}=\frac{\sigma_s}{2} \tag{8-21}$$

或

$$\sigma_1-\sigma_3=\sigma_s \tag{8-22}$$

将 σ_s 除以安全系数得许用应力 $[\sigma]$，得到按第三强度理论建立的强度条件

$$\sigma_1-\sigma_3\leqslant[\sigma] \tag{8-23}$$

最大切应力理论较为满意地解释了屈服现象。例如，低碳钢拉伸时沿与轴线成45°的方向出现滑移线，这是材料内部沿这一方向滑移的痕迹。根据这一理论得到的屈服准则和强度条件，形式简单，概念明确，目前广泛应用于机械工业中。但该理论忽略了中间主应力 σ_2 的影响，使得在二向应力状态下，按这一理论所得的结果与试验值相比偏于安全。

8.4.2.4 形状改变比能理论（第四强度理论）

该理论认为不论什么应力状态，只要形状改变比能 u_f 达到与材料性质有关的某一极限值，材料就发生屈服。因此，该强度理论认为，形状改变比能达到材料在单向拉伸屈服时的形状改变比能值，材料就会发生屈服破坏，由此而导出的第四强度理论的强度条件为

$$\sqrt{\frac{1}{2}(\sigma_1-\sigma_2)^2+(\sigma_2-\sigma_3)^2+(\sigma_3-\sigma_1)^2}\leqslant[\sigma] \tag{8-24}$$

钢、铜、铝等塑性材料的薄管试验表明，这一理论与试验结果相当接近，它比第三强度理论更符合试验结果。可以把四个强度理论的强度条件写成以下的统一形式：

$$\sigma_r\leqslant[\sigma]$$

式中，σ_r 为相当应力。它是由三个主应力按一定形式组合而成的，实质上是个抽象的概念，即 σ_r 是与复杂应力状态危险程度相当的单轴拉应力。按照从第一强度理论到第四强度理论的顺序，相当应力分别为

$$\left.\begin{aligned}
&\sigma_{r1}=\sigma_1\\
&\sigma_{r2}=\sigma_1-\mu(\sigma_2+\sigma_3)\\
&\sigma_{r3}=\sigma_1-\sigma_3\\
&\sigma_{r4}=\sqrt{\frac{1}{2}[(\sigma_1-\sigma_2)^2+(\sigma_2-\sigma_3)^2+(\sigma_3-\sigma_1)^2]}
\end{aligned}\right\} \tag{8-25}$$

以上介绍了四种常用的强度理论。铸铁、石料、混凝土、玻璃等脆性材料，通常以断裂的形式失效，宜采用第一和第二强度理论。碳钢、铜、铝等塑性材料，通常以屈服的形式失效，宜采用第三和第四强度理论。

组合变形为拉伸压缩、剪切、扭转、弯曲四种基本变形的组合，在实际工程生产中最为常见，下面以汽车前桥的受力分析作为工程实例来介绍总结。

拓展实例分析

图 8-12～图 8-14 为汽车前桥在受到外载荷时的受力和变形情况分析。

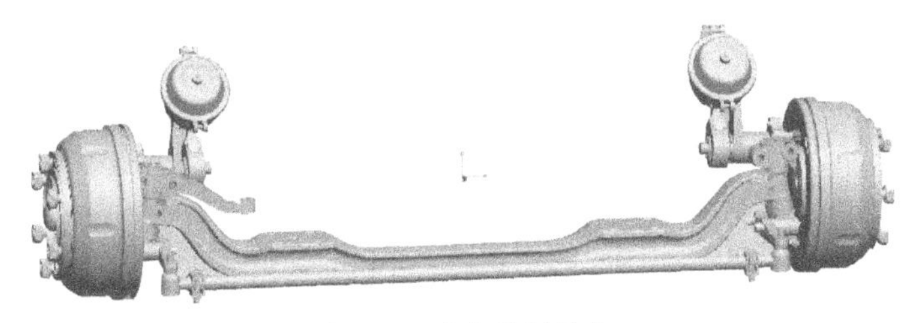

图 8-12 汽车前桥结构

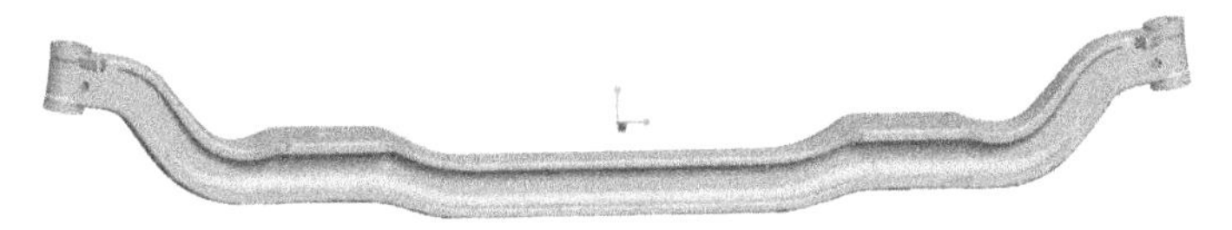

图 8-13 汽车前桥结构简（前轴）

下面对汽车前桥进行受力分析。

① 过不平路面时：只承受由动载荷所产生的弯矩。

② 制动时：汽车制动时，在减速度的作用下，前轴所受的垂直载荷会增加，另外前轴还会承受扭矩和水平弯矩的作用。

③ 侧滑时：汽车转弯行使时，车轮要求承受汽车产生的侧向力，当发生侧滑时，侧向力达到最大值。

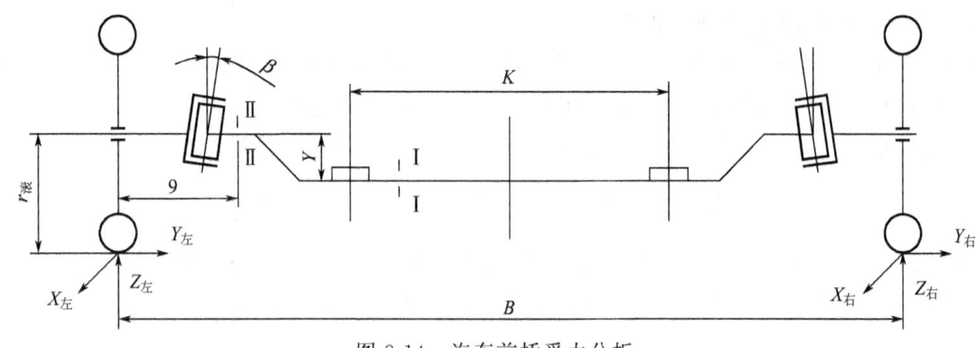

图 8-14　汽车前桥受力分析

本项目案例工作任务解决方案步骤：

① 根据外力的情况画出弯矩与扭矩图，确定危险截面；

② 根据强度理论来进行强度的校核；

同学们利用所学知识自行解决任务。

项目能力知识结构总结

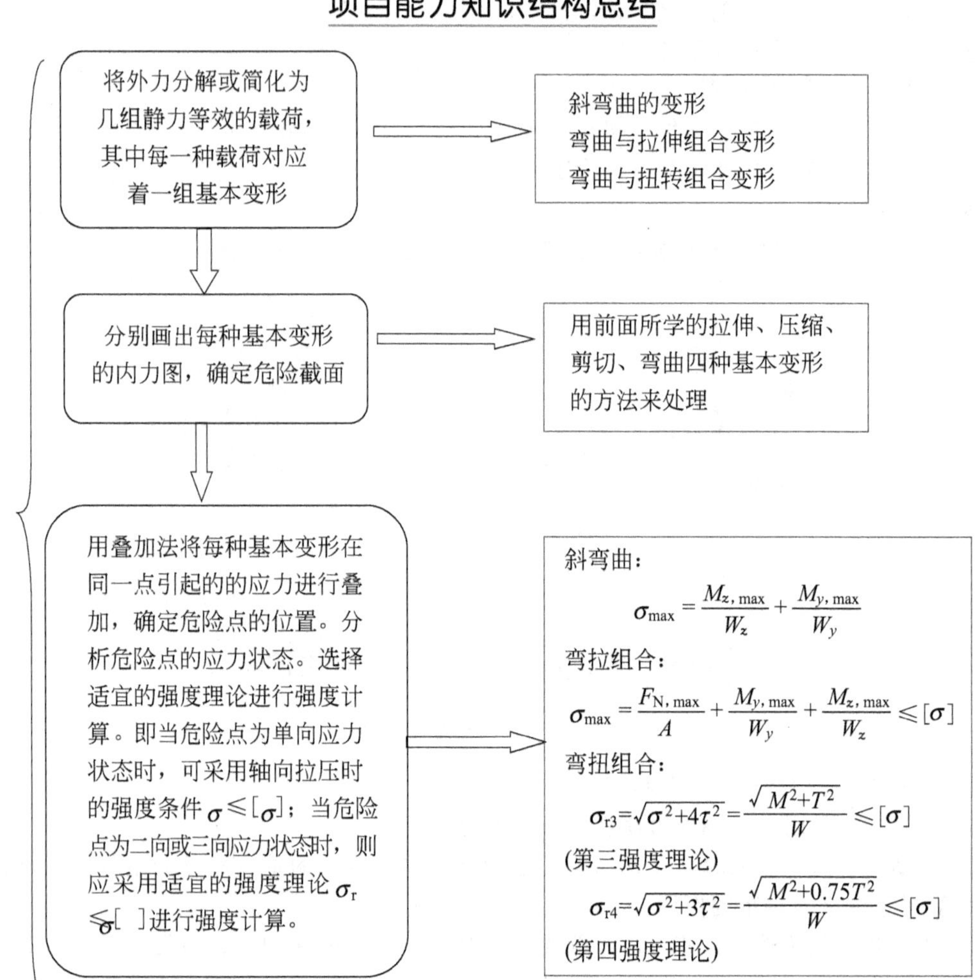

思考与训练

8-1　构架受力如题8-1图所示，试问 CD、BC 和 AB 段各产生哪些基本变形？

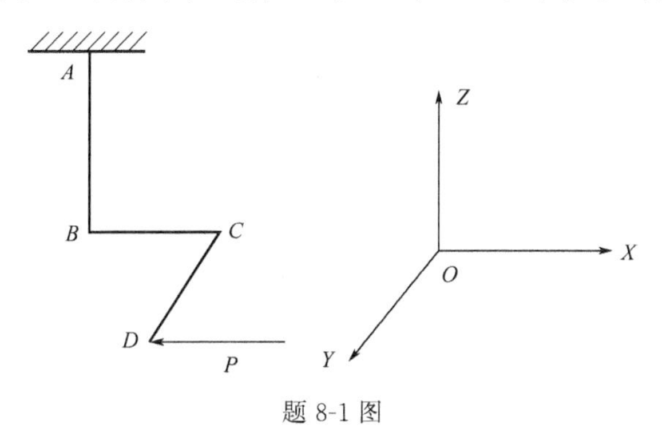

题8-1图

8-2　如题8-2图所示，试判断下列 AB 杆是何种变形

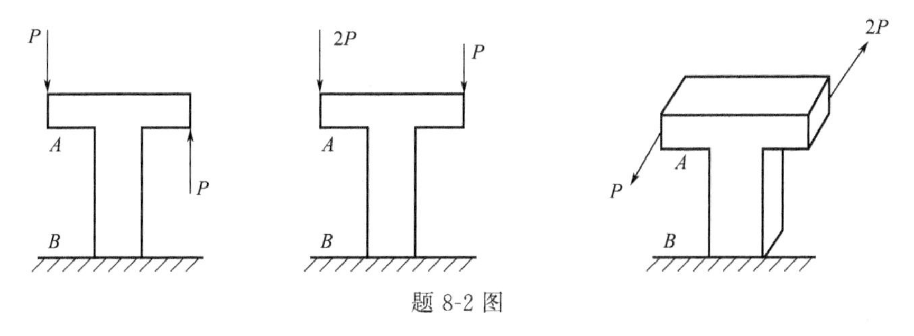

题8-2图

8-3　如题8-3图所示，已知传动轴 AB 由电机带动，在轴中间装有一重 $G=40\text{kN}$ 的鼓轮，其直径 $D=1200\text{mm}$，起吊载荷 $Q=40\text{kN}$，轴的许用应力 $[\sigma]=100\text{MPa}$，试按第三强度理论设计轴的直径。

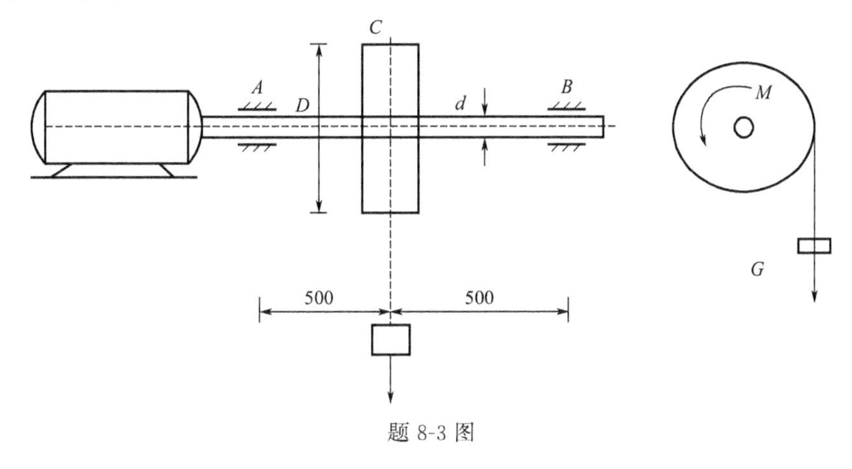

题8-3图

8-4　如题8-4图所示，传动轴直径 $d=100\text{mm}$，鼓轮直径 $D=2\text{m}$，重量忽略不计，起吊重物 $P=10\text{kN}$，轴的许用应力 $[\sigma]=120\text{MPa}$，试按第三强度理论校核轴的强度。

8-5　如题8-5图所示，捌轴受铅直载荷 P 作用，已知 $P=1\text{kN}$，$[\sigma]=160\text{MPa}$，试按第三强度理论确定 AB 轴的直径 d。

8-6　矩形截面钢杆如题8-6图所示，用应变片测得杆件上、下表面的轴向应变分别为 $\varepsilon_a=1\times10^{-3}$，$\varepsilon_b=0.4\times10^{-3}$，材料的弹性模量 $E=200\text{GPa}$。

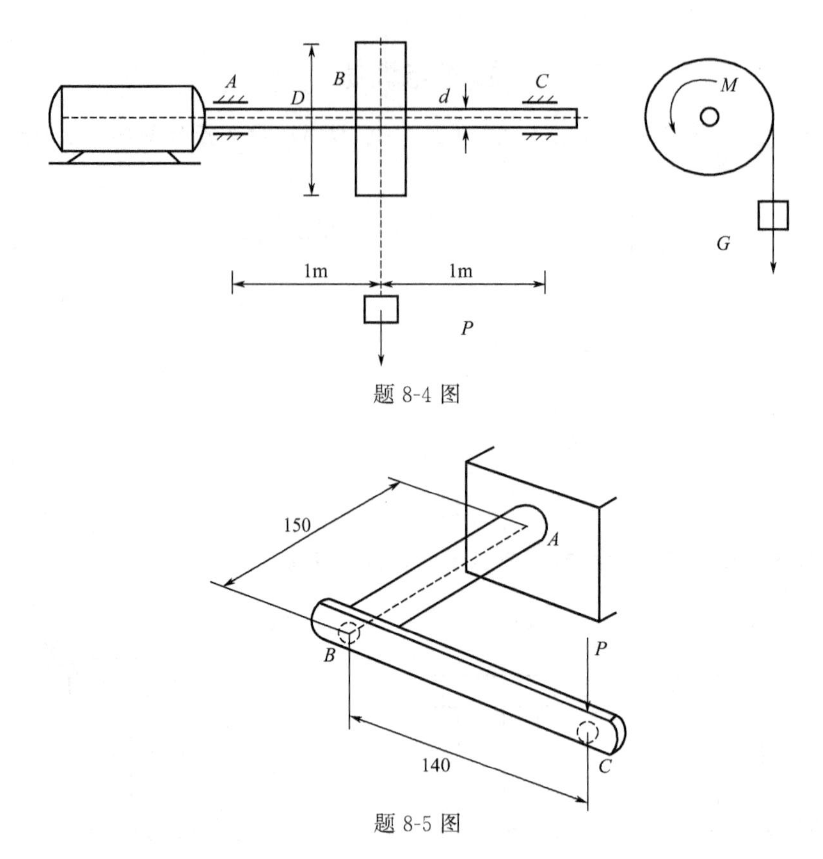

题 8-4 图

题 8-5 图

(1) 试绘制横截面上的正应力分布图；
(2) 试求拉力 P 及偏心距 δ 的数值。

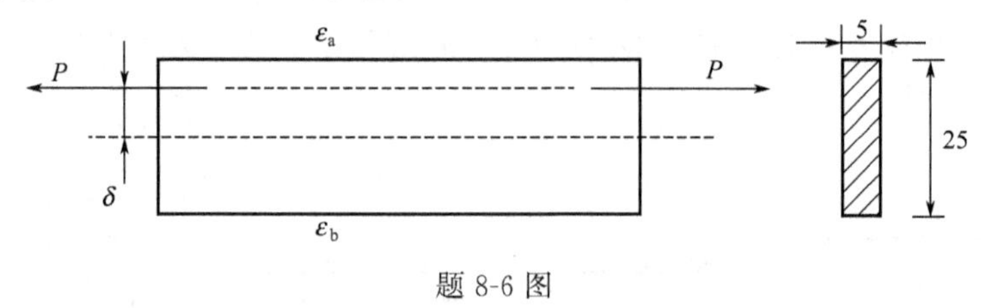

题 8-6 图

8-7 如题 8-7 图所示，短柱横截面为 $2a\times 2a$ 的正方形，若在短柱中间开一槽，槽深为 a，问最大应力将比不开槽时增大几倍？

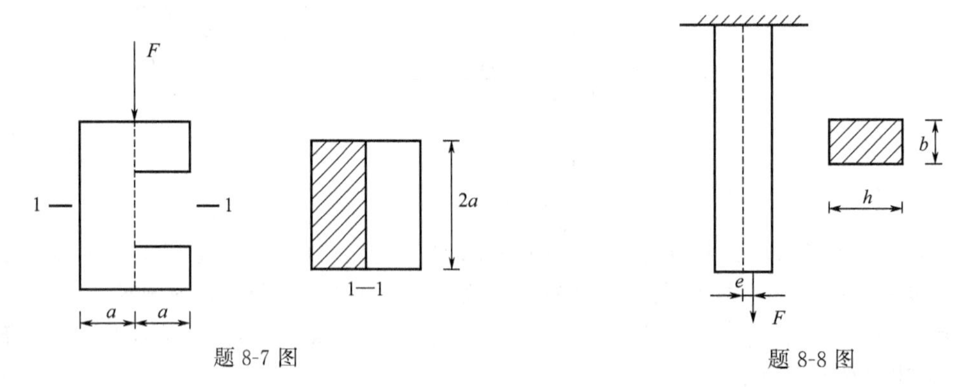

题 8-7 图 题 8-8 图

8-8 如题 8-8 图所示受拉木杆，偏心力 $F=160\text{kN}$，$e=5\text{cm}$，$[\sigma]=10\text{MPa}$，矩形截面宽度 $b=16\text{cm}$，试确定木杆的截面高度 h。

项目 9　压杆稳定性计算

◆ ［能力目标］

会应用欧拉公式计算压杆的临界力

会根据柔度确定杆的类型

会计算各种柔度的临界应力的计算

会进行压杆的稳定性校核

会在实际应用中去改善压杆的稳定性

◆ ［工作任务］

掌握压杆稳定的概念

理解细长压杆临界荷载的欧拉公式

了解临界应力、经验公式、临界应力总图

理解稳定性计算方法和提高压杆稳定性的措施

案例导入

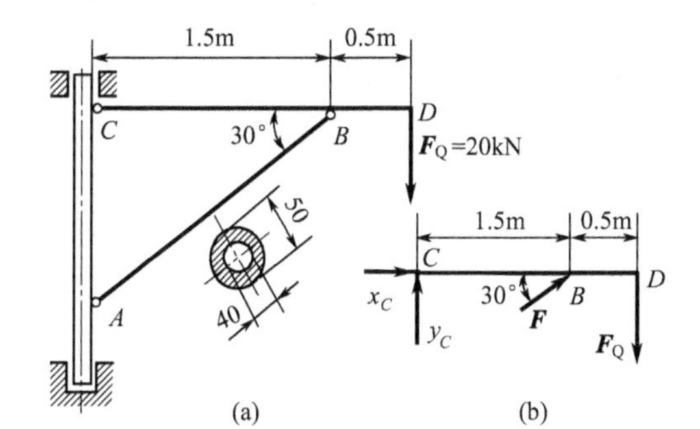

图 9-1　简易吊车摇臂

案例任务描述

简易吊车摇臂如图 9-1 所示，两端铰接的 AB 杆由钢管制成，材料为 Q235 钢，其强度许用应力 $[\sigma]=140\text{MPa}$，试校核 AB 杆的稳定性。

解决任务思路

解决该起重吊车拉杆的稳定性校核问题，要用到以前的静力学中受力分析和列平衡方程式求出未知力，再用到本项目所学的知识对压杆进行稳定性分析。

任务 9.1　压杆的临界载荷及临界应力

在项目四中，曾讨论过受压杆件的强度问题，认为只要压杆满足了强度条件，就能保证其正常工作。但是，实践与理论证明，这个结论仅对短粗的压杆才是正确的，对细长压杆不能应用上述结论，因为细长压杆丧失工作能力的原因，不是因为强度不够，而是由于出现了与强度问题截然不同的另一种破坏形式，这就是本项目讨论的压杆稳定性问题。

9.1.1　压杆稳定的概念及临界载荷

当短粗杆受压时［见图 9-2(a)］，在压力 F 由小逐渐增大的过程中，杆件始终保持原有的直线平衡形式，直到压力 F 达到屈服强度载荷 F_s（或抗压强度载荷 F_b），杆件发生强度破坏时为止。但是，如果用相同的材料，做一根与图 9-2(a) 所示的同样粗细而比较长的杆件［见图 9-2(b)］，当压力 F 比较小时，这一较长的杆件尚能保持直线的平衡形式，而当压

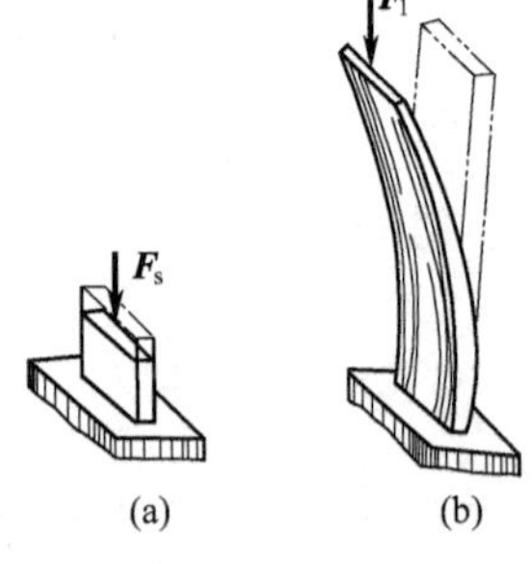

图 9-2 杆件受压

力 F 逐渐增大至某一数值 F_1 时，杆件将突然变弯，不再保持原有的直线平衡形式，因而丧失了承载能力。我们把受压直杆突然变弯的现象，称为**丧失稳定**或**失稳**。此时，F_1 可能远小于 F_s（或 F_b）。可见，细长杆在尚未产生强度破坏时，就因失稳而破坏了。

压杆在工程实际中经常遇到，例如，内燃机的连杆（见图 9-3）和液压装置的活塞杆（见图 9-4），在图中所示位置均承受压力，由于杆件几何形状细长，所以除了考虑强度问题，还必须考虑其稳定性。

所谓的稳定性是指杆件保持原有直线平衡形式的能力。实际上它是指平衡状态的稳定性。我们借助于刚性小球处于三种平衡状态的情况来形象地加以说明。

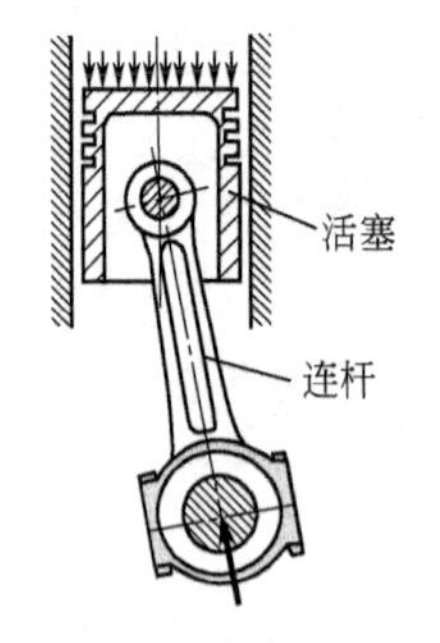

图 9-3 内燃机连杆

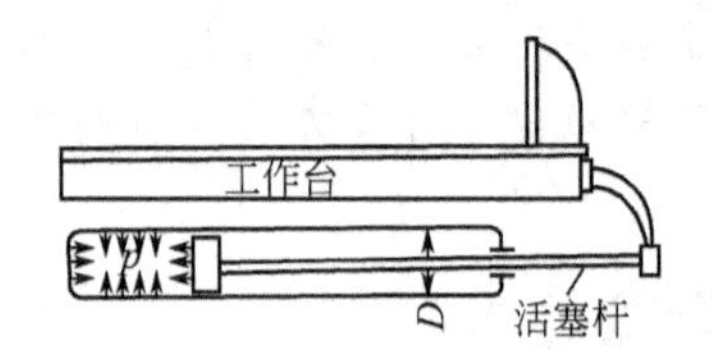

图 9-4 液压装置活塞杆

第一种状态：小球在凹面内的 O 点处于平衡状态，如图 9-5(a) 所示。先用外加干扰力使其偏离原有的平衡位置，然后再把干扰力去掉，小球能回到原来的平衡位置。因此，小球原有的平衡状态是稳定平衡。

第二种状态：小球在凸面上的 O 点处于平衡状态，如图 9-5(c) 所示。当用外加干扰力使其偏离原有的平衡位置后，小球将继续下滚，不再回到原来的平衡位置。因此，小球原有的平衡状态是不稳定平衡。

第三种状态：小球在平面上的 O 点处于平衡状态，如图 9-5(b) 所示，当用外加干扰力使其偏离原有的平衡位置后，把干扰力去掉后小球将在新的位置 O_1 再次处于平衡，既没有恢复原位的趋势，也没有继续偏离的趋势。因此，我们称小球原有的平衡状态为随遇平衡。

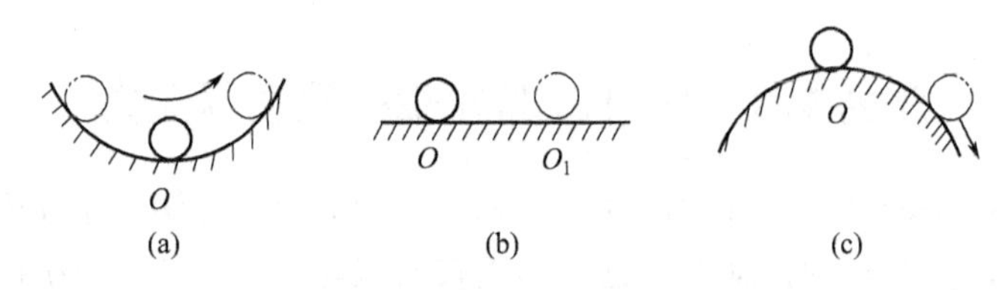

图 9-5 三种平衡状态下的小球

通过上述分析可以认识到，为了判别原有平衡状态的稳定性，必须使研究对象偏离其原有的平衡位置。因此，在研究压杆稳定时，我们也用一微小横向干扰力使处于直线平衡状态的压杆偏离原有的位置，如图 9-6(a) 所示。在轴向压力 F 由小变大的过程中，可以观察到以下现象。

① 当压力值 F_1 较小时，给其一横向干扰力，杆件偏离原来的平衡位置。若去掉横向干扰力后，压杆将在直线平衡位置左右摆动，最终将恢复到原来的直线平衡位置，如图 9-6

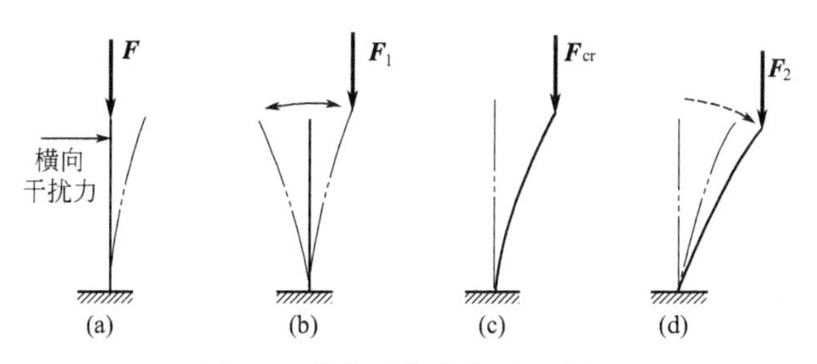

图 9-6　横向干扰力作用于直杆

(b) 所示。所以，该杆原有直线平衡状态是稳定平衡。

② 当压力值 F_2 超过其一限度 F_{cr}时，平衡状态的性质发生了质变。这时，只要有一轻微的横向干扰，压杆就会继续弯曲，不再恢复原状，如图 9-6(d) 所示。因此，该杆原有直线平衡状态是不稳定平衡。

③ 界于前二者之间，存在着一种临界状态。当压力值正好等于 F_{cr}时，一旦去掉横向干扰力，压杆将在微弯状态下达到新的平衡，既不恢复原状，也不再继续弯曲，如图 9-6(c) 所示。因此，该杆原有直线平衡状态是随遇平衡，该状态又称为**临界状态**。

临界状态是杆件从稳定平衡向不稳定平衡转化的极限状态。压杆处于临界状态时的轴向压力称为**临界力**或**临界载荷**，用 F_{cr}表示。

由上述可知，压杆的原有直线平衡状态是否稳定，与所受轴向压力大小有关。当轴向压力达到临界力时，压杆即向失稳过渡。**所以，对于压杆稳定性的研究，关键在于确定压杆的临界力。**

9.1.2　压杆的临界力确定

9.1.2.1　欧拉公式

当作用在压杆上的压力大小等于临界力时，受到干扰力作用后杆将变弯。在杆的变形不大，杆内应力不超过比例极限的情况下，根据弯曲变形的理论，由挠曲线的近似微分方程式，求出临界力的大小为

$$F_{cr}=\frac{\pi^2 EI}{(\mu l)^2} \tag{9-1}$$

上式称为**欧拉公式**。

式中　I——杆横截面对中性轴的惯性矩；

μ——与支承情况有关的**长度因数**，其值见表 9-1；

l——杆的长度，而 μl 称为**相当长度**。

表 9-1　压杆长度因数 μ

支承情况	两端铰支	一端固定 一端铰支	两端固定	一端固定 一端自由
μ 值	1.0	0.7	0.5	2
挠曲线形状	F_{cr}，l	F_{cr}，$0.7l$，l	F_{cr}，$\frac{l}{4}$，$\frac{l}{2}$，$\frac{l}{4}$	F_{cr}，l

由式(9-1)可以看出，临界载荷与材质的种类、截面的形状和尺寸、杆件的长度和两端的支承情况等方面的因素有关。

9.1.2.2 临界应力

压杆在临界力作用下横截面上的应力称为**临界应力**，用 σ_{cr} 表示。

根据临界力的欧拉公式可以求得临界应力为

$$\sigma_{cr}=\frac{F_{cr}}{A}=\frac{\pi^2 EI}{A(\mu l)^2}$$

式中，A 为压杆的横截面面积。

令 $i^2=I/A$ 代入上式，则

$$\sigma_{cr}=\frac{\pi^2 EI}{A(\mu l)^2}=\frac{\pi^2 E}{\left(\frac{\mu l}{i}\right)^2}=\frac{\pi^2 E}{\lambda^2} \tag{9-2}$$

式中，i 为截面的**惯性半径**；$\lambda=\mu l/i$，为压杆的柔度，也称为压杆的**长细比**。

从式中可以看出，λ 值越大，则杆件越细长，杆越易丧失稳定性，其临界力越小；λ 值越小，则杆件越短粗，杆越不易丧失稳定性，其临界力越大。所以柔度 λ 是压杆稳定计算的一个重要参数。

9.1.3 欧拉公式的适用范围

试验已证实，当临界应力不超过材树比例极限 σ_p 时，由欧拉公式得到的理论曲线与试验曲线十分相符，而当临界应力超过 σ_p 时，两条曲线随着柔度减小相差得越来越大，如图 9-7 所示。这说明欧拉公式只有在临界应力不超过材料比例极限时才适用，即

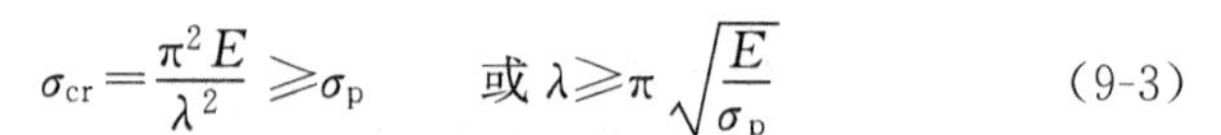

$$\sigma_{cr}=\frac{\pi^2 E}{\lambda^2}\geqslant\sigma_p \qquad 或\ \lambda\geqslant\pi\sqrt{\frac{E}{\sigma_p}} \tag{9-3}$$

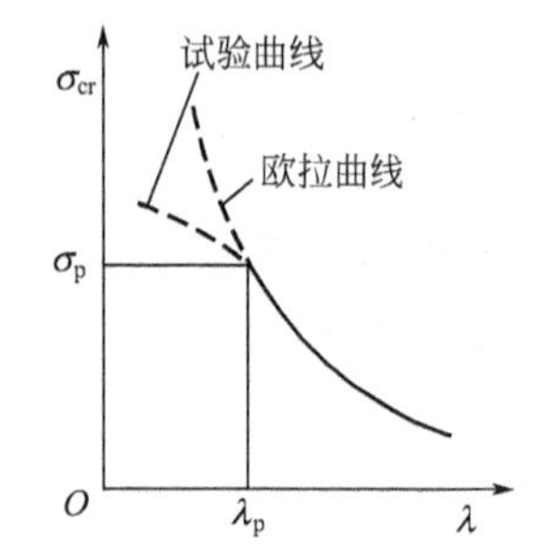

图 9-7 欧拉公式理论曲线与试验曲线

若用 λ_p 表示对应于临界应力等于比例极限 σ_p 时的柔度值，则

$$\lambda_p=\pi\sqrt{\frac{E}{\sigma_p}} \tag{9-4}$$

λ_p 仅与压杆材料的弹性模量 E 和比例极限 σ_p 有关。例如，对于常用的 Q235 钢，$E=200\text{GPa}$，$\sigma_p=200\text{MPa}$，代入式(9-4)，得

$$\lambda=\pi\sqrt{\frac{200\times10^9}{200\times10^6}}=99.3$$

从以上分析可以看出：当 $\lambda\geqslant\lambda_p$ 时，$\sigma_{cr}\leqslant\sigma_p$，这时才能应用欧拉公式来计算压杆的临界力或临界应力。满足 $\lambda\geqslant\lambda_p$ 的压杆称为**细长杆**或**大柔度杆**。

9.1.4 中、小柔度杆的临界应力

对于不能应用欧拉公式计算临界应力的压杆，即压杆内的工作应力大于比例极限但小于屈服极限（塑性材料）时，可应用在实验基础上建立的经验公式。经验公式有直线公式和抛物线公式等。其中直线公式比较简单，应用方便，公式为

$$\sigma_{cr}=a-b\lambda \tag{9-5}$$

式中，a 和 b 是与材料性质有关的常数，见表 9-2。

式(9-5)的适用范围，对于塑性材料制成的压杆，要求其临界应力不得超过材料的屈服极限，即

$$\sigma_{cr}=a-b\lambda\leqslant\sigma_s$$

或

$$\lambda>(a-\sigma_s)/b$$

对应屈服极限的柔度 λ_s

$$\lambda_s=(a-\sigma_s)/b$$

所以式(9-5) 的适用范围为

$$\lambda_s<\lambda<\lambda_p$$

λ_s 的值见表 9-2。

表 9-2 几种常用材料的 a、b、λ_p 和 λ_s

材料	a/MPa	b/MPa	λ_p	λ_s
Q235 钢	304	1.12	100	60
45 钢	589	3.82	100	60
铸铁	338.7	1.483	80	
木材	29.3	0.194	110	40

一般将柔度值介于 λ_s 和 λ_p 之间的压杆称为中柔度杆或中长杆，柔度小于 λ_s 的压杆称为小柔度杆或短粗杆。

综上分析，可将各类柔度压杆临界应力计算公式归纳如下：

对于细长杆（$\lambda\geqslant\lambda_p$），用欧拉公式

$$\sigma_{cr}=\frac{\pi^2E}{\lambda^2}$$

对于中长杆（$\lambda_s<\lambda<\lambda_p$），用经验公式

$$\sigma_{cr}=a-b\lambda$$

对于短粗杆（$\lambda\leqslant\lambda_s$），用压缩强度公式

$$\sigma_{cr}=\sigma_s$$

［**实例 9-1**］ 有一长 $l=300$mm，截面宽 $b=6$mm、高 $h=10$mm 的压杆。两端铰接，压杆材料为 Q235 钢，$E=200$GPa，试计算压杆的临界应力和临界力。

分析： 计算压杆柔度，根据压杆的实际尺寸和支承情况，分别计算出在各个弯曲平面内弯曲时的柔度 $\lambda=\frac{\mu l}{i}$，计算临界力，根据柔度选用计算临界力的具体公式，并计算出临界应力或临界力。

解： ① 求惯性半径 i。对于矩形截面，如果失稳必在刚度较小的平面内产生，故应求最小惯性半径：

$$i_{min}=\sqrt{\frac{I_{min}}{A}}=\sqrt{\frac{hb^3}{12}\times\frac{1}{bh}}=\frac{b}{\sqrt{12}}=\frac{6}{\sqrt{12}}=1.732\text{ (mm)}$$

② 求柔度 λ。

$$\lambda=\mu l/i,\ \mu=1$$

故

$$\lambda=1\times300/1.732=173.2>\lambda_p=100$$

③ 用欧拉公式计算临界应力。

$$\sigma_{cr}=\frac{\pi^2E}{\lambda^2}=\frac{\pi^2 20\times10^4}{(173.2)^2}=65.8\text{ (MPa)}$$

④ 计算临界力。

$$F_{cr}=\sigma_{cr}\times A=65.8\times6\times10=3948\text{N}=3.95\text{ (kN)}$$

综上所述，压杆的临界应力随着压杆柔度变化的情况可用图 9-8 所示的曲线表示，

说明如下。

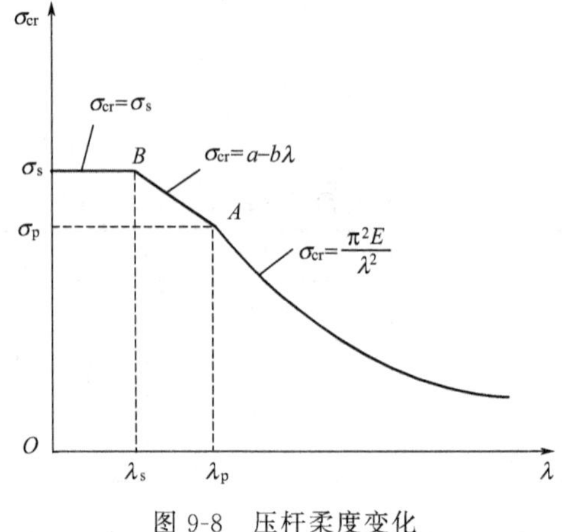

图 9-8 压杆柔度变化

① 当 $\lambda \geqslant \lambda_p$ 时，是细长杆，存在材料比例极限内的稳定性问题，临界应力用欧拉公式计算。

② 当 λ_s（或 λ_b）$<\lambda_p$ 时，是中长杆，存在超过比例极限的稳定问题，临界应力用直线公式计算。

③ 当 $\lambda<\lambda_s$（或 λ_b）时，是短粗杆，不存在稳定性问题，只有强度问题，临界应力就是屈服强度 σ_s 或抗压强度 σ_b。

任务 9.2 压杆的稳定性校核

9.2.1 压杆稳定性校核

从任务一可知，对于不同柔度的压杆总可以计算出它的临界应力，将临界应力乘以压杆横截面面积，就得到临界力。值得注意的是，因为临界力是由压杆整体变形决定的，局部削弱（如开孔、槽等）对杆件整体变形影响很小，所以计算临界应力或临界力时可采用未削弱前的横截面面积 A 和惯性矩 I。

压杆的临界力 F_{cr} 与压杆实际承受的轴向压力 F 之比值，称为压杆的工作安全系数 n，它应该不小于规定的**稳定安全系数** n_{st}。因此压杆的稳定性条件为

$$n=\frac{F_{cr}}{F} \geqslant n_{st} \tag{9-6}$$

由稳定性条件可对压杆稳定性进行计算，在工程中主要是稳定性校核。当然，利用稳定性强度设计公式还可以解决确定许可载荷和选择界面的问题。通常，n_{st} 规定得比强度安全系数高，原因是一些难以避免的因素（例如压杆的初弯曲、材料不均匀、压力偏心以及支座缺陷等）对压杆稳定性的影响远远超过对强度的影响。

式(9-6) 是用安全系数形式表示的稳定性条件，在工程中还可以用应力形式表示稳定性条件

$$\sigma=\frac{F}{A} \leqslant [\sigma]_{st} \tag{Ⅰ}$$

其中

$$[\sigma]_{st}=\frac{\sigma_{cr}}{n_{st}} \tag{Ⅱ}$$

式中，$[\sigma]_{st}$ 为**稳定许用应力**。由于临界应力 σ_{cr} 随压杆的柔度而变，而且对不同柔度的

压杆又规定了不同的稳定安全系数 n_{st}，所以，$[\sigma]_{st}$是柔度 λ 的函数。在某些结构设计中，常常把材料的强度许用应力$[\sigma]$乘以一个小于 1 的系数 φ 作为稳定许用应力$[\sigma]_{st}$，即

$$[\sigma]_{st}=\varphi[\sigma] \qquad (\text{Ⅲ})$$

式中，φ 称为**折减系数**。因为$[\sigma]_{st}$是柔度 λ 的函数，所以 φ 也是 λ 的函数，且总有 $\varphi<1$。引入折减系数后，式(Ⅰ) 可写为

$$\sigma=\frac{F}{A}\leqslant\varphi[\sigma] \qquad (9\text{-}7)$$

［**实例 9-2**］ 图 9-9 所示为一用 20a 工字钢制成的压杆，材料为 Q235 钢，$E=200\text{GPa}$，$\sigma_p=200\text{MPa}$，压杆长度 $l=5\text{m}$，$F=200\text{kN}$。若 $n_{st}=2$，试校核压杆的稳定性。

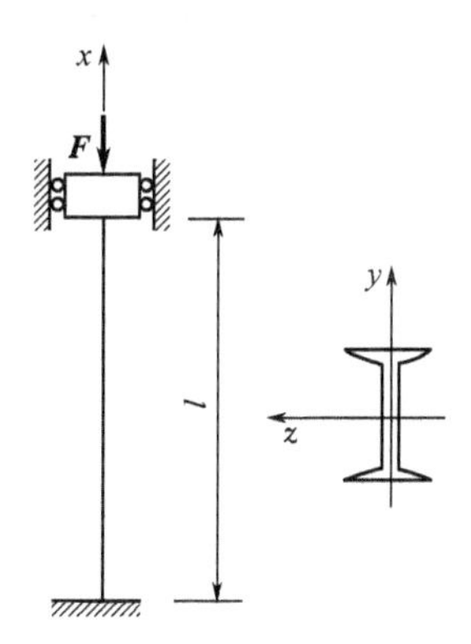

图 9-9 工字钢压杆

分析：先计算压杆柔度，根据压杆的实际尺寸和支承情况，计算出弯曲平面内弯曲时的柔度，再计算临界力，根据柔度选用计算临界力的具体公式，并计算出临界应力或临界力。最后校核稳定性，按照稳定条件进行稳定计算。

解：① 计算压杆柔度 λ。由附录中的型钢表查得 $i_y=2.12\text{cm}$，$i_z=8.15\text{cm}$，$A=35.578\text{cm}^2$。压杆在 i 最小的纵向平面内抗弯刚度最小，柔度最大，临界应力将最小。因而压杆失稳一定发生在压杆 λ_{max}的纵向平面内

$$\lambda_{max}=\frac{\mu l}{i_y}=\frac{0.5\times5}{2.12\times10^{-2}}=117.9$$

② 计算临界应力，校核稳定性。

$$\lambda_p=\pi\sqrt{\frac{E}{\sigma_p}}=\pi\sqrt{\frac{200\times10^9}{200\times10^6}}=99.3$$

因为 $\lambda_{max}>\lambda_p$，此压杆属细长杆，要用欧拉公式来计算临界应力

$$\sigma_{cr}=\frac{\pi^2E}{\lambda_{max}^2}=\frac{\pi^2\times200\times10^3}{117.9^2}\text{MPa}=142\ (\text{MPa})$$

$$F_{cr}=A\sigma_{cr}=35.578\times10^{-4}\times142\times10^6\text{N}=504.1\times10^3\text{N}=504.1\ (\text{kN})$$

$$n=\frac{F_{cr}}{F}=\frac{504.1}{200}=2.52>n_{st}$$

结论：此压杆稳定。

［**实例 9-3**］ 如图 9-10 所示连杆，材料为 Q235 钢，其 $E=200\text{GPa}$，$\sigma_p=200\text{MPa}$，$\sigma_s=235\text{MPa}$，承受轴向压力 $F=110\text{kN}$。若 $n_{st}=3$，试校核连杆的稳定性。

分析：根据图 9-10 中连杆端部约束情况，在 x-y 纵向平面内可视为两端铰支；在 x-z 平面内可视为两端固定约束。又因压杆为矩形截面，所以 $I_y\neq I_z$。

根据上面的分析，首先应分别算出杆件在两个平面内的柔度，以判断此杆将在哪个平面

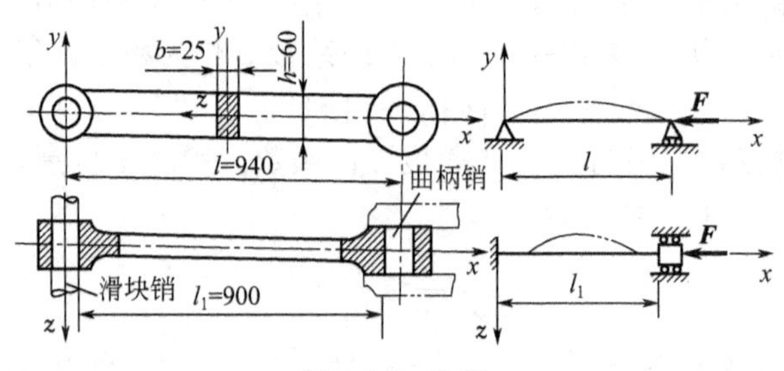

图 9-10 连杆

内失稳，然后再根据柔度值选用相应的公式来计算临界力。

解：① 计算两个平面内的 λ 柔度。在 x-y 纵向平面内，$\mu=1$，z 轴为中性轴

$$i_z=\sqrt{\frac{I_z}{A}}=\frac{h}{2\sqrt{3}}=\frac{6}{2\sqrt{3}}\text{cm}=1.732\ (\text{cm})$$

$$\lambda_z=\frac{\mu l}{i_z}=\frac{1\times 94}{1.732}=54.3$$

在 x-z 纵向平面内，$\mu=0.5$，y 轴为中性轴

$$i_y=\sqrt{\frac{I_y}{A}}=\frac{b}{2\sqrt{3}}=\frac{2.5}{2\sqrt{3}}\text{cm}=0.722\ (\text{cm})$$

$$\lambda_y=\frac{\mu l}{i_y}=\frac{0.5\times 90}{0.722}=62.3$$

$\lambda_y>\lambda_z$，$\lambda_{\max}=\lambda_y=62.3$。连杆若失稳必发生在 x-z 纵向平面内。

② 计算临界力，校核稳定性。

$$\lambda_p=\pi\sqrt{\frac{E}{\sigma_p}}=\pi\sqrt{\frac{200\times 10^9}{200\times 10^6}}\approx 99.3$$

因为 $\lambda_{\max}<\lambda_p$，该连杆不属细长杆，不能用欧拉公式计算其临界力。这里采用直线公式，查表 9-2 得，Q235 钢的 $a=304$MPa，$b=1.12$MPa

$$\lambda_s=\frac{a-\sigma_s}{b}=\frac{304-235}{1.12}=61.6$$

$\lambda_s<\lambda_{\max}<\lambda_p$，属中等杆，因此

$$\sigma_{cr}=a-b\lambda_{\max}=(304-1.12\times 62.3)\text{MPa}=234.2\ (\text{MPa})$$

$$F_{cr}=A\sigma_{cr}=6\times 2.5\times 10^{-4}\times 234.2\times 10^3\text{kN}=351.3\ (\text{kN})$$

$$n_{st}=\frac{F_{cr}}{F}=\frac{351.3}{110}=3.2>[n]_{st}$$

结论：该连杆稳定。

9.2.2 提高压杆稳定性的措施

通过以上讨论可知，影响压杆稳定性的因素有：压杆的截面形状，压杆的长度、约束条件和材料的性质等。因而，当讨论如何提高压杆的稳定件时，也应从这几方面入手。

9.2.2.1 选择合理截面形状

从欧拉公式可知，截面的惯性 I 越大，临界力 F_{cr} 越高。从经验公式可知。柔度 λ 越小，临界应力越高。由于 $\lambda=\frac{\mu l}{i}$，所以提高惯性半径 i 的数值就能减小 λ 的数值。可见，在不增加压杆横截面面积的前提下，应尽可能把材料放在离截面形心较远处，以取得较大的 I 和 i，提高临界压力。例如空心圆环截面要比实心圆截面合理。

如果压杆在过其主轴的两个纵向平面约束条件相同或相差不大，那么应采用圆形或正多边形截面；若约束不同，应采用对两个主形心轴惯性半径不等的截面形状，例如矩形截面或工字形截面，以使压杆在两个纵向平面内有相近的柔度值。这样，在两个相互垂直的主惯性纵向平面内有接近相同的稳定性。

9.2.2.2　尽量减小压杆长度

由前可知，压杆的柔度与压杆的长度成正比。在结构允许的情况下，应尽可能减小压杆的长度；甚至可改变结构布局，将压杆改为拉杆［如将图 9-11(a) 所示的托架改成图 9-11(b) 所示的图形］，等等。

9.2.2.3　改善约束条件

从前面的讨论看出，改变压杆的支座条件直接影响临界力的大小。例如长为 l 两端铰支的压杆，其 $\mu=1$，$F_{cr}=\frac{\pi^2 EI}{l^2}$。若在这一压杆的中点增加一个中间支座或者把两端改为固定端（见图 9-12）。则相当长度变为 $\mu l=\frac{l}{2}$，临界力变为

$$F_{cr}=\frac{\pi^2 EI}{\left(\frac{l}{2}\right)^2}=\frac{4\pi^2 EI}{l^2}$$

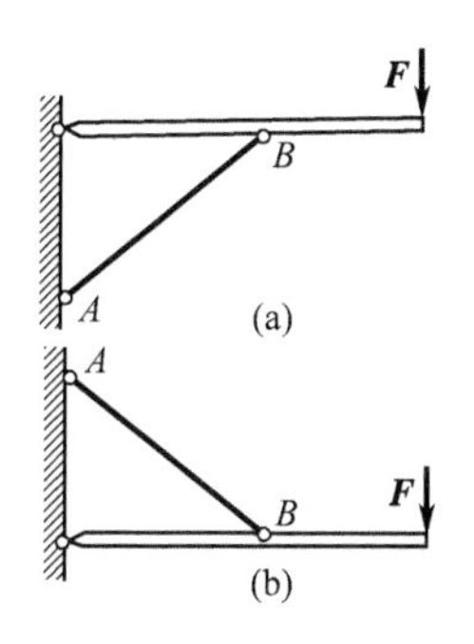

图 9-11　压杆布局的改变

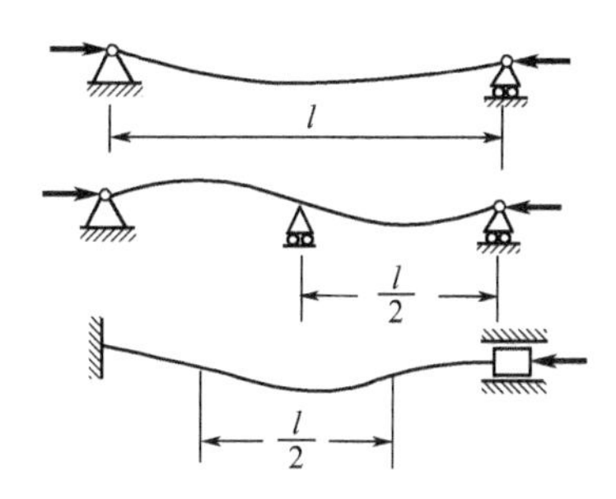

图 9-12　改变压杆支座条件

可见临界力变为原来的四倍。一般来说增加压杆的约束，使其更不容易发生弯曲变形，都可以提高压杆的稳定性。

9.2.2.4　合理选择材料

由欧拉公式可知，临界应力与材料的弹性模量 E 有关。然而，由于各种钢材的弹性模量 E 大致相等，所以对于细长杆，选用优质钢材或低碳钢并无很大差别。对于中等杆，无论是根据经验公式或理论分析，都说明临界应力与材料的强度有关，优质钢材在一定程度上可以提高临界应力的数值。至于短粗杆，本来就是强度问题，选择优质钢材自然可以提高其强度。

本项目案例工作任务解决方案步骤：

① 用静力学知识求解 AB 杆所受的力；

② 计算压杆柔度；

③ 计算临界力，根据柔度选用计算临界力的具体公式，并计算出临界应力或临界力；

④ 校核稳定性，按照稳定条件进行稳定计算；

同学们利用所学知识自行解决任务。

项目能力知识结构总结

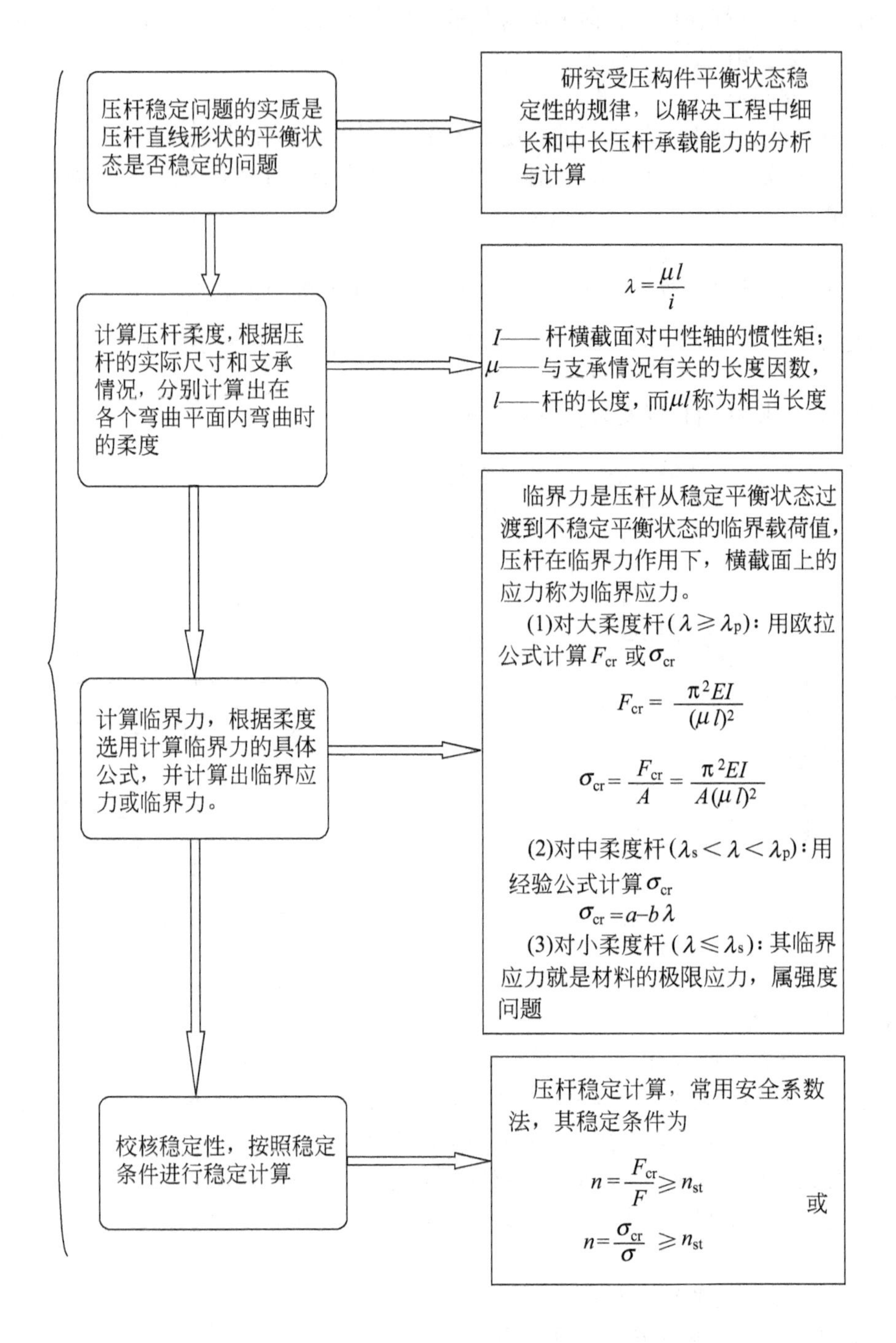

思考与训练

9-1 如题9-1图所示，各根压杆的材料及直径均相同，试判断哪一根最容易失稳，哪一根最不容易失稳。

9-2 如题9-2图所示，压杆的材料为Q235钢，在图（a）平面内弯曲时两端为铰支，在图（b）平面内弯曲时两端为固定，试求其临界力。

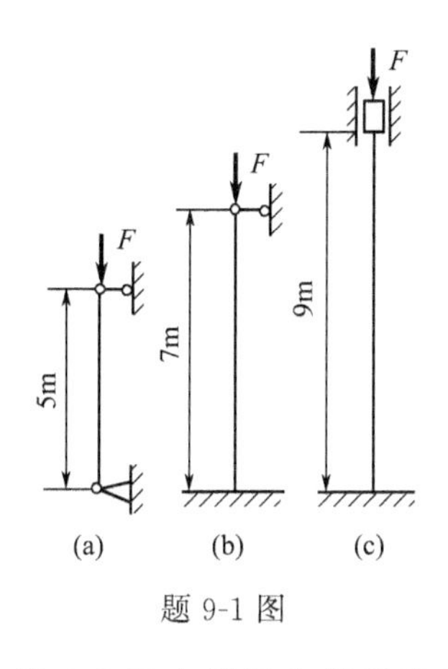

题 9-1 图

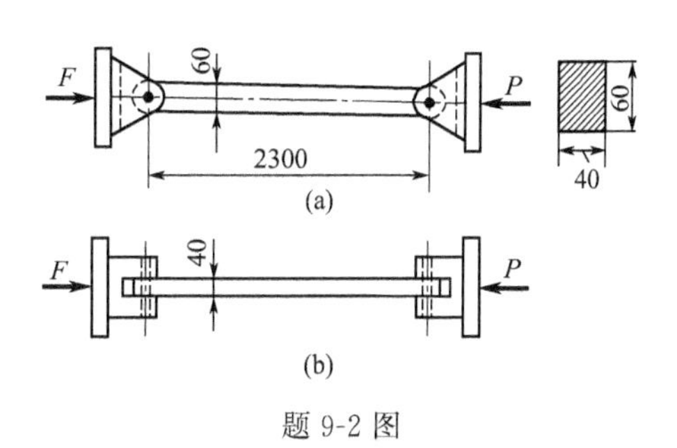

题 9-2 图

9-3　题 9-3 图中所示为某型飞机起落架中承受轴向压力的斜撑杆。杆为空心圆管，外径 $D=52\text{mm}$，内径 $d=44\text{mm}$，$l=950\text{mm}$。材料为 30CrMnSiNi2A，$\sigma_b=1600\text{MPa}$，$\sigma_p=1200\text{MPa}$，$E=210\text{GPa}$。试求斜撑杆的临界压力 F_{cr} 和临界应力 σ_{cr}。

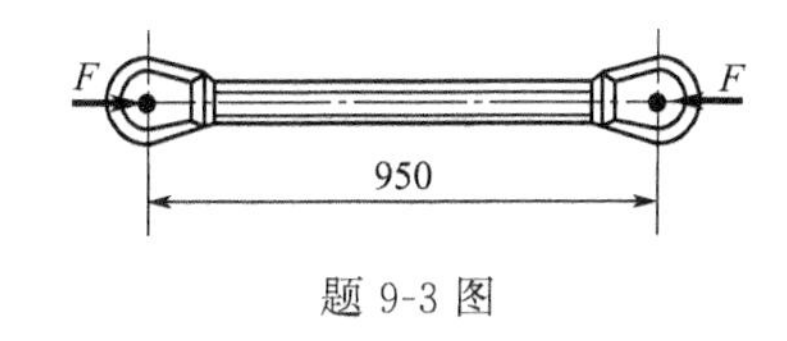

题 9-3 图

9-4　三根圆截面压杆，直径均为 $d=160\text{mm}$，材料为 Q235 钢，$E=200\text{GPa}$，$\sigma_s=235\text{MPa}$。两端均为铰支，长度分别 l_1、l_2 和 l_3，且 $l_1=2l_2=4l_3=5\text{m}$，试求各杆的临界压力 F_{cr}。

9-5　无缝钢管厂的穿孔顶杆如题 9-5 图所示。杆端承受压力。杆长 $l=4.5\text{m}$，横截面直径 $d=15\text{cm}$。材料为低合金钢，$E=210\text{GPa}$。两端可简化为铰支座，规定的稳定安全系数为 $n_{st}=3.3$。试求顶杆的许可载荷。

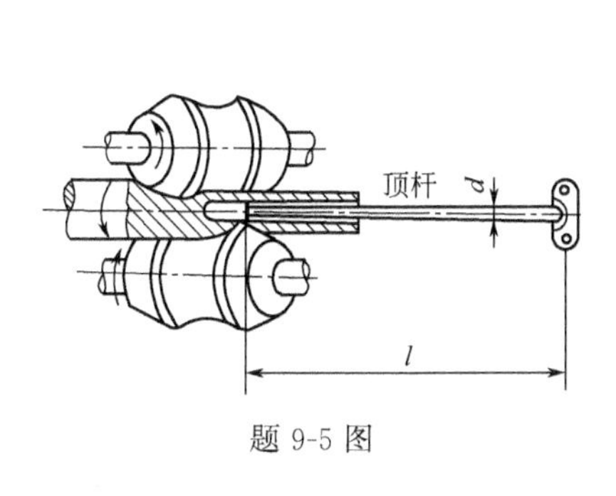

题 9-5 图

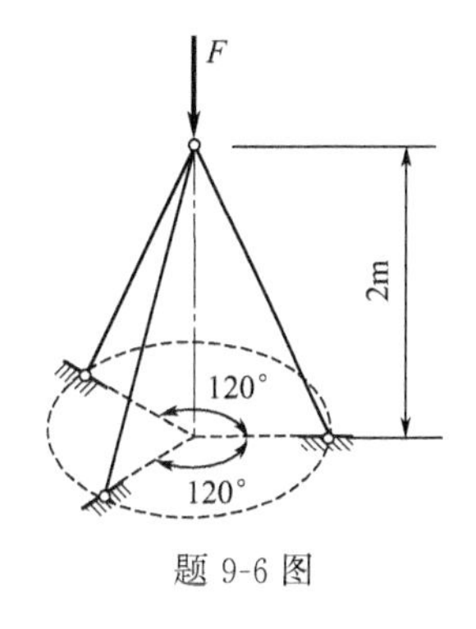

题 9-6 图

9-6　如题 9-6 图所示，由三根钢管构成的支架，钢管的外径为 30mm，内径为 22mm，长度 $l=2.5\text{m}$，$E=210\text{GPa}$。在支架的顶点三杆铰接。若取稳定安全系数 $n_{st}=3$，试求许可载荷 F。

9-7　在题 9-7 图所示结构中，AB 为圆截面杆，直径 $d=80\text{mm}$，BC 杆为正方形截面，边长 $a=70\text{mm}$，两材料均为 Q235 钢，$E=210\text{GPa}$。它们可以各自独立发生弯曲而互不影响，已知 A 端固定，B、C 为球铰，$l=3\text{m}$，稳定安全系数 $n_{st}=2.5$。试求此结构的许用载荷 $[F]$。

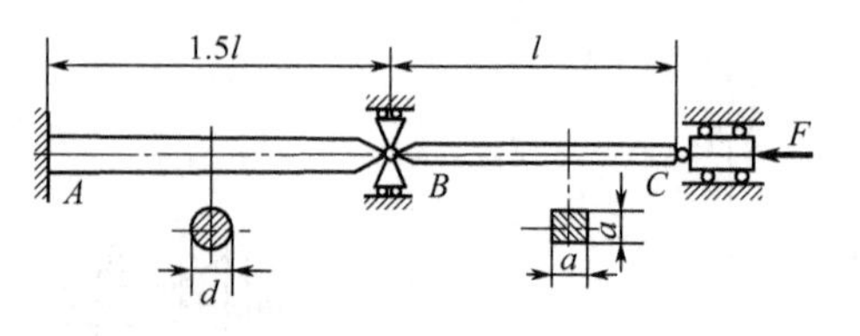

题 9-7 图

9-8 万能铣床工作台升降丝杠的内径为 22mm，螺距 $P=5\text{mm}$。工作台升至最高位置时，$l=500\text{mm}$，如题 9-8 图所示。丝杆钢材的 $E=210\text{GPa}$，$\sigma_s=300\text{MPa}$，$\sigma_p=260\text{MPa}$。若伞齿轮的传动比为 1/2，即手轮旋转一周丝杆旋转半周，且手轮半径为 10cm，手轮上作用的最大圆周力为 200N，试求丝杆的工作安全系数。

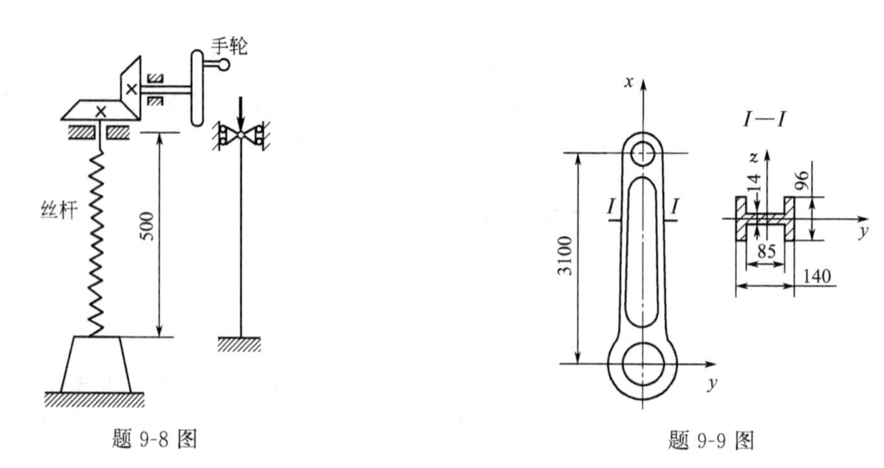

题 9-8 图　　　　题 9-9 图

9-9 蒸汽机车的连杆如题 9-9 图所示，截面为工字形，材料为 Q235 钢。连杆所受最大轴向压力为 465kN。连杆在摆动平面（x-y 平面）内发生弯曲时，两端可认为铰支，在与摆动平面垂直的 x-z 平面内发生弯曲时，两端可认为是固定支座。试确定其工作安全系数。

9-10 某厂自制的简易起重机如题 9-10 图所示，其压杆 BD 为 20 号槽钢，材料为 Q235 钢。起重机的最大起重量是 $P=40\text{kN}$。若规定的稳定安全系效为 $n_{st}=5$，试校核 BD 杆的稳定性。

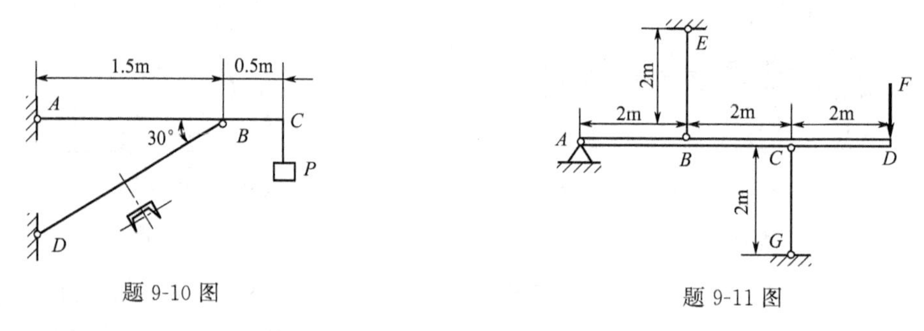

题 9-10 图　　　　题 9-11 图

9-11 如题 9-11 图所示结构中 CG 为铸铁圆杆，直径 $d_1=100\text{mm}$，许用压应力 $\sigma_c=120\text{MPa}$。BE 为 Q235 钢圆杆，直径 $d_2=50\text{mm}$，$[\sigma]=160\text{MPa}$，横梁 $ABCD$ 视为刚体，试求结构的许可载荷 $[F]$。已知 $E_{铁}=120\text{GPa}$，$E_{钢}=200\text{GPa}$。

项目10 工程构件的几个力学问题简介

◆ ［能力目标］

会分析工程构件中出现应力集中的原因

会进行缓解构件冲击载荷的方法

会分析构件疲劳失效的原因

会进行基本的提高构件疲劳极限的方法

会对对称循环下的工程构件进行疲劳强度校核

◆ ［工作任务］

了解应力集中现象

了解动载荷和冲击载荷的概念

理解交变应力的概念

掌握构件疲劳极限的概念及其影响因素

理解对称循环下疲劳极限的计算方法

案例导入 

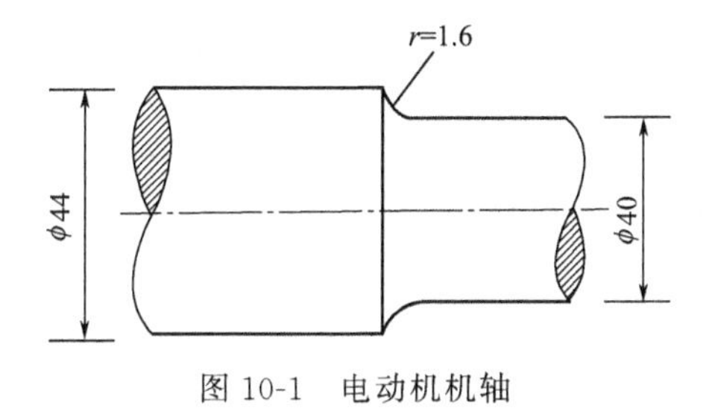

图10-1 电动机机轴

案例任务描述

如图10-1所示为电动机机轴的一段，在工作过程中作旋转运动，承受对称循环弯矩。已知材料为碳钢，强度极限 $\sigma_b=500\text{MPa}$，$\sigma_{-1}=250\text{MPa}$（持久极限值），已知有效应力集中系数 $K_\sigma=1.63$，尺寸系数 $\varepsilon_\sigma=0.84$，表面质量系数 $\beta=0.95$，规定安全系数 $[n]=2$。试校核该轴的疲劳强度。

解决任务思路

首先要分析转动轴的受力情况，在承受对称循环应力时产生疲劳现象，分析疲劳失效的原因，进行疲劳强度校核。

前面各任务学习的是工程构件在静载荷作用下的应力和变形问题。在对工程构件的分析中，我们忽略了几何形状突变，构件高速旋转，载荷随时间变化等特殊情况的影响。本项目将对工程构件的这些情况进行简单介绍。

任务10.1 应力集中问题

10.1.1 应力集中的概念

实验研究表明，对于横截面形状和尺寸有突然改变的构件，如带有圆孔、螺纹、轴肩或刀槽的杆件，如图 10-2 所示。

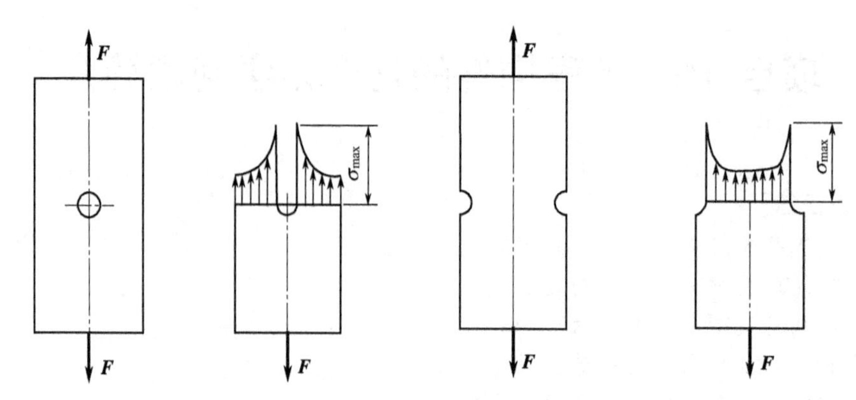

图 10-2　截面形状突变的杆件

当构件受到轴向载荷作用时，构件几何形状、外形尺寸发生突变而引起局部范围内应力显著增大的现象，且应力分布是不均匀的，这种现象称为**应力集中**。

设发生应力集中的横截面的最大应力为 σ_{max}，同一截面的平均应力为 σ_0，则比值 $K=\frac{\sigma_{max}}{\sigma_0}$称为**理论应力集中系数**，它反映了应力集中的程度，是一个大于 1 的系数。实验结果表明：截面尺寸改变得越急剧，角越尖，孔越小，应力集中的程度就越严重。

10.1.2　应力集中对构件强度的影响

对于由塑性材料制成的构件，应力集中对其在静载荷作用下的强度则几乎无影响。这是因为当构件局部的应力达到材料的屈服点后，该局部就会发生塑性变形，塑性变形随着外力的增加而增大，但应力值仍在材料的屈服点的临近范围内，所以，**在研究塑性材料构件的静强度问题时，通常不考虑应力集中的影响。**

对于由脆性材料制成的构件，由于脆性材料没有屈服阶段，外力增大，局部应力也极具增大，当最大应力达到强度极限时，应力集中处开始出现裂纹，有效面减少而导致构件疲劳破坏。因此应力集中现象将一直保持到最大局部应力到达强度极限之前。**在设计脆性材料构件时，应考虑应力集中的影响。**构件在交变应力、冲击载荷的作用下，无论该构件是由塑性材料还是脆性材料制成，应力集中对构件的强度都会产生重大的影响，而且往往是导致构件破坏的根本原因，因此应当予以重视。

任务 10.2　动载荷和冲击载荷

10.2.1　动载荷概念

静载荷是指数值从零平缓增加至最终值后不再变化的载荷，在静载荷作用下，构件各质点的加速度很小，可以忽略不计。在工程实际问题中，常会遇到动载荷问题。当在载荷作用下，构件各部分的加速度相当显著而不可忽略时，我们把这种载荷称为**动载荷**。构件在动载荷作用下的应力称为**动应力**。

如图 10-3 所示起重机匀加速吊起重物的钢丝绳，图 10-4 所示为高速飞转的飞轮，都承受着不同形式的动载荷作用。

10.2.2　冲击载荷简介

当运动物体冲击物以一定的速度作用于静止物体被冲击物时，物体的速度将在非常短暂的时间里急剧降低，这种现象称为**冲击**。冲击物与被冲击物之间的载荷称为**冲击载荷**。冲击载荷也看作是动载荷的一种表现形式。计算构件受冲击载荷时的应力和变形称为能量法。冲击载荷的特点是结构受外力作用的时间很短，加速度变化激烈，难以计算某一瞬间所受的冲击载荷，所以工程上采用机械能守恒定律，得出构件内最大应力和最大变形的简化计算公式。提高工程构件抗击能力的措施有以下几项。

① 安装缓冲装置。在工程中往往在构件上设缓冲装置来增加静位移。

② 适当增加构件的强度。在某些情况下，改变受冲击物体的尺寸或形状，也可以降低动应力。

③ 在满足强度的条件下选择合适材料。在满足强度条件下选择弹性模量较低、韧性较大的材料做受冲击的构件，由于降低了弹性模量，静位移会增大。

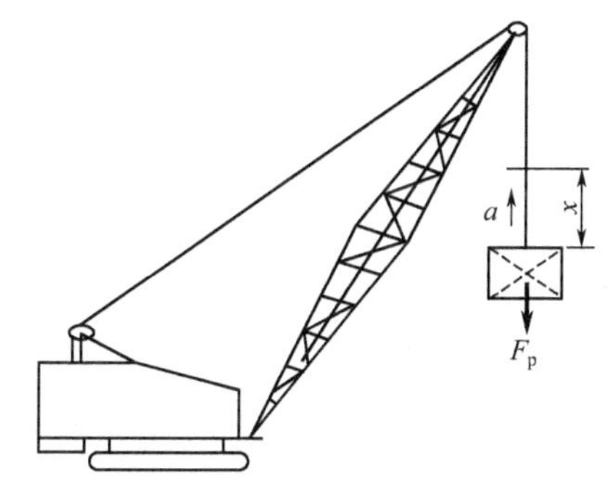

图 10-3　起重机匀加速起吊重物

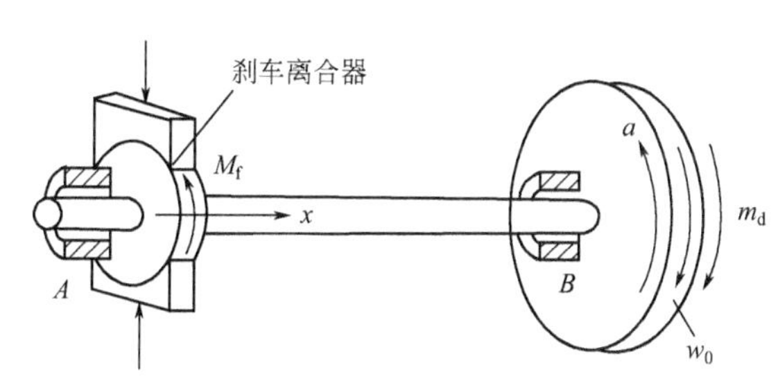

图 10-4　高速旋转的飞轮

10.2.3　工程上常见的几种动载荷形式

10.2.3.1　构件作加速运动

构件的各个质点将受到与其加速度有关的惯性力作用，故此类问题习惯上又称为**惯性力问题**。如起重机起吊重物时吊索受到的惯性力，再如安装在半径 $r=0.5\text{m}$ 的转子上的高速转动的航空燃气轮机叶片，其质量虽只有 0.1kg。但当转子的转速达到 $n=10000\text{r/min}$ 时，离心力可达到 55kN 左右，约为叶片本身重量的 5.6 万倍。此力作用在叶片的根部，使根部截面产生很大的拉应力，严重时引起根部断裂，击毁燃气叶轮，这就是动载荷强度问题。

10.2.3.2　冲击问题

载荷以一定的速度施加于构件上，或者构件的运动突然受阻，这类问题称为**冲击问题**。

10.2.3.3　交变应力问题

构件受到的载荷或由载荷引起的应力的大小或方向，是随着时间而呈周期性变化的，这类问题称为**交变应力问题**。本问题将在下个任务中进行分析。

任务 10.3　交变应力和构架的疲劳强度分析

10.3.1　交变应力的概念

在上个任务中介绍的动载荷的其中一种是交变应力问题。工程上经常遇到随时间变化的应力，如图 10-5 所示齿轮啮合时齿根点的应力，在啮合过程中，其所受载荷在开始的零值变到最大，然后又由最大变为脱离啮合，齿轮每转一周，轮齿就重复受力一次，又如图 10-6 所示火车车轮，运行时虽然载荷不变，但轴在转动，横截面上任一点到中性轴的距离是不变的，因此，该点应力也是随时间做周期性变化的。

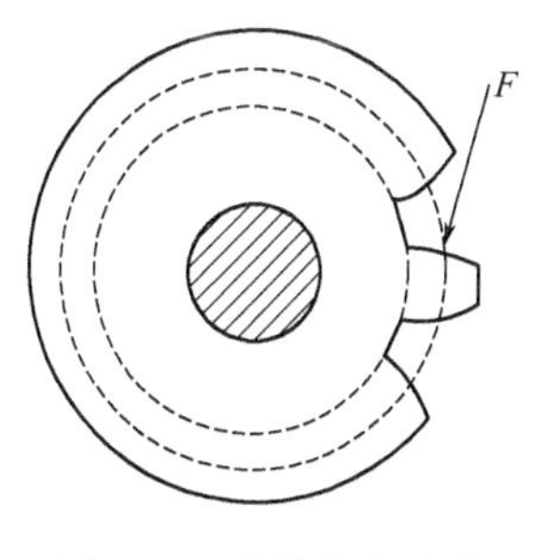

图 10-5　齿轮轮齿啮合

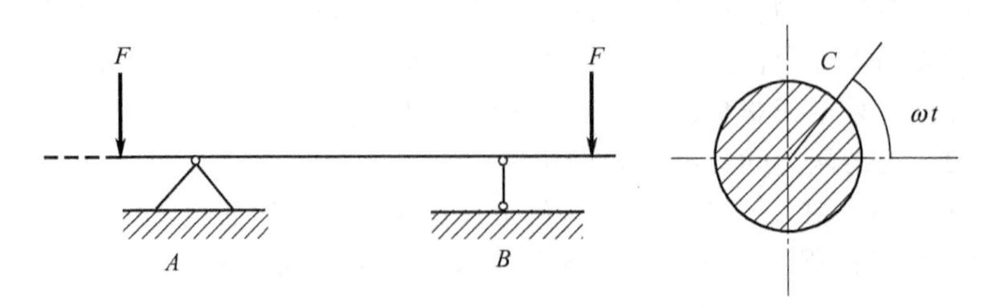

图 10-6　运行中的火车车轮

实践表明，在交变应力作用下的构件，虽然所受应力小于材料的静强度极限，但经过应力的多次重复后，构件将产生裂纹或完全断裂，而且，即使是塑性很好的材料，断裂时也往往无显著的塑性变形。在交变应力作用下，构件产生可见裂纹或完全断裂的现象，称为疲劳失效。图 10-7 所示为传动轴疲劳失效断口。

疲劳失效与静载荷作用下的强度失效有着本质区别，在静载荷作用下，构件的强度性能主要与材料本身有关，而与构件尺寸和表面质量基本无关。在交变应力作用下，构件的强度性能不仅与材料有关，而且与应力的变化情况、构件的形状和尺寸以及表面加工质量等因素有着很大的关系。疲劳强度计算的主要工作是确定构件的疲劳强度性能，而内力与应力计算则与静载荷作用时相同。

10.3.2　构件的疲劳强度破坏特点和原因

在交变应力作用下金属材料发生疲劳失效的主要特点如下。

① 破坏时的最大应力低于静荷下材料的强度极限，甚至低于屈服极限。

② 材料破坏为突然的脆性断裂，即使是塑性很好的材料，经过长期应力循环后，断口是也不会有明显的塑性变形。

③ 在金属的断口面上，断裂面一般都有明显的两个区域，一个光滑区，另一个粗糙区，如图 10-7 所示。

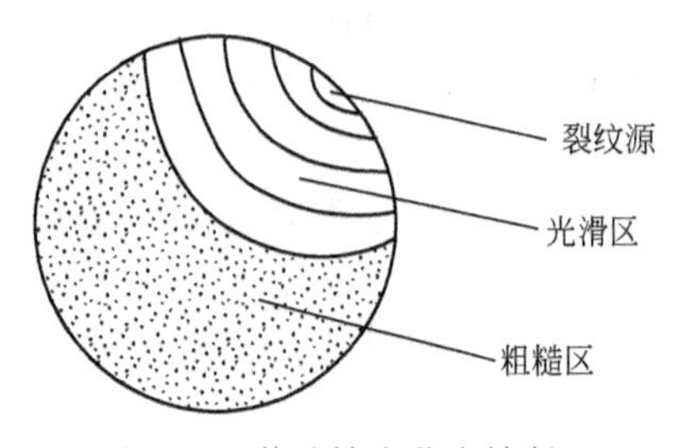

图 10-7　传动轴疲劳失效断口

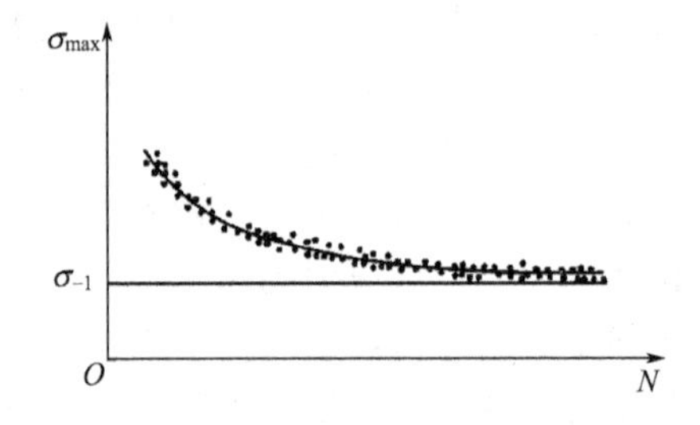

图 10-8　试样的疲劳极限

产生疲劳失效的原因，一般是由于构件外部形状尺寸的突变以及材料不均匀等，构件某些局部的应力特别高。在长期交变应力的作用下，当应力值超过一定限度时，首先在零件应力高度集中的部位或材料有缺陷的部位产生细微裂纹，形成疲劳源。在裂纹根部随即产生高度应力集中，并随应力循环次数增加而裂纹逐渐扩展，使构件承受载荷的有效面积不断减小，最后当减小到不能承受外加载荷的作用时，构件即发生突然断裂。

因此，在交变应力下构件的疲劳失效，实质上就是指裂纹的发生、发展和构件最后断裂的全部过程。

10.3.3　构件的疲劳极限概念

经过大量实践表明，在交变应力作用下，材料是否产生疲劳失效，不仅与最大应力 σ_{max} 值有关，还与循环特性 r 及循环次数 N 有关。材料经历无数次循环而不破坏的最大应力值称为材料的**疲劳极限**，用 σ_r 表示，下标为循环特性。同一材料在不同的循环特征下，它的疲劳极限是不同的，其中对称循环下的疲劳极限值最低。因此，材料在对称循环下的极限应力 σ_{-1}（-1 是表示对称循环特性）是表示材料疲劳强度的一个基本数据。

该数据是在对称循环下，由光滑小试样在疲劳试验机上测得的统计结果。图 10-8 所示为材料的 σ_{max}-N 曲线，曲线上和两侧的各点，记录了每根试件在经历了 N 次对称循环，直至发生疲劳破坏，危险截面上的最大应力值 σ_{max}，以及破坏时所经历的对应循环次数 N。图中曲线是沿试验数据的分布带居中作出的。

通过疲劳强度极限试验发现，钢材在拉压、弯曲、扭转的疲劳极限 σ_{-1} 与其静载强度极限 σ_b 之间存在下述近似关系：

$$\sigma_{-1}(\text{拉压})\approx 0.2\sigma_b \qquad \sigma_{-1}(\text{弯曲})\approx 0.4\sigma_b \qquad \tau_{-1}(\text{扭转})\approx 0.22\sigma_b$$

上述关系可以作为粗略估计疲劳极限的参考，如表 10-1 所列。

表 10-1 对称循环疲劳极限 单位：MPa

材料	σ_{-1}(拉压)	σ_{-1}(弯曲)	τ_{-1}(扭转)
Q235 钢	120～160	170～220	100～130
45 钢	190～250	250～340	150～200
16Mn 钢	200	320	

10.3.4 影响构件疲劳极限的因素

通过材料疲劳强度试验得到的疲劳极限是用光滑小试样在试验机上测得的，排除了应力集中、表面加工质量等影响。因此，只有考虑下面这些因素的影响之后，才能确定实际构件的疲劳极限。

10.3.4.1 应力集中的影响

零件截面尺寸多变（如过渡圆角、键槽、小孔、螺纹）及配合件过盈配合处等地方会产生应力集中，使局部应力大于公称应力，构件外形对持久极限的影响，疲劳裂纹是在试件上应力最大处首先形成的，有应力集中的试件，局部应力很大，在较低的载荷下就会出现疲劳裂纹，从而使其疲劳极限降低。

没有应力集中的试件的疲劳极限以 σ_{-1} 表示，有应力集中的试件的疲劳极限以 σ_{-1}^k 表示，两者的比值用 K_σ 表示，K_σ 称为有效应力系数。即：

$$K_\sigma=\frac{\sigma_{-1}}{\sigma_{-1}^k} \tag{10-1}$$

这是有效应力集中系数的一般表达式，其中 K_σ 恒大于 1，其值与试件的外形及变形的种类、材料的性质有关。在扭转时的**应力集中系数用** K_τ 表示。

降低应力集中的手段，可以从构件的内部材质和外部形状两个方面入手。为减少构件内部的应力集中现象，在选材时，应尽量避免材料可能存在的缺陷，必要时可进行检验，以保证材料的质量。此外，必须注意改善构件的外部结构形状。例如，对轴类零件的截面变化处应尽量增大圆角半径 r，如图 10-9(a) 所示，使尺寸变化缓和，以减小应力集中的影响。有些构件由于定位需要，必须用圆角过渡时，可采用间隔环，如图 10-9(b) 所示，或把圆角凹向轴间内部［见图 10-9(c)］等方法来减小应力集中。

10.3.4.2 构件尺寸的影响

零件尺寸越大，在各种冷热加工中出现缺陷的概率越大，疲劳强度就越低。因此持久极限降低。构件尺寸对持久极限的影响，可用**尺寸系数** ε_σ 表示。在对称循环下，若光滑小试件的持久极限为 σ_{-1}，光滑大试件的持久极限为 $(\sigma_{-1})_d$，则

$$\varepsilon_\sigma=\frac{(\sigma_{-1})_d}{\sigma_{-1}} \tag{10-2}$$

ε_σ 的值小于1，可查表10-2而求得。

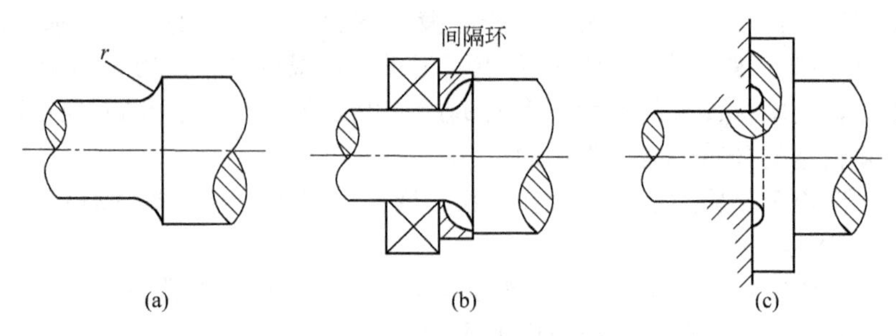

图10-9 降低应力集中的方法

表10-2 尺寸系数

项目 \ 直径 d/mm		>20～30	>30～40	>40～50	>50～60	>60～70
ε_σ	碳钢	0.91	0.88	0.84	0.81	0.78
	合金钢	0.83	0.77	0.73	0.70	0.68
各种钢 ε_τ		0.89	0.81	0.78	0.76	0.74
项目 \ 直径 d/mm		>70～80	>80～100	>100～120	>120～150	>150～500
ε_σ	碳钢	0.75	0.73	0.70	0.68	0.60
	合金钢	0.66	0.64	0.62	0.60	0.54
各种钢 ε_τ		0.73	0.72	0.70	0.68	0.60

10.3.4.3 表面质量的影响

表面质量主要指零件表面粗糙度，粗糙的机械加工，会在构件上的表面形成深浅不一的划痕，这些划痕本身就是初始微裂纹。当应力比较大的时候，裂纹的扩展首先是从这些划痕开始的。因此，随着表面加工质量的提高，疲劳极限也将提高。表面粗糙度越高，应力集中越严重，其持久极限也就越低。表面质量对持久极限的影响，用**表面状态系数** β 来表示。若光滑小试件的持久极限为 σ_{-1}，表面为其他情况的构件的持久极限为 $(\sigma_{-1})_\beta$

$$\beta=\frac{(\sigma_{-1})_\beta}{\sigma_{-1}} \tag{10-3}$$

当构件的表面质量低于标准试件时，$\beta<1$；若构件的表面质量经强化处理，则 $\beta>1$。β 的值可由表10-3查得。

表10-3 表面质量系数 β

加工方法	表面质量	σ_b/MPa		
		400	800	1200
磨削	Ra(0.1～0.2μm)	1	1	1
车削	Ra(1.6～4.3μm)	0.95	0.90	0.80
粗车	Ra(3.2～12.5μm)	0.85	0.80	0.65
未加工表面	—	0.75	0.65	0.45

综合考虑上述三个主要因素：对称循环下实际构件的持久极限 σ_{-1}^{*} 为：

$$\sigma_{-1}^{*}=\frac{\varepsilon_{\sigma}\beta}{K_{\sigma}}\sigma_{-1} \tag{10-4}$$

式中，σ_{-1} 为光滑小试件的持久极限。

10.3.5　提高构件疲劳强度的措施

为了提高构件疲劳强度，在不改变构件的基本尺寸和材料的前提下，可采取如下措施。

10.3.5.1　合理设计构件

合理设计工件外形，避免构件出现带尖角或方形的孔或槽，阶梯轴的轴肩的过渡圆角要足够大，或者要有减荷槽，焊接件通常采用坡口焊接，这样可以改善和消除应力集中现象，提高构件的疲劳强度。

10.3.5.2　提高表面加工精度

疲劳强度要求高的构件，对表面质量要求也高，特别是高强度钢材，对表面质量更敏感，应尽量避免划伤及化学损伤等。

10.3.5.3　提高构件表面层的强度

采用表面热处理及化学处理，如表面高温淬火、渗碳、渗氮等。冷压机械加工如表面滚压喷丸等。提高构件表面的材料强度，从而使构件表层产生残余正应力，抑制疲劳裂纹的形成和扩展，提高疲劳强度。

10.3.6　构件疲劳强度的安全校核方法

构件的疲劳强度条件与静强度条件相似，都要求构件的工作应力小于许用应力，对称循环交变应力是最基本的交变应力。对称循环时构件的疲劳极限：

$$\sigma_{\max}=\frac{M}{W_{z}}\leqslant\frac{\sigma_{-1}^{0}}{n}=[\sigma_{-1}]\text{——弯曲} \tag{10-5}$$

$$\tau_{\max}=\frac{T}{W_{p}}\leqslant\frac{\tau_{-1}^{0}}{n}=[\tau_{-1}]\text{——扭转} \tag{10-6}$$

在工程实际中，往往采用安全系数法进行强度校核，也就是要求构件在交变应力的工作安全系数下 n_{σ} 和 n_{τ} 不得小于安全系数 n

$$n_{\sigma}=\frac{\sigma_{-1}^{0}}{\sigma_{\max}}\geqslant n\ \text{或}\ n_{\tau}=\frac{\tau_{-1}^{0}}{\tau_{\max}}\geqslant n \tag{10-7}$$

弯曲和扭转由安全系数表示的强度条件分别为：

$$n_{\sigma}=\frac{\varepsilon_{\sigma}\beta\sigma_{-1}}{K_{\sigma}\sigma_{\max}}\geqslant n \tag{10-8}$$

$$n_{\tau}=\frac{\varepsilon_{\tau}\beta\tau_{-1}}{K_{\tau}\tau_{\max}}\geqslant n \tag{10-9}$$

其中疲劳安全系数 $n=1.3\sim2.5$。材料好的情况取 $n=1.3\sim1.5$；普通计算精度，材质中等 $n=1.5\sim1.8$；低计算精度，材质差，大零件，铸件 $n=1.8\sim2.5$。

本项目案例工作任务解决步骤：

① 确定转动轴工作承受的交变应力的循环特性；

② 分析产生疲劳强度的原因；

③ 计算轴工作的最大应力；

④ 校核轴的疲劳强度。

项目能力知识结构总结

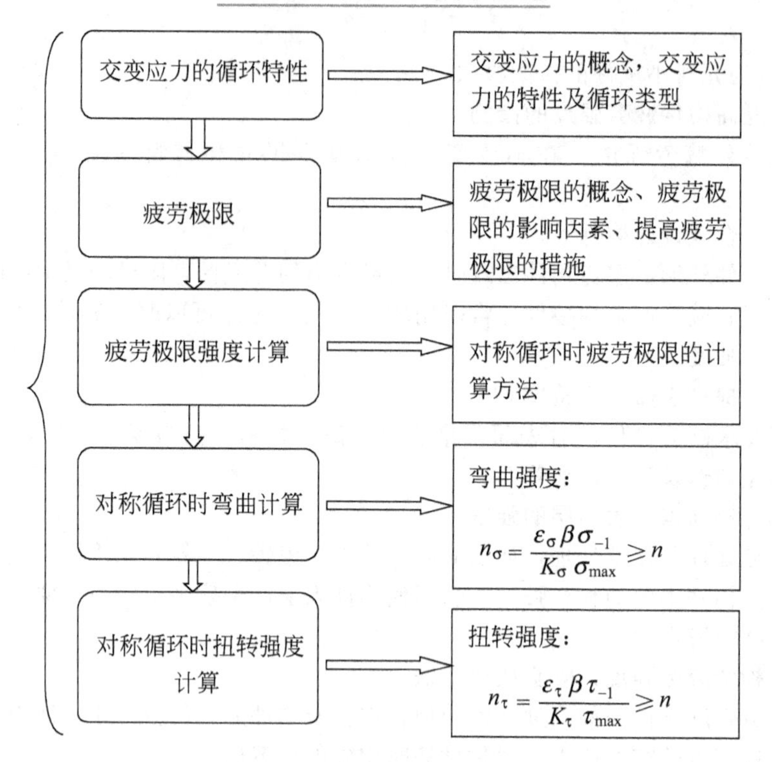

思考与训练

10-1 何为交变应力？试列举交变应力的实例，并指出其循环特性。

10-2 判断构件的失效是否为疲劳失效的依据是什么？

10-3 金属发生疲劳失效时有什么特点？疲劳失效的主要原因是什么？

10-4 材料的强度极限与疲劳极限的区别是什么？

10-5 冲击动荷系数与哪些因素有关？为什么刚度越大的构件越容易冲坏？

10-6 提高构件持久极限的措施有哪些？

10-7 如题 10-7 图所示，钢轴承受对称循环弯曲应力作用，钢轴分别由合金钢和碳钢制成，合金钢 $\sigma_b=1200\text{MPa}$，$\sigma_{-1}=480\text{MPa}$，碳钢的 $\sigma_b=700\text{MPa}$，$\sigma_{-1}=280\text{MPa}$，它们均为经粗车制成，设规定安全系数 $n=2$，试分析各钢轴的许用应力 $[\sigma_{-1}]$ 并进行比较。

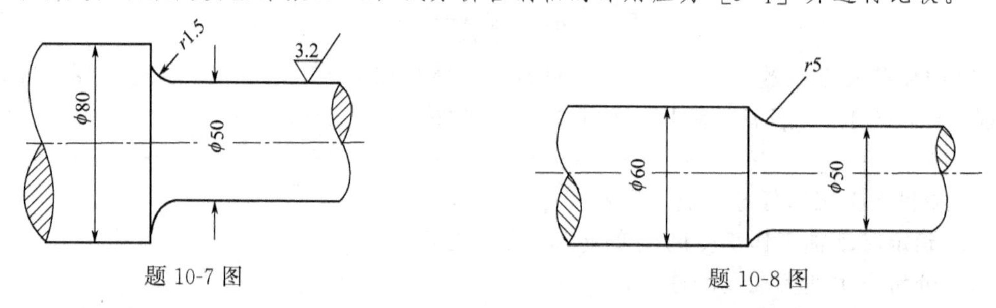

题 10-7 图　　题 10-8 图

10-8 阶梯形圆轴，如题 10-8 图所示，$D=60\text{mm}$，$d=50\text{mm}$，$r=5\text{mm}$，材料是 45 号钢，$\sigma_b=600\text{MPa}$，$\sigma_{-1}=250\text{MPa}$，承受对称循环的弯矩作用，$M=\pm400\text{N}\cdot\text{m}$，若$[n_\sigma]=1.8$，试校核轴的疲劳强度。

能力模块 3

刚质点的运动力学基础

[工程应用解决的问题] 如能力模块 3 图 1 所示，桥式起重机上跑车悬吊一重为 W 的重物，沿水平横梁作匀速运动，其速度为 v_0，重物的重心至悬挂点的距离为 l；由于突然刹车，重物的重心因惯性绕悬挂点 O 向前摆动，试求钢绳的最大拉力为多少？

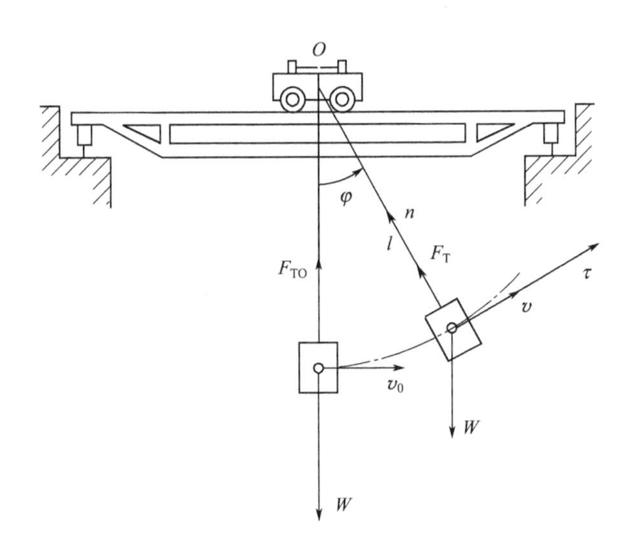

能力模块 3 图 1　桥式起重机

① 分析刹车前重物 W 的运动和受力状况：首先将重物视为质点，作用于其上的力有重力 W 和绳的拉力 F_{T0}。刹车前，重物以速度 v_0 作匀速直线运动。即处于平衡状态，这时重力 W 与绳拉力 F_{T0} 的大小相等。

② 分析刹车后重物 W 的运动和受力状况：刹车后，重物沿以悬挂点 O 为圆心、l 为半径的圆弧向前摆动，考虑绳与铅垂线成 φ 角的任意位置时，由于运动轨迹已知，故可采用自然坐标形式列质点运动微分方程如下：

$$\frac{Wv^2}{gl}=F_T-W\cos\varphi \qquad 得 \qquad F_T=W\left(\cos\varphi+\frac{v^2}{gl}\right)$$

式中，v 及 $\cos\varphi$ 均为变量。

由重物的运动状态知重物作减速运动，故可判断出在初始位置 $\varphi=0$ 时绳的拉力最大，其值为

$$F_{\mathrm{Tmax}}=W\left(1+\frac{v_0^2}{gl}\right)$$

知识引入　运动力学的任务和基本概念

一、运动力学研究对象及任务

静力学主要研究物体在平衡状态下的受力情况，而不涉及不平衡物体的运动。运动学主要研究物体运动的几何性质，而不追究引起物体运动的原因，动力学将力与运动联系起来，研究作用于物体上的力与物体机械运动之间的关系。其在工程技术中有着广泛应用，如机器的设计和改造，常要求机器实现某种运动，以满足生产和工艺需要。而运动构件的强度计算，机器的振动和平衡问题，都离不开运动学和动力学的知识。

运动力学包括**运动学**和**动力学**两个方面。运动学是从几何观点研究物体的位置随时间变化的规律，包括运动轨迹、速度、加速度、运动方程以及它们之间的关系，是研究物体运动几何性质的科学；动力学则是对物体的机械运动进行全面的分析，研究物体所受作用力与物体运动状态之间的关系，动力学建立了物体机械运动的普遍规律。

运动和静止是相对的概念，研究任何一个物体的运动，都必须选取一个物体作为参考物。而参考系是固结在被考察运动的参考物上的坐标系。在运动分析中，如果不加说明，某个物体的运动一般都是相对地球而言的，即把参考系固结在地球的表面上。在研究物体的运动时，为使研究的问题简单明了，常把物体抽象为**点**或**刚体**，当物体的几何尺寸和形状在运动过程中对所研究的问题不起作用时，可以将物体简化为一个点，否则，应视为刚体。

二、运动力学中一些基本概念

点：所谓点，是不涉及几何形状和尺寸的理想化物体。

刚体：是物体中任意两点之间的距离保持不变的物体。

机构（即几何可变体系）：是由若干个刚体按一定方式联结在一起的刚体组，并且这个刚体组有一定的运动自由度。

瞬时：物体在运动过程中的某一时刻，用 t 表示，它对应于运动瞬时状态。

时间间隔：指两个瞬时相隔的时间，用 Δt 表示，它对应于运动的某一过程。

三、动力学普遍定理

动力学的量可分为两类：一类是表征质点系整体运动状态的物理量，如动量、动量矩和动能等；另一类是表征力系对质点系机械作用效应的量，如主矢、主矩、力等。动量定律、动量矩定理、动能定律等从不同侧面揭示了这两类量，即质点系总体的运动变化与其受力之间的关系。

四、本项目学习内容

本项目将分为两个任务，分别以质点和刚体为研究对象，对两者进行运动和动力的分析。内容介绍如下：

① 质点和刚体的运动几何性质和规律的研究；

② 质点和刚体动力学基本定律和基本理论简介。

项目 11　质点的运动与动力学基础

◆ [能力目标]

会用自然法、直角坐标法描述点的运动规律

会求点的运动轨迹

会求解与点的速度和加速度有关的问题

◆ [工作任务]

学习点的运动规律

理解点的合成运动概念

了解动点在三种运动中的速度之间及加速度之间的关系

掌握点的速度、加速度的计算

了解质点动力学基本理论

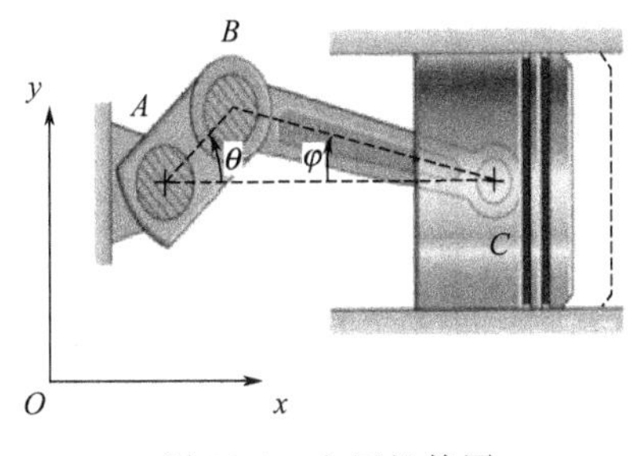

图 11-1　空压机简图

案例任务描述

如图 11-1 所示为空压机传动系统。它由电动机带动带轮，带轮固装在曲轴 A 上，曲柄 AB 带动连杆 BC，连杆带动活塞 C 作往复直线运动，从而使空气由吸气阀进入气缸，经压缩后的空气由排气阀输出。空压机的额定压力与活塞 C 的运动规律、速度及加速度等多种因素有关。求出活塞的速度和加速度。

解决任务思路

求解空压机活塞 C 的运动规律、速度及加速度问题，要用到本项目所学知识对曲柄、连杆、活塞进行运动分析，求出活塞的运动方程，然后再求出速度及加速度。

任务 11.1　点的运动及表示方法

11.1.1　点的运动规律

所谓**点的运动**，是在工程技术中，当物体的大小和形状在运动中影响不大，或当物体转动因素可以不考虑的情况下，可将物体简化为点的运动来研究。例如研究火箭、炮弹的运行轨迹时，就可简化为点的运动；矿井提升罐笼的运动也可简化为点的运动来研究。

点在运动过程中在空间所划过的路线，称为**轨迹**。按轨迹形状不同，点的运动可分为**直线运动、平面曲线运动和空间曲线运动**。

11.1.1.1 自然法

用自然法描述点的运动规律时，需已知点的运动轨迹，而点在轨迹上每瞬时的位置是用运动方程表示的。在自然法中，表示点的运动规律是由以下两个方面的条件确定的：

① 轨迹（包括原点和正负方向）；

② 运动方程 $S=f(t)$。

路程是指动点在某时间间隔内在轨迹上所走过的弧长。路程与弧坐标的概念不同，路程表示动点在某时间间隔内所走过的距离的绝对值，因此它随时间的增加而增加，与参考原点位置的选择无关；弧坐标是表示动点某瞬时位置的一个代数值，它与参考原点位置的选择有关。

11.1.1.2 坐标法

用坐标法确定点的位置时，是在点的运动的平面内取直角坐标系 Oxy，动点的位置是由坐标 x、y 来决定。为描述点的运动，需建立动点 M 的坐标 x、y 随时间 t 变化的函数关系

$$\begin{cases} x=f_1(t) \\ y=f_2(t) \end{cases} \tag{11-1}$$

式(11-1) 称为点的直角坐标运动方程。点的轨迹还可用下述方程表示，即将坐标方程中的时间 t 消去，所得到的两个坐标之间的函数关系

$$y=F(x) \tag{11-2}$$

式(11-2) 称为动点的轨迹方程。

11.1.2 点在直线运动中的速度和加速度

11.1.2.1 速度

速度是表示点运动快慢程度和方向的一个重要的物理量。

(1) 速度的大小　设动点沿已知直线运动，在瞬时 t 时在 M 处，其坐标为 x。在瞬时 $t'=t+\Delta t$ 时在 M' 处，其坐标为 $x'=x+\Delta x$。在 Δt 时间内动点的坐标增量为

$$\Delta x=x'-x$$

在 Δt 时间内动点运动的平均快慢程度，称为点在 Δt 时间内的平均速度，用 v^* 表示。即

$$v^*=\Delta x/\Delta t \tag{11-3}$$

(2) 速度的方向　在直线运动中，速度的方向是沿着坐标轴的，因此它是个代数值。当导数 $\mathrm{d}x/\mathrm{d}t$ 是正值时，则动点向着坐标轴正方向运动，速度指向坐标轴正方向；当导数 $\mathrm{d}x/\mathrm{d}t$ 为负值时，则动点向着坐标轴的负方向运动，速度指向坐标轴负方向。

11.1.2.2 加速度

加速度是表示点运动速度变化快慢程度的，它也是描述点运动情况的一个重要物理量。

(1) 加速度的大小　在通常情况下，动点速度的大小和方向都可能随时间发生变化。设在 t 时刻，动点位于 M 点，速度为 v，在瞬时 $t'=t+\Delta t$ 时刻，动点移至 M' 点，其速度为 $v'=v+\Delta v$。在时间间隔 Δt 内，动点速度的变化量为

$$\Delta v=v'-v$$

在 Δt 时间内动点的速度平均变化程度，称为点在 Δt 时间内的平均加速度，用 a^* 表示。即

$$a^*=\Delta v/\Delta t \tag{11-4}$$

(2) 加速度的方向　在直线运动中，其加速度只能沿着坐标轴方向，因此它也是个代数

值，它的单位是 m/s^2。

11.1.3 直角坐标法求点的速度和加速度

11.1.3.1 速度

设动点 M 在平面 Oxy 内运动，如图 11-2 所示。

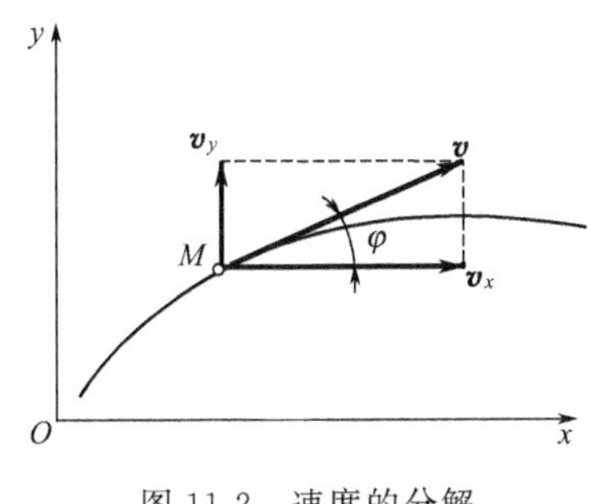

图 11-2 速度的分解

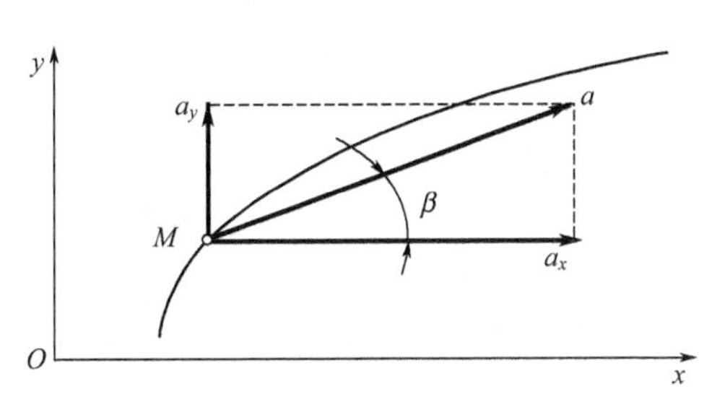

图 11-3 加速度的分解

与直线运动求速度方法一样，点在 Δt 时间内在 x 轴方向的平均速度为

$$v_x=\Delta x/\Delta t$$

当 Δt 趋近于零时，在 x 轴上的平均速度的极限值，称为瞬时 t 时动点的瞬时速度在 x 轴方向的投影，为：

$$v_x=\lim_{\Delta\to 0}\Delta x/\Delta t=\mathrm{d}x/\mathrm{d}t=f_1'(t) \tag{11-5}$$

同理可得动点的瞬时速度在 y 轴方向的投影为

$$v_y=\lim_{\Delta\to 0}\Delta y/\Delta t=\mathrm{d}y/\mathrm{d}t=f_2'(t) \tag{11-6}$$

速度在坐标轴上的投影为 v_x、v_y，则可按下式计算速度的大小，如图 11-1 所示：

$$v=\sqrt{v_x^2+v_y^2}=\sqrt{(\mathrm{d}x/\mathrm{d}t)^2+(\mathrm{d}y/\mathrm{d}t)^2} \tag{11-7}$$

速度的方向为

$$\varphi=\mathrm{atctan}|v_y/v_x| \tag{11-8}$$

式中，φ 为 v 与 x 轴所夹锐角，v 的指向是由 v_x、v_y 的正负号决定的。

11.1.3.3 加速度

用投影法求加速度与用投影法求速度的道理一样。因此，加速度在坐标轴 x、y 上的投影 a_x、a_y 如图 11-3 所示：

$$a_x=\mathrm{d}v_x/\mathrm{d}t=\mathrm{d}^2x/\mathrm{d}t^2=f_1''(t) \tag{11-9}$$

$$a_y=\mathrm{d}v_y/\mathrm{d}t=\mathrm{d}^2y/\mathrm{d}t^2=f_2''(t) \tag{11-10}$$

全加速度的大小为：

$$a=\sqrt{a_x^2+a_y^2}=\sqrt{(\mathrm{d}^2x/\mathrm{d}t^2)+(\mathrm{d}^2y/\mathrm{d}t^2)} \tag{11-11}$$

全加速度的方向为：

$$\beta=\arctan|a_y/a_x| \tag{11-12}$$

任务 11.2 点的合成运动及参数计算

在任务一中研究点的运动时，都是以地面为参考体的。而在实际问题中，常常要在相对于地面运动着的参考系上观察和研究物体的运动。例如，坐在行驶的轮船上观察另一艘轮船的运动；坐在行驶的火车车箱内观看相对地面铅直下落的雨点的运动，等等。显然在地面上观察到的结果和在运动物体上观察到的结果是不同的。

11.2.1 点的合成运动概念

11.2.1.1 定坐标系和动坐标系

定坐标系：固连于地面上的坐标系称为**定坐标系**，简称**定系**。

动坐标系：固连于相对地面运动的物体上的坐标系称为**动坐标系**，简称**动系**。

11.2.1.2 动点：运动的质点。

11.2.1.3 三种运动

绝对运动：动点相对于定系的运动。

相对运动：动点相对于动系的运动。

牵连运动：动系相对于定系的运动。

11.2.1.4 点的合成运动

在任务一中研究点的运动时，都是在所选定的坐标系（通常与地球固连）中直接考察动点相对于该坐标系的运动，但这种方法对研究有些较复杂的问题时并不方便。例如，要研究沿直线道路前进的汽车轮缘上一点 M 的运动，若从地面观察，该点的运动轨迹是旋轮线，如图 11-4 所示。

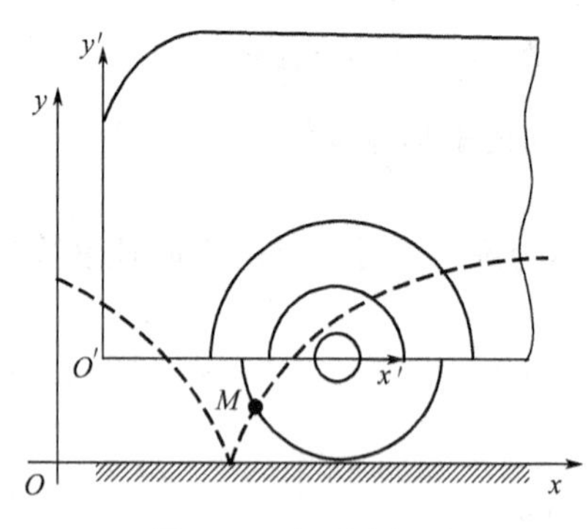

图 11-4 相对坐标系

但是如果以车厢作为参考体，则该点的运动是简单的圆周运动，而车厢相对于地面的运动又是简单的平动，于是可将 M 点的复杂运动，分解为这两种简单的运动，然后再将它们合成，这就比直接研究 M 点的运动方便。可见同一个动点的运动，在不同的坐标系下观察，其运动的复杂程度是不同的，那么这些或简单，或复杂的运动之间有什么联系呢？一般来说，动点的运动（通常相对于定坐标系而言），总可通过它相对于动坐标系的运动，以及动坐标系对定坐标系的运动合成而得到，或者，动点对某一定坐标系的运动，可以分解为它相对于动坐标系的运动，以及动坐标系对定坐标系的运动，这就是点的合成运动方法的基本思想，其实质就是**运动的合成与分解**。

11.2.1.5 两个坐标系和三种运动之间的关系

用点的合成运动理论分析点的运动时，必须选定两个参考系，区分三种运动。如图11-4所示，车轮轮缘上的 M 点看作几何点，即动点，与地面固连的坐标系 Oxy 就是**定坐标系**，而将固定在车厢上的坐标系 $O'x'y'$ 称为**动坐标系**，简称动系。轮缘上 M 点相对于地面的运动，是绝对运动；相应地，M 点相对于汽车车厢的运动，则是相对运动；而汽车车厢相对于地面的运动，则是牵连运动。一个动点，两个坐标系，三种运动的关系可用图 11-5 表示。

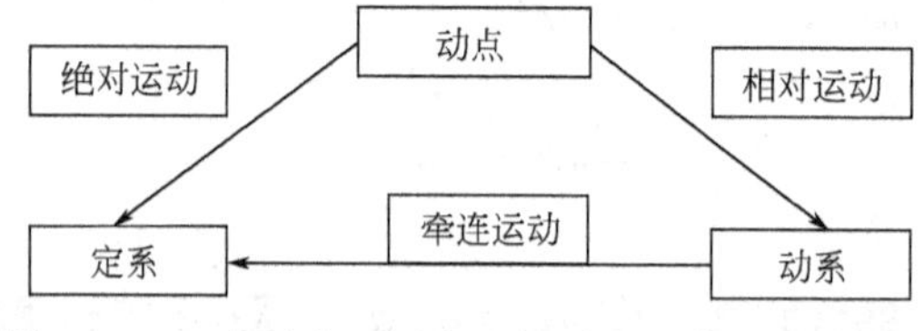

图 11-5 一个动点，两个坐标系，三种运动的关系

［**实例 11-1**］ 如图 11-6 所示，半径为 R，偏心距为 e 的凸轮，以匀角速度 ω 绕 O 轴转动，杆 AB 能在滑槽中上下平动，杆的端点 A 始终与凸轮接触，且 OAB 成一直线。分析 A 点的运动。

分析：图 11-6 所示为工程实践中常用的凸轮顶杆机构。由于 A 点始终与凸轮接触，因此，它相对于凸轮的相对运动轨迹为已知的圆。选杆的端点 A 为动点，动坐标系 $x'Cy'$ 固连在凸轮上，定坐标系 xOy 固连于地面上（图中未画出）。则 A 点的绝对运动是直线运动，相对运动是以 C 为圆心的圆周运动，牵连运动是动坐标系绕 O 轴的定轴转动。

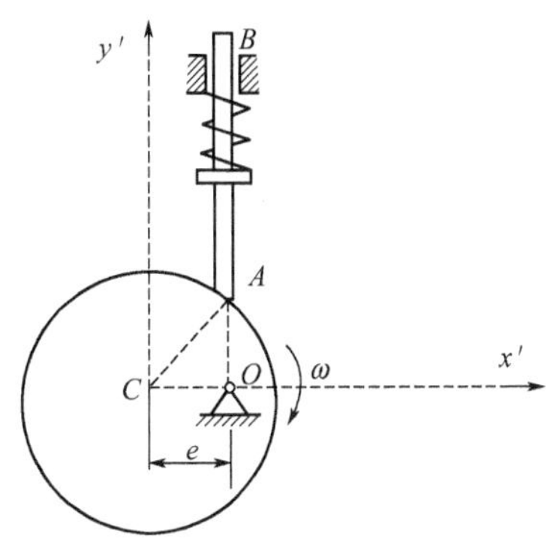

图 11-6 凸轮顶杆机构

动坐标系固连在凸轮上使三种运动，特别是相对运动轨迹十分明显、简单且为已知的圆，使问题得以顺利解决。反之，若选凸轮上的点（例如与 A 重合之点）为动点，而动坐标系与 AB 杆固结，这样，相对运动轨迹不仅难以确定，而且其曲率半径未知。因而相对运动轨迹变得十分复杂，这将导致求解的问题变得复杂。

结论：通过上面的实例分析可以看出，用合成运动理论时，首要的是选定研究对象，即动点。然后确定两个坐标系，我们习惯于在地球上观察物体相对于地球的运动，因此通常将定系与地球固结在一起，但也有很多例外的情况，总之，定系的选择是比较容易的，因此合成运动方法的关键在于恰当地选择研究对象（即动点）和动坐标系。

11.2.2 动点在三种运动中的速度和加速度

动点相对于定坐标系的运动速度，称为**动点的绝对速度**，用 v_a 表示；动点相对于动坐标系的运动速度，称为**动点的相对速度**，用 v_r 表示。同理，动点相对于定坐标系运动的加速度，称为**动点的绝对加速度**，用 a_a 表示；动点相对于动坐标系运动的加速度，称为**动点的相对加速度**，用 a_r 表示。也就是说，动点的绝对速度和绝对加速度是它在绝对运动中的速度和加速度，而动点的相对速度和相对加速度是它在相对运动中的速度和加速度。

因此，绝对速度、绝对加速度、相对速度、相对加速度是描述动点的运动的，而牵连速度、牵连加速度是描述动点的牵连点的运动的。

11.2.3 点的速度合成定理

根据以上分析可知，绝对运动可看成是相对运动与牵连运动的合成运动。速度合成定理建立了动点的绝对速度、相对速度和牵连速度之间的关系。

如图 11-7 所示取空间固定直角坐标系 $Oxyz$ 为定坐标系，设动点 M 沿空间任一曲线 AB 按一定的规律运动，取动坐标系与曲线 AB 固结，同时，曲线 AB 又随同动坐标系一起相对于定坐标系 $xOyz$ 作任意运动，则动点 M 相对于定系 $xOyz$ 的运动是绝对运动，动点 M 相对于动系，即相对于曲线 AB 的运动是相对运动，而曲线 AB 相对于定系的运动则是牵连运动。

设在瞬时 t，曲线在 AB 处，动点位于 M 点且与曲线上的 M_1 点重合，经过时间间隔 Δt 后，曲线 AB 随同动坐标系运动到 $A'B'$ 处，动点则沿曲线运动到 M' 点处（M' 也在曲线 $A'B'$ 上）。

$\overset{\frown}{MM'}$——动点 M 绝对轨迹

$\overrightarrow{MM'}$——动点 M 绝对位移

$\overset{\frown}{M_1M'}$——动点 M 相对轨迹

$\overrightarrow{M_1M'}$——动点 M 相对位移

$\overrightarrow{MM'}=\overrightarrow{MM_1}+\overrightarrow{M_1M'}$

当 Δt 趋向于零时，则有：

$$\lim_{\Delta t \to 0}\frac{\overrightarrow{MM'}}{\Delta t}=\lim_{\Delta t \to 0}\frac{\overrightarrow{MM_1}}{\Delta t}+\lim_{\Delta t \to 0}\frac{\overrightarrow{M_1M'}}{\Delta t}$$

即：

$$\boldsymbol{v}_a=\boldsymbol{v}_e+\boldsymbol{v}_r \tag{11-13}$$

式中，$\boldsymbol{v}_a$ 为动点的绝对速度；$\boldsymbol{v}_r$ 为动点的相对速度；$\boldsymbol{v}_e$ 为动点的牵连速度，即动系上与动点的瞬时重合点（牵连点）在瞬时 t 相对定系的速度 。从式(11-13) 中可看出，**在任一瞬时动点的绝对速度等于其牵连速度与相对速度的矢量和，这就是速度合成定理。**下面将通过实例来说明合成定理的应用。

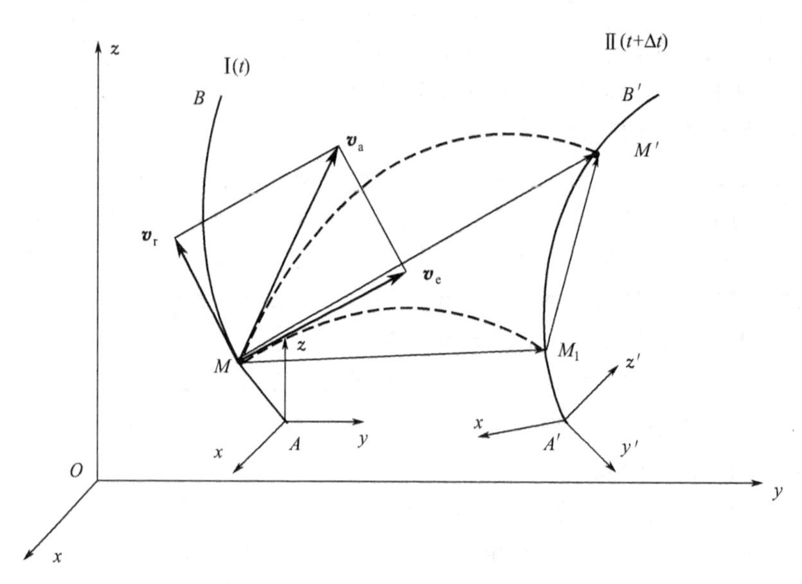

图 11-7　速度的合成

［**实例 11-2**］　在图 11-8 所示的曲柄摆杆机构中，已知曲柄 $OA=r$，以匀角速度 ω 转动，$OO_1=L$，图示瞬时 $OA\perp OO_1$，求摆杆的角速度 ω_1。

分析：在工程实践中，连杆机构是最简单、使用最广泛的一种机构，特别是平面连杆机构的应用尤其广泛，而在平面连杆机构中又以由四个构件组成的平面四杆机构最为常用。曲柄摆杆机构是平面四杆机构中的一种。如图 11-8 所示，A 点为**动点**，**动系**固连于摆杆 O_1B；**定系**固连于地面。**绝对运动**：动点 A 相对于**定系**的绝对轨迹为一曲线，**相对运动**：动点 A 相对于动系的相对轨迹为一斜直线。**牵连运动**：动系相对于**定系**的运动是绕 O_1 点的定轴转动。求出 O_1A 的大小，再由**速度合成定理**求出 A 点的**牵连速度** v_e，就可求摆杆的角速度 ω_1。

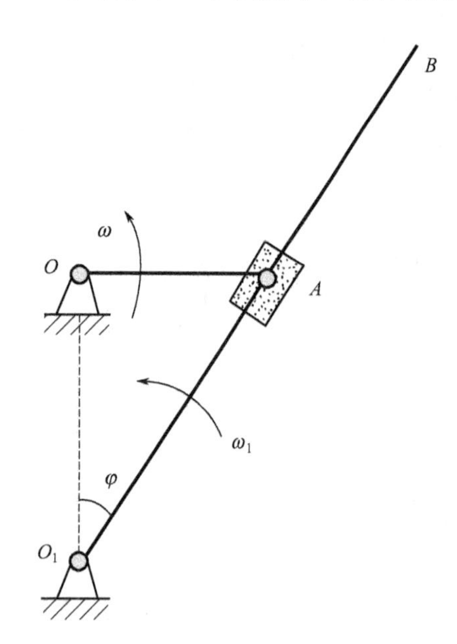

图 11-8　曲柄摇杆机构

解：由速度合成定理得：

$$\boldsymbol{v}_a=\boldsymbol{v}_e+\boldsymbol{v}_r$$

因为　$\sin\varphi=\dfrac{r}{\sqrt{r^2+l^2}}$

所以　$v_e=v_a\sin\varphi=\dfrac{r^2\omega}{\sqrt{r^2+l^2}}$

又因为　$v_e=O_1A\cdot\omega_1$

所以 $$\omega_1=\frac{v_e}{O_1A}=\frac{1}{\sqrt{r^2+l^2}}\times\frac{r^2\omega}{\sqrt{r^2+l^2}}=\frac{r^2\omega}{r^2+l^2}$$

任务 11.3　质点动力学基本定律和理论简介

11.3.1　质点动力学基本定律介绍

牛顿第三定律动力学作为动力学基本定律，研究的是运动与作用于物体上的力之间的关系。在动力学中，有两类基本问题：①已知物体的运动，求作用于物体上的力；②已知作用于物体上的力，求物体的运动。

11.3.1.1　第一定律（惯性定律）

任何质点如不受力作用，则将保持其原来静止的或匀速直线运动的状态。

这个定律说明任何物体都具有保持静止或匀速直线运动状态的特性，物体的这种保持运动状态不变的固有属性称为**惯性**，而匀速直线运动称为**惯性运动**，所以第一定律又称为**惯性定律**。另一方面，这个定律也说明质点受力作用时，将改变静止或匀速直线运动的状态，说明力是改变质点运动状态的原因。

11.3.1.2　第二定律（力与加速度关系定律）

质点受力作用时所获得的加速度的大小与作用力的大小成正比，与质点的质量成反比，加速度的方向与力的方向相同。

如果用 m 表示质点的质量，$\boldsymbol{F}$ 和 $\boldsymbol{a}$ 分别表示作用于质点上的力和质点的加速度，我们只要选取适当的单位，则第二定律可表示为

$$m\boldsymbol{a}=\boldsymbol{F} \tag{11-14}$$

上述方程建立了质量、力和加速度之间的关系，称为质点动力学的基本方程，它是推导其他动力学方程的出发点。若质点同时受几个力的作用，则力 $\boldsymbol{F}$ 应理解为这些力的合力。

这个定律给出了质点运动的加速度与其所受力之间的瞬时关系，说明作用力并不直接决定质点的速度，力对于质点运动的影响是通过加速度表现出来的，速度的方向可完全不同于作用力的方向。

同时，这个定律说明质点的加速度不仅取决于作用力，而且与质点的质量有关。若使不同的质点获得同样的加速度，质量较大的质点则需要较大的力，这说明较大的质量具有较大的惯性。由此可知，**质量是质点惯性的度量。**在国际单位制中，质量的单位为 kg，物体的质量 m 和重量 W 的关系为

$$W=mg \tag{11-15}$$

式中，g 为重力加速度。这里再次强调：质量和重量是两个不同的概念。

11.3.1.3　第三定律

作用力和反作用力总是同时存在，大小相等、方向相反且在同一直线上，但分别作用在两个物体上。

这个定律在静力学公理中已叙述过，它对运动着的物体同样适用。

11.3.2　质点运动微分方程简介

设质量为 m 的自由质点 M 在变力 $\boldsymbol{F}$ 作用下运动，如图 11-9 所示。根据动力学基本方程

$$m\boldsymbol{a}=\boldsymbol{F}$$

因 $$\boldsymbol{a}=\dot{\boldsymbol{v}}=\ddot{\boldsymbol{r}}$$

得 $$m\boldsymbol{a}=m\dot{\boldsymbol{v}}=m\ddot{\boldsymbol{r}}=\boldsymbol{F} \tag{11-16}$$

上式为**矢量形式的质点运动微分方程**。

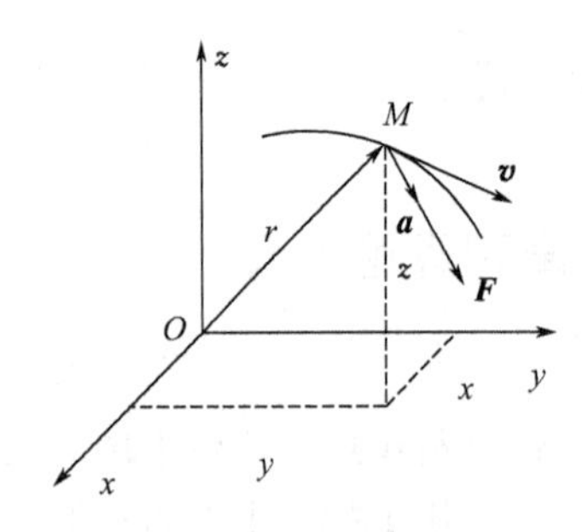

图 11-9 点的运动在直角坐标中的描述

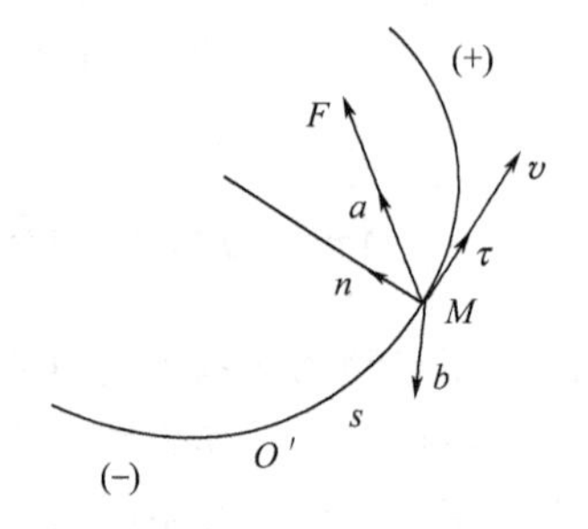

图 11-10 点的运动在弧坐标中的描述

为了应用方便，通常将式(11-16) 转换成投影式，一般情况下有两种形式。

11.3.2.1 质点运动微分方程的直角坐标形式

将上式投影在直角坐标轴上，则得

$$\left.\begin{aligned} m\ddot{x}&=F_x\\ m\ddot{y}&=F_y\\ m\ddot{z}&=F_z \end{aligned}\right\}\tag{11-17}$$

式(11-17) 即为**直角坐标形式的质点运动微分方程**。

11.3.2.2 质点运动微分方程的自然坐标形式

在实际应用中，采用自然坐标系有时更为方便。如图11-10所示，过 M 点作运动轨迹的切线、法线和副法线。将式(11-16) 投影在自然轴上，则得

$$\left.\begin{aligned} ma_\tau&=m\ddot{s}=F_\tau\\ ma_n&=m\frac{v^2}{\rho}=F_n\\ F_b&=0 \end{aligned}\right\}\tag{11-18}$$

这就是**自然坐标形式的质点运动微分方程**。

用投影形式的质点运动微分方程解决质点动力学问题是个基本的方法。在解决实际问题时，要注意根据问题的条件作受力分析和运动分析。对第一类基本问题——已知运动求力，计算比较简单，只要确定质点的加速度，代入以上公式中，即可解得需求力。对第二类问题——已知力求运动，这种问题的求解归结为联立微分方程组的积分，积分常数根据已知条件（如运动的初始条件，即 $t=0$ 时质点的坐标值和速度值）确定，当力的变化规律复杂时，求解比较困难。计算时要根据力的表达形式（力为常数，还是时间或坐标的函数）及需求量的不同来分离变量。

本项目案例工作任务解决方案步骤：

① 分析活塞 C 的运动轨迹，活塞 C 的运动轨迹为一直线，可将活塞 C 看成一质点；

② 建立直线轴 x，取一固定点作为原点，将 C 点置于坐标轴上任意位置；

③ 标出动点 C 在坐标轴上的位置坐标 S，纯粹用几何方法找出 S 的长度；

④ 将 S 表达成时间 t 的函数，即为运动方程；

⑤ 运动方程两边对时间 t 进行一阶导数，即得活塞 C 的速度方程；

⑥ 活塞 C 的速度方程两边对时间 t 进行一阶导数，即得活塞 C 的加速度方程。

项目能力知识结构总结

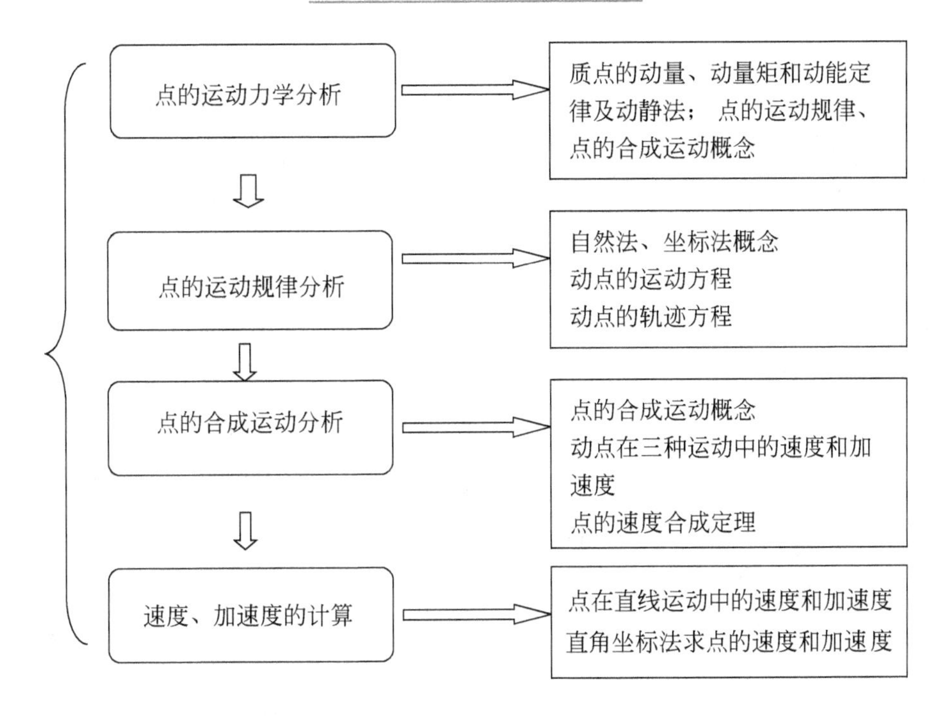

思考与训练

11-1　题 11-1 图所示为点作曲线运动，试就下列三种情况画出加速度的方向。

（1）点 M_1 作匀速运动；

（2）点 M_2 作加速度运动，点 M_2 为拐点；

（3）点 M_3 作减速运动。

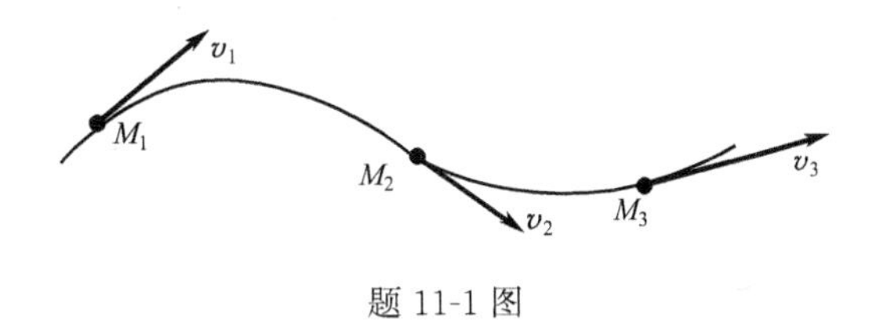

题 11-1 图

11-2　质点沿着直线运动，其位置由 $s=(0.4t^3-16t^2+3)$mm 确定，t 的单位为秒（s）。从 $t=0$ 开始，求（1）速度降到零时，质点所走过的路程和所用时间；（2）加速度为零时，时间是多少？

11-3　为什么电梯向上启动时，人感觉重量加大，而向下启动时，人感觉重量减轻？若电梯向下加速度等于重力加速度 g 时，情况如何？

11-4　如题 11-4 图所示缆绳一端系在小船上，另一端跨过小滑轮被一小孩拉住。设小孩在岸上以匀速 $v_0=1$m/s 向右行走，试求在 $\varphi=30°$时的瞬时小船的速度。

11-5　如题 11-5 图所示，雷达在距火箭发射台 b 处，观察铅垂上升的火箭发射，测得θ角的规律为 $\theta=kt$。试计算火箭的运动方程及 $\theta=\pi/3$ 和 $\theta=\pi/6$ 时火箭的速度和加速度。

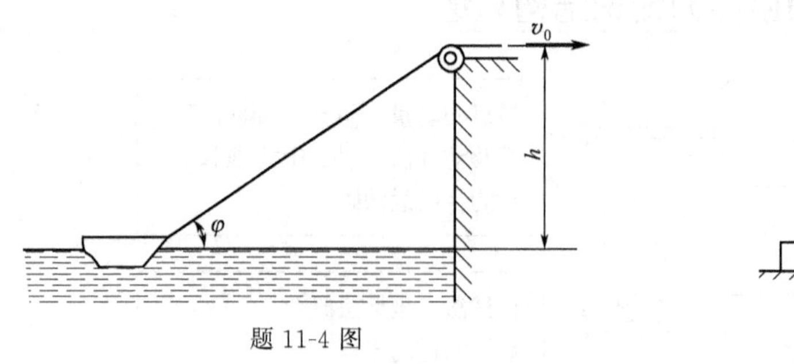

题 11-4 图

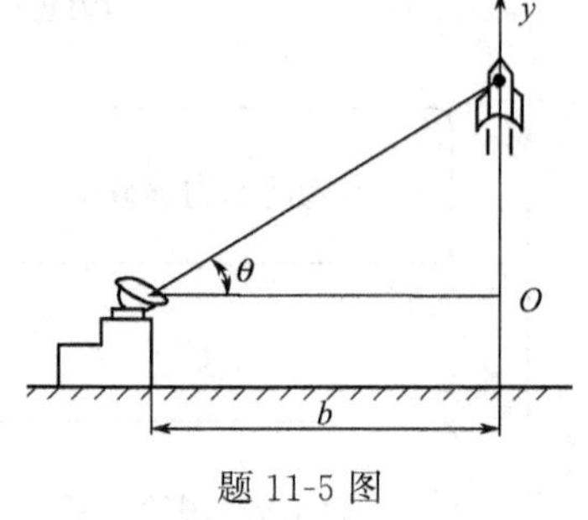

题 11-5 图

11-6 对于题 11-6 图中所示的各机构，适当选取动点、动系和定系，试画出在图示瞬时动点的 v_a，v_e 和 v_r。

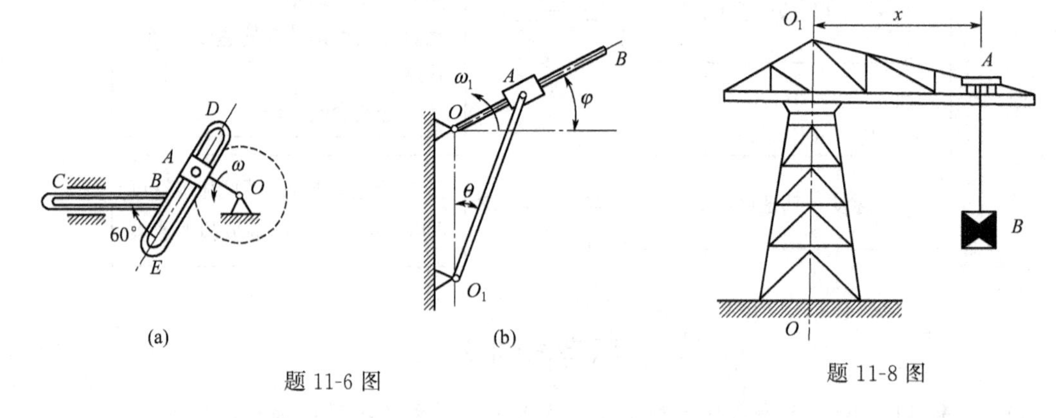

题 11-6 图

题 11-8 图

11-7 火车以 15km/h 的速度沿水平直道行驶，雨滴在车厢侧面玻璃上留下与铅垂线成 30°向后的雨痕。短时间后，火车的速度增至 30km/h，而车厢里的人看见雨滴与铅垂线的夹角增为 45°。试问若火车处于静止，将见雨滴以多大速度沿什么方向下落？设一切摩擦均可忽略。

11-8 如题 11-8 图所示，塔式起重机的水平悬臂以匀角速度 $\omega=0.1\text{rad/s}$ 绕铅垂轴 OO_1 转动，同时跑车 A 带着重物 B 沿悬臂按 $x=20-0.5t$（x 的单位为 m，t 的单位为 s）的规律运动。且悬挂钢索 AB 始终保持铅垂。求当 $t=10\text{s}$ 时重物 B 的绝对速度。

项目 12　刚体的运动力学分析

◆ [能力目标]

会计算转动刚体上任一点的速度和加速度

会应用基点法、瞬心法求解有关速度的问题

能对常见平面机构进行速度和加速度分析

能对简单的平面机构进行运动力学分析

◆ [工作任务]

学习刚体运动的基本规律

理解刚体的基本运动和平面运动的概念

了解刚体的运动力学分析

掌握定轴转动刚体上任一点的速度和加速度公式

了解刚体动力学基本理论

案例导入

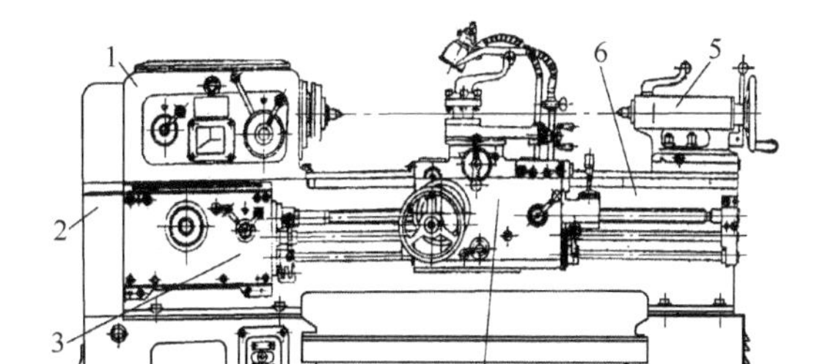

图 12-1　卧式车床外形

1—主轴部分；2—挂轮箱部分；3—进给部分；4—滑板部分；5—尾架；6—床身

案例任务描述

图 12-1 为卧式车床外形。车细螺纹时，已知车床主轴的转速为 n_0 (r/min)，要求主轴在 n 转以后立即停车，以便很快反转。设停车过程是匀变速转动，求主轴的角加速度。

解决任务思路

解决求主轴的角加速度问题，用到本项目所学知识分析主轴的运动形式，列出其运动方程，然后求出主轴的角加速度。

任务 12.1　刚体的基本运动分析

本任务研究刚体的两种最简单的运动：**平行移动**和**绕固定轴转动**。刚体的更复杂的运动都可以看成这两种运动的合成，因此，这两种运动，也称为刚体的基本运动，它们是研究刚体的复杂运动的基础。

12.1.1　刚体的平动

工程中的平动问题在我们日常生活和生产实践中是常有的现象。例如：图 12-2 所示的筛砂机，如果在筛砂机的筛子上作任一直线 AB，虽 A 点和 B 点的轨迹均为曲线（圆弧），但因摇杆长 $OA=O_1B$，且 $AB=OO_1$，则直线 AB 始终与其初始位置平行。筛子的运动就是一种平动。

综上所述，刚体平动时，其上各点的轨迹、位移都相同，且每瞬时，各点具有相同的速度和相同的加速度。因此，对于作平动的刚体，只需确定出刚体内某一点的运动规律，就可以知道其上任一点的运动规律，也就确定了整个刚体的运动规律，即刚体的平动问题，可归结为点的运动问题来研究，即把平动刚体视为一个动点。

应注意的是：平动刚体内的点不一定沿直线运动，也不一定保持在平面内运动，就是说，它的轨迹可以是任意的空间曲线，所以，平动又分为直线平动和曲线平动两种。如：电梯的升降运动为直线平动，筛子 AB 的运动则为曲线平动（见图 12-2）。

12.1.2 刚体绕定轴转动

刚体运动时，若刚体上（或其延伸部分）有一条直线始终保持不动，则这种运动称为刚体的定轴转动。其中，这条固定的直线称为转轴。如电机的转子、传动轴、吊扇的叶片等的运动都属于定轴转动。

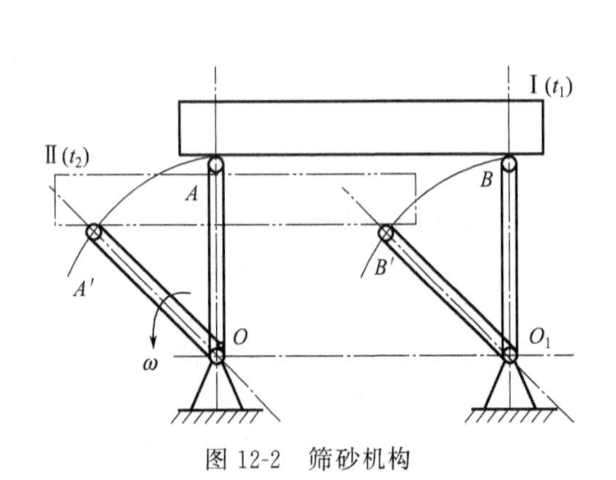

图 12-2 筛砂机构

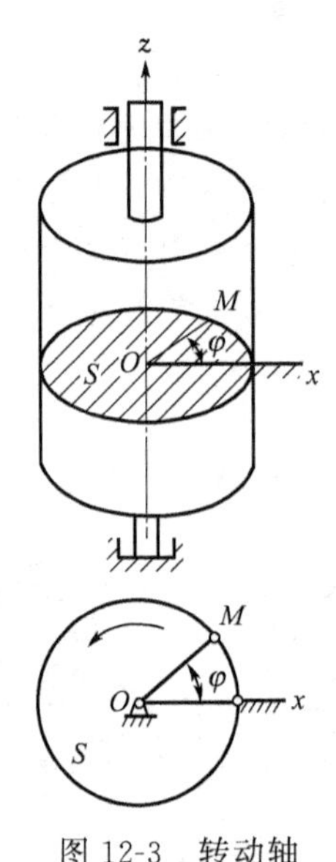

图 12-3 转动轴

12.1.2.1 转动方程

为确定刚体在转动过程中任一瞬时的位置，可在刚体上取任一垂直于转动轴 z 的平面 S，如图 12-3 所示。

因此，要确定刚体在每瞬时的位置，必须给出刚体的转角 φ 随时间 t 的变化关系，刚体的转动方程为：

$$\varphi=f(t) \tag{12-1}$$

式中，φ 称为刚体的转角，转角 φ 的单位是弧度（rad），转角 φ 的变化量 $\Delta\varphi$ 称为刚体的角位移。

12.1.2.2 角速度

为了描述刚体转动的快慢，我们引进角速度的概念，设在 t 和 $t+\Delta t$ 瞬时刚体的转角分别为 φ 和 $\varphi+\Delta\varphi$，则在 Δt 时间间隔内，转角的增量为 $\Delta\varphi$，平均角速度为：

$$\omega_{\mathrm{p}}=\Delta\varphi/\Delta t \tag{12-2}$$

当 $\Delta t\to 0$ 时，平均角速度成为瞬时角速度，即

$$\omega=\lim_{\Delta t\to 0}\Delta\varphi/\Delta t=\mathrm{d}\varphi/\Delta t=f'(t) \tag{12-3}$$

于是得出：瞬时角速度等于转角对时间的一阶导数。

角速度是代数量，其符号是这样规定的，迎着 z 轴正向看，逆时针方向转动的角速度 ω 为正，反之为负。角速度的单位为 rad/s。在工程中常采用 r/min 作为转动快慢的单位，称为转速，用 n 表示。

12.1.2.3　角加速度

角加速度是表示刚体转动角速度变化快慢程度的物理量。设在 t 和 $t+\Delta t$ 瞬时，刚体的角速度分别为 ω 和 $\omega+\Delta\omega$，则在时间 Δt 内角速度的变化值为：

$$\Delta\omega=\omega'-\omega$$

角速度在时间 Δt 内变化的平均快慢程度，称为平均角加速度，用 α_{p} 表示。即

$$\alpha_{\mathrm{p}}=\Delta\omega/\Delta t \tag{12-4}$$

当时间间隔 Δt 趋近于零时，平均角加速度趋近于某一极限值，这个极限值，称为刚体在瞬时 t 的角加速度，用 α 表示，则：

$$\alpha=\lim_{\Delta t\to 0}\Delta\omega/\Delta t=\mathrm{d}\omega/\mathrm{d}t=\mathrm{d}^2\varphi/\mathrm{d}t^2 \tag{12-5}$$

即刚体转动的瞬时角加速度等于角速度对时间的一阶导数，或等于转角对时间的二阶导数。

角加速度也是代数量，它的大小代表角速度瞬时变化率的大小，其符号规定与转角的符号规定也是一致的，迎着转轴的正向看，α 是逆时针转向时为正，顺时针转向时为负。它的正负号则表示角速度变化的方向，但应注意，角加速度 α 的转向并不能表示刚体转动的方向，仅从 α 的符号也无法判断刚体是作加速转动还是作减速转动，必须同时考虑 α 和 ω 的符号，即 α 和 ω 同号时，刚体作加速转动；α 和 ω 异号时，刚体作减速转动。

[实例 12-1]　已知某瞬时，飞轮转动的角速度 $\omega_1=800\mathrm{rad/s}$，方向为顺时针转向；其角加速度 $\alpha=4t(\mathrm{rad/s^2})$，方向为逆时针转向。求（1）当飞轮的角速度减为 $\omega_2=400\mathrm{rad/s}$ 时所需的时间 t_1；（2）当飞轮改变转动方向时所需的时间 t_2。

分析：飞轮是安装在机器回转轴上的具有较大转动惯量的轮状蓄能器。当机器转速增高时，飞轮的动能增加，把能量储蓄起来；当机器转速降低时，飞轮动能减少，把能量释放出来。飞轮可以用来减少机械运转过程的速度波动。要求出飞轮由角速度 1 变化到角速度 2 所用时间，需利用刚体转动的瞬时角加速度等于角速度对时间的一阶导数这个关系，通过积分求出用时间表示的角速度变化方程，将角速度 1 和角速度 2 代入方程即可求出时间。

解：因为该瞬时飞轮转动的角速度 ω 与角加速度 α 方向相反，所以应有

$$\frac{\mathrm{d}\omega}{\mathrm{d}t}=-\alpha=-4t \tag{Ⅰ}$$

求积分

$$\int_{\omega_0}^{\omega}\mathrm{d}\omega=-\int_0^t 4t\,\mathrm{d}t$$

得

$$\omega=\omega_0-2t^2 \tag{Ⅱ}$$

① 求时间 t_1。将 $\omega_0=\omega_1=800\mathrm{rad/s}$，$\omega=\omega_2=400\mathrm{rad/s}$ 代入式（Ⅰ），求得飞轮角速度减为 $\omega_2=400\mathrm{rad/s}$ 时所需的时间为：

$$t_1=\sqrt{\frac{\omega_1-\omega_2}{2}}=\sqrt{\frac{800-400}{2}}=10\sqrt{2}\mathrm{s}$$

② 求时间 t_2。因为飞轮改变转向时，角速度 $\omega=0$，所以由式（Ⅱ）求得飞轮改变转向时所需的时间为：

$$t_2=\sqrt{\frac{\omega_1-0}{2}}=\sqrt{\frac{800}{2}}=20\mathrm{s}$$

12.1.3　转动刚体上各点的速度和加速度

在机械加工的车、铣、磨等工序中，需要知道各种刀具的切削速度，以便设计和选择刀

具；带轮、砂轮要计算线速度。它们均与作定轴转动的刚体（主轴、带轮）的角速度有关，更确切地说，是与定轴转动刚体上点的速度、加速度有直接关系。因此，有必要研究定轴转动刚体的角速度、角加速度与刚体上的各点的速度、加速度之间的关系。

12.1.3.1　刚体转角与刚体上点的弧坐标关系

如图 12-4 所示，可知刚体作定轴转动时，刚体内各点始终都在各自特定的垂直于转轴的平面内作圆周运动。在刚体上任取一点 M，设该点到转轴的垂直距离为 R（称为转动半径），显然，M 点轨迹就是以 R 为半径的圆，若刚体的转角为 φ，则刚体转角 φ 与点 M 的弧坐标 S 之间的关系为：

$$S=R\varphi \tag{12-6}$$

于是得出：刚体上任一点的弧坐标等于刚体的转角乘以该点至转动中心的距离。

12.1.3.2　刚体角速度与刚体上点的速度关系

瞬时速度的大小用点的弧坐标对时间的一阶导数求得

$$v=\mathrm{d}S/\mathrm{d}t$$

而

$$S=R\varphi$$

于是得出

$$v=\mathrm{d}(R\varphi)/\mathrm{d}t=R\mathrm{d}\varphi/\mathrm{d}t=R\omega \tag{12-7}$$

转动刚体上任一点的速度等于刚体的角速度乘以该点的转动半径。速度的方向垂直于转动半径，并指向角速度一方。

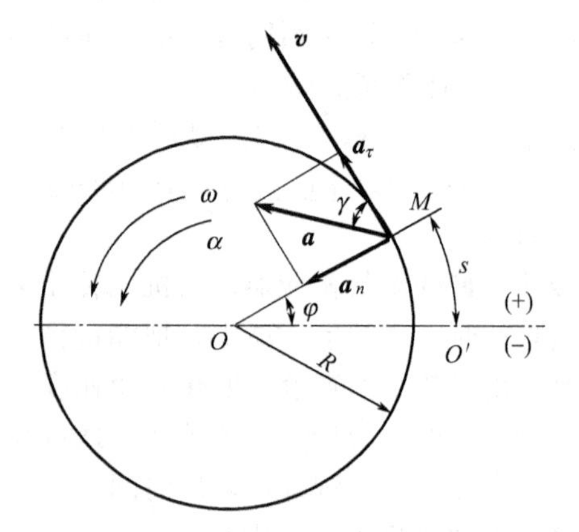

图 12-4　刚体转角与刚体上点的弧坐标关系

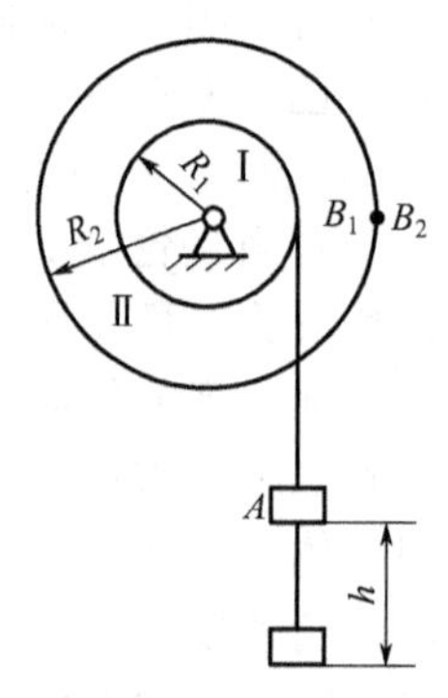

图 12-5　起吊装置

12.1.3.3　刚体的角加速度与刚体上点的加速度的关系

如图 12-5 所示，加速度可按点的曲线运动时切向加速度和法向加速度来求，即

$$a_\tau=\mathrm{d}v/\mathrm{d}t=\mathrm{d}(R\omega)/\mathrm{d}t=R\mathrm{d}\omega/\mathrm{d}t=R\alpha \tag{12-8}$$

$$a_n=v^2/R=(R\omega)^2/R=R\omega^2 \tag{12-9}$$

刚体转动时，刚体上任一点的切向加速度等于该点转动半径乘以刚体的角加速度，其方向与转动半径相垂直，并指向角加速度一方；法向加速度等于该点的转动半径乘以角速度的平方，方向指向转动中心。转动刚体上 M 点的全加速度的大小为：

$$a=\sqrt{a_\tau^2+a_n^2}=\sqrt{R^2\alpha^2+R^2\omega^4}=R\sqrt{\alpha^2+\omega^4} \tag{12-10}$$

全加速度的方向可按下式求得：

$$\gamma=\arctan|a_n/a_\tau|=\arctan|\omega^2/\alpha| \tag{12-11}$$

[实例 12-2]　轮Ⅰ和轮Ⅱ固连，半径分别为 R_1 和 R_2，在轮Ⅰ上绕有不可伸长的细绳，绳端挂重物 A，如图 12-5 所示。若重物自静止以匀加速度 k 下降，带动轮Ⅰ和轮Ⅱ转动。求当重物下降了 h 高度时，轮Ⅱ边缘上 B_2 点的速度和加速度的大小。

分析：轮Ⅰ和轮Ⅱ固连，它们的角速度、角加速度相同，利用刚体角速度与刚体上点的速度关系，可求边缘上 B_2 点的速度的大小；利用刚体的角加速度与刚体上点的加速度的关系，可求边缘上 B_2 点的加速度的大小。

解：重物自静止下降了高度 h 时，其速度大小为 $v^2=v_0^2+2kh$，其中 $v_0=0$，故 $v=\sqrt{2kh}$，轮Ⅰ和轮Ⅱ的角速度、角加速度分别为：

$$\omega=\frac{v_1}{R_1}=\frac{v}{R_1}=\frac{\sqrt{2kh}}{R_1}$$

$$\alpha=\frac{a_\tau}{R_1}=\frac{k}{R_1}$$

Ⅱ边缘上 B_2 点的速度、加速度大小为：

$$v_2=R_2\omega=\frac{R_2}{R_1}\sqrt{2kh}$$

$$a_\tau=R_2\alpha=\frac{R_2}{R_1}k$$

$$a_n=R_2\omega^2=R_2\left(\frac{\sqrt{2kh}}{R_1}\right)^2=\frac{2R_2}{R_1^2}kh$$

$$a=\sqrt{a_\tau^2+a_n^2}=\sqrt{\left(\frac{R_2}{R_1}k\right)^2+\left(\frac{2R_2}{R_1^2}kh\right)^2}=\frac{R_2k}{R_1^2}\sqrt{R_1^2+4h^2}$$

任务 12.2 刚体的平面运动分析

12.2.1 平面运动方程

刚体的平面运动是很常见的一种，如黑板擦擦黑板的运动。它既不是平动，也不是转动，而是两种运动的合成。刚体平面运动的方程实际上是平面图形 S 在其自身所在平面内运动的方程。如图 12-6 所示，在平面图形 S 上选 A 点为基点，且建立坐标系 $Ax'y'$，平面图形的位置可由 x_A、y_A 和 φ 角来确定。当图形 S 在 Oxy 平面内运动时，x_A、y_A 和 φ 角都随时间而变化，且均是时间 t 的单值连续函数，如式(12-12) 表示，这就是刚体平面运动的方程式。

$$\left.\begin{aligned}x_A&=f_1(t)\\y_A&=f_2(t)\\\varphi&=f_3(t)\end{aligned}\right\}\qquad(12\text{-}12)$$

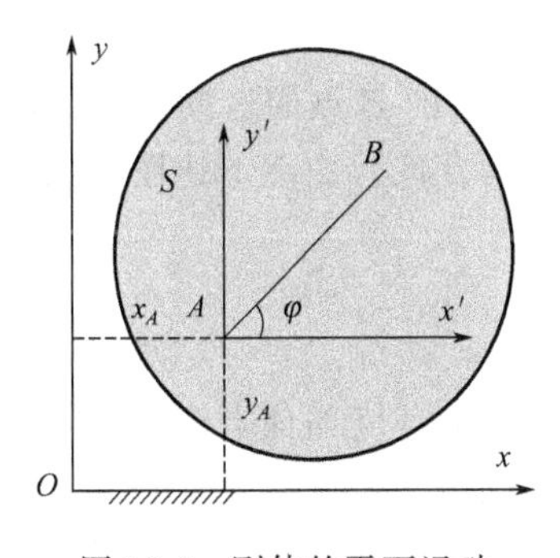

图 12-6　刚体的平面运动

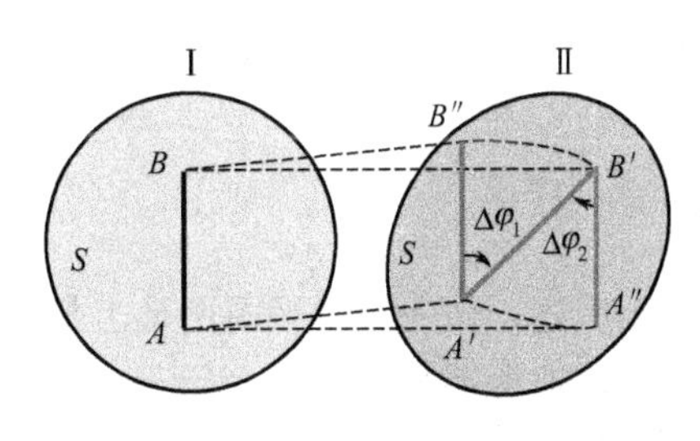

图 12-7　平面图形

需要注意的是：平面图形上基点 A 的选取是任意的；平面图形随基点平动的速度、加速度与基点的位置选择有关；平面图形绕基点转动的角速度、角加速度与基点的选择无关。

设平面图形 S 在 Δt 时间间隔内从位置Ⅰ运动到位置Ⅱ，平面图形 S 上 AB 杆运动到 $A'B'$ 处，如图 12-7 所示。

因为 $$\overline{AA'} \neq \overline{BB'}$$

所以 $$\boldsymbol{v}_A \neq \boldsymbol{v}_B，\boldsymbol{a}_A \neq \boldsymbol{a}_B$$

以 A 为基点，在 Δt 时间间隔内 $AB \rightarrow A'B'$，可视为 AB 随 A 点平动到 $A'B''$，然后 $A'B''$ 绕点 A' 转动到 $A'B'$，转角为 $\Delta\varphi_1$。

如果以 B 为基点，在 Δt 时间间隔内 $AB \rightarrow A'B'$，可视为 AB 随 B 点平动到 $A''B'$，然后 $A''B'$ 绕 B' 点转动到 $A'B'$，转角为 $\Delta\varphi_2$。

由于在同一时间 Δt 内，平面图形绕 A、B 两基点的转角相等，即 $\Delta\varphi_1 = \Delta\varphi_2$，当 $\Delta t \rightarrow 0$ 时，取 $\Delta\varphi_1$ 与 Δt 比的极限值，该极限值就是图形绕 A 点的转动角速度 ω_1，即

$$\omega_1 = \lim_{\Delta t \rightarrow 0} \frac{\Delta\varphi_1}{\Delta t}$$

同理得出绕 B 点的转动角速度 ω_2，即

$$\omega_2 = \lim_{\Delta t \rightarrow 0} \frac{\Delta\varphi_2}{\Delta t}$$

因为 $$\Delta\varphi_1 = \Delta\varphi_2$$

所以 $$\omega_1 = \omega_2$$

$$\alpha_1 = \alpha_2$$

12.2.2 用基点法求平面内点的速度

刚体的平面运动总可以分解成随同基点的平动（牵连运动）和绕基点的转动（相对运动），而在刚体上任一点的运动同样也可以看成是两个运动的合成。如图 12-8 所示，平面图形 S 作平面运动，已知其上一点 A 的速度，图形角速度为 ω，求平面图形上任一点 B 的速度。

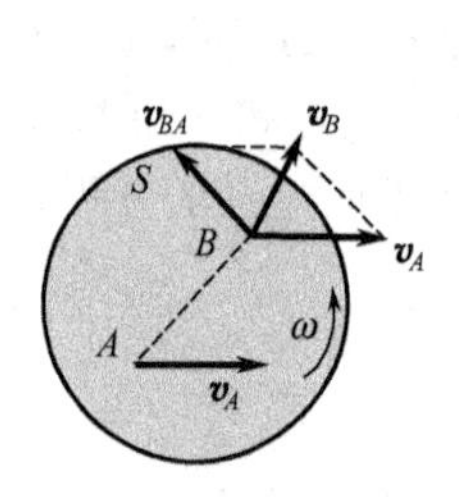

图 12-8 速度的合成

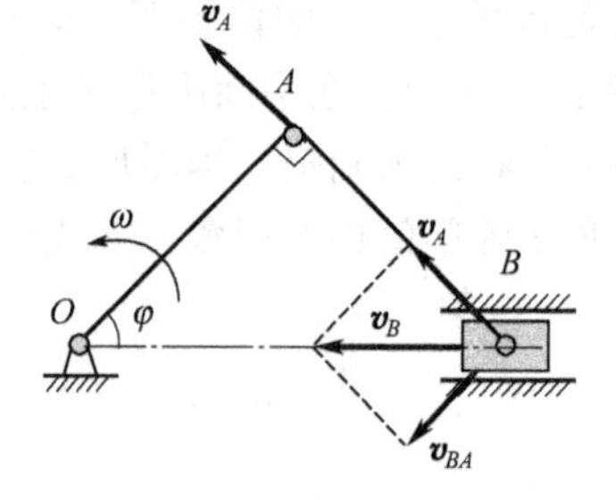

图 12-9 曲柄滑块机构

取 A 为基点，将平动坐标系固结于 A 点，取 B 为动点，则 B 点的运动可视为随动坐标系的平动（牵连运动）＋绕动坐标系的转动（相对运动）的合成。由点的速度合成定理有：

$$\boldsymbol{v}_{\mathrm{a}} = \boldsymbol{v}_{\mathrm{e}} + \boldsymbol{v}_{\mathrm{r}} \tag{12-13}$$

则 B 点速度为：

$$\boldsymbol{v}_B = \boldsymbol{v}_A + \boldsymbol{v}_{BA}$$

综上所述，任一瞬时平面图形上任一点的速度等于基点的速度与该点绕点转动的速度的矢量和。这种求解平面图形上任一点速度的方法称为基点法。

[实例 12-3] 在图 12-9 所示的曲柄连杆机构中，已知 $OA = r$，曲柄 OA 以匀角速度 ω 转动，当 $\varphi = 60°$时，OA 和 AB 相垂直，求此时滑块 B 的速度及 AB 杆的角速度。

分析： 在工程实践中，曲柄连杆机构可作往复式内燃机中的动力传递系统。曲柄连杆机构是发动机实现工作循环，完成能量转换的主要运动部分。如图 12-9 所示，曲柄 OA 作定

轴转动，连杆 AB 作平面运动，滑块 B 作平动，以 A 为基点，根据基点法，可得出 v_A、v_B、v_{BA}之间的关系，由已知条件求出 v_A 后，可求出 v_B、v_{BA}，最后可求出 AB 杆的角速度。

解：以 A 为基点，根据基点法，则：

$$\boldsymbol{v}_B=\boldsymbol{v}_A+\boldsymbol{v}_{BA}$$

解平行四边形

$$v_B=\frac{v_A}{\cos\alpha}=\frac{r\omega}{\cos30^\circ}=\frac{2\sqrt{3}r\omega}{3}$$

$$v_{BA}=v_B\sin30^\circ=\frac{\sqrt{3}r\omega}{3}$$

$$\omega_{AB}=\frac{v_{BA}}{AB}=\frac{\sqrt{3}r\omega}{3}\times\frac{1}{\sqrt{3}r}=\frac{\omega}{3}$$

12.2.3 用瞬心法求刚体上各点的速度

12.2.3.1 速度瞬心

如若在刚体的平面图形上每瞬时能找到速度为零的一点作为基点，这时刚体上各点的速度就等于绕基点的转动速度了，从而使问题得到了简化。刚体作平面运动时，每一瞬时必有一点速度为零。该点称为瞬时速度中心，简称**瞬心**。应该指出：不同的瞬时其瞬心的位置也不同，它与定轴转动不同。

12.2.3.2 速度瞬心法

如图 12-10 所示，设某瞬时平面图形的速度瞬心为 P，转动角速度为 ω，则取瞬心 P 为基点，该瞬时平面图形上任意一点 A 的速度为：

$$\boldsymbol{v}_A=\boldsymbol{v}_P+\boldsymbol{\omega}\times r_{PA}=\boldsymbol{\omega}\times r_{PA}$$

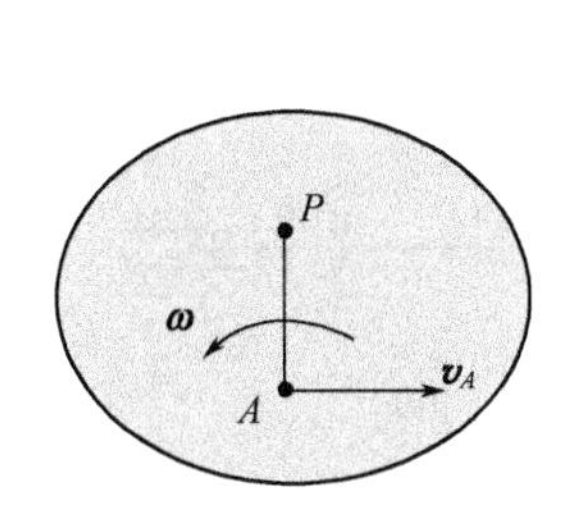

图 12-10 速度瞬心

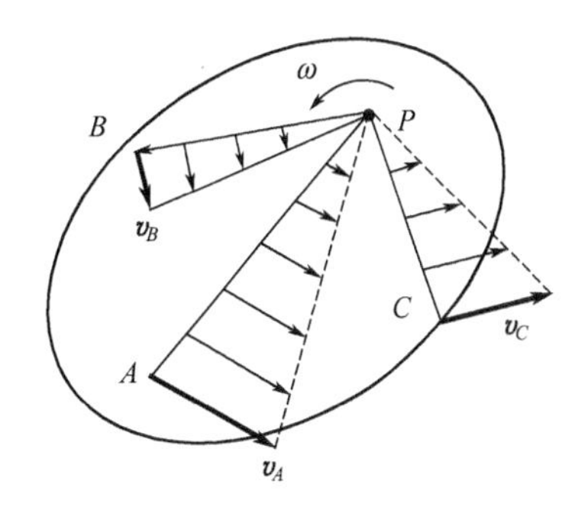

图 12-11 平面图形上点的速度方向

这显然与绕定轴转动的刚体上的速度分布相似，也就是在任一瞬时，平面图形上各点的速度方向垂直于该点与该瞬时的速度瞬心 P 的连线，其指向由 ω 的转向决定，其大小与该点到速度瞬心 P 的距离成正比，等于该点到速度瞬心的距离与图形转动的角速度的乘积。如图 12-11 所示。

在任一瞬时，平面图形上各点的速度分布情况与该瞬时图形以角速度 ω 绕与平面图形垂直且通过速度瞬心的轴转动一样，这种情况称为瞬时转动。以速度瞬心为基点来求作平面运动的刚体上各点的速度的方法称为速度瞬心法。

12.2.3.3 瞬心位置的求法

用瞬心法求刚体上各点的速度是比较简便的，那么在具体问题中如何确定瞬心的位置呢？下面根据条件不同介绍几种确定瞬心位置的方法。

① 刚体沿某一固定平面作纯滚动时，如图 12-12(a) 所示，显然刚体与固定面的接触点 C 的速度为零，因此，瞬心的位置就在 C 点。

② 如已知刚体上 A、B 两点的速度的大小且与已知方向平行时，如图 12-12(b)、(c) 所示，连接这两点速度的始点和终点的两直线的交点 C，就是瞬心的位置。

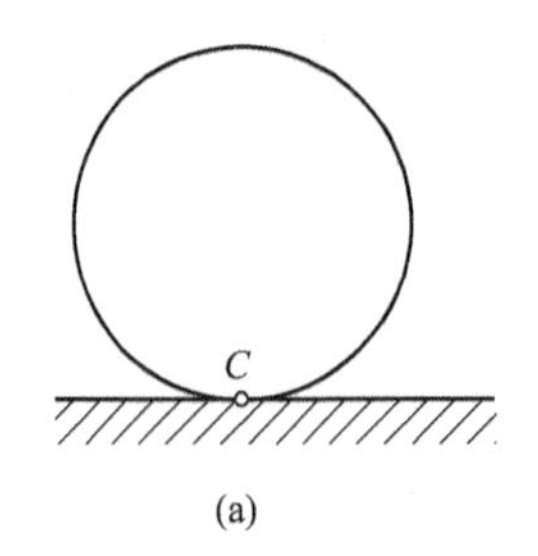

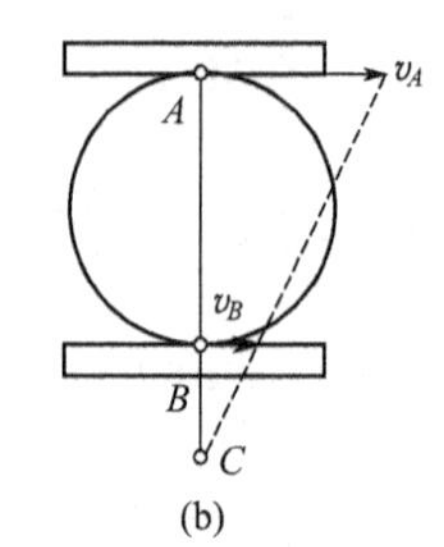

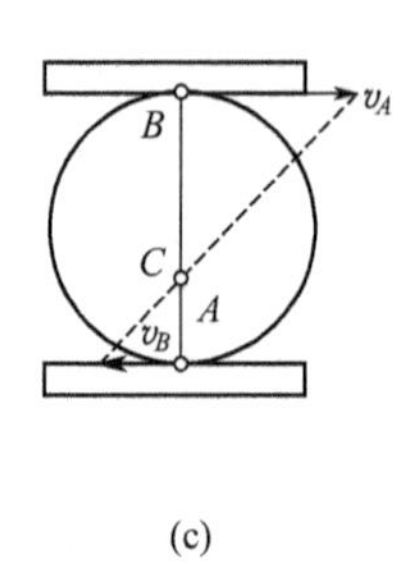

图 12-12　速度瞬心位置的表示

当刚体上两点的速度大小相等，方向相同时，如图 12-13 所示，则过 A、B 两点的垂线为两平行线。因此，瞬心是在无穷远处，刚体在此瞬时的角速度等于零。在这种情况下刚体作瞬时平动。

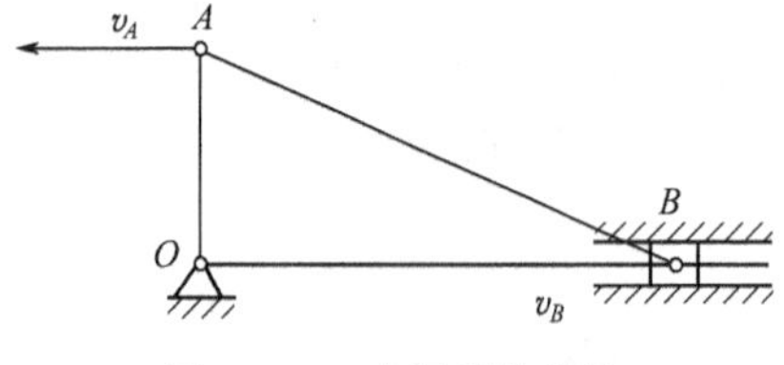

图 12-13　曲柄滑块机构

③ 如已知刚体上任意两点 A、B 速度的方向，并且它们不平行时，如图 12-14(a) 所示，由于刚体在任一瞬时的运动可以看成是绕瞬心的转动，因此瞬心的位置一定在过该点的速度的垂线上。同理，也可以找出另一点速度的垂线，两条速度垂线的交点 C 就是刚体在此瞬时的瞬心。在图 12-14(b) 所示的位置，两条速度垂线的交点 B 就是此瞬时的瞬心。

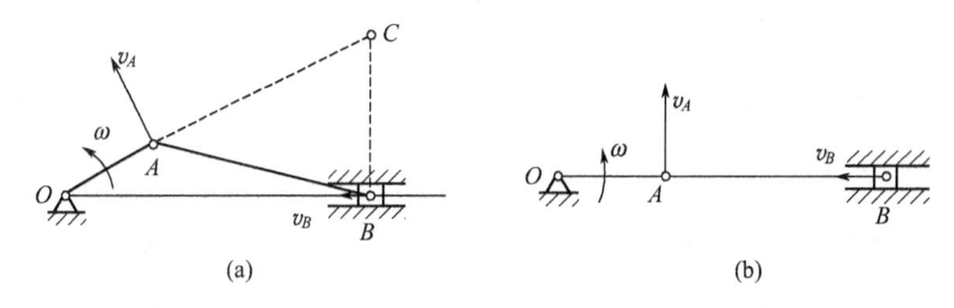

图 12-14　速度瞬心的求法图解

[实例 12-4]　曲柄滑块机构如图 12-15 所示。曲柄 OA 长度为 r，以匀角速度 ω 转动。连杆 AB 长为 l。求曲柄与水平线成 φ 角时连杆的角速度 ω_{AB} 和滑块的速度 v_B。

分析： 在工程实践中，曲柄连杆机构是一种常用机构。根据速度瞬心法，因为连杆 A、B 两点的速度方向已知，可过 A、B 两点分别作 v_A、v_B 的垂直线，其交点 C 即为连杆的速度瞬心，如图 12-15 所示。注意到 $v_A = r\omega$，AC、BC 可通过平面几何方法求出，这样可得连杆角速 ω_{AB} 和 v_B。

解： 连杆 AB 的角速度

$$\omega_{AB} = \frac{v_A}{AC} = \frac{r\omega}{AC} \qquad (\text{I})$$

B 点速度为

$$v_B = BC \cdot \omega_{AB} = r\omega \frac{BC}{AC} \qquad (\text{II})$$

图 12-15　曲柄滑块机构

至于长度 AC、BC，可对△ABC 应用正弦定理求得：

$$\frac{BC}{\sin(\varphi+\theta)}=\frac{AC}{\sin(90°-\theta)}=\frac{AB}{\sin(90°-\varphi)}$$

所以

$$AC=AB\frac{\cos\theta}{\cos\varphi}=l\frac{\cos\theta}{\cos\varphi} \quad (Ⅲ)$$

$$\frac{BC}{AC}=\frac{\sin(\varphi+\theta)}{\cos\theta} \quad (Ⅳ)$$

将式(Ⅲ)、式(Ⅳ) 分别代入式(Ⅰ)、式(Ⅱ)，于是可得连杆角速度和速度值：

$$\omega_{AB}=\frac{v_{AB}}{l}=\omega\frac{r\cos\varphi}{l\cos\theta}$$

$$v_B=v_A\frac{\sin(\varphi+\theta)}{\sin(90°-\theta)}=r\omega\frac{\sin(\varphi+\theta)}{\cos\theta}$$

任务 12.3　刚体动力学简介

12.3.1　刚体绕定轴转动的动力基本方程

在动力学中，动量是描述质点系机械运动强弱的一个物理量，但它只能反映质点系随质心的平动，而不能反映质点系相对于质心的转动。例如，圆轮绕质心转动时，无论它怎样转动，圆轮的动量恒为零，可见，此时动量就不能描述该圆轮的运动，而必须用动量矩这一物理量来描述。动量矩定理，它建立了质点系动量矩与外力主矩之间的关系，是导出刚体运动方程的基础。

设刚体以角速度 ω 绕固定轴 z 转动，如图 12-16 所示，则它对转轴的动量矩 L_z 为

$$L_z=\sum L_{zi}=\sum M_z(m_iv_i)=\sum m_iv_ir_i=\sum m_i(r_i\omega)r_i$$
$$=\omega\sum m_ir_i^2=\omega\sum mr^2$$

令 $J_z=\sum mr^2$，J_z 称为刚体对于 z 轴的转动惯量。则

$$L_z=J_z\omega \quad (12\text{-}14)$$

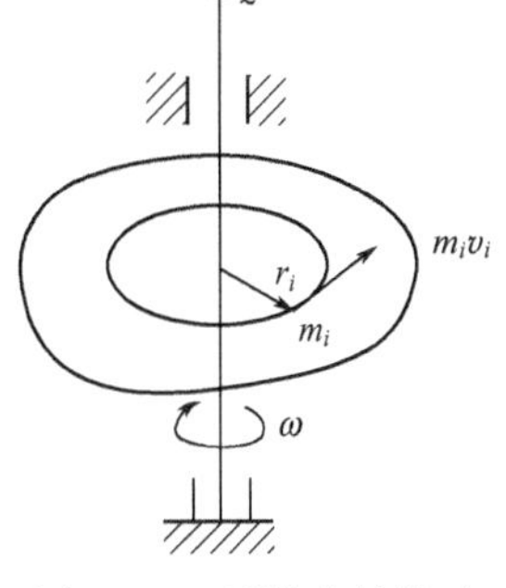

图 12-16　刚体绕轴转动

即定轴转动刚体对其转轴的动量矩等于刚体对转轴的转动惯量与转动角速度的乘积。

12.3.2　转动惯量

12.3.2.1　转动惯量的概念

从式(12-14) 可知，当不同值的转动惯量的刚体受到相等的外力矩作用时，转动惯量大，刚体产生的加速度就小。也就是说，刚体有较大的转动惯量，其原有的转动状态就不易改变，刚体的转动惯性就大。因此，转动惯量是刚体定轴转动时惯性的度量。刚体对转动轴的转动惯量为：

$$J_z=\sum mr^2 \quad (12\text{-}15)$$

式中，m 为刚体内任一点的质量；r 为该质点的转动半径。式(12-15) 表明**刚体对某轴 z 的转动惯量 J_z 等于刚体内各质点的质量与该质点到轴 z 的距离平方的乘积之和。**

刚体的转动惯量不仅与刚体的质量大小有关，还和转动轴的位置及质量的分布有关。质量分布越靠近转动轴，刚体的转动惯量越小，反之越大，例如机器中的飞轮，为了获得较大的转动惯量而使机器运转平稳，要使其边缘较厚而中间较薄且挖有空洞，使质量尽可能多地分布在飞轮的边缘上。

12.3.2.2 简单图形转动惯量的计算

转动惯量可由式(12-15) 进行计算。对于形状简单、质量分布均匀连续的物体，可用积分法求得。常见的均质简单物体的转动惯量，可通过表 12-1 查得。

表 12-1 几种均质简单物体的转动惯量

刚体形状	简　图	转动惯量 J_z	回转半径 ρ
细直杆		$J_z=\frac{1}{12}ML^2$	$\rho=\frac{L}{2\sqrt{3}}=0.289L$
细圆环		$J_z=MR^2$	$\rho=R$
薄圆盘		$J_z=\frac{1}{2}MR^2$	$\rho=\frac{R}{\sqrt{2}}=0.707R$
空心圆柱		$J_z=\frac{1}{2}M(R^2+r^2)$	$\rho=\sqrt{\frac{R^2+r^2}{2}}=0.707\sqrt{R^2+r^2}$
实心球		$J_z=\frac{2}{5}MR^2$	$\rho=0.632R$
矩形块		$J_z=\frac{1}{12}M(a^2+b^2)$	$\rho=0.289\sqrt{a^2+b^2}$

12.3.3 回转半径

工程上常把刚体的转动惯量表示为

$$J_z=m\rho_z^2 \quad 或 \quad \rho_z=\sqrt{\frac{J_z}{m}} \tag{12-16}$$

式中，ρ_z 称为**刚体对 z 轴的回转半径**（或惯性半径），即**物体的转动惯量等于该物体的质量与回转半径平方的乘积**。

式(12-16) 说明，如果把刚体的质量全部集中于与转轴垂直距离为 ρ_z 的一点处，则这一集中质量对于 z 轴的转动惯量，就正好等于原刚体的转动惯量。几何形状相同的均质刚体的回转半径是相同的。在国际单位制中，回转半径的单位为 m。

本项目案例工作任务解决方案步骤：

① 确定机床主轴为研究对象，主轴为一刚体，它的运动为定轴转动；

② 由题意可知主轴停止时角速度为 0；

③ 计算主轴的初始角速度、停车过程的转角；

④ 利用停车过程是匀变速转动这个条件列方程，求出主轴的角加速度。

项目能力知识结构总结

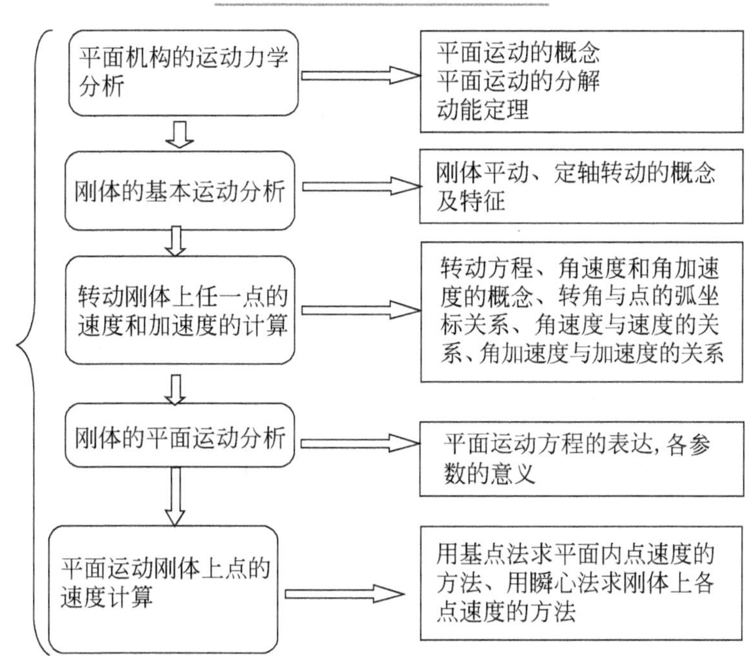

思考与训练

12-1 轮子的初始顺时针角速度是 10rad/s，等角加速度是 3rad/s^2。求使轮子获得 15rad/s 的顺时针角速度必须转动的转数以及需要的时间是多少？

12-2 火车沿半径 $R=500\text{m}$、弧长 $S=375\text{m}$ 的圆弧轨道作匀减速运动，进入圆弧时速度 $v_1=54\text{km/h}$，离开圆弧时速度 $v_2=36\text{km/h}$。求：

(1) 火车走完圆弧全程所用的时间；

(2) 火车进入圆弧路程 15s 时的加速度。

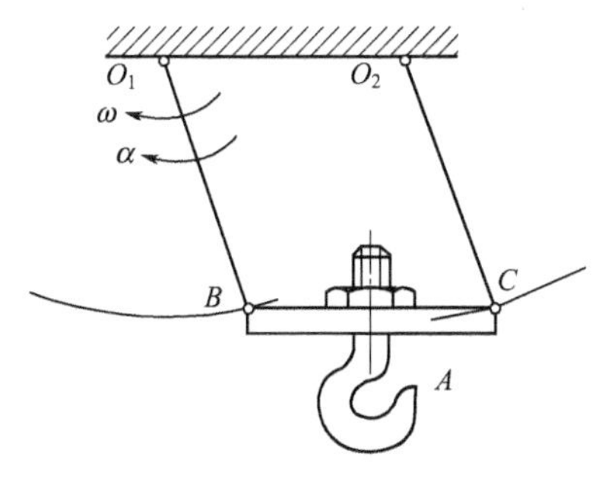

题 12-3 图

12-3 如题 12-3 图所示的两平行摆杆 $O_2C=O_1B=0.5\text{m}$，且 $BC=O_1O_2$。若在某瞬时摆杆的角速度 $\omega=2\text{rad/s}$，角加速度 $\alpha=3\text{rad/s}^2$。试求吊钩尖端 A 点的速度和加速度。

12-4 如题 12-4 图所示，机构尺寸为 $O_1A=O_2B=AM=r=0.2\text{m}$，$O_1O_2=AB$。已知 O_1 轮按 $\varphi=15t(\text{rad})$ 的规律转动。求当 $t=0.5\text{s}$ 时，AB 杆上的 M 点的速度和加速度的大小及方向。

12-5　如题 12-5 图所示，摇杆 $OM=1$，绕 O 轴转动，并插在套筒 A 中，由按规律 $\varphi=kt^2$（k 是常量，φ 以弧度计，t 以秒计）转动的曲柄 O_1A 带动。设 $OO_1=O_1A$，初瞬时 OM 与 y 轴重合，求摇杆端点 M 的运动方程、速度和加速度。

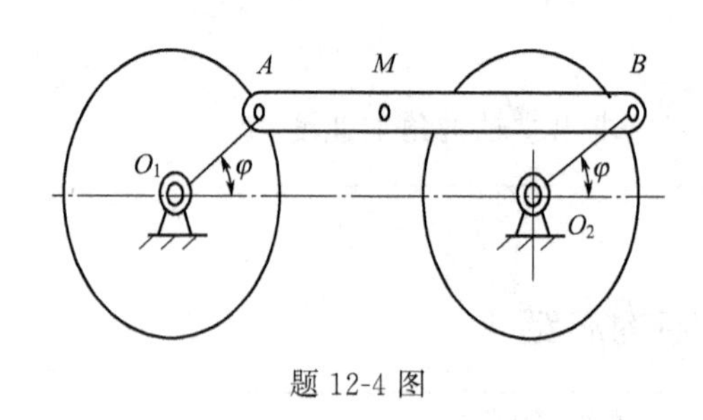

题 12-4 图

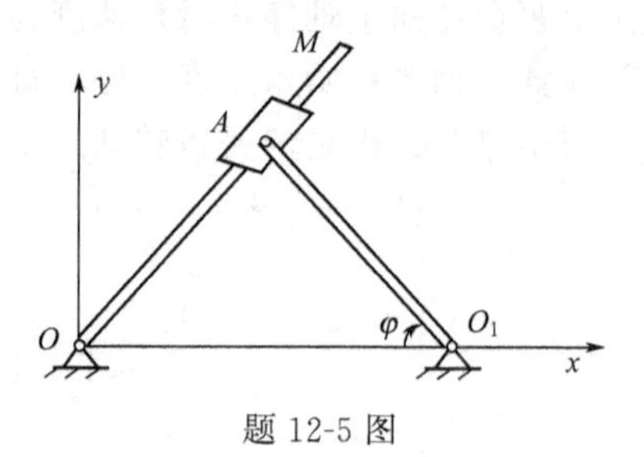

题 12-5 图

12-6　刨床的曲柄摇杆机构如题 12-6 图所示。曲柄 OA 的 A 端用铰链与滑块 A 相连，并可沿摇杆 O_1B 上的槽滑动。已知：曲柄 OA 长为 r，以匀角速度 ω_0 绕 O 轴顺时针转动，$O_1O=1$。试求摇杆 O_1B 的运动方程，设 $t=0$ 时，$\varphi=0$。

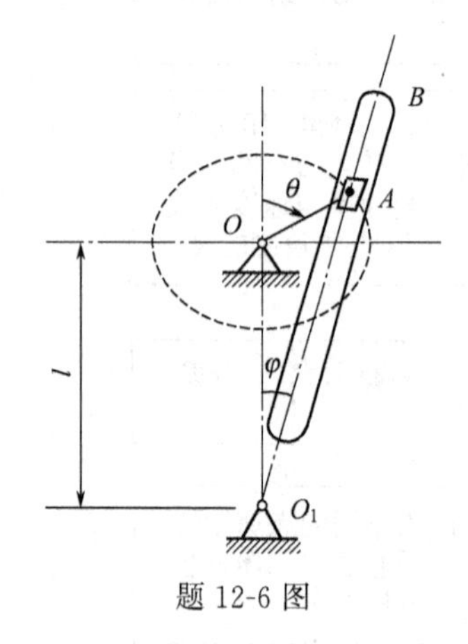

题 12-6 图

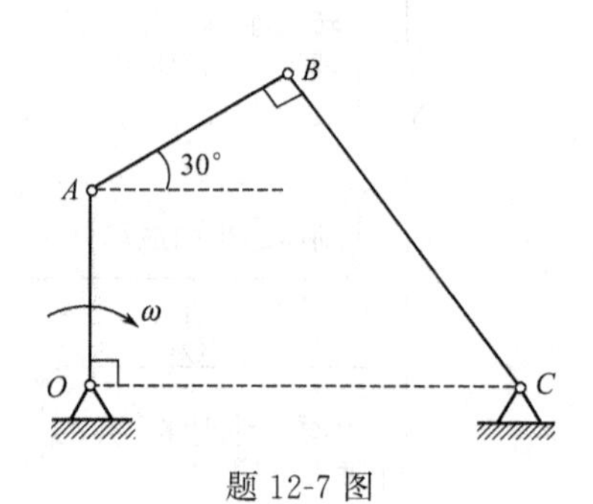

题 12-7 图

12-7　如题 12-7 图所示机构中，曲柄 OA 长 300mm，杆 BC 长 600mm，曲柄 OA 以匀角速度 $\omega=4$rad/s 绕 O 轴顺时针转动。试求图示瞬时 B 点的速度和杆 BC 的角速度。

12-8　如题 12-8 图所示两种刨床机构，已知曲柄 $O_1A=r$，以匀角速度 ω 转动，$b=4r$。求在图示位置时，滑枕 CD 平移的速度。

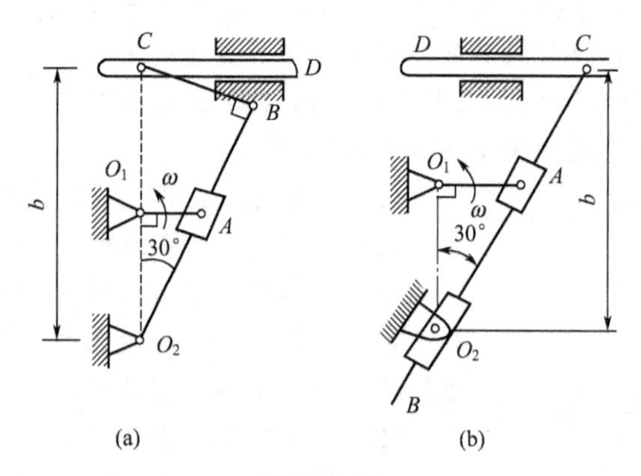

题 12-8 图

附录 型钢表

表 1 热轧等边角钢（GB 9787—2008）

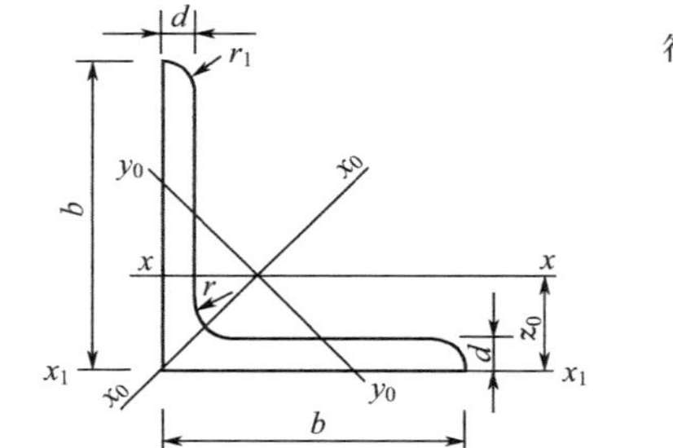

符号意义：b——边宽度；
d——边厚度；
r——内圆弧半径；
r_1——边端内圆弧半径；
I——惯性矩；
i——惯性半径；
W——抗弯截面系数；
z_0——重心距离。

角钢号数	尺寸/mm			截面面积 /cm²	理论质量 /(kg/m)	外表面积 /(m²/m)	参考数值										z_0 /cm
							$x-x$			x_0-x_0			y_0-y_0			x_1-x_1	
	b	d	r				I_x /cm⁴	i_x /cm	W_x /cm³	I_{x0} /cm⁴	i_{x0} /cm	W_{x0} /cm³	I_{y0} /cm⁴	i_{y0} /cm	W_{y0} /cm³	I_{x1} /cm⁴	
2	20	3	3.5	1.132	0.889	0.078	0.40	0.59	0.29	0.63	0.75	0.45	0.17	0.39	0.20	0.81	0.60
		4		1.459	1.145	0.077	0.50	0.58	0.36	0.78	0.73	0.55	0.22	0.38	0.24	1.09	0.64
2.5	25	3		1.432	1.124	0.098	0.82	0.76	0.46	1.29	0.95	0.73	0.34	0.49	0.33	1.57	0.73
		4		1.859	1.459	0.097	1.03	0.74	0.59	1.62	0.93	0.92	0.43	0.48	0.40	2.11	0.76
3.0	30	3	4.5	1.749	1.373	0.117	1.46	0.91	0.68	2.31	1.15	1.09	0.61	0.59	0.51	2.71	0.85
		4		2.276	1.786	0.117	1.84	0.90	0.87	2.92	1.13	1.37	0.77	0.58	0.62	3.63	0.89
3.6	36	3		2.109	1.656	0.141	2.58	1.11	0.99	4.09	1.39	1.61	1.07	0.71	0.76	4.68	1.00
		4		2.756	2.163	0.141	3.29	1.09	1.28	5.22	1.38	2.05	1.37	0.70	0.93	6.25	1.04
		5		3.382	2.654	0.141	3.95	1.08	1.56	6.24	1.36	2.45	1.65	0.70	1.09	7.84	1.07

续表

角钢号数	尺寸/mm			截面面积/cm²	理论质量/(kg/m)	外表面积/(m²/m)	参考数值										z_0/cm
							$x-x$			x_0-x_0			y_0-y_0			x_1-x_1	
	b	d	r				I_x/cm⁴	i_x/cm	W_x/cm³	I_{x0}/cm⁴	i_{x0}/cm	W_{x0}/cm³	I_{y0}/cm⁴	i_{y0}/cm	W_{y0}/cm³	I_{x1}/cm⁴	
4.0	40	3	5	2.359	1.852	0.157	3.58	1.23	1.23	5.69	1.55	2.01	1.49	0.79	0.96	6.41	1.09
		4		3.086	2.422	0.157	4.60	1.22	1.60	7.29	1.54	2.58	1.91	0.79	1.19	8.56	1.13
		5		3.791	2.976	0.156	5.53	1.21	1.96	8.76	1.52	3.10	2.30	0.78	1.39	10.74	1.17
4.5	45	3		2.659	2.088	0.177	5.17	1.40	1.58	8.20	1.76	2.58	2.14	0.89	1.24	9.12	1.22
		4		3.486	2.736	0.177	6.65	1.38	2.05	10.56	1.74	3.32	2.75	0.89	1.54	12.18	1.26
		5		4.292	3.369	0.176	8.04	1.37	2.51	12.74	1.72	4.00	3.33	0.88	1.81	15.25	1.30
		6		5.076	3.985	0.176	9.33	1.36	2.95	14.76	1.70	4.64	3.89	0.88	2.06	18.36	1.33
5	50	3	5.5	2.971	2.332	0.197	7.18	1.55	1.96	11.37	1.96	3.22	2.98	1.00	1.57	12.50	1.34
		4		3.897	3.059	0.197	9.26	1.54	2.56	14.70	1.94	4.16	3.82	0.99	1.96	16.69	1.38
		5		4.803	3.770	0.196	11.21	1.53	3.13	17.79	1.92	5.03	4.64	0.98	2.31	20.90	1.42
		6		5.688	4.465	0.196	13.05	1.52	3.68	20.68	1.91	5.85	5.42	0.98	2.63	25.14	1.46
5.6	56	3	6	3.343	2.624	0.221	10.19	1.75	2.48	16.14	2.20	4.08	4.24	1.13	2.02	17.56	1.48
		4		4.390	3.446	0.220	13.18	1.73	3.24	20.92	2.18	5.28	5.46	1.11	2.52	23.43	1.53
		5		5.415	4.251	0.220	16.02	1.72	3.97	25.42	2.17	6.42	6.61	1.10	2.98	29.33	1.57
		6		8.367	6.568	0.219	23.63	1.68	6.03	37.37	2.11	9.44	9.89	1.09	4.16	46.24	1.68
6.3	63	4	7	4.978	3.907	0.248	19.03	1.96	4.13	30.17	2.46	6.78	7.89	1.26	3.29	33.35	1.70
		5		6.143	4.822	0.248	23.17	1.94	5.08	36.77	2.45	8.25	9.57	1.25	3.90	41.73	1.74
		6		7.288	5.721	0.247	27.12	1.93	6.00	43.03	2.43	9.66	11.20	1.24	4.46	50.14	1.78
		8		9.515	7.469	0.247	34.46	1.90	7.75	54.56	2.40	12.25	14.33	1.23	5.47	67.11	1.85
		10		11.657	9.151	0.246	41.09	1.88	9.39	64.85	2.36	14.56	17.33	1.22	6.36	84.31	1.93

续表

角钢号数	尺寸/mm			截面面积 /cm²	理论质量 /(kg/m)	外表面积 /(m²/m)	参考数值										z_0 /cm
							$x-x$			x_0-x_0			y_0-y_0			x_1-x_1	
	b	d	r				I_x /cm⁴	i_x /cm	W_x /cm³	I_{x0} /cm⁴	i_{x0} /cm	W_{x0} /cm³	I_{y0} /cm⁴	i_{y0} /cm	W_{y0} /cm³	I_{x1} /cm⁴	
7	70	4	8	5.570	4.372	0.275	26.39	2.18	5.14	41.80	2.74	8.44	10.99	1.40	4.17	45.74	1.86
		5		6.875	5.397	0.275	32.21	2.16	6.32	51.08	2.73	10.32	13.34	1.39	4.95	57.21	1.91
		6		8.160	6.406	0.275	37.77	2.15	7.48	59.93	2.71	12.11	15.61	1.38	5.67	68.73	1.95
		7		9.424	7.398	0.275	43.09	2.14	8.59	68.35	2.69	13.81	17.82	1.38	6.34	80.29	1.99
		8		10.667	8.373	0.274	48.17	2.12	9.68	76.37	2.68	15.43	19.98	1.37	6.98	91.92	2.03
7.5	75	5	9	7.412	5.818	0.295	39.97	2.33	7.32	63.30	2.92	11.94	16.63	1.50	5.77	70.56	2.04
		6		8.797	6.905	0.294	46.95	2.31	8.64	74.38	2.90	14.02	19.51	1.49	6.67	84.55	2.07
		7		10.160	7.976	0.294	53.57	2.30	9.93	84.96	2.89	16.02	22.18	1.48	7.44	98.71	2.11
		8		11.503	9.030	0.294	59.96	2.28	11.20	95.07	2.88	17.93	24.86	1.47	8.19	112.97	2.15
		10		14.126	11.089	0.293	71.98	2.26	13.64	113.92	2.84	21.48	30.05	1.46	9.56	141.71	2.22
8	80	5	9	7.912	6.211	0.315	48.79	2.48	8.34	77.33	3.13	13.67	20.25	1.60	6.66	85.36	2.15
		6		9.397	7.376	0.314	57.35	2.47	9.87	90.98	3.11	16.08	23.72	1.59	7.65	102.50	2.19
		7		10.860	8.525	0.314	65.58	2.46	11.37	104.07	3.10	18.40	27.09	1.58	8.58	119.70	2.23
		8		12.303	9.658	0.314	73.49	2.44	12.83	116.60	3.08	20.61	30.39	1.57	9.46	136.97	2.27
		10		15.126	11.874	0.313	88.43	2.42	15.64	140.09	3.04	24.76	36.77	1.56	11.08	171.74	2.35
9	90	6	10	10.637	8.350	0.354	82.77	2.79	12.61	131.26	3.51	20.63	34.28	1.80	9.95	145.87	2.44
		7		12.301	9.656	0.354	94.83	2.78	14.54	150.47	3.50	23.64	39.18	1.78	11.19	170.30	2.48
		8		13.944	10.946	0.353	106.47	2.76	16.42	168.97	3.48	26.55	43.97	1.78	12.35	194.80	2.52
		10		17.167	13.476	0.353	128.58	2.74	20.07	203.90	3.45	32.04	53.26	1.76	14.52	244.07	2.59
		12		20.306	15.940	0.352	149.22	2.71	23.57	236.21	3.41	37.12	62.22	1.75	16.49	293.76	2.67

续表

角钢号数	尺寸/mm			截面面积/cm^2	理论质量/(kg/m)	外表面积/(m^2/m)	参考数值										z_0/cm
							$x-x$			x_0-x_0			y_0-y_0			x_1-x_1	
	b	d	r				I_x/cm^4	i_x/cm	W_x/cm^3	I_{x0}/cm^4	i_{x0}/cm	W_{x0}/cm^3	I_{y0}/cm^4	i_{y0}/cm	W_{y0}/cm^3	I_{x1}/cm^4	
10	100	6	12	11.932	9.366	0.393	114.95	3.10	15.68	181.98	3.90	25.74	47.92	2.00	12.69	200.07	2.67
		7		13.796	10.830	0.393	131.86	3.09	18.10	208.97	3.89	29.55	54.74	1.99	14.26	233.54	2.71
		8		15.638	12.276	0.393	148.24	3.08	20.47	235.07	3.88	33.24	61.41	1.98	15.75	267.09	2.76
		10		19.261	15.120	0.392	179.51	3.05	25.06	284.68	3.84	40.26	74.35	1.96	18.54	334.48	2.84
		12		22.800	17.898	0.391	208.90	3.03	29.48	330.95	3.81	46.80	86.84	1.95	21.08	402.34	2.91
		14		26.256	20.611	0.391	236.53	3.00	33.73	374.06	3.77	52.90	99.00	1.94	23.44	470.75	2.99
		16		29.267	23.257	0.390	262.53	2.98	37.82	414.16	3.74	58.57	110.89	1.94	25.63	539.80	3.06
11	110	7	12	15.196	11.928	0.433	177.16	3.41	22.05	280.94	4.30	36.12	73.38	2.20	17.51	310.64	2.96
		8		17.238	13.532	0.433	199.46	3.40	24.95	316.49	4.28	40.69	82.42	2.19	19.39	355.20	3.01
		10		21.261	16.690	0.432	242.19	3.39	30.60	384.39	4.25	49.42	99.98	2.17	22.91	444.65	3.09
		12		25.200	19.782	0.431	282.55	3.35	36.05	448.17	4.22	57.62	116.93	2.15	26.15	534.60	3.16
		14		29.056	22.809	0.431	320.71	3.32	41.31	508.01	4.18	65.31	133.40	2.14	29.14	625.16	3.24
12.5	125	8	14	19.750	15.504	0.492	297.03	3.88	32.52	470.89	4.88	53.28	123.16	2.50	25.86	521.01	3.37
		10		24.373	19.133	0.491	361.67	3.85	39.97	573.89	4.85	64.93	149.46	2.48	30.62	651.93	3.45
		12		28.912	22.696	0.491	423.16	3.83	41.17	671.44	4.82	75.96	174.88	2.46	35.03	783.42	3.53
		14		33.367	26.193	0.490	481.65	3.80	54.16	763.73	4.78	86.41	199.57	2.45	39.13	915.61	3.61
14	140	10		27.373	21.488	0.551	514.65	4.34	50.58	817.27	5.46	82.56	212.04	2.78	39.20	915.11	3.82
		12		32.512	25.522	0.551	603.68	4.31	59.80	958.79	5.43	96.85	248.57	2.76	45.02	1099.28	3.90
		14		37.567	29.490	0.550	688.81	4.28	68.75	1093.56	5.40	110.47	284.06	2.75	50.45	1284.22	3.98
		16		42.539	33.393	0.549	770.24	4.26	77.46	1221.81	5.36	123.42	318.67	2.74	55.55	1470.07	4.06

续表

角钢号数	尺寸/mm			截面面积 $/cm^2$	理论质量 /(kg/m)	外表面积 $/(m^2/m)$	参考数值										z_0 /cm
							$x-x$			x_0-x_0			y_0-y_0			x_1-x_1	
	b	d	r				I_x $/cm^4$	i_x /cm	W_x $/cm^3$	I_{x0} $/cm^4$	i_{x0} /cm	W_{x0} $/cm^3$	I_{y0} $/cm^4$	i_{y0} /cm	W_{y0} $/cm^3$	I_{x1} $/cm^4$	
16	160	10	16	31.502	24.729	0.630	779.53	4.98	66.70	1237.30	6.27	109.36	321.76	3.20	52.76	1365.33	4.31
		12		37.441	29.391	0.630	916.58	4.95	78.98	1455.68	6.24	128.67	377.49	3.18	60.74	1639.57	4.39
		14		43.296	33.987	0.629	1048.36	4.92	90.95	1665.02	6.20	147.17	431.70	3.16	68.24	1914.68	4.47
		16		49.067	38.518	0.629	1175.08	4.89	102.63	1865.57	6.17	164.89	484.59	3.14	75.31	2190.82	4.55
18	180	12	16	42.241	33.159	0.710	1321.35	5.59	100.82	2100.10	7.05	165.00	542.61	3.58	78.41	2332.80	4.89
		14		48.896	38.383	0.709	1514.48	5.56	116.25	2407.42	7.02	189.14	621.53	3.56	88.38	2723.48	4.97
		16		55.467	43.542	0.709	1700.99	5.54	131.13	2703.37	6.98	212.40	698.60	3.55	97.83	3115.29	5.05
		18		61.955	48.634	0.708	1875.12	5.50	145.64	2988.24	6.94	234.78	762.01	3.51	105.14	3502.43	5.13
20	200	14	18	54.642	42.894	0.788	2103.55	6.20	144.70	3343.26	7.82	236.40	863.83	3.98	111.82	3734.10	5.46
		16		62.013	48.680	0.788	2366.15	6.18	163.65	3760.89	7.79	265.93	971.41	3.96	123.96	4270.39	5.54
		18		69.301	54.401	0.787	2620.64	6.15	182.22	4164.54	7.75	294.48	1076.74	3.94	135.52	4808.13	5.62
		20		76.505	60.056	0.787	2867.30	6.12	200.42	4554.55	7.72	322.06	1180.04	3.93	146.55	5347.51	5.69
		24		90.661	71.168	0.785	3338.25	6.07	236.17	5294.97	7.64	374.41	1381.53	3.90	166.65	6457.16	5.87

注：截面图中的 $r_1(=d/3)$ 及表中 r 值，用于孔型设计，不作为交货条件。

表 2　热轧不等边角钢（GB 9788—2008）

符号意义：B——长边宽度；
d——边厚；
r_1——边端内弧半径；
y_0——重心坐标；
i——惯性半径；
b——短边宽度；
r——内圆弧半径；
x_0——重心坐标；
I——惯性矩；
W——抗弯截面系数。

续表

角钢号数	尺寸/mm				截面面积/cm^2	理论质量/(kg/m)	外表面积/(m^2/m)	参考数值													
								$x-x$			$y-y$			x_1-x_1		y_1-y_1		$u-u$			
	B	b	d	r				I_x/cm^4	i_x/cm	W_x/cm^3	I_y/cm^4	i_y/cm	W_y/cm^3	I_{x1}/cm^4	y_0/cm	I_{y1}/cm^4	x_0/cm	I_u/cm^4	i_u/cm	W_u/cm^3	$\tan\alpha$
2.5/1.6	25	16	3	3.5	1.162	0.912	0.080	0.70	0.78	0.43	0.22	0.44	0.19	1.56	0.86	0.43	0.42	0.14	0.34	0.16	0.392
			4		1.499	1.716	0.079	0.88	0.77	0.55	0.27	0.43	0.24	2.09	0.90	0.59	0.46	0.17	0.34	0.20	0.381
3.2/2	32	20	3		1.492	1.171	0.102	1.53	1.01	0.72	0.46	0.55	0.30	3.27	1.08	0.82	0.49	0.28	0.43	0.25	0.382
			4		1.939	1.22	0.101	1.93	1.00	0.93	0.57	0.54	0.39	4.37	1.12	1.12	0.53	0.35	0.42	0.32	0.374
4/2.5	40	25	3	4	1.890	1.484	0.127	3.08	1.28	1.15	0.93	0.70	0.49	5.39	1.32	1.59	0.59	0.56	0.54	0.40	0.385
			4		2.467	1.936	0.127	3.93	1.26	1.49	1.18	0.69	0.63	8.53	1.37	2.14	0.63	0.71	0.54	0.52	0.381
4.5/2.8	45	28	3	5	2.149	1.687	0.143	4.45	1.44	1.47	1.34	0.79	0.62	9.10	1.47	2.23	0.64	0.80	0.61	0.51	0.383
			4		2.806	2.203	0.143	5.69	1.42	1.91	1.70	0.78	0.80	12.13	1.51	3.00	0.68	1.02	0.60	0.66	0.380
5/3.2	50	32	3	5.5	2.431	1.908	0.161	6.24	1.60	1.84	2.02	0.91	0.82	12.49	1.60	3.31	0.73	1.20	0.70	0.68	0.404
			4		3.177	2.494	0.160	8.02	1.59	2.39	2.58	0.90	1.06	16.65	1.65	4.45	0.77	1.53	0.69	0.87	0.402
5.6/3.6	56	36	3	6	2.743	2.153	0.181	8.88	1.80	2.32	2.92	1.03	1.05	17.54	1.78	4.70	0.80	1.73	0.79	0.87	0.408
			4		3.590	2.181	0.180	11.45	1.78	3.03	3.76	1.02	1.37	23.39	1.82	6.33	0.85	2.23	0.79	1.13	0.408
			5		4.415	3.466	0.180	13.86	1.77	3.71	4.49	1.01	1.65	29.25	1.87	7.94	0.88	2.67	0.79	1.36	0.404
6.3/4	63	40	4	7	4.058	3.185	0.202	16.49	2.02	3.87	5.23	1.14	1.70	33.30	2.04	8.63	0.92	3.12	0.88	1.40	0.398
			5		4.993	3.920	0.202	20.02	2.00	4.74	6.31	1.12	2.71	41.63	2.08	10.86	0.95	3.76	0.87	1.71	0.396
			6		5.908	4.638	0.201	23.26	1.96	5.59	7.29	1.11	2.43	49.98	2.12	13.12	0.99	4.34	0.86	1.99	0.393
			7		6.802	5.339	0.201	26.53	1.98	6.40	8.24	1.10	2.78	58.07	2.15	15.47	1.03	4.97	0.86	2.29	0.389
7/4.5	70	45	4	7.5	4.547	3.570	0.226	23.17	2.26	4.86	7.55	1.29	2.17	45.92	2.24	12.26	1.02	4.40	0.98	1.77	0.410
			5		5.609	4.403	0.225	27.95	2.23	5.92	9.13	1.28	2.65	57.10	2.28	15.39	1.06	5.40	0.98	2.19	0.407
			6		6.647	5.218	0.225	32.54	2.21	6.95	10.62	1.26	3.12	68.35	2.32	18.58	1.09	6.35	0.93	2.59	0.404
			7		7.657	6.011	0.225	37.22	2.20	8.03	12.01	1.25	3.57	79.99	2.36	21.84	1.13	7.16	0.97	2.94	0.402
(7.5/5)	75	50	5	8	6.125	4.808	0.245	34.86	2.39	6.83	12.61	1.44	3.30	70.00	2.40	21.04	1.17	7.41	1.10	2.74	0.435
			6		7.260	5.699	0.245	41.12	2.38	8.12	14.70	1.42	3.88	84.30	2.44	25.37	1.21	8.54	1.08	3.19	0.435
			8		9.467	7.431	0.244	52.39	2.35	10.52	18.53	1.40	4.99	112.50	2.52	34.23	1.29	10.87	1.07	4.10	0.429
			10		11.590	9.098	0.244	62.71	2.33	12.79	21.96	1.38	6.04	140.80	2.60	43.43	1.36	13.10	1.06	4.99	0.423

续表

角钢号数	尺寸/mm				截面面积/cm^2	理论质量/(kg/m)	外表面积/(m^2/m)	参考数值													
								$x-x$			$y-y$			x_1-x_1		y_1-y_1		$u-u$			
	B	b	d	r				I_x/cm^4	i_x/cm	W_x/cm^3	I_y/cm^4	i_y/cm	W_y/cm^3	I_{x1}/cm^4	y_0/cm	I_{y1}/cm^4	x_0/cm	I_u/cm^4	i_u/cm	W_u/cm^3	$\tan\alpha$
8/5	80	50	5	8	6.375	5.005	0.255	41.96	2.56	7.78	12.82	1.42	3.32	85.21	2.60	21.06	1.14	7.66	1.10	2.74	0.388
			6		7.560	5.935	0.255	49.49	2.56	9.25	14.95	1.41	3.91	102.53	2.65	25.41	1.18	8.85	1.08	3.20	0.387
			7		8.724	6.848	0.255	56.16	2.54	10.58	16.96	1.39	4.48	119.33	2.69	29.82	1.21	10.18	1.08	3.70	0.384
			8		9.867	7.745	0.254	62.83	2.52	11.92	18.85	1.38	5.03	136.41	2.73	34.32	1.25	11.38	1.07	4.16	0.381
9/5.6	90	56	5	9	7.212	5.661	0.287	60.45	2.90	9.92	18.32	1.59	4.21	121.32	2.91	29.53	1.25	10.98	1.23	3.49	0.385
			6		8.557	6.717	0.286	71.03	2.88	11.74	21.42	1.58	4.96	145.59	2.95	35.58	1.29	12.90	1.23	4.18	0.384
			7		9.880	7.756	0.286	81.01	2.86	13.49	24.36	1.57	5.70	169.66	3.00	41.71	1.33	14.67	1.22	4.72	0.382
			8		11.183	8.779	0.286	91.03	2.85	15.27	27.15	1.56	6.41	194.17	3.04	47.93	1.36	16.34	1.21	5.29	0.380
10/6.3	100	63	6	10	9.617	7.550	0.320	99.06	3.21	14.64	30.94	1.79	6.35	199.71	3.24	50.50	1.43	18.42	1.38	5.25	0.394
			7		11.111	8.722	0.320	113.45	3.20	16.88	35.26	1.78	7.29	233.00	3.28	59.14	1.47	21.00	1.38	6.02	0.394
			8		12.584	9.878	0.319	127.37	3.18	19.08	39.39	1.77	8.21	266.32	3.32	67.88	1.50	23.50	1.37	6.78	0.391
			10		15.467	12.142	0.319	153.81	3.15	23.32	47.12	1.74	9.98	333.06	3.40	85.73	1.58	28.33	1.35	8.24	0.387
10/8	100	80	6	10	10.637	8.350	0.354	107.04	3.17	15.19	61.24	2.40	10.16	199.83	2.95	102.68	1.97	31.65	1.72	8.37	0.627
			7		12.301	9.656	0.354	122.73	3.16	17.52	70.08	2.39	11.71	233.20	3.00	119.98	2.01	36.17	1.72	9.60	0.626
			8		13.944	10.946	0.353	137.92	3.14	19.81	78.58	2.37	13.21	266.61	3.04	137.37	2.05	40.58	1.71	10.80	0.625
			10		17.167	13.476	0.353	166.87	3.12	24.24	94.65	2.35	16.12	333.63	3.12	172.48	2.13	49.10	1.69	13.12	0.622
11/7	110	70	6	10	10.637	8.350	0.354	133.37	3.54	17.85	42.92	2.01	7.90	265.78	3.53	69.08	1.57	25.36	1.54	6.53	0.403
			7		12.301	9.656	0.354	153.00	3.53	20.60	49.01	2.00	9.09	310.07	3.57	80.82	1.61	28.95	1.53	7.50	0.402
			8		13.944	10.946	0.353	172.04	3.51	23.30	54.87	1.98	10.25	354.39	3.62	92.70	1.65	32.45	1.53	8.45	0.401
			10		17.167	13.467	0.353	208.39	3.48	28.54	65.88	1.96	12.48	443.13	3.70	116.83	1.72	39.20	1.51	10.29	0.397
12.5/8	125	80	7	11	14.096	11.066	0.403	227.98	4.02	26.86	74.42	2.30	12.01	454.99	4.01	120.32	1.80	43.81	1.76	9.92	0.408
			8		15.989	12.551	0.403	256.77	4.01	30.41	83.49	2.28	13.56	519.99	4.06	137.85	1.84	49.15	1.75	11.18	0.407
			10		19.712	15.474	0.402	312.04	3.98	37.33	100.67	2.26	16.56	650.09	4.14	173.40	1.92	59.45	1.74	13.64	0.404
			12		23.351	18.330	0.402	364.41	3.95	44.01	116.67	2.24	19.43	780.39	4.22	209.67	2.00	69.35	1.72	16.01	0.400
14/9	140	90	8	12	18.038	14.160	0.453	365.64	4.50	38.48	120.69	2.59	17.34	730.53	4.50	195.79	2.04	70.83	1.98	14.31	0.411
			10		22.261	17.475	0.452	445.50	4.47	47.31	146.03	2.56	21.22	913.20	4.58	245.92	2.21	85.82	1.96	17.48	0.409
			12		26.400	20.724	0.451	521.59	4.44	55.87	169.79	2.54	24.95	1096.09	4.66	296.89	2.19	100.21	1.95	20.54	0.406
			14		30.456	23.908	0.451	594.10	4.42	64.18	192.10	2.51	28.54	1279.26	4.74	348.82	2.27	114.13	1.94	23.52	0.403

续表

角钢号数	尺寸/mm B	b	d	r	截面面积/cm²	理论质量/(kg/m)	外表面积/(m²/m)	参考数值 x—x I_x/cm⁴	i_x/cm	W_x/cm³	y—y I_y/cm⁴	i_y/cm	W_y/cm³	$x_1—x_1$ I_{x1}/cm⁴	y_0/cm	$y_1—y_1$ I_{y1}/cm⁴	x_0/cm	u—u I_u/cm⁴	i_u/cm	W_u/cm³	tanα
16/10	160	100	10	13	25.315	19.872	0.512	668.69	5.14	62.13	205.03	2.85	26.56	1362.89	5.24	336.59	2.28	121.74	2.19	21.92	0.390
			12		30.054	23.592	0.511	784.91	5.11	73.49	239.09	2.82	31.28	1635.56	5.32	405.94	2.36	142.33	2.17	25.79	0.388
			14		34.709	27.247	0.510	896.30	5.08	84.56	271.20	2.80	35.83	1908.50	5.40	476.42	2.43	162.23	2.16	29.56	0.385
			16		39.281	30.835	0.510	1003.04	5.05	95.33	301.60	2.77	40.24	2181.79	5.48	548.22	2.51	182.57	2.16	33.44	0.382
18/11	180	110	10	14	28.373	22.273	0.571	956.25	5.80	78.96	278.11	3.13	32.49	1940.40	5.89	447.22	2.44	166.50	2.42	26.88	0.376
			12		33.712	26.464	0.571	1124.72	5.78	93.53	325.03	3.10	38.32	2328.35	5.98	538.94	2.52	194.87	2.40	31.66	0.374
			14		38.967	30.589	0.570	1286.91	5.75	107.76	369.55	3.08	43.97	2716.60	6.06	631.95	2.59	222.30	2.39	36.32	0.372
			16		44.139	34.649	0.569	1443.06	5.72	121.64	411.85	3.06	49.44	3105.15	6.14	726.46	2.67	248.84	2.38	40.87	0.369
20/12.5	200	125	12		37.912	29.761	0.641	1570.90	6.44	116.73	483.16	3.57	49.99	3193.85	6.54	787.74	2.83	285.79	2.74	41.23	0.392
			14		43.867	34.436	0.640	1800.97	6.41	134.65	550.83	3.54	57.44	3726.17	6.62	922.47	2.91	326.58	2.73	47.34	0.390
			16		49.739	39.045	0.639	2023.35	6.38	152.18	615.44	3.52	64.69	4258.86	6.70	1058.86	2.99	366.21	2.71	53.32	0.388
			18		55.526	43.588	0.639	2238.30	6.35	169.33	677.19	3.49	71.74	4792.00	6.78	1197.13	3.06	404.83	2.70	59.18	0.385

注：1. 括号内型号不推荐使用。

2. 截面图中的 r_1（$=d/3$）及表中 r 值，用于孔型设计，不作为交货条件。

表 3　热轧槽钢（GB 707—2008）

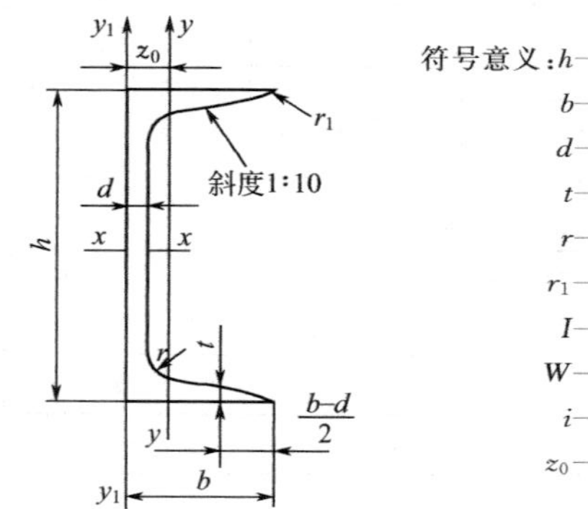
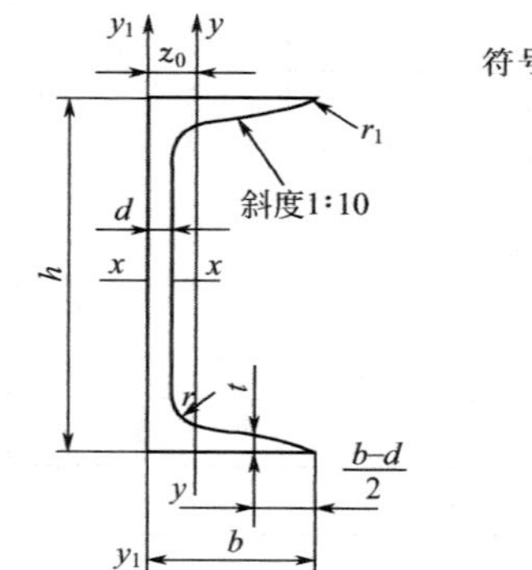

符号意义：h——高度；

b——腿宽度；

d——腰厚度；

t——平均腿厚度；

r——内圆弧半径；

r_1——腿端圆弧半径；

I——惯性矩；

W——抗弯截面系数；

i——惯性半径；

z_0——$y-y$ 轴与 y_1-y_1 轴间距。

续表

型号	尺寸/mm						截面面积 /cm^2	理论质量 /(kg/m)	参考数值							
									$x-x$			$y-y$			y_1-y_1	z_0 /cm
	h	b	d	t	r	r_1			W_x /cm^3	I_x /cm^4	i_x /cm	W_y /cm^3	I_y /cm^4	i_y /cm	I_{y1} /cm^4	
5	50	37	4.5	7	7.0	3.5	6.928	5.438	10.4	26.0	1.94	3.55	8.30	1.10	20.9	1.35
6.3	63	40	4.8	7.5	7.5	3.8	8.451	6.634	16.1	50.8	2.45	4.50	11.9	1.19	28.4	1.36
8	80	43	5.0	8	8.0	4.0	10.248	8.045	25.3	101	3.15	5.79	16.6	1.27	37.4	1.43
10	100	48	5.3	8.5	8.5	4.2	12.748	10.007	39.7	198	3.95	7.8	25.6	1.41	54.9	1.52
12.6	126	53	5.5	9	9.0	4.5	15.692	12.318	62.1	391	4.95	10.2	38.0	1.57	77.1	1.59
14a	140	58	6.0	9.5	9.5	4.8	18.516	14.535	80.5	564	5.52	13.0	53.2	1.70	107	1.71
14b	140	60	8.0	9.5	9.5	4.8	21.316	16.733	87.1	609	5.35	14.1	61.1	1.69	121	1.67
16a	160	63	6.5	10	10.0	5.0	21.962	17.240	108	866	6.28	16.3	73.3	1.83	144	1.80
16	160	65	8.5	10	10.0	5.0	25.162	19.752	117	935	6.10	17.6	83.4	1.82	161	1.75
18a	180	68	7.0	10.5	10.5	5.2	25.699	20.174	141	1270	7.04	20.0	98.6	1.96	190	1.88
18	180	70	9.0	10.5	10.5	5.2	29.299	23.000	152	1370	6.84	21.5	111	1.95	210	1.84
20a	200	73	7.0	11	11.0	5.5	28.837	22.637	178	1780	7.86	24.2	128	2.11	244	2.01
20	200	75	9.0	11	11.0	5.5	32.837	25.777	191	1910	7.64	25.9	144	2.09	268	1.95
22a	220	77	7.0	11.5	11.5	5.8	31.846	24.999	218	2390	8.67	28.2	158	2.23	298	2.10
22	220	79	9.0	11.5	11.5	5.8	36.246	28.453	234	2570	8.42	30.1	176	2.21	326	2.03
25a	250	78	7.0	12	12.0	6.0	34.917	27.410	270	3370	9.82	30.6	176	2.24	322	2.07
25b	250	80	9.0	12	12.0	6.0	39.917	31.335	282	3530	9.41	32.7	196	2.22	353	1.98
25c	250	82	11.0	12	12.0	6.0	44.917	35.260	295	3690	9.07	35.9	218	2.21	384	1.92
28a	280	82	7.5	12.5	12.5	6.2	40.034	31.427	340	4760	10.9	35.7	218	2.33	388	2.10
28b	280	84	9.5	12.5	12.5	6.2	45.634	35.823	366	5130	10.6	37.9	242	2.30	428	2.02
28c	280	86	11.5	12.5	12.5	6.2	51.234	40.219	393	5500	10.4	40.3	268	2.29	463	1.95
32a	320	88	8.0	14	14.0	7.0	48.513	38.083	475	7600	12.5	46.5	305	2.50	552	2.24
32b	320	90	10.0	14	14.0	7.0	54.913	43.107	509	8140	12.2	59.2	336	2.47	593	2.16
32c	320	92	12.0	14	14.0	7.0	61.313	48.131	543	8690	11.9	52.6	374	2.47	643	2.09

续表

型号	尺寸/mm						截面面积/cm²	理论质量/(kg/m)	参考数值							
									$x-x$			$y-y$			y_1-y_1	z_0 /cm
	h	b	d	t	r	r_1			W_x /cm³	I_x /cm⁴	i_x /cm	W_y /cm³	I_y /cm⁴	i_y /cm	I_{y1} /cm⁴	
a	360	96	9.0	16	16.0	8.0	60.910	47.814	660	11900	14.0	63.5	455	2.73	818	2.44
36b	360	98	11.0	16	16.0	8.0	68.110	53.466	703	12700	13.6	66.9	497	2.70	880	2.37
c	360	100	13.0	16	16.0	8.0	75.310	59.118	746	13400	13.4	70.0	536	2.67	948	2.34
a	400	100	10.5	18	18.0	9.0	75.068	58.928	879	17600	15.3	78.8	592	2.81	1070	2.49
40b	400	102	12.5	18	18.0	9.0	83.068	65.208	932	18600	15.0	82.5	640	2.78	1140	2.44
c	400	104	14.5	18	18.0	9.0	91.068	71.488	986	19700	14.7	86.2	688	2.75	1220	2.42

表 4 热轧工字钢 (GB 706—2008)

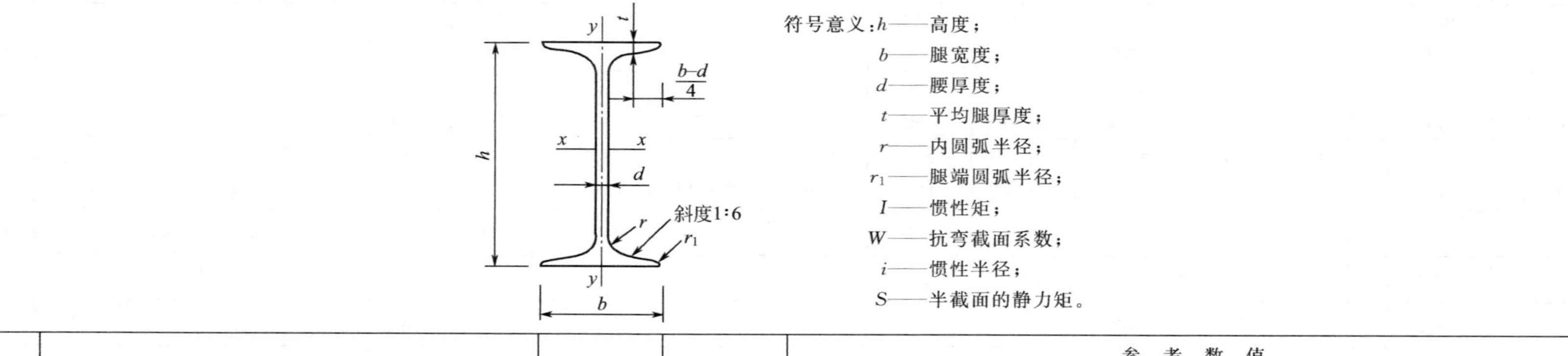

符号意义：h——高度；
b——腿宽度；
d——腰厚度；
t——平均腿厚度；
r——内圆弧半径；
r_1——腿端圆弧半径；
I——惯性矩；
W——抗弯截面系数；
i——惯性半径；
S——半截面的静力矩。

型号	尺寸/mm						截面面积/cm²	理论质量/(kg/m)	参考数值						
									$x-x$				$y-y$		
	h	b	d	t	r	r_1			I_x /cm⁴	W_x /cm³	i_x /cm	$I_x:S_x$ /cm	I_y /cm⁴	W_y /cm³	i_y /cm
10	100	68	4.5	7.6	6.5	3.3	14.345	11.261	245	49.0	4.14	8.59	33.0	9.72	1.52
12.6	126	74	5.0	8.4	7.0	3.5	18.118	14.223	488	77.5	5.20	10.8	46.9	12.7	1.61
14	140	80	5.5	9.1	7.5	3.8	21.516	16.890	712	102	5.76	12.0	64.4	16.1	1.73
16	160	88	6.0	9.9	8.0	4.0	26.131	20.513	1130	141	6.58	13.8	93.1	21.2	1.89
18	180	94	6.5	10.7	8.5	4.3	30.756	24.143	1660	185	7.36	15.4	122	26.0	2.00

续表

型号	尺寸/mm						截面面积/cm^2	理论质量/(kg/m)	参考数值						
									$x-x$				$y-y$		
	h	b	d	t	r	r_1			I_x/cm^4	W_x/cm^3	i_x/cm	$I_x:S_x$/cm	I_y/cm^4	W_y/cm^3	i_y/cm
20a	200	100	7.0	11.4	9.0	4.5	35.578	27.929	2370	237	8.15	17.2	158	31.5	2.12
20b	200	102	9.0	11.4	9.0	4.5	39.578	31.069	2500	250	7.96	16.9	169	33.1	2.06
22a	220	110	7.5	12.3	9.5	4.8	42.128	33.070	3400	309	8.99	18.9	225	40.9	2.31
22b	220	112	9.5	12.3	9.5	4.8	46.528	36.524	3570	325	8.78	18.7	239	42.7	2.27
25a	250	116	8.0	13.0	10.0	5.0	48.541	38.105	5020	402	10.2	21.6	280	48.3	2.40
25b	250	118	10.0	13.0	10.0	5.0	53.541	42.030	5280	423	9.94	21.3	309	52.4	2.40
28a	280	122	8.5	13.7	10.5	5.3	55.404	43.492	7110	508	11.3	24.6	345	56.6	2.50
28b	280	124	10.5	13.7	10.5	5.3	61.004	47.888	7480	534	11.1	24.2	379	61.2	2.49
32a	320	130	9.5	15.0	11.5	5.8	67.156	52.717	11100	692	12.8	27.5	460	70.8	2.62
32b	320	132	11.5	15.0	11.5	5.8	73.556	57.741	11600	726	12.6	27.1	502	76.0	2.61
32c	320	134	13.5	15.0	11.5	5.8	79.956	62.765	12200	760	12.3	26.3	544	81.2	2.61
36a	360	136	10.0	15.8	12.0	6.0	76.480	60.037	15800	875	14.4	30.7	552	81.2	2.69
36b	360	138	12.0	15.8	12.0	6.0	83.680	65.689	16500	919	14.1	30.3	582	84.3	2.64
36c	360	140	14.0	15.8	12.0	6.0	90.880	71341	17300	962	13.8	29.9	612	84.4	2.60
40a	400	142	10.5	16.5	12.5	6.3	86.112	67.598	21700	1090	15.9	34.1	660	93.2	2.77
40b	400	144	12.5	16.5	12.5	6.3	94.112	73.878	22800	1140	16.5	33.6	692	96.2	2.71
40c	400	146	14.5	16.5	12.5	6.3	102.112	80.158	23900	1190	15.2	33.2	727	99.6	2.65
45a	450	150	11.5	18.0	13.5	6.8	102.446	80.420	32200	1430	17.7	38.6	855	114	2.89
45b	450	152	13.5	18.0	13.5	6.8	111.446	87.485	33800	1500	17.4	38.0	894	118	2.84
45c	450	154	15.5	18.0	13.5	6.8	120.446	94.550	35300	1570	17.1	37.6	938	122	2.79
50a	500	158	12.0	20.0	14.0	7.0	119.304	93.654	46500	1860	19.7	42.8	1120	142	3.07
50b	500	160	14.0	20.0	14.0	7.0	129.304	101.504	48600	1940	19.4	42.4	1170	146	3.01
50c	500	162	16.0	20.0	14.0	7.0	139.304	109.354	50600	2080	19.0	41.8	1220	151	2.96
56a	560	166	12.5	21.0	14.5	7.3	135.435	106.316	65600	2340	22.0	47.7	1370	165	3.18
56b	560	168	14.5	21.0	14.5	7.3	146.635	115.108	68500	2450	21.6	47.2	1490	174	3.16
56c	560	170	16.5	21.0	14.5	7.3	157.835	123.900	71400	2550	21.3	46.7	1560	183	3.16
63a	630	176	13.0	22.0	15.0	7.5	154.658	121.407	93900	2980	24.5	54.2	1700	193	3.31
63b	630	178	15.0	22.0	15.0	7.5	167.258	131.298	98100	3160	24.2	53.5	1810	204	3.29
63c	630	180	17.0	22.0	15.0	7.5	179.858	141.189	102000	3300	23.8	52.9	1920	214	3.27

注：截面图和表中标注的圆弧半径 r 和 r_1 值，用于孔型设计，不作为交货条件。

参 考 文 献

[1] 陈位宫．工程力学．北京：高等教育出版社，2000.
[2] 李熙然．工程力学．上海：上海交通大学出版社，1999.
[3] 贾启芬．工程力学．天津：天津大学出版社，2002.
[4] 武建华．材料力学．重庆：重庆大学出版社，2002.
[5] 陈莹莹．理论力学．北京：高等教育出版社，1993.
[6] 张德润．工程力学．北京：机械工业出版社，2000.
[7] 范钦珊．工程力学．北京：清华大学出版社，2005.
[8] 王永跃．工程力学．天津：天津大学出版社，2005.
[9] 张光伟．工程力学．西安：西安电子科技大学出版社，2007.
[10] 张秉荣．工程力学．北京：机械工业出版社，2009.